普通高等院校生命科学素养课程“十二五”规划教材

营养与美容

主　审　上官新晨

主　编　夏海林　周建军

副主编　杜　娟　袁干军　李小桃　陈木森　李沛波

编　者（以姓氏笔画为序）

王自蕊（江西农业大学）
江　冰（江西农业大学）
杜　娟（中国科学院庐山植物园）
李小桃（江西省教育考试院）
李沛波（中山大学）
何庆华（南昌大学）
张　宝（江西农业大学）
陈木森（江西农业大学）
陈明辉（江西农业大学）
罗志华（江西农业大学）
周建军（重庆三峡医药高等专科学校）
赵　雷（江西农业大学）
袁干军（江西农业大学）
夏海林（江西农业大学）
黄新志（江西农业大学）
彭剑峰（江西农业大学）
裴　刚（湖南中医药大学）

中国·武汉

内容简介

本书是一本面向高校公共选修课的通识教育教材。

本书除绪论外共分十二章，包括营养学基础、蛋白质与美容、脂肪与美容、碳水化合物与美容、维生素与美容、矿物质、水与美容、膳食纤维与美容、常见食品与美容、合理膳食与美容、保健食品与美容、非必需营养素和生物活性物质与美容、皮肤的营养与美容护理等内容。

本书融理论知识和生活实际应用为一体，可供各类高等院校的本专科学生使用。本书既可以作为生活中营养与美容爱好者的参考用书，也可作为医学美容专业技术人员继续教育的培训参考教材，还可以供营养师和美容师参加资格考试时使用。

图书在版编目(CIP)数据

营养与美容/夏海林，周建军主编. —武汉：华中科技大学出版社，2012.9（2021.1重印）
ISBN 978-7-5609-7824-6

Ⅰ.①营… Ⅱ.①夏… ②周… Ⅲ.①美容-饮食营养学 Ⅳ.①TS974.1 ②R151.1

中国版本图书馆 CIP 数据核字(2012)第 055474 号

营养与美容　　夏海林　周建军　主编

策划编辑：居　颖
责任编辑：居　颖
封面设计：范翠璇
责任校对：朱　玢
责任监印：周治超
出版发行：华中科技大学出版社(中国·武汉)　　电话：(027)81321913
武汉市东湖新技术开发区华工科技园　　邮编：430223
录　　排：华中科技大学惠友文印中心
印　　刷：广东虎彩云印刷有限公司
开　　本：787mm×1092mm　1/16
印　　张：18.75
字　　数：452 千字
版　　次：2021 年 1 月第 1 版第 5 次印刷
定　　价：49.80 元

序

营养学是生命科学的一个分支，是研究如何选择食物及食物在人体内的消化吸收、利用和代谢过程，以维持机体生长、发育和保证机体健康的一门学科，是研究人体营养规律及改善措施的科学。

美容一词，最早源于古希腊的“kosmetikos”一词，意为“装饰”，含有美丽和创造美丽的意义。早在中国殷商时期，人们就懂得了用燕地红蓝花叶捣汁凝成脂来修饰面容。根据记载，春秋时期周郑之女，用白粉敷面，用青黑颜料画眉。汉代以后，开始出现妆点、扮妆、妆饰等字词。唐代出现了面膜美容。

进入21世纪，人们审美的主流是美与健康的统一，美容又与营养密切相关。美容是现代社会流行的风尚。头发、颜面、皮肤、四肢、指(趾)甲和身材的健美，均与机体的营养状况有关，营养是人体新陈代谢的物质基础，膳食是营养摄取的主要来源。

食物中的蛋白质、脂肪、糖类、无机盐、微量元素、水、膳食纤维等营养素，是人体健康和颜面美容所必需的营养素。这些营养素的主要来源是食物。因此，全面合理地从食物中摄取营养素，是美容健体最重要的物质基础。相反，若不注意饮食调配，如节食、偏食、挑食、饮食单调等都会影响食物中营养成分的摄入，无论是营养缺乏，还是平衡失调均会影响身体健康和妨碍美容。例如，贫血会引起脱发，高脂饮食会诱发痤疮，缺锌会使指甲粗厚，便秘会使肌肤粗糙，营养不良会使身材矮小，营养过剩会导致肥胖等。爱美的人不仅要注意仪表、讲究美容，还应知晓有关营养保健知识，这样才能做到“表里一致”，身体健康、精神焕发、容颜靓丽，呈现自然之美。

靓丽来自科学饮食。俗话说:“瓜看皮色，人看肤色”，一个人健康与否，从皮肤这面镜子就可略知端倪。健康无病的人总是表现为白里透红、光泽、丰腴而富有弹性。体弱多病、营养不良或失调的人，皮肤不是苍白无华就是黑暗油垢，且多皱、生斑、粗糙、无弹性。

饮食结构是否合理与皮肤的健康关系甚大，过多地食用精制食品，如白糖、油脂、肉类和白米会使血液酸化，使皮肤粗糙、变黑。因此饮食必须均衡，应多吃些碱性食品，如蔬菜、薯类、豆制品、水果、藻类和醋。脂肪摄入过多会引起肥胖和皮脂溢出，易诱发痤疮和黄疣，但脂肪摄入不足也会影响皮下脂肪的丰满和使皮肤失去光泽。皮肤的老化与缺乏维生素有关，维生素A、维生素E、B族维生素、维生素C和烟酸等均与皮肤的新陈代谢有关。现代医学研究证明，皮肤老化与氧自由基有关，而维生素A、维生素C、维生素E等均有抗氧自由基作用，能延缓皮肤的衰老。富含上述维生素的食品有西红柿、黄瓜、豆芽、苦瓜、丝瓜、冬瓜、草莓、柠檬、香蕉、花生、小米、山楂、红枣、芝麻、胡萝卜、牛奶、动物肝脏等。总之，要拥有好皮肤，全面均衡的营养十分重要，相反，有损皮肤

的食品，如油炸、腌制、熏烤和辛辣之物应少吃。皮肤干枯、精神萎靡，无论怎样化妆、美容也难以掩饰其憔悴的面容。

本书作者严谨认真，结合自己的教学和科研，阅读了大量的文献资料。他们不断地追求国际上的最新进展，注重合理营养是美容的基础，并以此为中心将收集的资料去粗取精。

该书内容详尽，语言流畅，阐述的方法有理有据，理论联系实际，注重应用。因此，我很乐意向读者推荐这本好书，希望它能有助于我国营养与美容教学水平的进一步提高，并对人类的健康美做出贡献。

江西农业大学副校长、博士生导师

第十届全国政协委员

前言

本书是一本面向高校公共选修课的通识教育教材。全书除绪论外共分十二章，内容包括营养学基础，蛋白质与美容，脂肪与美容，碳水化合物与美容，维生素与美容，矿物质、水与美容，膳食纤维与美容，常见食品与美容，合理膳食与美容，保健食品与美容，非必需营养素和生物活性物质与美容、皮肤的营养与美容护理。中医学认为，营养充足，气血就会旺盛，皮肤就会光滑、柔嫩、富有弹性，面色便红润；营养不足，气血虚弱，就会面黄肌瘦、面色无华，皮肤就会变得粗糙、松弛、失去弹性，产生皱纹，身材也会走形。现代科学也认为，容貌对饮食情况十分敏感，各种营养缺乏症或饮食不当都会在容貌和体型上出现各式各样的反映。通过营养调理，可以预防和治疗机体的营养不足或过剩，从而促进身体健康，预防衰老，从而达到延年益寿，焕发生命活力和美感的目的。

另外，为了增加本书的实用性，特增设了美容锦囊栏目，以便使广大读者能更好地利用书上的理论知识联系实际，让自己一生健康又美丽！由于编者学识水平有限，书中必然存在一些值得商榷的地方，在此敬请读者对本书的缺点和错误给予批评指正。

本书可供各类高等院校的本、专科学生使用，也可作为生活中营养美容爱好者的参考用书，还可作为医学美容专业技术人员继续教育的培训参考教材，而且可以作为营养师和美容师资格考试的参考用书。

本书特邀江西农业大学副校长、博士生导师上官新晨教授担任主审并作序。此外，在本书编写过程中得到了宜春学院美容医学院张春娜教授和江西农业大学生物科学与工程学院吴晓玉教授、李剑富教授、霍光华教授的大力支持，他们对本书的编写提出许多有益的指导性意见，还有张静茹小姐对本书相关图表的精心绘制，在此一并表示衷心感谢。

编　者

2012 年 9 月

目录

绪　论

一、营养学

营养学(nutriology)是生命科学的一个分支，是研究人体营养规律及改善措施的科学，研究如何选择食物及食物在人体内的消化、吸收、利用和代谢过程，以维持机体生长、发育和保证机体健康的一门学科。

1. 人体营养规律

人体营养规律包括普通成年人在一般生活条件下和在特殊生理条件下或在特殊环境因素条件下的营养规律。

2. 改善措施

改善措施包括生物科学措施和社会性措施，包括改善措施的根据和改善措施的效果评价。

“营养”的英语单词“nutrition”被解释为：①一个生物体吸收、使用食物和液体来保持正常的功能、生长及自我维护的有机过程；②食物与健康和疾病的关系的研究；③追求营养成分和全部食物的最佳搭配，以达到身体的最佳健康状态。

二、营养学的发展历史

(一) 中国传统营养学的发展简史

我国有文字记载的历史年代开始就有了关于营养学的论述。

先秦时期《山海经》中有神农尝百草的记载。《神农本草经》收载的365种药物分上、中、下三品，“上品”大多为食药通用的营养食物。

公元341年晋朝葛洪所著的《肘后备急方》中提出，可用多吃动物肝脏的方法来治疗因维生素A缺乏引起的眼干燥症，可用海藻酿制的酒治疗缺碘性甲状腺肿。

我国中医学典籍《黄帝内经》中有食医和养生的记载，如“五谷为养”、“五果为助”、“五畜为益”、“五菜为充”、“合气味而服之，以补精益气”等。上述记载被称为世界上最早的饮食指南。

我国古代还有“医食同源”的重要思想，滋补与食疗历史悠久，先后有几十部关于食物与食疗类的食物的药理作用的相关著作。例如：唐朝的著名医药学家孟诜根据自己几十年的实践经验，搜集了241种兼具医疗作用与营养价值的食物，编成了我国第一部食疗学的专著《食疗本草》；唐朝《千金要方》中有食治篇，共分水果、蔬菜、谷物、鸟兽四门；元朝饮膳太医(即皇帝的营养师)忽思慧，著有《饮膳正要》，它是中国也是世界上第一本营养治疗即膳食治疗疾病的书籍；在明朝李时珍所著《本草纲目》记载的1982种药物中，谷物、水果、蔬菜、野菜等就有300多种，动物性食物有400多种，并详细说明何种可食，何种不可食；明朝姚可成在1520年编写的《食物本草》一书中，列出了1017种食物，并以中医学的观点逐一加以描述，分别加以归类。

（二）西方营养学的发展简史

虽然营养这一名词首先出现在1898年，然而对它的了解却远远早于这一时期，可以这样说，有了食物就有了营养的知识。营养学是一门综合性科学，它与生物化学、生理学、病理学、临床医学、公共卫生学与食品加工学等都有密切的关系。西方营养学的发展可分为古典营养学和近代营养学两个主要阶段。

(1) 西方的古典营养学受当时人们对营养这一基本概念理解上的局限，在相当长的一段历史时期中也仅仅是由粗浅的几种要素(如地、火、水、风等)演绎而成。

(2) 从文艺复兴和产业革命开始，在英国哲学家、思想家培根倡导的实验科学思想的影响下，许多营养学的研究进入到实验室并取得了许多研究成果，逐渐形成了营养学的理论基础。

(3) 西方近代营养学的发展大致经历了以下三个阶段。

① 化学、物理等基础学科的发展，为近代营养学打下了实验技术的基础。

② 在对化学、物理等基础学科的基本原理认识的基础上，充实了大量的营养学实验研究资料，如氮平衡学说、热量代谢的体表面积法则和三大营养素的生热系数等。

阿脱华脱与本尼迪克特在20世纪初首创用弹式热量计测定食物中的热量和用呼吸热量计测定各种劳动动作的热量消耗。

③ 对营养规律的认识从宏观转向微观。

现代营养学奠基于18世纪中叶，到19世纪时，因碳、氢、氧、氮等元素定量分析方法的确定，以及由此而建立的食物组成和物质代谢概念、氮平衡学说等热量法则等，为现代营养学的形成和发展奠定了坚实的基础。整个19世纪和20世纪中叶是现代营养学发展的鼎盛时期，在此阶段相继发现了各种营养素。例如，1810年发现了第一种氨基酸——亮氨酸；1881年对无机盐有了较多的研究；1920年正式命名维生素；1929年证实亚油酸为人体必需脂肪酸。罗斯(Rose)在1936年发现了在蛋白质中有人体必需的8种氨基酸；墨特(Murder)在1983年首先提出了蛋白质的概念，蛋白质作为新的科学术语被命名。

20世纪40年代以来，由于现代生物学的发展和分析测定方法的进步，大大推动了营养学的发展。1943年，美国首次提出对各社会人群饮食营养素供给量的建议。此后，许多国家相继制定了各国推荐的营养素供给量，并以此作为人体合理营养的科学根据。在20世纪中叶以后开展了微量元素与人体健康关系的研究。到了20世纪末研究热点转为植物中天然的生物活性物质对人体健康的影响。在我国营养学研究开始于20世纪初。20世纪70年代以来，分子生物学的理论与方法的发展，使营养学的认识进入了亚细胞水平和分子水平。

近年来，许多国家为了在全社会推行公共营养的保证、监督和管理作用，除加强相关科学研究之外，还制订了营养指导方针，创立营养法规，建立国家监督管理机构，推行有营养专家参与起草的农业生产、食品工业生产、餐饮业、家庭膳食等相关政策，使现代营养学更富于宏观性和社会实践性。

三、现代营养学新进展

（一）基础营养学

基础营养学主要研究各种营养素及人体在不同生理状态和特殊环境条件下的营养过程及对营养素的需要。例如，膳食纤维的生理作用及其对预防某些疾病的重要性逐渐被认识，多不饱和脂肪酸尤其是n-3型α-亚麻酸及其在体内形成的二十碳五烯酸和二十二碳六烯酸的生理作用逐渐被揭示，α-亚麻酸已被许多学者认为是人体必需的营养素。

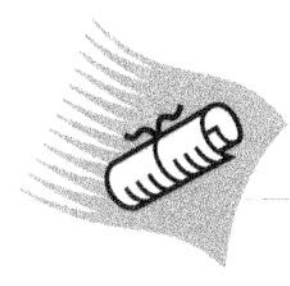

知识链接

DHA与EPA

DHA：学名二十二碳六烯酸，又名脑黄金，是一种n-3型长链多烯不饱和脂肪酸，属于多元不饱和脂肪酸的一种。DHA是维持、提高、改善大脑机能不可缺少的物质。由于人体不能自身合成DHA，所以DHA必须通过食物供给。

EPA：学名二十碳五烯酸，是一种n-3型长链多烯不饱和脂肪酸，属于多元不饱和脂肪酸的一种。EPA可以帮助降低体内胆固醇和甘油三酯的含量，促进体内饱和脂肪酸代谢，从而起到降低血液黏稠度、增进血液循环、提高组织供氧而消除疲劳的作用。EPA能防止脂肪在血管壁的沉积，预防动脉粥样硬化的形成和发展，预防脑血栓、脑出血、高血压等心脑血管疾病。

目前叶酸、维生素B_{12}、维生素B_6与出生缺陷及心血管疾病的关联性研究已经达到分子水平。

维生素E、维生素C、胡萝卜素及微量元素硒、锌、铜在体内的抗氧化作用及其机制的研究已成为当前的热点。

（二）公共营养学

在世界卫生组织（WHO）和联合国粮食及农业组织（FAO）的努力下，人们加强了营养工作的宏观调控作用，提出了营养监测、营养政策、投入与效益评估等概念，逐步形成了公共（社区）营养学或社会营养学，更加重视如何使广大人民群众得到实惠。为了指导大众合理地选择和搭配食物，许多国家制订了膳食指南。在膳食指南中，专家们提

出了膳食营养素参考摄入量(dietary reference intakes,DRIs)、适宜摄入量(adequate intakes,AI)和可耐受最高摄入量(tolerable upper intake level,UL)等概念,并得到了广泛认可。

知识链接

膳食营养素参考摄入量是在每日膳食中营养素供给量基础上发展起来的一组每日平均膳食营养素摄入量的参考值,包括以下几个常用概念。

(1) 平均需要量(estimated average requirement,EAR):某一特定性别、年龄及生理状况群体中的个体对某营养素需要量的平均值。

(2) 推荐摄入量(recommended nutrition intake,RNI):可满足某一特定性别、年龄及生理状况群体中97%～98%个体需要量的摄入水平,相当于传统的每日膳食中营养素供给量(recommended dietary allowances,RDA)。

(3) 适宜摄入量(adequate intake,AI):通过观察或实验获得的健康人群某种营养素的摄入量。

(4) 可耐受最高摄入量(tolerable upper intake level,UL):平均每日摄入营养素的最高限量。

1992年,世界营养大会通过《世界营养宣言》和《营养行动计划》,号召各国政府保障食品供应,控制营养缺乏病,加强宣传教育,并制订国家营养改善行动计划。

(三) 营养与健康

越来越多的研究表明,一些重要慢性疾病(如心脑血管疾病、糖尿病等)与膳食营养关系十分密切。膳食营养因素是这些疾病的重要成因,或者是预防和治疗这些疾病的重要手段。例如:高盐可以引起高血压;蔬菜和水果对多种肿瘤有预防作用;叶酸、维生素 B_{12}、维生素 B_6、同型半胱氨酸与冠心病关系密切;肿瘤、高血压、冠心病、糖尿病等均与一些共同的膳食因素有关;营养不平衡而导致的肥胖是大多数慢性病的共同危险因素,这一点尤为突出。

(四) 营养与基因表达

营养因素和遗传基因的相互作用是营养学研究的一个新的热点。基因营养学(gene nutriology)就是在人体必须需要的营养基础上,根据个人基因情况来确定特定的不同营养。肿瘤、动脉粥样硬化、糖尿病、肥胖及老年痴呆症等与基因和营养密切相关。基因营养的研究目的在于找出食用后可以与基因更好地相适应的食品,了解如何根据个人的基因特点制定食谱补充特定的营养成分,以弥补由于基因变异造成对健康的影响,或者防止某些基因突变或改变基因活动的情况发生,从而达到预防疾病、延缓衰老、促进健康的目的。

从理论上讲，每一种人类主要慢性疾病都有其特异的易感基因。人体内特异性疾病易感基因的存在对于决定个体对某种疾病的易感性有重要的影响。包括膳食因素在内的环境因素则对于特异性疾病易感基因的表达有重要作用。

从疾病预防的策略考虑，首先是要预防特异性疾病易感基因的表达。通过长时间的努力，减少人群中的特异性疾病易感基因的存在。

目前，营养因素与特异性疾病易感基因的相互关系的研究还刚刚起步，从长远的观点看，营养学可以为疾病控制作出贡献。

（五）食物中活性成分

关于食物中活性成分的研究是目前营养学研究较活跃的领域。有些流行病学观察的结果难以用营养素来解释，如蔬菜、水果对肿瘤的抵抗作用。越来越多的动物试验结果表明，食物中的非营养素成分具有重要的生物活性和功能。目前研究较多的成分有茶叶中的茶多酚、茶色素，蔬菜中的类胡萝卜素及异硫氰酸盐，蔬菜和水果中的酚酸类，大蒜中的含硫化合物，大豆中的异黄酮，魔芋中的魔芋葡甘聚糖，香菇、枸杞子、灵芝中的多糖，红曲中的红曲色素等。这些成分大多具有不同程度的抗氧化作用和免疫调节作用，对心脑血管疾病和某些癌症具有一定的预防和辅助治疗作用。但这些研究难以划清食品和药品间的界限，因而加强管理是十分必要的。

四、营养与美容

要保养肌肤，不仅需要外在的护肤美体，更需要日常的饮食养颜。因为健康的肌肤是靠80%的内在调养与20%的外在保养，而内在调养无疑离不开饮食营养。

合理、科学地摄入营养素和全面、平衡的膳食是美容保健的基础，天然食物中的营养是最好的美容师，外貌、体型及肌肤的保养与膳食平衡及吸收足量的维生素、矿物质、蛋白质、脂肪等营养素的关系极为密切。人体的外貌对气血是否旺盛、营养是否充足最为敏感。中医学认为：营养充足，气血就会旺盛，皮肤就会光滑、柔嫩、富有弹性，面色便红润；营养不足，气血便会虚弱，就会面黄肌瘦、面色无华，皮肤就会变得粗糙、松弛、失去弹性，并产生皱纹，身材也会走形。现代科学也认为，外貌和体型对饮食情况十分敏感，营养缺乏症或饮食不当都会在外貌和体型上出现各种各样的反映。通过营养调理，预防和治疗机体的营养不足或过剩，研究如何平衡膳食及如何补充生长发育所需的营养，使外貌和体型达到健康美，从而达到促进健康、延年益寿的目的。

五、学习营养与美容的目的

1. 预防疾病，促进健康美

科学、合理的营养与平衡膳食是健康美的基础，当今时代，人体审美的主流是美与健康的统一，美容与营养有关。美容是现代社会流行的风尚。头发、颜面、皮肤、四肢、指（趾）甲和身材的健美，均与机体的营养状况有关，营养是人体新陈代谢的物质基础，膳食是营养摄取的主要来源。通过对营养与美容的学习，掌握在日常生活中合理地利用常见的天然食物和食物中的营养成分科学地进行美容与护肤的方法。

2. 治疗疾病，延缓衰老，美容养颜，青春常驻

一个人健康与否，以皮肤为镜即可略知端倪。健康无病的人的皮肤应该是白里透红、光泽、丰腴而富有弹性的。体弱多病、营养不良或失调的人的皮肤是苍白无华或晦暗泛油且皱纹多、有色素沉着、粗糙、无弹性的。

饮食结构是否合理与皮肤的健康关系甚大，营养与美容主要是根据营养学的原理，对患者采取适宜的膳食营养及安全有效的食材美容措施，其主要目的是为了治疗或缓解疾病，达到治疗疾病、延缓衰老、美容养颜，青春常驻的目的。

美容锦囊

大米——南北皆宜的美容主力军

一、食材性情概述

大米是中国人的主食之一，无论是家庭用餐还是外出就餐，米饭都是必不可少的。大米中的各种营养素含量虽不是很高，但因食用量大，也是具有很高营养价值和功效的，大米是补充营养素的基础食物。同时，大米是提供B族维生素的主要来源，是预防脚气病、消除口腔炎症的重要食疗资源，米粥则具有补脾、和胃、清肺的功效。

二、美容功效及科学依据

大米的主要营养成分是蛋白质、碳水化合物、钙、磷、铁、葡萄糖、果糖、麦芽糖、维生素 B_1、维生素 B_2 等。

中医学认为，大米性味甘平，有补中益气、健脾养胃、益精强志、和五脏、通血脉、聪耳明目、止烦、止渴、止泻的功能，多食能“强身好颜色”，它的主要美容功效如下。

1. 吸收脂肪

米汤有益气、养阴、润燥的功能，性味甘平，对脂肪的吸收有促进作用。

2. 淡化黑色素

米汤中含有的神经酰胺糖苷有抑制黑色素生成的功效，可保持皮肤湿润、白净。从米糠中提取的神经酰胺糖苷抑制黑色素生成的效果较好，与其他物质相比，神经酰胺糖苷是一种更安全的化妆品原料，因为它不含破坏黑色素细胞的毒素。米汤中还含有丰富的维生素A、维生素E、氨基酸和烟酸等皮肤所需的营养物质，这些营养物质具有保湿的功能，能有效防止皮肤干燥，同时还具有延缓皮肤衰老、防止黑色素沉积的作用。大米在加工过程中产生的米糠是一种天然磨砂颗粒，能在清洁脸部的同时除去多余的老化角质。

3. 美肤

洗米水可美肤。大米中可溶于水的水溶性维生素及残留于洗米水中的矿物质具有美容作用。其中:维生素包括维生素 B_1、维生素 B_2、维生素 B_6 等,缺乏维生素 B_1 会使肌肤干燥而易产生皱纹;缺乏维生素 B_2 会导致口角炎及皮肤老化等问题;维生素 B_6 和氨基酸代谢有密切关系,可促进氨基酸吸收及蛋白质的合成,为细胞生长提供养分。此外,洗米水所含的天然米淀粉,能温和地吸附脸部油脂及角质,达到清洁肌肤的效果,很适合敏感性肌肤使用。

三、美容实例

1. 米团净白肌肤

将米饭放在手心里揉成一团(即米团),放在脸上,慢慢在脸部揉搓,直到大米变黑。每天一次,坚持使用一个月,就可以使皮肤白嫩。

2. 米汤洗面

在煮大米粥时,适量加水。煮熟后取米汤适量涂抹脸部,可使大米所含蛋白质中的多种氨基酸及其他营养成分渗入皮肤表皮毛细血管中,达到促进表皮毛细血管血液循环、增强表皮细胞活力的功效。米汤洗面在早餐时或晚饭后均可进行。因其用量较少且操作方便,适宜家庭主妇边做饭边进行,可谓一举两得。

注意事项:

(1) 制作大米粥时,千万不要放碱。因为大米是人体维生素 B_1 的重要来源,碱能破坏大米中的维生素 B_1,会导致维生素 B_1 缺乏,从而出现脚气病。

(2) 不能长期食用精米而忽视粗粮的食用。因为精米加工时会损失大量营养,长期食用会导致营养缺乏,所以应粗细结合,才能营养平衡。

(3) 制作米饭时提倡蒸而不是捞,因为捞会使大量维生素损失。

小麦——柔嫩皮肤的美容主力军

一、食材性情概述

小麦是我国北方人民的主食,自古就是大众的重要食物,《本草拾遗》中提到“小麦面,补虚,实人肤体,厚肠胃,强气力”。小麦营养价值很高,味性甘凉,归心肺经,所含有的 B 族维生素和矿物质对人体健康很有益处。

二、美容功效及科学依据

小麦不仅是提供人营养的食物,也是供人治病的药物。《本草再新》把它的功能归纳为四类:养心、益肾、和血、健脾。《医林纂要》也概括了它的四大用途:除烦、止血、利小便、润肺燥。对于更年期妇女而言,食用未精制的小麦还能缓解更年期综合征。

全麦可以降低血液循环中雌激素的含量,从而达到预防乳腺癌的目的,小麦粉(面粉)还有很好的嫩肤、除皱、祛斑的功效。

三、美容实例

1. 自制回春水

功效:回春水即麦芽浸泡过的水,富含多种酶与维生素 A、维生素 E,能改善体质,养颜美容。

材料:小麦种子。

做法:小麦种子挑选洗净后,泡水约 8 h(或过夜),过滤,沥干放入宽口瓶中,瓶口以纱布盖上,每日加水、沥干 3 次左右,等到长出约 0.2 cm 的小白芽时(约需 1 日),以冷水洗净。倒入 3 倍的冷开水浸泡 24 h,即可饮用(可再泡第二次)。泡过的麦渣是良好的植物肥料来源。回春水外观像柠檬汁,微酸,若味道变酸、变臭,可能是小麦质量问题(未发芽的种子应挑出),或者是浸泡时间过久。另外,回春水不可浸泡三次。

2. 牛奶和面粉

功效:滋润防皱。

做法:将 3 匙牛奶和 3 匙面粉拌匀,调至呈糊状,涂满脸部,待面膜干后,再以温水按照洗脸步骤仔细清洗。

此面膜 1 周最多只能敷 2 次,使用太过频繁对肌肤反而不好。

巧储存:存放时间适当长的面粉比新磨的面粉的品质要好,民间有“麦吃陈,米吃新”的说法。

好搭档:面粉与大米搭配着吃最好。

一、名词解释

营养学

二、思考题

1. 近年来营养学主要取得了哪些进展?

2. 营养因素对美容的影响有哪些?

(夏海林)

第一章　营养学基础

第一节　营养与营养素的概念

一、营养

从字义上讲“营”的含义是“谋求”，“养”的含义是“养生”，“营养”就是“谋求养生”。养生是中国传统医学中使用的术语，即指保养、调养、颐养生命。

因此，营养(nutrition)的定义是指人类为了维持生命和身体各个器官、系统的正常活动，按一定规律从外界摄取一定数量的食物，并经过消化吸收而取得能被机体利用的各种营养素的过程。

营养是一个生物学过程，这个过程能满足人体生命活动所需的能量，提供机体组织、细胞生长发育与修复的材料并维持机体的正常生理功能。

二、营养素

1. 定义

营养素(nutrient)是指在人体生物代谢和与环境进行物质交换循环过程中，能为生命活动提供能量并构成、修补、更新机体结构的化学成分，以维持正常生理功能的一类物质。

现代营养学认为，人体至少需要41多种营养素，其中包括9种必需氨基酸、2种必需脂肪酸、14种维生素、7种常量元素、8种微量元素、1种碳水化合物(葡萄糖)，可概括为七大类，主要包括蛋白质、脂肪、碳水化合物(糖类)、维生素、无机盐及微量元素、水、膳食纤维。其中，蛋白质、脂肪和碳水化合物经氧化后会产生热量以供机体活动所需，又称为产热营养素、能量营养素或供能营养素。

健康的保持依靠营养，营养的正常保证是生命物质活动的基础。不论男女老幼，为了延续生命现象，必须摄取有益于身体健康的食物。

2. 宏量营养素与微量营养素

(1) 宏量营养素：人体对蛋白质、脂肪、碳水化合物的需要量较大，这类物质称为宏量营养素。因为它们在人体中经过氧化分解可以释放出能量，满足人体需要，所以也称为三大能量营养素。

(2) 微量营养素：维生素和无机盐等物质的人体需要量相对较小，称为微量营养

素。

人体中营养素的生理功能如图 1-1 所示。

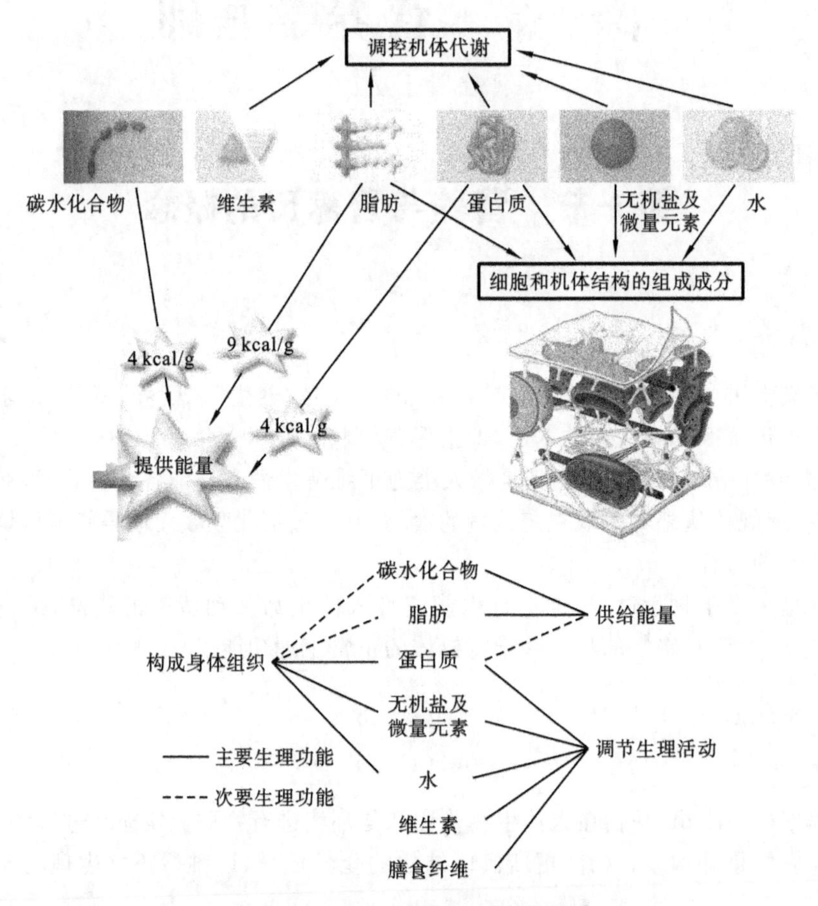

图 1-1　人体中营养素的生理功能

各种营养素来源于哪些食物?

1. 含蛋白质较多的食物

动物性食物中以蛋类(如鸡蛋、鸭蛋、鹅蛋、鹌鹑蛋)、肉类(如猪肉、羊肉、牛肉、家禽肉等)、奶类(如人奶、羊奶、牛奶)、鱼类(淡水鱼、海水鱼)、虾类(淡水虾、海水虾)等含量丰富。植物性食物中以黄豆、蚕豆、花生、核桃、瓜子含量较多,大米、小麦中也有少量的蛋白质。

2. 含脂肪较多的食物

动物油(如猪油、鱼肝油)和植物油(如菜油、花生油、豆油、芝麻油)中脂肪含量较多。肉类、蛋类、黄豆等也含有脂肪。

3. 含碳水化合物较多的食物

谷类，如大米、小麦、玉米；淀粉类，如山芋、土豆、芋头、绿豆、豌豆；碳水化合物，如葡萄糖、果糖、蔗糖、麦芽糖；水果；蔬菜。

4. 含矿物质较多的食物

(1) 含钙较多的食物：豆类、奶类、蛋黄、骨头、深绿色蔬菜、米糠、麦麸、花生、海带、紫菜等。

(2) 含磷较多的食物：粗粮、黄豆、蚕豆、花生、土豆、坚果类、肉类、蛋类、鱼类、虾类、奶类、动物肝脏等。

(3) 含铁较多的食物：以动物肝脏含铁最丰富，其次为血、心、肝、肾、木耳、瘦肉、蛋类、绿叶菜、芝麻、豆类、海带、紫菜、杏、桃、李等。谷类中也含有一定量的铁。

(4) 含锌较多的食物：海带、乳类、蛋类、牡蛎、大豆、茄子、扁豆等。

(5) 含碘较多的食物：海带、紫菜等。

(6) 含硒较多的食物：海产品、动物肝脏、肉、大米等。

5. 含维生素较多的食物

(1) 含维生素A较多的食物：鱼肝油、牛奶、蛋黄、蔬菜(如苜蓿、胡萝卜、西红柿、南瓜、山芋等)、水果(如杏、李、樱桃、山楂等)。蔬菜及水果中含有胡萝卜素，即维生素A的前身。

(2) 含维生素 B_1 较多的食物：谷类、麦麸、米糠、豆类、动物肝脏、肉类、蛋类、奶类、水果、蔬菜等。

(3) 含维生素 B_2 较多的食物：动物肝脏、蛋黄、酵母、牛奶、各种叶菜(菠菜、雪里蕻、芹菜等)。

(4) 含维生素C较多的食物：新鲜叶菜、水果和豆芽等。

(5) 含维生素D较多的食物：鱼肝油、蛋黄、牛奶及菌类。

(6) 含叶酸较多的食物：酵母、动物肝脏及绿叶蔬菜。

三、三大营养素与美容

蛋白质、脂肪、碳水化合物是人体健康所必需的三大营养素，与皮肤的美容有着密切的关系。

(1) 蛋白质是构成人体组织的主要成分，是人体器官生长发育所必需的营养物质，人体皮肤组织中许多有活性的细胞的活动都离不开蛋白质。

成年女子每日膳食对蛋白质摄入量不应少于1 g/kg体重。鸡肉、兔肉、鱼类、鸡蛋、牛奶、豆类及其制品等食物中均含有丰富营养价值的优质蛋白质，经常食用，既利于体内蛋白质的补充，又利于美容护肤。体内长期蛋白质摄入不足，不但影响机体器官的功能，降低对各种致病因子的抵抗力，而且会导致皮肤的生理功能减退，使皮肤弹性降低，失去光泽，出现皱纹。常用食物中蛋白质的相对生物学价值见表1-1。

表 1-1　常用食物中蛋白质的相对生物学价值

蛋白质	生物学价值	蛋白质	生物学价值	蛋白质	生物学价值
鸡蛋黄	90	牛肉	76	玉米	60
鸡蛋	94	白菜	76	花生	59
鸡蛋白	83	猪肉	74	绿豆	58
牛奶	90	小麦	67	小米	57
鱼	83	豆腐	65	生黄豆	57
大米	77	熟黄豆	64	高粱	56

注:食物中氨基酸的模式与人的氨基酸模式越接近就越能被吸收和利用,其被吸收和利用的百分数称为食物中蛋白质的生物学价值。例如,食物中鸡蛋的必需氨基酸与人最接近,其蛋白质的生物学价值较高,谷类由于缺少赖氨酸,其蛋白质的生物学价值较低。

(2) 脂肪是脂溶性维生素吸收不可缺少的物质,能保护人体器官和维持体温。脂肪在皮下适量储存,可滋润皮肤和增加皮肤弹性,延缓皮肤衰老。

人体皮肤的总脂肪量占人体总量 3%～6%。脂肪内含有多种脂肪酸,如果因脂肪摄入不足而致不饱和脂肪酸过少,皮肤就会变得粗糙,失去弹性。膳食中的脂肪分为两种,一种是动物脂肪,另一种是植物脂肪。动物脂肪因含饱和脂肪酸较多,如食入过多可能导致动脉粥样硬化,加重皮脂溢出,促进皮肤老化。而植物脂肪中含较多不饱和脂肪酸,其中尤以亚油酸为佳,不但有强身健体作用,而且有很好的滋润皮肤的作用,是皮肤滋润、充盈不可缺少的营养物质。

此外,植物脂肪中还含有丰富的维生素 E 等营养皮肤及抗衰老成分,不仅具有美容养颜功效,还具有强身健体和抗衰老的作用。

(3) 碳水化合物又称糖类,是人体能量的主要来源,占每日总能量的 60%～70%。碳水化合物能促进蛋白质合成和利用,并能维持脂肪的正常代谢和保护肝脏,从而间接地起到美容润肤作用。

四、维生素与美容

维生素是维持人体正常功能不可缺少的营养素,是一类与机体代谢有密切关系的低分子有机化合物,是物质代谢中起重要调节作用的许多酶的组成成分。

人体对维生素的需要量虽然微乎其微,但维生素的作用却很大。当体内维生素供给不足时,能引起身体新陈代谢的障碍,从而造成皮肤出现功能障碍。

维生素一般分为脂溶性维生素(如维生素 A、维生素 D、维生素 E、维生素 K 等)和水溶性维生素(如维生素 C、B 族维生素、叶酸等)两类。也有学者把维生素分为三类,除上述两类之外,第三类是类维生素物质,但这类物质本质上也是属于水溶性维生素(详见第五章)。各种维生素在美容护肤方面都有其独特的功效。这部分知识将在后面的章节中详细阐述。

课外导读

怎样判断缺少哪些维生素?

(1) 缺乏维生素 A 的临床表现:患者出现指甲凹陷线纹,皮肤瘙痒、脱皮、粗糙,头发干枯并容易脱落,眼睛多泪、视物模糊、夜盲症、干眼症,记忆力衰退,精神错乱,性欲低下等。

富含维生素 A 的食物:鳗鱼、比目鱼、鲨鱼、鱼肝油、鸡肝、羊肝、猪肝、牛肝、蛋黄、奶油、人造黄油、乳酪、柑橘、大枣、白薯、胡萝卜、香菜、韭菜、荠菜、菠菜、黄花菜、莴笋叶、西红柿、豆角类。其中鸡肝含维生素 A 最多。

(2) 缺乏维生素 B_1 的临床表现:患者出现脚气病,消化不良,小腿偶有疼痛,大便秘结,食欲降低甚至厌食,严重时出现呕吐、四肢水肿等。

富含维生素 B_1 的食物:猪肉、动物的肝脏和肾脏、全脂奶粉、小米、玉米、豆类、花生、果仁、南瓜、丝瓜、杨梅、紫菜,其中花生含维生素 B_1 最多。

(3) 缺乏维生素 B_2 的临床表现:患者出现口角溃烂、鼻腔红肿、失眠、头痛、精神倦怠、眼睛怕光、角膜发炎、皮肤多油质、头皮屑增多、手脚有灼热感等。

富含维生素 B_2 的食物:动物肝脏和心脏、鸡肉、蛋类、牛奶、大豆、黑木耳、青菜等,其中羊肝在食物中含维生素 B_2 量居首。

(4) 缺维生素 B_3 (维生素 PP) 的临床表现:患者出现糙皮病,舌头红肿,口臭,口腔溃疡,情绪低落,易患癌症。

富含维生素 B_3 的食物:瘦肉、牛肝、谷类、肉类、果核等。

(5) 缺乏维生素 B_6 的临床表现:患者出现口唇和舌头肿痛,黏膜干燥,肌肉痉挛;孕妇若缺乏维生素 B_6,则会出现过度恶心、呕吐。

富含维生素 B_6 的食物:土豆、南瓜、啤酒等。

(6) 缺乏维生素 B_{12} 的临床表现:患者出现皮肤粗糙,毛发稀黄,食欲降低,呕吐、腹泻,手指及脚趾常有麻刺感。

富含维生素 B_{12} 的食物:鱼类、虾类、蛋类及各种动物肝脏。

(7) 缺乏维生素 C 的临床表现:患者出现骨质疏松和牙齿松动、伤口难愈合、牙床出血、舌头有深痕、舌苔厚重、易患感冒,微血管破裂,严重者出现败血症。

富含维生素 C 的食物:鲜枣、山楂、柑橘、猕猴桃、柿子、芒果、黄瓜、白萝卜、丝瓜、青椒、西红柿、菠菜、香菜、韭菜、黄豆芽,其中鲜枣和猕猴桃在果类中含维生素 C 最为丰富。

(8) 缺乏维生素 D 的临床表现:患者出现佝偻病、软骨病,头部常多汗。

富含维生素 D 的食物:鱼类、虾类、蛋黄、奶制品、蘑菇、茄子。

(9) 缺乏维生素 E 的临床表现:患者出现肌肉萎缩,皮肤干燥,头发分叉,易出虚汗,性功能低下,妇女痛经。

富含维生素 E 的食物:畜肉、蛋类、坚果、牛奶及其奶制品、花生油、玉米油、芝麻油等。

(10) 缺乏维生素K的临床表现:患者皮肤、牙周、鼻部易出血,免疫功能差,易患感冒。

富含维生素K的食物:蔬菜、玉米、动物肝脏、麦类、乳制品、大豆、肉类、水果等。

(11) 缺乏维生素P的临床表现:患者出现毛细血管变脆和破裂出血、动脉粥样硬化。

富含维生素P的食物:豇豆、扁豆、葡萄、茄子、芹菜等,柑橘类(柠檬、柑橙、葡萄柚)的白色果皮部分和包着果囊的薄皮,杏、荞麦粉、黑莓、樱桃、玫瑰果实等都含有维生素P。

(12) 缺乏叶酸的临床表现:患者出现巨幼细胞性贫血、白细胞减少、舌炎、腹泻、食欲减退。

富含叶酸的食物:动物肝脏和肾脏、酵母、绿叶蔬菜。人体肠道细菌也能合成叶酸。

如果出现上述现象,尤其是中老年人,最好请教一下医生,不要自作主张随意服用维生素。

五、无机盐、微量元素与美容

在人体内的各种元素中,除碳、氢、氧和氮主要以有机化合物形式出现外,其余元素含量较多的有钙、镁、钾、钠、磷、硫、氯7种。它们是生命活动和生长发育及维持体内正常生理功能所必需的元素,也是人体健康不可缺少的物质,人们称它们为常量元素。在组成人体的各种元素中,有些在体内仅含有微量或超微量,在营养学上称为微量元素,如铁、锌、碘、硒、铜、锰、钴、钼、铬、镍、锡、钒、硅、氟等,它们在生物体内是各种激素及核酸的重要组成部分,是许多酶系统的活化剂或辅助因子,参与生命物质的代谢过程。在美容护肤方面,这些微量元素也起着重要作用。当体内微量元素供应不足时,能引起体内新陈代谢障碍,造成皮肤功能障碍,影响人体皮肤健康。

怎样判断缺少哪些微量元素?

(1) 缺铁的临床表现:患者出现疲劳,皮肤瘙痒,指甲断裂。

富含铁的食物:驴肉、猪肝、猪血、牛(羊)肾、羊舌、黄豆、蚕豆、高粱、腐竹、大白菜、黑木耳,其中黑木耳含铁量最高。

(2) 缺锌的临床表现:患者出现嗅觉和味觉障碍,头发脱落,睾丸萎缩,精子无活力。

富含锌的食物:牡蛎、牛肉、鸡肉、猪肉、全脂奶粉、核桃、苹果,其中牡蛎含锌量最高。

(3) 缺碘的临床表现:患者出现甲状腺肿大。

富含碘的食品:海带、海参、蚝、鱼、紫菜。

六、胶原蛋白与美容

胶原蛋白(collagen)是一种高分子蛋白质，丝状的胶原蛋白纤维能使皮肤保持弹性。它存在于人体皮肤、骨骼、牙齿、肌腱等部位，其主要生理功能是作为结缔组织的黏合物质。在皮肤方面，它与弹力纤维构成网状支撑结构，提供真皮层稳定有力的支撑。胶原蛋白是人体结缔组织的重要组成成分，具有活性和生物功能的胶原蛋白能主动参与细胞的迁移、分化和增殖代谢，具有联结和营养功能，又具有支撑和保护作用。在人体皮肤中，胶原蛋白含量高达 71.9%，维持着人体皮肤的弹性和韧性。人体的皮肤中缺乏胶原蛋白，就会导致胶原蛋白纤维交联固化，细胞间黏多糖减少，人的皮肤就会老化而失去弹性，出现皱纹、褐斑、萎黄、干燥、粗涩、瘙痒、衰老等。

为什么胶原蛋白具有美容功效?

随着年龄增长，人体胶原蛋白含量会逐渐流失，网状支撑结构也会渐渐变厚、变硬，失去弹性，当真皮层的弹性与保水度降低时，皮肤便会失去弹性后变薄和老化，同时可导致真皮的纤维断裂、脂肪萎缩、汗腺及皮脂腺分泌减少，使皮肤出现色斑、皱纹等一系列老化现象。皮肤是人体最大的器官，是人体的第一防御系统，又是美的重要标志。

研究表明，胶原蛋白之所以在美容护肤领域有着无可取代的地位，是因为其本身是一种由三股螺旋形纤维所构成的透明状物质，这种比 DNA 分子的双螺旋结构更为神奇的“三螺旋结构”能够强劲地锁住水分子。另外，胶原蛋白中还含有大量的氨基酸，它们都是天然保湿因子成分。

富含胶原蛋白的食物主要有肉皮、猪蹄、牛蹄、牛蹄筋、鸡翅等，同时，还应多吃一些柑橘、胡萝卜、蛋类、豆类等。

课外导读

世界卫生组织(WHO)公布的全球十大“垃圾”食物

1. 油炸类食物

(1) 导致心脑血管疾病。

(2) 含致癌物质。

(3) 破坏维生素，使蛋白质变性。

此类食物热量高，含有较多的油脂和氧化物质，经常进食易导致肥胖。此类食物是导致高脂血症和冠心病的最危险食物。在油炸过程中，往往产生大量的致癌物质。有研究表明，常吃油炸食物的人群，其某些肿瘤的发病率远远高于不吃或极少进食油炸食物人群。

2. 腌制类食物

(1) 导致高血压、肾脏负担过重，易诱发鼻咽癌。

(2) 损害胃肠道黏膜。

(3) 易患消化性溃疡和胃肠炎。

腌制的食物钠盐含量超标，可使肾脏负担加重。食物在腌制过程中还可产生致癌物质，导致鼻咽癌等恶性肿瘤的发病率增高。此外，高浓度的钠盐可严重损害胃肠道黏膜，故经常进食腌制类食物者，消化性溃疡和胃肠炎的发病率较高。

3. 加工肉类食物(如肉干、肉松、香肠等)

(1) 含三大致癌物质之一——亚硝酸盐(亚硝酸盐俗称工业用盐)。

(2) 含大量防腐剂等，可加重肝脏负担。

这类食物含有一定量的亚硝酸盐，故可能有导致肿瘤的潜在风险。此外，由于添加防腐剂、增色剂和保色剂等，造成人体肝脏负担加重。此外，火腿等制品大多为高钠食物，大量进食可导致钠盐摄入过多，造成血压波动及肾功能损害。

4. 饼干类食物(不含低温烘烤和全麦饼干)

(1) 食用香精和色素过多，可对肝脏造成负担。

(2) 严重破坏维生素。

(3) 热量过多，营养成分含量低。

5. 汽水可乐类食物

(1) 含磷酸、碳酸，会带走体内大量的钙。

(2) 含糖量过高，喝后有饱胀感，影响正餐。

6. 方便类食物(主要是指方便面和膨化食物)

(1) 钠盐含量过高，含防腐剂和香精，增加肝脏负担。

(2) 只有热量，没有营养。

方便面属于高盐、高脂、低维生素、低矿物质类食物。一方面，因钠盐含量高易增加肾脏负荷；另一方面，含有一定的人造脂肪(反式脂肪酸)，对心血管系统有相当大的负面影响。加之方便面中含有防腐剂和香精，可能对肝脏等有潜在的不利影响。

7. 罐头类食物(包括鱼类、肉类和水果类罐头食物)

(1) 破坏维生素，使蛋白质变性。

(2) 热量过多，营养成分含量低。

不论是水果类罐头食物，还是肉类罐头食物，其中的营养素都遭到大量的破坏，特别是各类维生素几乎被破坏殆尽。罐头类食物中的蛋白质常常出现变性，使其消化吸收率大为降低，营养价值大幅度“缩水”。此外，很多水果类罐头食物含有较高的糖分，并以液体形式被摄入人体，使糖分的吸收率大为增高，可在进食后短时间内导致血糖大幅升高，胰腺负荷加重，同时，由于含热量较高，有可能导致肥胖。

8. 蜜饯类食物(包括果脯)

(1) 含三大致癌物质之一——亚硝酸盐。

(2) 钠盐含量过高，含防腐剂和香精。

这类食物含有亚硝酸盐，在人体内可结合胺形成潜在的致癌物质亚硝酸胺；含有香精等添加剂可能损害肝脏等脏器;含有较高钠盐可能导致血压升高和肾脏负担加重。

9. 冷冻甜品类食物(如冰淇淋、冰棒等)

(1) 含大量奶油,极易引起肥胖。

(2) 含糖量过高影响正餐。

这类食物有三大问题:大量奶油可导致肥胖;高浓度糖类物质可降低食欲;低温度可刺激胃肠道。常吃这类食物可导致体重增加,甚至出现血糖和血脂升高。饭前食用奶油蛋糕,还会降低食欲。大量脂肪和糖类物质常常影响胃肠排空,甚至导致胃食管反流。很多人在空腹进食奶油类制品后出现反酸、恶心等症状。

10. 烧烤类食物

(1) 含大量苯并芘,此为三大致癌物质之首。

(2) 可导致蛋白质变性,加重肾脏和肝脏负担。

第二节 合理营养与合理膳食

合理营养(rational nutrition)即全面而均衡的营养,是指膳食中能量和营养素充足,能量和各种营养素之间比例适宜,符合正常生命活动的需要。

合理营养包括两方面内容:一是满足机体对营养素的需要;二是不同营养素之间比例适宜。

合理膳食也称为平衡膳食(balanced diet)或健康膳食,是指膳食所提供的能量及各种营养素在数量上能满足不同条件下用膳者的要求,并且膳食中不同营养素之间比例适宜。合理营养是通过合理膳食来实现的。

一、合理膳食的基本要求

(1) 满足机体对营养素的需要,不同营养素之间比例适宜。

(2) 摄取的食物应该保证各种营养素之间的平衡,即食物要多样:合理膳食,应包括谷类、动物类及豆类、蔬菜类和油脂等食物,并且这几种食物在膳食中要有适当的比例,能量来源比例中蛋白质、脂肪、碳水化合物的产热量占总热量的比例分别为10%～15%、20%～25%、60%～70%,蛋白质摄入量中优质蛋白质(动物蛋白和大豆蛋白)应占50%以上,各种营养素之间的关系如维生素 B_1、维生素 B_2 与烟酸对能量消耗的平衡,必需氨基酸之间的平衡,饱和与不饱和脂肪酸的平衡等。

(3) 科学的膳食制度是指把每天食物定质、定量、定时食用,使大脑的兴奋与抑制过程形成规律的一种制度。按照我国人民的生活习惯,在正常情况下,一日三餐,两餐相隔5～6 h为宜,各餐食物能量分配最好是早餐占全天总能量的25%～30%,午餐占40%,晚餐占30%～35%。早餐食物可选体积小又富含热量的食物;午餐食物应含热量最高,可选富含蛋白质、脂肪的食物;晚餐选热量稍低且易消化的食物。

(4) 合理加工烹调,减少营养素的损失。食物经烹调加工后具有良好的色、香、味、形等感官性状,能增进食欲,易于消化吸收,同时应杀灭有害微生物,预防食源性疾病,并且具有一定饱腹感,在加工烹调中应尽量减少营养素的损失。

(5) 食物必须对人体无毒、无害。要保证食物的卫生和安全,要求保持食物的清洁卫生、烹调过程的卫生,防止食源性疾病,并注意避免因烹调中有害物质的形成而危害健康。食物要保持清洁,防止食物中毒,并且要注意避免农药残留、食物添加剂过量和食品污染等问题,保证食物的安全性。

二、饮食的种类

(1) 普通饭:也称正常饭,它与正常人的膳食接近。它适用于体温正常、无消化道疾病、咀嚼功能正常、无需膳食限制的产妇和恢复期患者。普通饭应是营养齐全,符合机体需要的平衡膳食。除了不用辛辣等强烈刺激品和少数油炸及不消化的食物外,一般食物均可选用。

(2) 软饭:质软,易于咀嚼,比普通饭易于消化,适用于轻微发热、消化不良、咀嚼功能差者,口腔疾病、肠道疾病恢复期的患者,以及老年患者和5岁以下的幼儿。食物品种选择上应减少非溶性的粗纤维,可选用含果胶的可溶性食物纤维。

(3) 半流食:由呈半流质状的食物组成的饮食,也是从流食至软饭或普通饭的过渡饮食,主要适用于发热、手术后、吞咽困难、消化道疾病的患者。此种饮食要求制作细软,少用粗纤维食物。喂患者时宜少量多餐。每日可给予5～6次,每次约300 mL。主要采用米粥、面条、面汤、馄饨之类易消化的食物,如给肉菜类可做成泥状。烹饪时尽量少用或不用刺激类调味品。此种饮食能量较低,不宜长期食用。

(4) 流食:主要是由液体食物组成,不需咀嚼,易于吞咽,适用于高热、消化道急性炎症、口腔疾病、头部和胃肠道手术后或其他手术后的患者。进食此种饮食时,每2～3 h一次,每日可进食6～7次,每次250～300 mL。烹调此种饮食时,不用含刺激性食物及调味品。此种饮食热量和营养素均不足,只能短期使用1～3日。如需要长期使用应给予特殊配方,以维持营养素的平衡。

(5) 高蛋白饮食:主要适用于营养不良、贫血、烧伤、肝炎恢复期、伤寒、手术前后、孕妇及乳母等生理性蛋白质需要量增加者。消化功能较好的患者食用此种饮食可在正餐中增加蛋类、鱼类、肉类等副食,以提高蛋白质的摄入量。消化功能较差的患者,可在两餐之间加牛奶、豆浆、蛋羹等。

(6) 低蛋白饮食:主要适用于急性肾炎、肾功能衰竭、肝性脑病患者。每日膳食中蛋白质总量控制在40 g以下。少用或不用动物性食物和豆类食物。热量的来源主要以碳水化合物为主。可使患者多用新鲜水果和蔬菜。制作此种饮食时,避免用刺激性调味品。

(7) 低盐饮食:主要适用于高血压、心力衰竭、急性肾炎、慢性肾炎、肾功能衰竭、肝硬化腹腔积液等患者。给患者此种饮食时应禁用腌制类食物,如咸蛋、咸菜、火腿、香肠、酱菜及各类含盐的熟肉食等。酌情根据病情决定用盐量，每日盐摄入量最多不超过4 g。需要时，可根据病情采用少量钾盐酱油或低盐，以改善患者的食欲，也可用糖醋烹调法增进患者的食欲。

(8) 低脂肪饮食：主要适用于冠心病、高脂血症、胆囊炎、胆道疾病、肝胰疾病及腹泻患者。患者采用此种饮食应避免用肥肉、肥禽、含油脂多的糕点、奶油及各种点心和油炸食品。瘦猪肉、牛羊肉每日摄入量不越过 100 g。烹调时多采用蒸、炖、煮、烩的方法，尽量少用油脂。

(9) 低胆固醇饮食：主要适用于冠心病、高胆固醇血症、胆囊炎、胆石症、肾病综合征等患者。患者采用此种饮食时每日胆固醇在食物中的摄入量应不超过 300 mg。少用或不用动物的内脏及蛋黄等含胆固醇高的食品。忌用肥禽、肥肉、猪油、牛油或羊油等。瘦肉少量可给予，牛奶每日一杯，以脱脂奶粉或酸奶为佳。可多选用大豆、香菇、木耳等降脂食品。烹调时可选用豆油、菜油、瓜子油等。

(10) 少渣饮食：主要适用于伤寒、肠炎、痢疾、胃肠道手术后、肛门肿瘤及食道静脉曲张等患者。此种饮食所有食物均需切碎、煮烂，避免使用粗粮、韭菜、豆芽等含纤维素多的食物。多用鱼、虾、肉、豆腐脑、鸡蛋羹等营养丰富的食物。烹调时不用高脂肪食物，不用油炸的烹调方法及刺激性调味品。

(11) 高纤维饮食：主要适用于便秘、肥胖症、冠心病、高脂血症及糖尿病等患者。此种饮食可采用含纤维多的食物，如韭菜、豆芽、粗粮等。有条件时可适量采用纤维素冲剂、果胶类，以增加食物纤维。长期食用高纤维饮食易产生无机盐和微量元素的不足，需注意营养的补充。

课外导读

合理食用蜂蜜

(1) 进食须知：蜂蜜不能用沸水冲饮。蜂蜜中含有丰富的酶、维生素和矿物质，若用沸水冲饮，不仅无法保持其天然的色、香、味，还会不同程度地破坏其营养成分。

(2) 适量食用：每天食用蜂蜜的适宜量为 10～30g(约 1～3 汤匙)。虚寒体质者用温开水冲服，火旺体质者则应用冷开水冲服。

(3) 禁忌人群：国外的科学研究发现，一周岁以下的婴儿食用蜂蜜及花粉类制品，可能因肉毒杆菌污染，引起食物中毒。糖尿病患者也不宜食用蜂蜜。孕妇不要吃生蜜(即未经炼制的蜂蜜)，普通蜂蜜也不宜多吃。腹泻者不宜食用蜂蜜，否则会加重症状。

(4)相克食物：蜂蜜和豆腐同食会影响听力，蜂蜜和洋葱同食伤眼睛，蜂蜜和韭菜同食易致心病，蜂蜜和大米同食易致胃痛。蜂蜜和鲫鱼同食可导致轻微食物中毒，中医学主张使用黑豆、甘草解毒。蜂蜜不宜加入豆浆中冲兑服用。

第三节　营养平衡与膳食平衡

一、营养平衡

人体对营养最基本的要求如下。

(1) 可供给热能，以维持体温，满足生理活动等的需要。

(2) 构成身体组织，供给生长、发育及组织自我更新所需要的材料。

(3) 保护器官机能，调节代谢反应，使身体各部分工作能正常进行。

已知人体必需的物质约有50种。而现实中没有一种食物能按照人体所需的数量和所希望的适宜比例提供营养素。因此，为了满足营养的需要，必须摄取多种多样的食物。

膳食所提供的营养和人体所需的营养恰好一致，即人体消耗的营养与从食物获得的营养达成平衡，这称为营养平衡。

要保证合理营养，食物的品种应尽可能多样化，使能量和各种营养素数量充足、比例适宜，过度和不足都将造成不良后果。营养过度，其后果比肥胖本身还严重。营养缺乏会造成营养性水肿和贫血、夜盲症、脚气病、糙皮病、坏血病、佝偻病等一系列疾病。总之，营养不良(营养过度和营养缺乏)所造成的后果是严重的。因此，饮食必须有节，讲究营养科学。

那么，怎样才算合理营养呢？从营养学观点来看，就是一日三餐所提供的营养素能够满足人体的生长、发育和各种生理、体力活动的需要，也就是膳食调配合理，达到膳食平衡的目的。主食有粗有细，副食有荤有素，既要有动物性食物和豆制品，也要有较多的蔬菜，还要经常吃些水果，这样，才能构成合理营养。

二、膳食平衡

要有健康的体魄，首先，必须在人体的生理需要和膳食营养供给之间建立平衡的关系，也就是膳食平衡。

膳食平衡需要同时在几个方面建立起膳食营养供给与机体生理需要之间的平衡，如热量营养素即三大营养素构成的平衡，必需氨基酸之间的平衡，各种营养素摄入量之间的平衡、酸碱平衡及动物性食物和植物性食物的平衡，饱和与不饱和脂肪酸之间的平衡等。否则，就会影响身体健康，进而导致某些疾病发生。

1. 热量供给平衡

碳水化合物、脂肪、蛋白质均能为机体提供热量。热量供给过多，可引起肥胖、高血脂和心脏病；热量供给过少，会造成营养不良，同样可诱发多种疾病，如贫血、结核病等。

2. 氨基酸平衡

食物中蛋白质的营养价值，基本上取决于食物中所含有的 8 种必需氨基酸的数量和比例。只有食物中所提供的 8 种必需氨基酸的比例与人体所需要的比例接近时才能有效地合成人体的组织蛋白，比例越接近，生理价值越高，生理价值接近 100 时，即 100%被吸收，此类食物称为氨基酸平衡食物。除人奶和鸡蛋之外，多数食物都是氨基酸不平衡食物。所以，应提倡食物的合理搭配，纠正氨基酸构成比例的不平衡，提高蛋白质的利用率和营养价值。

3. 各种营养素摄入量之间的平衡

不同的生理需要、不同的活动，营养素的需要量不同，加之各种营养素之间存在着错综复杂的关系，造成各种营养素摄入量间的平衡难以把握。各国营养学会均制订了各种营养素的每日供给量推荐标准。一般来说，只要各种营养素在一定的周期内不偏离标准供给量的 10%，营养素摄入量间的平衡就算达到了。

4. 酸碱平衡

正常情况下人的血液 pH 值保持在 7.35～7.45，略偏碱性。应当食用适量的酸性食物和碱性食物，以维持体液的酸碱平衡，当食物搭配不当时，会引起生理上的酸碱失调。

(1) 食物的酸碱性：食物按元素成分可分为碱性食物和酸性食物两大类。含钾、钠、钙、镁等元素的食物一般为碱性食物，如豆腐、豌豆、大豆、绿豆、油菜、芹菜、甘薯、蘑菇、牛奶等。含磷、氯、硫、非金属等元素的食物一般为酸性食物，如肉类、鱼类、家禽、蛋类、谷类、油脂、酒类等。梅子、柠檬、橘子、葡萄吃起来有酸味，容易被认为是酸性食物，但它们是碱性食物，因为经人体吸收后，它们变成了碱性。各种食物尽管营养成分不同、味道不同，但进入人体后，都可分为酸性食物和碱性食物，只有这两类食物合理搭配，才会对人体有利。笼统地说，大部分肉类都是酸性食物，而大部分蔬菜、水果是碱性食物。

(2) 食物的酸碱性与人体健康：食物的酸碱性与人体健康密切相关，维持机体的酸碱平衡，能使机体各脏器组织有良好的、能发挥正常功能的体液环境，从而使人体更健康。在维持酸碱平衡中，应科学合理地摄入酸性食物和碱性食物，主要防止酸性食物摄入过多而碱性食物摄入不足的现象。酸性食物摄入过多，血液偏酸性、颜色加深、黏稠度增加，严重时会引起酸中毒，同时会增加体内钙、镁、钾等离子的消耗而引起缺钙。

大米、面粉、肉类、蛋类、食用油、碳水化合物、酒类属于酸性食物，长期进食过多会使血液偏酸性，形成酸性体质，使免疫力下降，容易患病。据统计，有 61.8%的疾病缘于酸性体质，所以，应该适当多吃些碱性食物，使血液保持正常的微碱性。碱性食物进食量应占膳食总量的 61.8%。

美容要碱不要酸

真正的美容是吃出来的，营养的好坏决定着面部肤质和色泽。不仅要看饮食的质量，还要看饮食的酸碱性，这些都会对容颜产生影响。我们的日常食物有偏于酸性和偏于碱性之分。其中碱性食物被认为是有美容作用的食物。

酸性食物并不是味道吃起来发酸的食物，而是经过消化进入血液后pH值小于7的一类食物，碱性食物则相反。笼统地说，大部分肉类是酸性食物，而大部分蔬菜、水果是碱性食物。如果酸性食物吃得过多，将会改变人体内正常的碱性环境，使体液偏酸性，这对健康有害，表现在皮肤上就会使皮肤变得粗糙、色素沉着、毛孔增大。

哪些是碱性食物呢？常见的碱性食物有豆腐、豌豆、牛奶、芹菜、土豆、竹笋、香菇、胡萝卜、海带、绿豆、橘子、香蕉、西瓜、柿子、草莓等。

需要注意的是，蛋白质是美容不可缺少的，蛋白质缺乏时，皮肤的弹性就会降低。一般成人每日的蛋白质需要量是70～100 g，成年女性是80～90 g，一旦供应不足，就会使皮肤变薄，并出现皱纹。动物蛋白由于含有过多的脂肪，所以属于酸性食物，其酸性由大到小排列的次序是：猪肉、羊肉、牛肉、鸡肉、鱼肉。而大豆类蛋白质的酸碱性对美容最合适，所以大豆类蛋白质是美容的首选。同时，脂肪的摄入也是很重要的，为脂溶性维生素提供吸收的条件，但是出于对身体内环境的考虑，也应以植物油为宜。

脸上毛孔粗大、粗糙及易长痤疮的人往往想到换肤、磨砂之类的美容方法，其实不妨改变一下饮食结构，多吃些蔬菜、水果等碱性食物，使体液保持弱碱性，这样的美容效果更为长久。

当然，并不是所有偏于酸性的食物都应从美容食谱中清除出去，这样偏食的做法也不利于美容。例如，肉皮类食物虽然偏酸性，但确实有一定抗皱作用，可以在食用它的同时多吃一些碱性食物。可见，科学美容的关键还在于饮食的合理搭配。

5. 动物性食物和植物性食物平衡(荤素平衡)

动物性食物和植物性食物也可分别称为荤、素食物，前者含有后者较少甚至缺乏的营养成分(如维生素 B_{12})，常吃素食者易患贫血、结核病。素食中含纤维素多，可抑制锌、铁、铜等重要微量元素的吸收，含脂肪过少。常吃素食，可危害儿童发育(特别是脑部的发育)，导致少女月经初潮延迟或闭经，老年人长期吃素食可因胆固醇水平过低而遭受感染与癌症的侵袭。只有养成合理的荤素搭配习惯，才有利于人体酸碱平衡和整体健康，建议荤素比例以1∶4为宜，即吃一口荤菜搭配吃四口素菜。

荤食也不可过量，高脂肪与心脏病、乳腺癌、中风等的因果关系早有定论。荤素平衡，以脂肪在每日三餐热量中占20%～25%为宜。

三、营养平衡与营养配餐

营养配餐是指按人体需要，根据各类食物中营养素的含量，以一天或一周或一个月为周期，设计相应的搭配食谱。它所包含的蛋白质、脂肪、碳水化合物、矿物质以及维生素等各种营养物质，不仅种类齐全，而且比例合理，以达到饮食营养平衡的目的。

营养配餐是营养平衡理论的产物，也是实现营养平衡的最佳载体。配餐也称套餐，它的出现在很短时间内就风靡了世界各国。它不仅出现在食品市场，而且走进了家庭，这不但是食品消费的改变，而且是饮食科学的变革，是向科学饮食的方向迈进的重要一步。

所谓营养平衡，其衡量的一个主要标准就是食物对人体热量的供给量是否适宜。缺少热量会导致血糖下降、机体无力，严重者甚至会影响人体免疫力，而热量过多则又易发胖，引起多种疾病。因此在配餐中确定热量的供给比例十分重要。

三大营养素提供给人体总热量的百分比应该为：蛋白质 10%～15%、脂肪 20%～25%、碳水化合物 60%～70%。这些热量在一日三餐中也应合理分配，以早餐占 30%、午餐占 40%、晚餐占 30%为宜。按此比例搭配每一餐的各类食物，使其所含营养全面、比例合理，均衡地满足不同人员的需要，这对实现营养平衡具有十分重要的意义。

人体每天所需热量的多少决定于以下三个方面。

(1) 维护基础代谢率和生长发育所需热量。

基础代谢是指维持人体最基本生命活动所必需的能量消耗，占人体所需总能量的 60%～70%。其中 50%用于离子运转，其余 50%用于维持基本功能，如肌肉张力、心脏搏动及血液循环、肺呼吸、肾脏功能活动、生化转变及维持体温等。测定基础代谢必须是在空腹 12～14 h、室温保持在 26～30 ℃、清醒、静卧、全身肌肉放松的情况下进行，此时热量仅用于维持体温和呼吸、血液循环及其他器官活动的生理需要。基础代谢的水平用基础代谢率(basal metabolic rate，BMR)表示，基础代谢率就是指人体处于基础代谢状态下，每小时每平方米体表面积(或每千克体重)的热量消耗。BMR 的单位为 kJ/(m^2 · h)或 kJ/(kg · h)。WHO 建议的计算基础代谢率公式见表 1-2。

表 1-2　WHO 建议的计算基础代谢率公式

年龄(岁)	男 BMR/kJ/(kg · h)	女 BMR/kJ/(kg · h)
0～3	(60.9×*W*)−54	(61.0×*W*)−51
4～9	(22.7×*W*)+495	(22.5×*W*)+499
10～17	(17.5×*W*)+651	(12.2×*W*)+746
18～29	(15.3×*W*)+679	(14.7×*W*)+496
30～60	(11.6×*W*)+879	(8.7×*W*)+829
>60	(13.5×*W*)+487	(10.5×*W*)+596

注：①*W* 表示体重，单位为 kg；

②“0～3”表示大于或等于 0 岁小于 3 岁，其余类推。

(2) 劳动所需热量即体力活动消耗的热能。

体力活动是人体热量消耗变化最大，也是人体控制热量消耗、保持能量平衡、维持健康最重要的部分。体力活动所消耗热量多少与三个因素有关：肌肉越发达者，活动时消耗热量越多；体重越重者，做相同的运动所消耗的热量也越多；活动时间越长、强度越大，消耗热量越多。

劳动强度越大，消耗热量越大，所需食物也越多。

(3) 食物热效应消耗的能量。

食物热效应(thermic effect of food，TEF)是指因摄食而引起的机体能量代谢的额外的消耗，也称食物特殊动力作用(specific dynamic action，SDA)。摄食后，人体对食物中的营养素进行消化、吸收、代谢、转运及储存等，都需要额外消耗能量。这种因摄食而引起的热量的额外消耗，称为食物热效应。它只是增加机体能量消耗，并非增加能量来源。食物热效应与食物成分有关，不同成分的食物有不同的促进作用。例如，摄入 25 g 蛋白质可产生 418 kJ 能量，但 SDA 占去了 30%，所以，机体可利用的热量只有 70%。一般混合食物的 SDA 为 6%～10%。食物热效应与食物营养成分、进食量和进食频率有关。一般来说，含蛋白质丰富的食物最高，蛋白质的 SDA 可高达 30%，其次是富含碳水化合物的食物，碳水化合物为 5%～6%，最后才是富含脂肪的食物，脂肪为 4%～5%。混合型食物其食物热效应占其基础代谢能量的 10%。吃得越多，能量消耗也越多；进食快比进食慢者食物热效应高。这是因为进食快的人的中枢神经系统的活动更活跃，激素和酶的分泌速度快、分泌量更多，吸收和储存的速率更高，其能量消耗也相对更多。

每日饮食中应供应的能量见表 1-3。

表 1-3　每日饮食中应供给的能量

年　龄	劳动强度	性别	热量/kcal
18 岁以上，60 岁以下	极轻劳动（办公室职员）	男	2400
		女	2100
	轻劳动（老师）	男	2600
		女	2300
	中等劳动（学生日常活动等）	男	3000
		女	2700
	重劳动（农业生产等）	男	3400
		女	3000
	极重劳动（搬运、采矿等）	男	4000

年　龄	劳动强度	性别	热量/kcal
60～69 岁	极轻劳动	男	2000
		女	1700
	轻劳动	男	2200
		女	1900
	中等劳动	男	2500
		女	2100
70～79 岁	极轻劳动	男	1800
		女	1600
	轻劳动	男	2000
		女	1800
80 岁及以上		男	1600
		女	1400

注：孕妇(4～6 个月)加 300 kcal，孕妇(7～9 个月)加 300 kcal，乳母加 800 kcal。

第四节 营养与情绪

摄食实质上是人类的一种本能行为。在正常条件下，人体每日摄入的食物处于相对稳定状态，并接近于当时的热量消耗，这提示人体对食物的摄入有粗略的调节能力。在某些情况下，人体摄入的食物与其实际需要并不一定均衡，这是一个复杂的过程。人类的摄食行为是一种社会化的行为。德国科学家研究发现，人的喜怒哀乐与饮食有着密切的关系。有的食物能够使人快乐、安定，有的食物则可使人焦虑、愤怒、悲伤、不满、恐惧及狂躁。

一、人类特有的情绪反应对摄食的复杂影响

情绪会影响摄食过程，例如沮丧、忧伤和愤怒的情绪往往抑制食欲。医学研究认为，人的情绪实质上是一种神经生理性感觉与情绪反馈活动的产物，在这个反馈过程中，下丘脑是情绪表达的中枢，而边缘系统与下丘脑之间有密切的联系，对情绪活动可以发挥十分重要的影响。情绪反馈中的兴奋传递必须依赖于神经传递物质，如儿茶酚胺、5-羟色胺等。当食入较多的肉类、奶类、蛋类、酒等酸性食物时，由于这些食物含有丰富的含硫氨基酸，这时体内就容易合成适量的儿茶酚胺、去甲肾上腺素等，它们对下丘脑交感神经有引起兴奋的作用，经过神经递质反馈于人的大脑皮层，于是使人警觉、喜悦、产生活力，这时人的情绪容易急躁和激动；反之，如果长期偏食蔬菜、水果和豆制品等碱性食物，则会由于摄取碳水化合物过量，增加大脑中色胺酸的供应量，而色胺酸在体内经过羟化、脱羧等一系列化学变化，最终生成5-羟色胺。5-羟色胺能对人起到一种催眠作用，使人的神经松弛，精神不易兴奋，遇事心平气缓。食疗专家的研究还表明，食物可以影响和改变人的某种性格，当你觉得自己的性格有些缺憾时，如情绪不稳定、易激动、办事毛毛糙糙等，不妨做些尝试，用一些有关的食物来加以改善。

(1) 情绪不稳定的人应多吃一些含钙、含磷较多的食物。含钙较多的食物有大豆、菠菜、牛奶、花生、橙子、鱼、虾等。含磷较多的食物有大豆、花生、菠菜、栗子、杏、葡萄、虾、蟹、鸡、土豆和蛋黄等。

(2) 容易生气发怒的人多缺钙，同时还缺乏B族维生素，这种人宜多吃些白米饭。

(3) 缺乏恒心的人可能是缺乏维生素A及维生素C，此时应适当多吃些辣椒、笋干和油炸萝卜，也可能是吃酸性食物的量过大，如吃肉类过多，因此平时要少吃些肉类，多吃些水果、蔬菜。

(4) 依赖性强的人可能是受体内酸性环境的影响，所以平时要多吃些碱性食物和含钙的食物，这样比较容易克服依赖性。

由此可见，人的情绪在一定程度上与人的饮食习惯有关，而情绪的好坏在一定程度上又影响人们对饮食营养的消化吸收。因此，人们在日常膳食中一定要注意荤素兼顾，

以保持体内酸碱平衡，同时要学会调节自己的情绪，防止和减轻负性情绪对健康的危害，以保证营养素的正常吸收和利用，这样才能促进身心健康。

情绪与饮食

人的情绪、心理甚至性格与饮食习惯、营养摄入有着密切的关系，若能吃得对、吃得好，有利于逐渐远离怒、疑、懒、悲等不好的情绪。

(1) 怒：有些暴躁是吃出来的。

如果几种与能量代谢有关的B族维生素（如维生素B_1、维生素B_3、维生素B_6等）消耗得多，而维生素B_1缺乏会使人脾气暴躁、健忘、表情淡漠，维生素B_3缺乏与焦虑、失眠有关，维生素B_6不足则导致思维能力下降。肉吃得多，体内的肾上腺素水平高会使人冲动。怒与吃糖也多有关联。

日常生活中的一些食物有顺气的作用，它不仅能使人摆脱不良情绪的影响，而且还能缓解生气带来的胸闷、气逆、腹胀、失眠等症状。

常见制怒剂如下。

玫瑰花：泡茶时放入几朵玫瑰花，饮之即可顺气，也可以单泡玫瑰花饮用。

山楂：中医认为山楂长于顺气止痛、化食消积，可以缓解生气后造成的胸腹胀满和疼痛，对于生气所致的心动过速、心律不齐也有一定疗效。

萝卜：萝卜最好生吃，如有胃病者可饮用萝卜汤。

啤酒：适量饮用啤酒能顺气开胃，可以使人及时走出愤怒的情绪。

莲藕：莲藕能通气，并能强健脾胃、养心安神，亦属顺气佳品。

(2) 疑：希望过高，紧张过度。

也许是压力太大，也许是期许过高，多疑的人都有些紧张，紧张的人都有些神经质，这类人大多不快乐，甚至常受失眠困扰。

疑虑和忧思之人多是苍白、瘦弱的，主要是热量和蛋白质摄取量很低，导致贫血、体力不足。吃素：长年吃素得不到足够的脂肪以及那些含在动物性食物中的卵磷脂和肉碱，从而影响细胞对能量的利用、影响脑组织神经递质的合成和释放。缺锌：缺锌的人容易抑郁、情绪不稳定。

常见抗疑剂如下。

绿茶：绿茶可以放松人的情绪，使精神处于轻松愉悦的状态。

蔬菜：蔬菜中的钾有助于镇静神经、安定情绪。

冬虫夏草：冬虫夏草的功效包括扶正固本、镇静安神，如金水宝、百令胶囊等。

零食：在紧张工作的间隙，吃少许零食，可以转移人的视线，缓解焦虑。

(3) 懒：能一定程度上反映饮食上的某种偏差。

高盐：食盐过量在体内积蓄，会出现反应迟钝、喜欢睡觉等现象。

体酸：常言道酸懒酸懒，真的是酸了便会懒的。

缺铁：饮食单调、不注意荤素搭配摄食的人，容易出现缺铁现象。

常见克懒剂如下。

血豆腐加青椒：血豆腐含有最易吸收的血红素铁，再加上青椒以其所含的维生素C辅助铁的吸收，绝对事半功倍。

青菜豆腐：少油盐、清淡而规律的饮食能使人保持振奋的状态。

(4) 悲：抑郁、伤感催生营养不良，营养不良又加剧抑郁、伤感。

氨基酸不平衡：缺乏色氨酸是诱发抑郁症的重要原因，因此要多补充富含色氨酸的食物，如花豆、黑大豆、南瓜子、鱼片等。

缺镁：香蕉、葡萄、苹果、橙子能给人带来轻松愉悦的感觉，让忧郁远离。

常见抑悲剂如下。

鸡汤：鸡汤含有多种游离氨基酸，能平衡身体的需要，提高大脑中多巴胺和肾上腺素水平，使人充满活力和激情，克服悲观厌世的情绪。

维生素C：维生素C缺乏可以表现为冷漠、情感抑郁、性格孤僻和少言寡语。

杂食：每日摄入的食物种类最好不少于20种，以发挥杂食之利，提高膳食的均衡性。

二、选择营养丰富的食物

(一) 选择营养素的最佳来源

营养素蕴藏于形形色色的食物之中，在各种食物中因其所含营养素种类及数量的不同，食物的营养价值也不同。

一般应选择营养素的最佳来源，如：氨基酸的最佳来源以苦味食物最为丰富；不饱和脂肪酸的最佳来源为海鱼；微量元素与维生素的最佳来源为蘑菇，蘑菇乃是天然维生素的宝库；核酸的最佳来源是花粉，其含量为动物肝脏的4倍，猪肉的40倍，其次鱼类、洋葱、蘑菇等都是富含核酸的佳品；甲壳素的最佳来源是螃蟹，甲壳素具有增强人体细胞免疫力的作用，对肠道传染病、食物中毒等的防治有一定的价值；酶如谷胱甘肽过氧化物酶(GSH-Px)的最佳来源为香菇，其次为山药、银杏、大枣、山楂、蜂王浆、生姜、绞股蓝、麦饭石、豆角、韭菜及青椒等。

(二) 食物选择的对与错

√ 鸡肉

鸡肉是最好的蛋白质来源之一。

√ 蘑菇

蘑菇富含钾和磷，还含有具保健功能的B族维生素，它是低脂肪、低热量的食物。

√ 花椰菜

花椰菜含有丰富的维生素，一碟花椰菜可满足成年人维生素A的每日需要量，花椰菜还能提供人体必需的维生素C。

√ 马铃薯

马铃薯除含有碳水化合物外，还含有镁、铁、磷、钾等。

✓ 香蕉

香蕉可供给植物性脂肪，对人体很有益，并且富含对人体至关重要的钾元素。

╳ 臭豆腐

臭豆腐在发酵过程中极易被微生物污染，还含有大量挥发性盐基氮以及硫化氢等，这些都是蛋白质分解的腐败物质，对人体有害。

╳ 味精

味精的每人每日量应不超过 6 g，摄入过多的味精会使血液中谷氨酸含量升高，并可限制必需的二价阳离子 Ca^{2+} 和 Mg^{2+} 的利用，进而造成短暂性头痛、心跳加快、恶心等症状，对人的生殖系统也有一定影响。

╳ 猪肝

胆固醇含量高，摄入量过多会导致动脉硬化。

╳ 腌菜

不宜长期食用，如果腌得不好还会含有致癌物质亚硝胺。

蜂蜜的神奇功效

(1) 解毒养颜

每天早晨用一杯温开水，混合柠檬汁和蜂蜜，空腹饮用，能加强肝脏的解毒功能，令皮肤白皙水嫩。

(2) 美容护肤

① 祛除色斑：鲜西红柿汁与蜂蜜，按 5∶1 的比例混合，均匀涂于面部，10min 后洗净，连用 10～15 天，能促进黑色素分解，使皮肤光泽莹润。

② 美白除皱：取鲜黄瓜汁加入奶粉和蜂蜜适量，调匀后即为蜂蜜黄瓜面膜，涂于面部，20～30min 后洗净，具有润肤、增白、除皱的功效。

(3) 健康减肥

① 蜂蜜加白醋减肥法：在日常饮食规律不变的情况下，将蜂蜜和白醋以 1∶4 的比例混合，早餐前 20 min 空腹饮用，中餐和晚餐后立即饮用即可。

注意：挑选白醋时要选择主要原料为大米、高粱、黄豆等加工制成的，尽量避免含有化学品的，同时建议不要使用果醋，因为果醋是保健醋，用于减肥效果稍逊。蜂蜜和白醋的比例也可以根据个人需要调整。

② 蜂蜜食疗减肥法：早餐前喝水时加入蜂蜜，午餐与晚餐时则只吃少量的的粥。一般人在如此进食 2 天后就感觉到身体轻松、心情愉快，5 天后可以开始吃面条类容易消化的食物，然后慢慢恢复原来的饮食。

(4) 美发固发

用一勺蜂蜜与半杯牛奶混合在一起,洗完头后用这种混合液在头上按摩, 15 min 后洗净,头发会变得光滑有弹性,不易脱落。

(三) 酸、甜、苦、辣、咸等与营养健康

1. 酸

天然酸味的食物主要是水果,这些清新的酸味正是由水果中特有的有机酸带来的。水果中含量最丰富的酸是柠檬酸和苹果酸。柠檬酸主要分布在柑橘类果实、草莓、菠萝、石榴等中;苹果酸主要分布在苹果等仁果类果实中;樱桃、杏、桃等果实中柠檬酸和苹果酸都有。这些有机酸对调节体液平衡有重要作用。维生素 C 也有淡淡的酸味,而且维生素 C 在酸性环境中更加稳定,因此许多富含维生素 C 的水果都有酸味。

2. 甜

食物中的甜味是由各种类型的糖提供的。它是最直接的能量来源。有些氨基酸也有甜味,如甘氨酸、丙氨酸、丝氨酸、赖氨酸、蛋氨酸、羟脯氨酸等,这些氨基酸是合成蛋白质的重要组成部分,对人体生长发育有重要作用。

3. 苦

苦涩味以酚类物质居多。近年来的相关研究发现,这类物质多为强抗氧化剂,具有抑制冠心病、动脉粥样硬化,消除自由基,抗癌、消炎等作用。

4. 辣

食物中的辣味一般是由辣椒素或挥发性的硫化物产生的。研究显示,辣椒素具有良好的镇痛作用,还能促进新陈代谢,起到燃烧脂肪、减肥的功效。而大蒜、洋葱等食物中的辣味是由挥发性的硫化物产生的。这些硫化物有很强的杀菌消炎作用,可起到预防流感、促进新陈代谢等保健作用。

5. 咸

天然带咸味的食物一般含有较多的钠离子和钾离子。钠离子和钾离子在体内的平衡对于维持身体渗透压和神经的正常工作有重要意义。

6. 鲜

鲜味是一种复合的味道。常见的食物如蘑菇、鸡肉等含氨基酸较多,如谷氨酸、天冬氨酸、谷氨酰胺等,上述氨基酸能增加食物的鲜味。因此,多吃一些天然的鲜味丰富的食物,对于补充上述氨基酸非常有好处。不过需要注意的是,在烹调这些食物的时候不必再加味精、鸡精等鲜味调味料。

7. 香

有的食物带有香味,这是由食物中的芳香类物质产生的。有的食物加热时会散发出香味,这个香味是蛋白质分解产生的,如核苷酸加热分解产生香味等。这些带香味的物质可刺激胃液分泌,提高食欲。

8. 臭

臭味往往是食物腐败的标志。这是因为有害细菌会将食物中的蛋白质分解，产生臭味。不过有的“臭食”也是美味，经过有益细菌发酵后，蛋白质会分解为各种氨基酸，从而更加有利于消化。

三、选择食物的三种信号

有的营养专家提出了按“红灯、黄灯、绿灯”三种信号来选择食物。“红灯”不能通行——尽量不吃，吃了对身体健康不利；“黄灯”即提出警示——可以吃，但要尽量少吃，吃多了也会影响身体健康；“绿灯”畅通无阻——这是你必须吃的食物，而且应该每天都吃。

按此信号所代表的意义来选择食物，即可防止病从口入，走健康饮食的道路，保证身体的健康。

1. 红灯食物

所谓红灯食物，是指含人体必需营养素的量很少的食物，如巧克力、炸薯条等。这些食物只能是选择偶尔尝一尝，不能列入饮食生活中的必需食物。

2. 黄灯食物

所谓黄灯食物，是指含有人体必需的营养素，但由于加工制作和烹调方法不当，含油脂、碳水化合物、食盐过高的食物，如咸蛋、腊鱼、炸鸡、腌菜、奶油蛋糕等。这些食物必须限量，吃得过多对人体健康不利。

3. 绿灯食物

所谓绿灯食物，是指含有人体必需的营养素，吃后不会对人体产生危害，是每天必须吃的食物，也是饮食中的主要食物，如米、面、蛋类、低脂奶、瘦肉、鱼类、虾类、植物油、蔬菜、水果等。

四、食物的性味与健康

所谓食物的性味，即四气五味，四气是指寒、热、温、凉四种食物属性，五味是指甘、酸、苦、辛、咸五种滋味。

中医学认为食物的性味分为平补、清补、温补三大类。平补即平性的食物，它是维持生命、保证健康所必需的食物，此类食物性味平和，具有健脾开胃、补益身体的作用，健康人与患者皆宜长期食用，无不良反应。清补即寒性食物，性味寒凉，具有清热、泻火、解毒的作用，此类食物含热量较低，能减缓人体代谢，增进免疫功能，消除慢性炎症，从而增强体质。温补食物即温性食物，其性味辛热，具有发散、行气、行血的作用，此类食物在寒冷潮湿的地区或季节适量食之，有御寒除湿之功效。

1. 粮豆类食物的性味

温性的有面粉等；平性的有糯米、粳米、玉米、黄豆、黑豆、豌豆、红豆等；寒性的有小麦、荞麦、大麦、绿豆等。

2. 瓜菜类食物的性味

温性的有生姜、大葱、大蒜、韭菜、芥子、胡萝卜、香菜等;平性的有山药、白萝卜、甘薯、马铃薯、葫芦、南瓜、西红柿等;寒性的有苋菜、菠菜、白菜、冬瓜、黄瓜、甜瓜、西瓜、竹笋、芋头、藕、茄子、百合等。

3. 果类食物的性味

果类食物包括水果和坚果。温性的有龙眼、荔枝、核桃、花生、乌梅、杨梅、樱桃、石榴、木瓜、橄榄、李子、栗子、橘子、桃等;平性的有枇杷、葡萄、大枣、青梅、白果、菠萝、苹果等;寒性的有梨、山楂、柚子、香蕉、甘蔗、柿子等。

4. 畜禽类食物的性味

温性的有羊肉、狗肉、鹿肉、牛肉、鸡肉等;平性的有猪肉、鹅肉、鸽肉、鸡蛋等;寒性的有兔肉、鸭肉、鸭蛋等。

5. 水产类食物的性味

温性的有黄鳝、虾、草鱼等;平性的有鲤鱼、银鱼、大黄鱼、泥鳅等;寒性的有鳗鱼、螃蟹、甲鱼、龟、牡蛎、田螺等。

五、酸性食物与碱性食物

食物有酸性食物和碱性食物之分。

判断是酸性食物还是碱性食物主要看食物中所含的是碱性元素还是酸性元素及有机酸在体内代谢后的结果。酸性食物不是指一般的酸味食物,而是指含氯、硫、磷等酸性元素总量较高或含有不能完全氧化的有机酸、在体内氧化后最终产物呈酸性的食物。碱性食物是指钙、钠、钾、镁等碱性元素含量较高,在体内氧化后的最终产物呈碱性的食物。

1. 酸性食物

常见酸性食物有大米、面粉、饼干、蛋糕、玉米、肉类(如猪肉、牛肉、鸡肉、鸭肉等)、鱼类、虾类、贝类、鸡蛋、花生和一部分水果(如李子、梅子、葡萄干)等。

2. 碱性食物

常见碱性食物有苹果、梨、桃子、柑橘、葡萄、西瓜、香蕉、草莓、栗子、菠菜、白菜、卷心菜、竹笋、黄瓜、牛奶、豆类、海藻类等。

六、氧化食物与还原食物

食物性质有氧化和还原之分,相应地有氧化食物和还原食物。科学家发现在植物油中含有丰富的不饱和多烯酸,它们容易自行氧化成为超氧化物,这是一种自由基,能对细胞膜和遗传物质造成氧化性破坏,导致皮肤老化、血管硬化和脑细胞萎缩等严重疾病。专家把这类产生氧化的食物称为氧化食物。

与氧化食物相对应的是还原食物。还原食物拥有超氧化物歧化酶和过氧化氢酶等还原酶，可以增强体内抗氧化系统的活力。它具有与氧化食物相抗衡的“本领”，使已经发生氧化的食物还原，进而抑制自由基的生成，并及时清除已形成的自由基。还原食物不仅能防氧化，还能调节人体酸碱平衡，使大脑清醒和正常地工作，还具有预防肿瘤的功效，这类食物也被称为抗氧化食物。蔬菜是最好的还原食物。

美容小妙方

巧吃水果　美容瘦身

1. 快速减肥餐——香蕉蘸蜂蜜

因为香蕉所含的膳食纤维可以刺激肠胃蠕动，排泄时自然畅通无阻。每日选一餐只吃香蕉蘸蜂蜜，热量远比正餐来得低，又有助于新陈代谢，自然会瘦下来，并且瘦的效果相当显著。

2. 晚餐减肥法——苹果沙拉

苹果中含有可溶性纤维素——果胶，不但能健胃整肠，还可以预防癌症的产生，阻止黑色素的产生；而且它所含的有机酸还能消除身体的疲劳感。正因为苹果的低热量、高营养，所以用它作为晚餐减肥效果非凡。吃苹果的方式很多，可以将其切成丁状，拌上一点点沙拉酱当作零食慢慢吃。坚持一段时间，减肥和美肤的效果就会看得见。

3. 日常美容饮——柠檬汁与醋

柠檬易保存，含丰富维生素C，能防止牙龈肿胀、出血，还可以减少黑斑、雀斑发生的概率，并有美白效果。柠檬皮含有丰富钙质。柠檬与醋同样具有消解脂肪的效果，饭后喝一小杯，能让你更具活力，美容养颜。但柠檬与醋的酸度都很高，不宜空腹喝，一定要在饭后喝。

4. 餐后妙点心——菠萝切块

酸甜可口的菠萝是许多人的最爱。在它的营养成分中，维生素C少但B族维生素丰富。这种组成可以促进新陈代谢，消除疲劳。菠萝丰富的膳食纤维让消化更顺畅，同时富含蛋白酶，可使肉质滑嫩好消化，这也是许多美食享受者的小秘密。因为菠萝含较多的蛋白酶，所以它的营养价值体现在餐后，菠萝是餐后最佳水果。你可以在餐桌上放一盘精美的菠萝切块，色泽橙黄鲜丽，有助于食欲，并且是最佳的美味“点心”。

5. 奇异美容果——猕猴桃

猕猴桃就是西方所称的“奇异果”，它富含维生素C，可以美颜美容，可以防止雀斑生成和皮肤老化，还有降低胆固醇的功效。平时常吃猕猴桃，感冒不会轻易找上门，皮肤弹性佳而富有光泽。

大麦——粮食中的美容珍珠

一、食材性情概述

大麦是世界上最古老的作物之一，主要产于中国、俄罗斯、美国等国家。俄罗斯种植最广泛，我国产量最高，年总产值约650万吨。《本草纲目》上记载：大麦味甘咸凉，有清热利水、和胃宽肠之功效。根据现代药理分析，大麦中丰富的纤维素和葡聚糖有降低人体血液中胆固醇含量的作用。大麦中B族维生素的含量较高，可用于治疗脚气病。大麦富含大量的烟酸，可防治癞皮病，所以大麦有较好的医疗保健功能。

二、美容功效及科学依据

与大米、小麦、玉米等主要粮食作物相比，大麦含有量多且质量较高的蛋白质和氨基酸，丰富的膳食纤维、B族维生素和烟酸、铁、磷、钙等矿物质，其营养成分综合指标符合现代营养学所提出的高植物蛋白、高维生素、高纤维素、低脂肪、低糖的新型功能食物的要求。

三、美容实例

大麦茶是用炒制的大麦芽沏的茶，味甘性平，闻之有一股浓浓的麦香。大麦茶含有人体所需的17种微量元素和19种以上的氨基酸，富含多种维生素及不饱和脂肪酸、蛋白质和膳食纤维，具有神奇的美容功效。日本学者研究指出：大麦茶含有抗癌物质P-香豆酸和槲皮素，长期饮用，可以消食化瘀、平胃止渴、消暑解热、降低胆固醇、去除水中重金属，还可软化水质，起到美容的效果。

大麦茶能增进食欲，暖肠胃，尤其适合餐前及餐后饮用，韩国许多家庭都以大麦茶代替饮用水。大麦茶一年四季均可饮用，是适宜各种年龄的保健饮品。

大麦茶是一种很耐泡的茶，起初味道淡淡的，慢慢地味道越来越浓，颜色也越来越深，像是一种生活态度的沉淀和酝酿，喝在嘴里会有丝丝香甜的回味，口感颇佳。

将大麦茶放入煮锅内煮开，然后倒入茶杯饮用，香味更浓郁。

一、名词解释

营养素　营养　膳食纤维　营养平衡

二、思考题

1. 合理膳食的基本要求是什么?
2. 平衡膳食中包括哪些平衡?
3. 膳食纤维对人体胃肠健康的作用有哪些?
4. 简述膳食因素对营养素的吸收与代谢的影响。

(夏海林)

第二章　蛋白质与美容

第一节　蛋白质的类型及其生理功能

蛋白质(protein)是一类结构复杂的大分子有机化合物，是在生物体中广泛存在的一类生物大分子，是生命的重要组成部分，在人体内约有10万种。

一、蛋白质的含量和元素组成

(1) 含量：占细胞干重的50%以上。蛋白质占人体重量的16.3%，即一个60 kg重的成年人其体内约有蛋白质9.8 kg。

(2) 元素组成：蛋白质主要是由C(碳)、H(氢)、O(氧)、N(氮)组成，有的蛋白质还含有P(磷)、S(硫)、Fe(铁)、Zn(锌)、Cu(铜)、B(硼)、Mn(锰)、I(碘)、Mo(钼)等元素。蛋白质中重要元素的组成百分比大致如下：碳，50%；氢，7%；氧，23%；氮，16%；硫，0%～3%。

二、蛋白质组成基本单位——氨基酸

氨基酸的结构通式如下：

氨基酸结构特点：每种氨基酸分子至少含有一个氨基和羧基，并且都有一个氨基和一个羧基连接在同一个碳原子上。

1. 氨基酸的分类

氨基酸从营养学角度分为必需氨基酸和非必需氨基酸。

(1) 必需氨基酸(essential amino acid)：必需氨基酸是非必需氨基酸的对应词，是指在动物体内本身不能合成或极不容易合成，必须从外界食物中摄取的氨基酸(表2-1)，共9种，具体如下。

亮氨酸(leucine)　异亮氨酸(isoleucine)　赖氨酸(lysine)
蛋氨酸(methionine)　苯丙氨酸(phenylalanine)　苏氨酸(threonine)
色氨酸(tryptophan)　缬氨酸(valine)　组氨酸(histidine)

记忆口诀:苏缬亮异亮,苯丙属芳香,还有色蛋赖,组全才健康。

表 2-1 必需氨基酸需要量的估计值

必需氨基酸	世界卫生组织(WHO)/(mg/kg)			世界粮食和农业组织(FAO)/(bw/d)		
	成人	10~12 岁儿童	婴儿	成人	10~12 岁儿童	婴儿
异亮氨酸	10	30	28	18	37	35
亮氨酸	14	45	70	25	56	80
赖氨酸	12	60	161	22	75	52
蛋氨酸(及胱氨酸)	13	27	103	24	34	29
苯丙氨酸(及酪氨酸)	14	27	58	25	34	63
苏氨酸	7	35	125	13	44	44
色氨酸	3.5	4	87	6.5	4.6	8.5
缬氨酸	10	33	17	18	41	47
组氨酸	0	0	93	0	0	14

注:半胱氨酸在中性或碱性溶液中易被空气氧化成胱氨酸。

(2) 半必需氨基酸:由于胱氨酸与酪氨酸可分别由蛋氨酸和苯丙氨酸转变而来,膳食中胱氨酸与酪氨酸充裕时可以节约蛋氨酸 30%和苯丙氨酸 50%。所以半胱氨酸(cystine)和酪氨酸(tyrosine)被称为条件必需氨基酸或半必需氨基酸。

另外,在哺乳动物中,精氨酸(arginine)也被分类为半必需或条件性必需氨基酸,视乎生物的发育阶段及健康状况而定。

(3) 非必需氨基酸:非必需氨基酸并不是说人体不需要这些氨基酸,而是说人体可以自身合成或可由其他氨基酸转化而得到,不一定非从食物直接摄取不可,具体如下。

甘氨酸(glycine) 丙氨酸(alanine) 丝氨酸(serine)
天冬氨酸(asparticacid) 谷氨酸(glutamicacid) 天冬酰胺(asparagine)
谷氨酰胺(glutarnine) 脯氨酸(proline)

体内 20 种氨基酸按理化性质可分为如下四组。①非极性、疏水性氨基酸:甘氨酸、丙氨酸、缬氨酸、亮氨酸、异亮氨酸、苯丙氨酸和脯氨酸。②极性、中性氨基酸:色氨酸、丝氨酸、酪氨酸、半胱氨酸、蛋氨酸、天冬酰胺、谷氨酰胺和苏氨酸。③酸性氨基酸:天冬氨酸和谷氨酸。④碱性氨基酸:赖氨酸、精氨酸和组氨酸。

2. 必需氨基酸模式与蛋白质的营养价值

在正常情况下,机体在蛋白质代谢过程中,对每种必需氨基酸的需要和利用处在一定的范围之内,某一种氨基酸过多或者过少都会影响另一些氨基酸的利用,所以氨基酸之间应有一个适当的比例,以满足蛋白质合成的要求,这种现象称为必需氨基酸模式。例如,人体组织蛋白质每 100 g 中含有苯丙氨酸 1 g、蛋氨酸 1 g、亮氨酸 1 g,这三种氨基酸组成比为 1∶1∶1。如果某种食物蛋白质 100 g 中含有苯丙氨酸 1 g、蛋氨酸 1 g,而亮氨酸只有 0.5 g,即这三种氨基酸组成比为 1∶1∶0.5。当该蛋白质摄入体内,经消化分解成氨基酸，并再组成人体组织蛋白质时，人体就只能按 1∶1∶1 的比例利用苯丙氨酸 0.5 g、蛋氨酸 0.5 g、亮氨酸 0.5 g，也就是人体只能以蛋白质中含量最低的氨基酸来决定其他氨基酸的利用程度，并以此决定这种蛋白质的营养价值，也就是说这种蛋白质仅有 50%被有效利用。

3. 限制性氨基酸

食物蛋白质中一种或几种必需氨基酸相对含量较低，导致其他必需氨基酸在体内不能被充分利用而浪费，造成其蛋白质营养价值降低，这些含量相对较低的必需氨基酸称为限制性氨基酸(limited amino acid，LAA)。常见食物蛋白质中的限制性氨基酸见表 2-2。

表 2-2 常见食物蛋白质中的限制性氨基酸

食物名称	第一限制性氨基酸	第二限制性氨基酸	第三限制性氨基酸
小麦、大麦、燕麦	赖氨酸	苏氨酸	缬氨酸
大米	赖氨酸	苏氨酸	—
玉米	赖氨酸	色氨酸	苏氨酸
花生、大豆	蛋氨酸	—	—
棉籽	赖氨酸	—	—

三、蛋白质的构成及分类

（一）蛋白质的分子结构

1. 化学结构

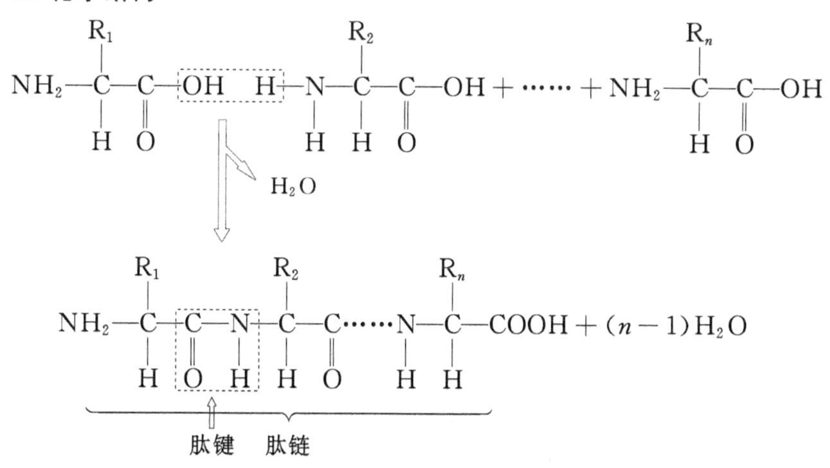

2. 空间结构

(1) 肽链不成直线，而是螺旋、折叠、缠绕形成具有一定空间结构的曲线。

(2) 一个蛋白质分子可以含有一条或几条肽链，并通过化学键连接成复杂结构。

3. 蛋白质分子结构多样性的原因

(1) 氨基酸的种类、数目、排列顺序不同。

(2) 蛋白质分子的空间结构千差万别。

(二) 蛋白质的分类

1. 按化学性质分类

(1) 简单蛋白质:单纯由氨基酸组成的蛋白质。

① 硬蛋白:不溶于水,消化酶对其不易水解。硬蛋白包括骨胶原、弹性硬蛋白、角蛋白等,大都为身体的支持组织。

② 白蛋白:易溶于水,加热凝结。白蛋白存在于鸡蛋、牛奶和人体血液中。

③ 球蛋白:在水中溶解度低,加热凝固。球蛋白广泛存在于自然界中,如血清球蛋白、肌肉球蛋白、植物球蛋白等。

④ 谷蛋白:不溶于水,溶于稀酸和稀碱,消化酶可水解。谷蛋白在谷粒中含量丰富,如小麦谷蛋白。

(2) 结合蛋白质:含有非蛋白基团、辅基,如核蛋白、糖蛋白、黏蛋白、脂蛋白、卵磷蛋白、色蛋白、金属蛋白等。

① 色蛋白:蛋白质和色素物质结合,如血红蛋白。

② 卵磷蛋白:蛋白质与卵磷脂相结合,如血液中的纤维蛋白、卵黄磷蛋白。

③ 脂蛋白:溶于水,由脂肪与蛋白质结合,脂蛋白是人体在体内运输脂肪的工具,包括乳糜微粒、极低密度脂蛋白、低密度脂蛋白、高密度脂蛋白等。

④ 金属蛋白:蛋白质与金属结合,如运铁蛋白、铜锌结合蛋白等,有不少酶都含有金属离子。

⑤ 糖蛋白和黏蛋白:含有碳水化合物,如甘露糖和半乳糖的蛋白质,人体细胞组织分泌的黏液含有黏蛋白。

⑥ 核蛋白:蛋白质与核酸结合形成核蛋白,核蛋白存在于组织胚芽和人体腺体组织中。

2. 按蛋白质的食物来源分类

(1) 动物性蛋白质:由动物性食物(如肉、蛋、奶等)提供的蛋白质。

(2) 植物性蛋白质:由植物性食物提供的蛋白质,如大豆蛋白、谷蛋白等。

3. 根据食物蛋白质所含氨基酸的种类和数量分类

(1) 完全蛋白质:这类蛋白质所含的必需氨基酸种类齐全,数量充足,而且各种氨基酸的比例与人体需要基本相符,容易吸收利用。完全蛋白质不但可以维持成年人的健康,而且对儿童的成长和老年人的延年益寿均有很好的保健作用。例如,奶类中的酪蛋白、乳白蛋白,蛋类中的卵白蛋白和卵黄磷蛋白,肉类、鱼类中的白蛋白和肌蛋白,大豆中的大豆球蛋白,小麦中的小麦谷蛋白和玉米中的谷蛋白等都是完全蛋白质。

(2) 半完全蛋白质:这类蛋白质所含氨基酸虽然种类齐全,但其中某些氨基酸的数量不能满足人体的需要。它们可以维持生命,但不能促进生长发育。例如,小麦中的麦胶蛋白是半完全蛋白质,含赖氨酸很少。谷类蛋白质中赖氨酸含量多半较少,所以它们的限制性氨基酸是赖氨酸。

(3) 不完全蛋白质:此类蛋白质所含的必需氨基酸种类不全,质量也差。若用其作为膳食蛋白质唯一来源,既不能促进生长发育,维持生命的作用也很薄弱,如玉米中的玉米胶蛋白、动物结缔组织和肉皮中的胶原蛋白以及豌豆中的球蛋白等。

四、蛋白质的生理功能

(1) 蛋白质是生命和机体的重要物质基础。

(2) 蛋白质可构成和修补人体组织。人体的每个组织,如肌肉、内脏、皮肤、毛发、大脑、血液、骨骼等,其主要成分都是蛋白质。人体的代谢、更新也需要蛋白质。人体受到外伤后,组织修补也需要大量的蛋白质。

(3) 蛋白质可维持机体正常的新陈代谢和各类物质在体内的输送。

(4) 蛋白质可维持机体内的体液平衡,即渗透压的平衡和酸碱平衡。

(5) 免疫球蛋白可维持机体正常的免疫功能。

(6) 蛋白质是构成人体必需的具有催化和调节功能的各种酶和激素的主要原料。

(7) 维持神经系统的正常功能:味觉、视觉和记忆。

(8) 蛋白质可提供热量。

五、蛋白质的互补作用

为了提高植物性蛋白质的营养价值,往往将两种或两种以上的食物混合食用,由于必需氨基酸的种类和数量互相补充,从而使食物中必需氨基酸的比例能更接近人体需要量的比值,即更接近人体必需氨基酸模式,使食物蛋白质的营养价值得到相应的提高,这种现象称为蛋白质的互补作用。

因此,多种食物蛋白质混合食用时,其所含的氨基酸之间可取长补短,相互补充,提高食物中限制氨基酸的含量,使混合食物中的必需氨基酸比例更接近机体的必需氨基酸模式,从而提高了食物蛋白质的营养价值。例如,肉类和大豆蛋白可弥补谷类蛋白质中赖氨酸的不足。蛋白质的互补作用在平衡膳食、饮食调配、菜单设计、烹饪原料的配料选择等方面具有重要的实践意义。

食物混合食用时,为使蛋白质的互补作用得到发挥,一般应遵循以下原则:①食物的生物学属性愈远愈好,如动物性食物与植物性食物混食时蛋白质的生物价值超过单纯植物性食物之间的混食;②搭配的食物种类愈多愈好;③各种食物要同时食用,因为单个氨基酸吸收到体内之后,一般要在血液中停留约 4 h,然后到达各组织器官,再合成组织器官的蛋白质,而合成组织器官的蛋白质所需要的氨基酸必须同时到达才能发挥氨基酸的互补作用,装配成组织器官的蛋白质。

例如,小麦、小米、牛肉、大豆各种食物单独食用时,其蛋白质生物价值分别为 67、57、76、64,而混食后生物价值可高达 89。

1. 多种非优质蛋白质混合食用

两种以上非优质蛋白质混合食用,或在非优质蛋白质的食物中加入少量完全蛋白

质，其营养价值也可提高，所以，各种粮食混合食用，可以取长补短，提高蛋白质的营养价值。在我国，北方人把玉米、小米和黄豆混合磨成“杂合面”作为主食，是提高食品中蛋白质营养价值的好方法。因此，将高质量的蛋白质与必需氨基酸含量少而非必需氨基酸含量高的蛋白质混合，能大大提高蛋白质的生物价值。

2. 各种氨基酸同时摄取

许多研究证明，各种氨基酸必须同时摄取，才能达到最高利用率，即使仅相隔 1～2 h，其利用率也会受到影响，因此，8 种必需氨基酸应当按一定比例同时存在于血液和组织中，人体才能最有效地利用它们来组成组织蛋白质。所以，在饮食安排上对蛋白质摄取要多种多样，各种食物要混合并同时食用。此外，肉类、蛋类、奶类、豆类等优质蛋白质食物也不应集中在一天或一餐内食用，要平均分配在各餐食用，这样才能更好地发挥蛋白质的互补作用，提高其营养价值。

第二节　蛋白质的来源及营养吸收

一、蛋白质的供给量及食物来源

蛋白质含量丰富的食物有肉类，包括畜类、禽类、鱼类。蛋白质含量一般为 10%～20%。

蛋白质的具体含量如下：鲜奶含蛋白质 1.5%～4%；奶粉含蛋白质 25%～27%；蛋类含蛋白质 12%～14%；豆类含蛋白质 20%～24%，其中大豆含量最高；坚果类，如榛子、核桃，含蛋白质 15%～25%；谷类含蛋白质 6%～10%；薯类含蛋白质 2%～3%。

二、蛋白质在体内的营养代谢过程

蛋白质的分子结构有四级。一级结构为氨基酸按一定排列顺序构成肽链；二级结构为 α 螺旋结构、β 片层结构；三级结构为团状球形；四级结构为两个或两个以上三级结构借次级键缔合在一起。蛋白质在体内的消化吸收代谢过程与其分子结构有关。摄入体内的蛋白质主要在胃内破坏其四级结构、三级结构和二级结构，分解为肽链，然后在小肠上段破坏其一级结构，分解为氨基酸。这些过程需要胃酸及各种蛋白酶的参与作用。

三、影响蛋白质营养吸收的因素

机体内、外的诸多因素都会影响蛋白质的营养吸收过程，主要包括以下几个方面。

(1) 食物供给缺乏或食物中蛋白质含量不足。

(2) 机体对食物蛋白质的消化率低，如加工或烹调不当(过度烹炸、生食、大豆整粒进食等)。

(3) 机体对蛋白质吸收不良或体内合成障碍,如胃肠道疾病、肝脏疾病等。

(4) 疾病使蛋白质消耗过多或由体内排出增加,如甲状腺功能亢进症、糖尿病、肾炎、慢性出血等。

(5) 食物中热量摄入不足,使部分蛋白质被氧化分解为热量。

(6) 机体对蛋白质的需要量增加,如生长发育期间的儿童、孕妇、哺乳期妇女、手术后患者、重体力劳动者等。

常见蛋白质的消化率见图 2-1。消化率高表明该蛋白质被吸收利用的可能程度大。

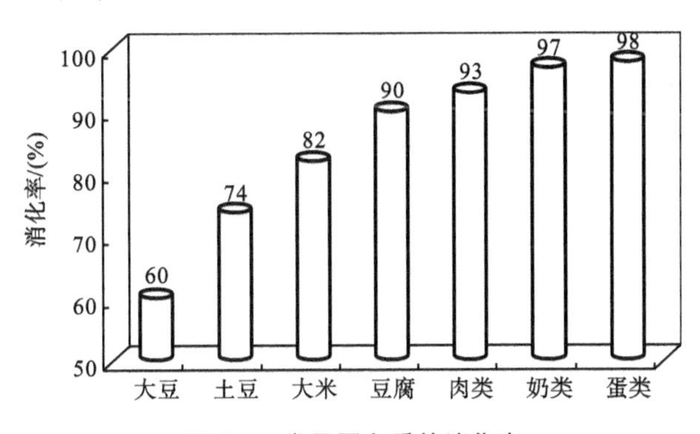

图 2-1 常见蛋白质的消化率

人体一天需要多少蛋白质?

世界各国提出的供给量标准各有差异。蛋白质的建议摄取量与个人体重有关,一般为 0.9～1 g/kg 体重。1973 年 WHO 提出供给量为 0.5 g/kg 体重,1983 年又根据氮平衡实验结果提出 0.8 g/kg 体重为适宜值。这一般理解为参考蛋白质的 RDA(膳食营养供给量)。如果需要改变体重,或者疾病使组织消耗增加或减少,则其蛋白质需要量应重新评估。

蛋白质供给量与脂肪和碳水化合物一样可用占膳食总热量百分率表示。一般蛋白质供给量,成人的占膳食总热量的 10%～15%较为合适,儿童、青少年则以 12%～15%为宜。

第三节 蛋白质与美容

一、蛋白质的美容作用

蛋白质是构成人体组织的主要成分,是人体器官生长发育所必需的营养物质,人体皮肤组织中许多有活性的细胞的生长都离不开蛋白质。成年女子每日膳食对蛋白质的摄入量不应少于 1 g/kg 体重。鸡肉、兔肉、鱼类、鸡蛋、牛奶、豆类及其制品等食物中均含有丰富的蛋白质，经常食用，既利于体内蛋白质的补充，又利于美容护肤。体内长期蛋白质摄入不足，不但影响机体器官的功能，降低对各种致病因子的抵抗力，而且还会导致皮肤的生理功能减退，使皮肤弹性降低，失去光泽，出现皱纹。

二、合理选择、科学食用蛋白质

机体缺乏蛋白质时，首先要寻找造成缺乏的原因。若机体患有某些疾病，应先治疗原发疾病，然后可通过以下途径来补充蛋白质。

(1) 通过日常膳食供给，这是主要途径，但要注意在全面补充营养素的同时，重点摄入优质蛋白质，如含动物蛋白质的鱼类、肉类、鸡蛋和牛奶，以及含植物蛋白质的大豆及其制品等。

(2) 通过合理食用保健食物(营养素补充剂)供给，保健食物如蛋白质制剂、氨基酸制剂等。

(3) 通过食用强化食物(强化了蛋白质或氨基酸的食物)供给。

通常情况下，动物蛋白质的营养价值比植物蛋白质(大豆蛋白质除外)的高，完全蛋白质的营养价值比不完全蛋白质的高，选择时应考虑这一点。同时，还应考虑到蛋白质的互补作用、合理加工烹调和食用等问题。

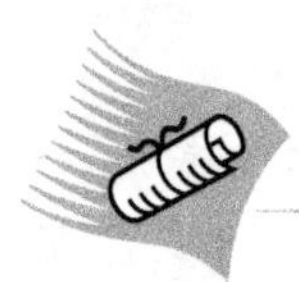

知识链接

蛋白质应该怎么吃才健康?

当人体缺乏蛋白质时，首先会出现免疫力下降。因为蛋白质是制造免疫物质的必需原料。因此，提高人体抵抗力的一项重要措施就是保证人体每天蛋白质的供给量。中国营养学会推荐的每日膳食中蛋白质供给量为:1～10 岁儿童 35～70 g，11～18 岁青少年 70～90 g，中老年人 70～90 g，孕妇 65～95 g，乳母 95～100 g。

一个值得人们注意的问题是，当我们从天然食物中获得蛋白质时，往往会同时摄入脂肪。例如，为了得到 30～60 g 蛋白质，一个人需要饮用相当于 4～8 袋容量为 250 mL 的牛奶，与此同时，我们也摄入了 35～70 g 的脂肪和 25～50 g 的乳糖。含有 100 g 蛋白质的食物同时携带的脂肪量为，猪肉(后腿)71.5 g，鸡蛋(红皮)86.7 g，全脂奶粉 107 g，黄豆 46 g，蛋白粉 5 g。可见，如果人们每天为了补充所需蛋白质而食用肉类、蛋类、奶类等高蛋白食物，就有可能使脂肪的摄入量超标。

因此，担心脂肪摄入过多的人(如高脂血症者)可以饮用脱脂奶，吃瘦肉和豆制品。这样既有利于蛋白质的吸收，也不会造成脂肪摄入量超标的危害。

科学食用蛋类食物

蛋营养全面，是一种老幼皆宜的营养滋补佳品，可作为日常饮食中补充蛋白质的主要途径之一。进食蛋类食物必须注意科学进食，否则不仅不能充分吸收利用其所含营养素，充分发挥其生理价值和营养价值，而且还会影响人体的健康。

1. 蛋不宜吃得太多

蛋营养丰富，可作为日常饮食的必备食物，但也必须根据人体的需要，将动物蛋白和植物蛋白适当搭配，做到日常饮食中肉类、蛋类、奶类、鱼类及豆类等多种优质蛋白质食物合理调配。蛋类品种丰富，以鸡蛋最为常见。一般成人每天吃 1～2 个鸡蛋为宜。婴儿为了补充铁质，需要吃蛋黄，从 1/4 个蛋黄开始，逐渐加至半个或一个。产妇为补充其营养和增加乳汁，可吃 2～3 个鸡蛋。绝不能因为蛋类的营养丰富就“多多益善”地吃。食用蛋类过量，不仅会造成营养素的浪费，而且过量的蛋白质无法消化，从粪便中排出，还会加重胃肠和肾脏的负担。

2. 蛋不能生吃

蛋的营养价值很高，但每次不宜多吃，尤其不能生吃。因为生蛋的蛋白质结构较密，80%的蛋白质不能被人体吸收利用，而且生蛋中含有抗生物素蛋白、抗胰蛋白酶和沙门菌，吃了有碍健康。

3. 患病时慎吃蛋类

发烧者不宜进食蛋类食物。蛋类含蛋白质较多，所以发烧时食用蛋白质过多不但不能降低体温，反而使体内热量增加，不利于康复。

(1) 蛋可使部分人发生过敏反应，特别是婴儿肠道免疫防御系统发育尚不完善，更容易发生过敏。

(2) 肾炎患者在发病期间，肾功能和新陈代谢率明显下降，尿量减少，体内毒素不能完全排出体外。此时如果进食太多的蛋白质，就会增加代谢产物尿素的含量，甚至发生尿毒症，有生命危险。所以，肾炎患者在急性期要绝对禁止进食蛋类。

(3) 肝炎患者只宜食蛋清，不能吃蛋黄。蛋清内有丰富的蛋白质和氨基酸，有利于肝功能的恢复，而蛋黄所含的脂肪和胆固醇要在肝脏里进行代谢，会加重肝脏负担，不利于患者康复。

(4) 肠胃功能不佳时，进食太多的蛋白质会增加消化系统的负担，导致消化不良，蛋白质不仅不能被消化吸收，而且还会异常分解，产生有毒物质，所以，此时不宜进食高蛋白质食物。

4. 不宜吃的蛋类

(1)“毛蛋”不能吃。所谓“毛蛋”是指蛋类在孵化过程中，由于受沙门菌或寄生虫的污染或者受温度、湿度的影响，使孵化的胚胎停止发育生长而死亡的蛋。另外，由于毛蛋是受精蛋，细菌可随同精液进入蛋内，致使蛋白质被分解，产生硫化氢、胺类和粪臭

素等有毒物质。

(2)“臭蛋”不能吃。所谓“臭蛋”是指发生臭味的蛋。臭蛋中的胺类、亚硝酸盐等有害物质被食用后会引起恶心、呕吐等中毒症状。胺类和亚硝酸盐在人体胃酸的作用下可形成亚硝酸胺,过多的亚硝酸胺会刺激人体诱发癌症。

蛋白质为什么是增高的重要原料?

蛋白质是构成一切生命的主要化合物,是生命的物质基础和第一要素,在营养素中占首要地位。儿童及婴幼儿的增高离不开蛋白质。

人体的骨骼等组织是由蛋白质组成的。在体内新陈代谢的全部化学反应过程中,离不开酶的催化作用,而所有的酶均由蛋白质构成。对青少年增高起作用的各种激素,也都是蛋白质及其衍生物。此外,参与骨细胞分化、骨的形成、骨的再建和更新等过程的骨矿化结合素、骨钙素、碱性磷酸酶、人骨特异生长因子等物质,也均由蛋白质构成,所以,蛋白质是人体生长发育中最重要的化合物,也是增高的重要原料。

玉米——粗粮中的“促美大王”

一、食材性情概述

玉米是最常见的粗粮,曾经一度是人们最主要的主食。随着人们生活水平的提高,玉米开始淡出人们的餐桌,但随着健康意识的增强,人们认识到玉米等粗粮对人体健康也有重要的意义,玉米又重新回到了人们的食谱中。

中医学认为,玉米性平味甘,有开胃、健脾、除湿、利尿等作用,主治腹泻、消化不良、水肿等。营养成分分析显示,玉米含有碳水化合物、蛋白质、胡萝卜素、黄体素、玉米黄质、磷、镁、钾、锌等。

二、美容功效及科学依据

(1) 玉米含有黄体素、玉米黄质,后者含量尤其丰富,因此玉米可以说是抗眼睛老化的极佳营养食物。

(2) 玉米中所含的胡萝卜素、黄体素、玉米黄质为脂溶性维生素,加油烹煮有帮助吸收的作用,因此更能发挥其促进人类健康的效果。

(3) 玉米中含有烟酸,烟酸又称尼克酸,它在蛋白质、脂肪、糖的代谢过程中起着重要的作用,能帮助机体维持神经系统、消化系统和皮肤的正常功能。人体内如果缺乏烟酸,可能引起幻听、幻视、精神紊乱,口角炎、舌炎、腹泻,以及癞皮病等。

(4) 玉米胚芽油在国外用于美容已有100多年的历史,因为它含有丰富的维生素E,对人体细胞分裂、延缓衰老等有一定的作用,故玉米胚芽油被称为“美容油”。

三、美容实例

1. 冬瓜玉米汤

(1) 功效:瘦身(因为冬瓜和玉米有去脂肪、去水肿作用,而且这种汤的煮法也非常简单,持续喝1～2个月,就能见效)。

(2) 材料:胡萝卜 375 g、冬瓜 600 g、玉米 2 个、冬菇(浸软)5 个、瘦肉 150 g、姜 2 片、盐适量。

(3) 做法:

① 胡萝卜去皮洗干净,切块。

② 冬瓜洗干净,切厚块。

③ 玉米洗干净,连芯切块。

④ 冬菇浸软后,去蒂洗干净。

⑤ 瘦肉洗干净,氽汤后再洗净。

⑥ 煲滚适量水,下胡萝卜、冬瓜、玉米、冬菇、瘦肉、姜片,煲滚后以慢火煲 2 h,下盐调味即成。

2. 黄金露

(1) 功效:驻颜。

(2) 做法:在超市购买袋装的甜玉米粒,加水煮熟(加入的水可按自己需要),冷透后用果汁机打烂滤渣后即可食用。

对于上班族来说,一次可以多做些,放入冰箱保存。每天上班前,只要倒入杯中用微波炉加热就行,也可用保温瓶携带,方便饮用。

玉米营养丰富,含有的烟酸对健康非常有利,但玉米中的烟酸不是单独存在的,而是和其他物质结合在一起,很难被人体吸收利用。在做玉米的时候有个小窍门:加点小苏打就能使烟酸释放出来,从而能被人体吸收利用。

市场上提供的各种玉米罐头,可供不同的烹调方法使用,但玉米易受潮发霉而变质,因此食用时一定要注意。

粟米——体弱女子的“代参汤”

一、食材性情概述

粟米对于我国北方人来说是最熟悉不过的了,它是原产于中国的一种粮食作物,有考古资料表明,七八千年以前,我国就已经开始种植并食用粟米,直到唐代以前,粟米一直是我国北方人最主要的粮食。虽然唐代以后粟米在粮食供应中的地位受到了小麦等的挑战,但直到今天仍然没有离开我国人民的餐桌,只不过人们更习惯于称它为“小米”

而已。中医学认为，粟米味甘咸，有清热解渴、健胃除湿、和胃安眠等功效。

二、美容功效及科学依据

由于粟米不需精制，许多的维生素和无机盐都没有被破坏，因而是最接近天然状态的一种食物。粟米富含B族维生素，具有防止消化不良、口角生疮、反胃、呕吐的功效，同时还具有滋阴养血的功能。

三、美容实例

1. 粟米美发方

将粟米炒至出油，涂擦脱发处，每日一次，一两个月就可长出新发，也可使细黄发变粗。

2. 粟米鸡蛋粥

材料：粟米50 g，鸡蛋1只。

做法：

(1) 粟米煮粥(少放米，多放水，用大锅，煮出来的粥味道更好，若提前将粟米浸泡一日，可缩短煮粥时间)。

(2) 粥煮好后，打入鸡蛋，稍煮一会。喜欢吃甜的，可以加糖，也可以加盐吃咸粥。临睡前先以热水泡脚，再吃粟米鸡蛋粥，可治疗失眠。

荷叶茶——安全有效的减肥品

荷叶为多年水生草本植物莲的叶片，其化学成分主要有荷叶碱、柠檬酸、苹果酸、葡萄糖酸、草酸、琥珀酸及其他抗有丝分裂作用的碱性成分。药理研究发现，荷叶具有解热、抑菌、解痉作用。经过炮制后的荷叶味苦涩、微咸，性辛凉，具有清暑利湿、升阳发散、祛瘀止血等作用，对多种疾病均有一定疗效。荷叶的浸剂和煎剂可扩张血管、清热解暑，有降血压的作用，同时还是减肥的良药。荷叶茶主要具有分解脂肪、消除便秘、利尿三种作用，被肥胖所困扰的女性及因到中年而考虑预防疾病的人们，不妨多饮用一些荷叶茶。荷叶茶是一种饮品，而非药类，因此具有无毒、安全的优点，不必节食。

《本草纲目》、《随息居饮食谱》、《中国药茶配方大全》等古今药(食)学典籍认为：莲芯及荷叶具有清心火、平肝火、泻脾火、降肺火及清热养神、降压利尿、敛液止汗、止血固精等功效。“荷叶减肥，令人瘦劣”，在我国人们自古以来就把荷叶奉为瘦身的良药。

材料：荷叶(超市能买到)。

功效：减肥瘦身。

做法：每天坚持用荷叶泡茶饮用，减肥瘦身效果显著。

医学研究证实，饮用荷叶茶可以降脂、清理肠胃、排毒养颜、滋肝润肺。

温馨提示

荷叶茶不用煮。将荷叶放在茶壶或大茶杯里，倒上开水就可饮用了。最好能焖5～

6 min，这样茶汁会更浓，而且就算茶凉，其效果也不会发生变化，所以夏季可冰镇后饮用，味道更佳。饭前1～2 h饮用，效果最佳。其他时间也可以喝，但饭前半小时至饭后一小时内包括吃饭时间不要喝，以免影响食物消化。女性经期应暂停饮用，因荷叶具有收涩止血的作用，不适合经期饮用。

复习思考题

一、名词解释

必需氨基酸　非必需氨基酸　蛋白质的互补作用　限制性氨基酸

二、思考题

1. 蛋白质的生理功能有哪些？
2. 必需氨基酸的种类有哪些？
3. 什么是必需氨基酸模式？
4. 简述蛋白质的分类。
5. 影响蛋白质营养吸收的因素有哪些？
6. 通过本章的学习，我们应该怎样科学、合理地食用蛋白质？

（陈木森　王自蕊）

第三章 脂肪与美容

脂类是一大类不溶于水的化合物，是中性脂肪（也称甘油三酯）和类脂（磷脂、固醇类和糖脂等）的统称，主要由碳、氢、氧三种元素组成，有的含有少量的氮、硫、磷等元素。它们有两个特性：一是均溶于有机溶剂；二是在活细胞结构中有极其重要的作用。脂类在人体内的功能主要是作为细胞中能量的储存形式或作为细胞膜的成分。

第一节 脂类的构成与性质

脂类包括中性脂肪和类脂，中性脂肪主要为油和脂肪，类脂则是一类性质类似于油脂的物质，包括磷脂（phospholipids）、糖脂（glycolipids）、固醇类（sterols）、脂蛋白（lipoprotein）等，是组织结构的组成成分，约占脂类的 5%。

类脂组成的元素除碳、氢、氧以外，有时还有氮、硫、磷。例如，磷脂含有磷酸及氮化合物，如卵磷脂、脑磷脂、神经磷脂等。糖脂含有碳水化合物及氮化物，如脑苷脂等。

由于生理功能不同，机体中的脂类可分为两大类：一类是作为基本组织结构的脂类，如磷脂、胆固醇、脑苷脂等，是组成细胞特定结构并赋予细胞特定生理功能的必不可少的物质，这部分脂类，即使长期饥饿也不会动用，含量相对稳定，故称定脂；另一类为储存脂类（储脂），是机体过剩能量的一种储存形式，机体摄入的能量若长期超过需要量，即可使人发胖，由于其含量变动较大，故称为动脂。营养学上所指的脂肪主要是指中性脂肪。

一、脂肪的分类

根据化学结构的不同，脂肪中的脂肪酸可以分为饱和脂肪酸和不饱和脂肪酸。有几种不饱和脂肪酸是人体不可缺少的营养物质，但是在体内不能合成，必须从食物中摄取，所以称它们为必需脂肪酸。目前一般认为，亚油酸属于必需脂肪酸。脂肪酸根据碳链及双键数目的多少分成四类，即低级饱和脂肪酸、高级饱和脂肪酸、单不饱和脂肪酸与多不饱和脂肪酸。

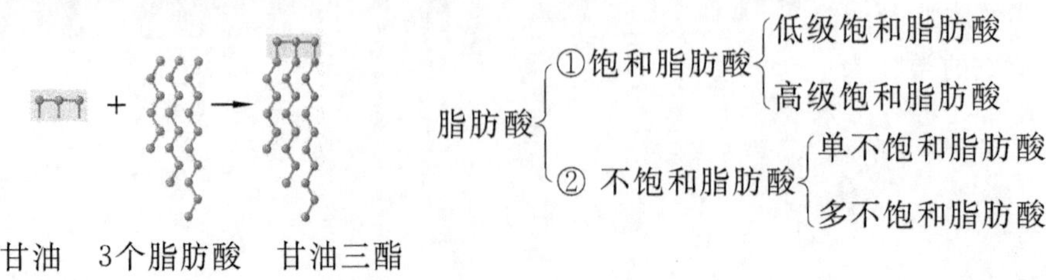

大部分构成食物的脂肪，以甘油三酯（由甘油和脂肪酸共同作用形成）的形式存在。

1. 人体脂肪的分类

正常人体按照体重计算，所含的脂肪占 14%～19%，胖人约占 32%，过胖人可高达 60%。脂肪绝大部分是以甘油三酯的形式储存于脂肪组织内。脂肪组织含脂肪细胞，多分布于腹腔、皮下和肌纤维间，这一部分脂肪常被称为储脂。因其可受营养状况和机体活动的影响而增减，故又称为可变脂。一般储脂在正常体温下多为液态或半液态。皮下脂肪因含不饱和脂肪酸较多，故熔点低而流动性大，在较冷的体表温度下仍能保持液态，从而进行各种代谢变化。机体深处储脂的熔点一般较高，常处于半固体状态，有利于保护内脏器官，防止体温散失。

2. 食物中脂肪的分类

脂肪主要分为动物脂肪和植物脂肪，由于它们所含化学元素的种类、数量及结构不同其营养价值就必然有差异。天然食物中所含的脂肪酸多以甘油三酯的形式存在。一般来说，动物脂肪如牛油、奶油和猪油比植物脂肪含饱和脂肪酸多，但也不是绝对的。例如，椰子油主要由含 12 个和 14 个碳原子的饱和脂肪酸组成，仅含有 5%的单不饱和脂肪酸和 1%～2%的多不饱和脂肪酸。

总体来说，动物脂肪一般含 40%～60%的饱和脂肪酸，30%～50%的单不饱和脂肪酸，多不饱和脂肪酸含量极少。相反，植物脂肪含 10%～20%的饱和脂肪酸和 80%～90%的不饱和脂肪酸，而多数含多不饱和脂肪酸较多，也有不少植物脂肪含单不饱和脂肪酸较多，如茶油和橄榄油中油酸含量达 79%～83%。

二、脂肪的性质

脂肪不溶于水，易溶于有机溶剂。脂肪的相对密度小于水，故能飘浮于水的表面。含有不饱和脂肪酸的脂肪，在室温下呈液态（例如，多种植物脂肪，因为它们的熔点较低，所以我们通常把它称为油）；而含饱和脂肪酸的脂肪，在室温下呈固态（例如，动物脂肪，因为这类脂肪的熔点比较高，我们通常把它称为脂）。

三、脂肪的生理意义

人的脂肪组织多分布于腹腔、皮下、肌纤维间，故这类脂肪有保护脏器、组织和关节的作用。脂肪不易导热，可以防止体内热量散失而保持体温。另外，脂肪还提供脂肪酸作为其他脂类的原料。

类脂约占脂类的 5%，是组织细胞的基本成分。例如，细胞膜是由磷脂、糖脂和胆固醇等组成的类脂层。体内脂肪的含量常随营养状况、能量消耗等因素而变动。

脂肪的主要功能是氧化供能和储存能量。

（1）氧化供能　脂肪是生物体所需能量的一种来源。1 g 脂肪在体内彻底氧化约产生 37.7 kJ(9 kcal)的热量，比氧化 1 g 碳水化合物或蛋白质产生的约 17 kJ 的能量要多一倍以上。

脂肪是体内储存能量的仓库。体内营养过多时，过剩的碳水化合物、蛋白质等可以转变成脂肪的形式储存起来，一般可达几千克或几十千克，越是体重超重者脂肪的储存量越多。

（2）储存能量　当生物体营养状况好且活动量少时，即当生物体的能量收入大于支出时，生物体可将碳水化合物和氨基酸等营养物质转变为脂肪而储存于皮下、大网膜、肠系膜等处的脂肪组织中。

脂肪作为储能物质，其优越性如下。

① 储存量大（一般可占体重的10%～20%），储存量可高达10 kg。

② 单位重量的脂肪所占的体积小。

因脂肪是疏水物质，储存时很少与水结合，每储存1 g脂肪仅占体积1.2 mL，而碳水化合物以糖原形式储存，糖原以亲水胶体形式存在，含水量多，储存1 g糖原所占体积约为脂肪的4倍。

③ 单位重量的脂肪产能多，所以脂肪是理想的储能物质。

脂肪大多储存在皮下，又因脂肪不易导热，可防止热量的散发，从而保持体温，所以胖人不怕冷；又因部分脂肪储存在大网膜等重要内脏的周围，像一个软垫，可起缓冲作用，从而对内脏起保护作用。

（3）提供必需脂肪酸　食物脂肪还可提供必需脂肪酸，如亚油酸、亚麻酸、花生四烯酸等不饱和脂肪酸。必需脂肪酸主要用于磷脂的合成，是所有细胞结构的重要组成部分。保持皮肤微血管正常的通透性和对精子的形成、前列腺素的合成等方面的作用等，都是必需脂肪酸的重要功能。

必需脂肪酸也是磷脂的重要组成部分。花生四烯酸是体内合成前列腺素、血栓素、白三烯的前体，而前列腺素、血栓素、白三烯是一类具有广泛生理功能的物质。

（4）构成人体组织　脂肪中的磷脂和胆固醇是人体细胞的主要成分，在大脑细胞和神经细胞中含量最多。一些胆固醇则是制造体内固醇类激素的必需物质，如肾上腺皮质激素、性激素等。

（5）延迟胃的排空，增加饱腹感　脂肪在胃内消化停滞不前，滞留时间较长，可增加饱腹感，使人不易感到饥饿。这是由于脂肪进入十二指肠，刺激产生肠抑胃素（enterogastrone），使肠道蠕动受到抑制所致。

（6）油脂烹调食物可以改善食物的感官性质　通过不同的烹调方式可以促进食欲，从而有利于营养素的消化吸收。

（7）食用油脂是脂溶性维生素的重要来源之一　例如，鱼油及动物肝脏中的油脂含丰富的维生素A、维生素D，麦胚油富含维生素E，许多种子油富含维生素K。

四、类脂的生理功能

（1）类脂是各种生物膜的组成成分。

细胞膜、线粒体膜、核膜、神经髓鞘膜等所有生物膜的组成都含有类脂，其含量占膜重量的40%～70%，其中磷脂最多，胆固醇次之。磷脂中的不饱和脂肪酸有利于膜的流动性，而饱和脂肪酸和胆固醇又有利于膜的坚韧性。生物膜各种复杂的生理功能均与所含的脂类成分有密切的关系。

(2) 协助脂类和脂溶性维生素的吸收和运输。

磷脂和胆汁酸因其分子中既有亲水基团，又有疏水基团，因此是良好的乳化剂，能协助脂类的运输。

例如，磷脂协助脂肪从肝中运出。胆汁酸可使胆固醇在胆汁中维持溶解状态，使之有利于排出。胆汁酸有助于脂类的吸收等。脂溶性维生素A、维生素D、维生素E、维生素K和胡萝卜素等存在于脂类之中，与脂类一同吸收、运输和储存。胆道梗阻的患者不仅脂类消化吸收发生障碍，常伴有脂溶性维生素的吸收障碍，因而引起相应的维生素缺乏病。

(3) 胆固醇可作为重要合成原料。胆固醇是机体合成维生素D_3、胆汁酸和各种类固醇激素等重要物质的原料。维生素D_3在调节钙磷代谢上起着重要作用；胆汁酸在脂类的消化吸收上起着重要作用；类固醇激素对生物体的生长发育及代谢起着调节作用。

五、脂肪酸

1. 脂肪酸的分类

构成脂肪的脂肪酸包括饱和脂肪酸与不饱和脂肪酸，其中，不饱和脂肪酸又分为单不饱和脂肪酸和多不饱和脂肪酸(图3-1)。

(1) 单不饱和脂肪酸(monounsaturated fatty acid，MFA)：具有一个不饱和双键或三键的脂肪酸称为单不饱和脂肪酸。

(2) 多不饱和脂肪酸(polyunsaturated fatty acid，PUFA)：具有两个或两个以上不饱和双键的脂肪酸称为多不饱和脂肪酸。

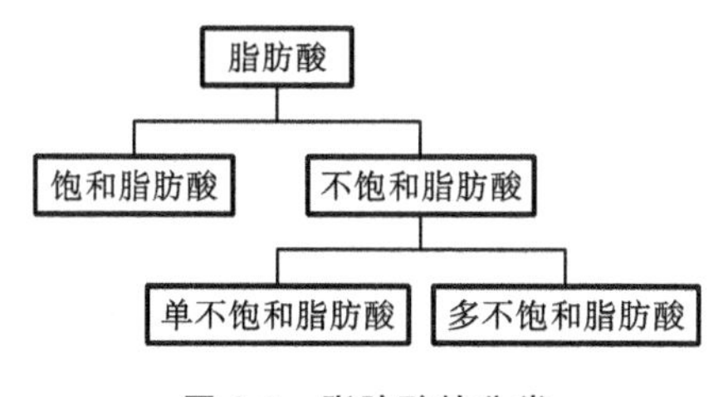

图3-1 脂肪酸的分类

2. 必需脂肪酸(essential fatty acid，EFA)

(1) 定义：在动物体内不能合成，为了满足正常生理功能的需要，必须由食物供给的脂肪酸称为必需脂肪酸。目前比较肯定的必需脂肪酸只有亚油酸，尽管亚麻酸和花生四烯酸具有必需脂肪酸活性，但它们可由亚油酸转变而成。在亚油酸供给充足时，这两种脂肪酸就不会缺乏。亚油酸在不同食物中的含量见表3-1。

表 3-1　亚油酸在不同食物中的含量

来　　源	亚油酸/(g/100 g)	来　　源	亚油酸/(g/100 g)
红花油	73	向日葵籽	30
玉米油	57	巴西核桃	25
棉籽油	50	人造黄油	22
大豆油	50	番瓜和番瓜籽	20
芝麻油	40	西班牙花生	16
黑核桃油	37	花生酱	15
英国核桃	35	杏仁	10

(2) 必需脂肪酸的生理功能如下。

① 影响大多数膜的特性。必需脂肪酸是细胞膜、线粒体膜和核膜结构脂质的主要成分,因而影响绝大多数膜的特性。磷脂中脂肪酸的浓度和不饱和程度在很大程度上决定其流动性、柔软性等物理特性。必需脂肪酸作为机体组织细胞膜的重要组分,决定着膜及细胞接受信息的生物学特性。一些细胞通道的分泌情况、趋化性、信息传递和对微生物侵袭的敏感性也取决于膜的流动性。

② 必需脂肪酸主要有前列腺素、前列环素、白三烯及花生四烯酸在细胞色素催化下生成的代谢物质等,这些物质在体内具有广泛的生物学功能。膳食中必需脂肪酸缺乏时,组织形成前列腺素的能力就会减退。

③ 必需脂肪酸能维持皮肤及其他组织对水分的不通透性。正常情况下,皮肤对水分和其他许多物质是不通透的。必需脂肪酸不足时,水分迅速穿过皮肤,饮水量增大,生成的尿少而浓。此外,其他一些组织屏障如血-脑屏障、胃肠道屏障的通透性也可能与必需脂肪酸有关。

④ 必需脂肪酸有利于胆固醇的溶解和转运。胆固醇在体内一般以酯的形式运输。与含饱和脂肪酸或单不饱和脂肪酸的胆固醇酯相比,含必需脂肪酸的胆固醇酯溶解性更好,更容易被运输。γ-亚麻酸的代谢产物——前列腺素能抑制胆固醇的生物合成和促进胆固醇的跨膜转运。

⑤ 必需脂肪酸对X线引起的一些皮肤损害有保护作用,其机理可能是损伤组织的修复过程和新生组织的生长需要必需脂肪酸。必需脂肪酸缺乏或代谢异常有可能对体内的每个细胞和器官产生不良影响。

六、脂蛋白

脂蛋白的主要作用是通过血液在肌肉和脂肪组织之间运送甘油三酯(脂肪的储存形式)。脂蛋白按其颗粒大小不同可分为四种,颗粒最大的称为乳糜颗粒,稍小的称为极低密度脂蛋白,更小颗粒的称为低密度脂蛋白,最小的称为高密度脂蛋白。

(1) 乳糜颗粒(chylomicron,CM)由小肠上皮细胞合成,主要成分为膳食脂肪,其作用是运输外源性甘油三酯到肝脏和脂肪组织。

(2) 极低密度脂蛋白(very-low-density lipoproteins,VLDL):VLDL 主要由甘油三酯构成,但磷脂和胆固醇含量比 CM 的多,主要由肝脏合成,负责将甘油三酯从肝脏送往全身脂肪组织或其他组织储存。

(3) 低密度脂蛋白(low-density lipoproteins,LDL):LDL 来自肝脏,其主要成分为胆固醇的一类脂蛋白,将胆固醇由肝脏送达到各个组织中作为制造细胞膜和某些激素的原料。当血浆中 LDL 浓度增高时,提示可能存在动脉粥样硬化。

(4) 高密度脂蛋白(high-density lipoproteins,HDL):HDL 主要由大量蛋白质、磷脂、少量胆固醇、甘油三酯等组成,肝脏和小肠都能合成 HDL,它在血浆中的浓度比较恒定,不受膳食中 SFA 和胆固醇的影响,主要作用是从组织中清除不需要的胆固醇,并送往肝脏代谢处理,然后排出,因此 HDL 可防止脂质在动脉壁沉积而引起动脉硬化,保护心血管系统的健康。

促进血管硬化的是低密度脂蛋白和极低密度脂蛋白,它们能沉积到血管壁形成粥样硬化,而高密度脂蛋白则可防止动脉硬化。在动物脂肪中,低密度脂蛋白过高,故易导致动脉硬化。

LDL 与 HDL 都是血液中的运输蛋白,但是 LDL 比较大、比较轻,并且含有较多脂类;而 HDL 较小、密度高,并且能结合更多的蛋白质。LDL 将甘油三酯和胆固醇从肝脏运输到其他组织,而 HDL 将组织中多余的胆固醇与磷脂运回肝脏进行处理。

LDL 与 HDL 都能携带胆固醇,血液中 LDL 浓度升高是心脏病可能发作的信号,而血液中 HDL 浓度升高则意味着心脏病发作的危险性比较低(图 3-2)。这就是人们将 LDL 称为“坏”胆固醇,而把 HDL 称为“好”胆固醇的缘故。

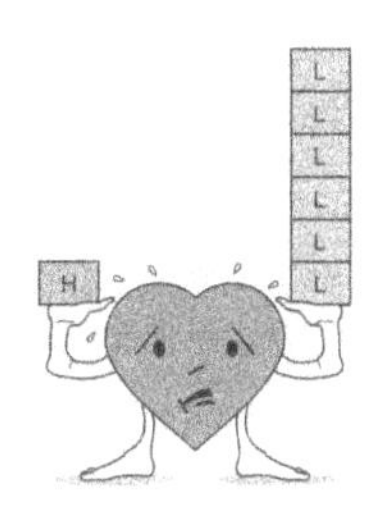

(a) LDL与HDL的比例高于5:1(男性)或4.5:1(女性)时,心脏病发作的危险性增加

(b) LDL与HDL的比例小于5:1(男性)或4.5:1(女性)时,心脏病发作危险性降低

图 3-2　LDL 与 HDL 的比例与心脏病发作的危险性的关系

七、人体脂肪的需要量

在摄入多少脂肪的问题上,我国的营养专家提出每天摄入的脂肪产热量应占总产热量的 20%~25%,也就是说,每个人每天应该摄入的脂肪和其一天摄入的总热量有关。如果一个人每天应摄入 8400 kJ(2000 kcal)热量,我们又知道每克脂肪产热是 38 kJ(9 kcal),那么这个人一天应摄入的脂肪量是 8400×25%÷38 g=55 g。

实际上，正常人根据摄入热量的多少，应摄入的脂肪在50～80 g。婴幼儿和儿童摄入脂肪的比例高于成年人，6个月以内婴儿摄入的脂肪产热量占45%，6～12个月婴儿摄入的脂肪产热量占40%，1～17岁儿童及青少年的占25%～30%，成年人(18岁及以上人群)摄入的脂肪产热量占20%～25%。

八、脂肪营养价值评估

脂肪具有很高的营养价值。脂肪的营养价值评估可从脂肪的消化率、必需脂肪酸含量和脂源性维生素的含量三个方面来衡量。

1. 脂肪的消化率

脂肪的消化率主要取决于其熔点，而熔点又与其饱和脂肪酸及不饱和脂肪酸的含量有关。这些脂肪酸含量越高，熔点越低，越易消化，故比较起来，植物油和奶油更易消化。熔点低于体温的脂肪的消化率可高达97%～98%，熔点高于体温的脂肪的消化率约为90%。

2. 必需脂肪酸含量

由于必需脂肪酸在人体中具有重要的生理功能，而人体又不能合成，必须从食物中获取，因而必需脂肪酸的含量是衡量脂肪营养价值的重要依据。现在人们公认的一种不饱和脂肪酸为必需脂肪酸，这种不饱和脂肪酸就是亚油酸。在亚油酸的脂肪酸长链中含有2个不饱和双键，故属于多不饱和脂肪酸。

3. 脂溶性维生素的含量

一般来说，脂溶性维生素含量高的脂肪，其营养价值较高。动物的储存脂肪几乎不含脂溶性维生素，而器官脂肪含量多，其中以肝脏为主。近年来，医学界、营养界倡导：尽可能食用不饱和脂肪酸，且来自饱和脂肪酸的热量不要超出总热量的10%。富含脂肪的食物见表3-2。

表3-2 富含脂肪的食物

食物名称	脂肪含量/(%)
纯油脂：牛油、羊油、猪油、花生油、芝麻油、豆油等	90～100
各种肉类：牛肉、羊肉、猪肉等	10～50
蛋类	6～30
奶类及其制品	2～90
硬果类：榛子、核桃、花生、葵花籽等	30～60
黄豆类	12～20

第二节　食用油的学问

一、动物油与植物油的利弊

动物油与植物油的营养构成及其对人体的影响有所不同，具体见表 3-3。

表 3-3　动物油与植物油的营养构成及其对人体的影响

营养构成及其对人体的影响	动　物　油	植　物　油
营养构成	主要含饱和脂肪酸	主要含不饱和脂肪酸
	所含的维生素 A、维生素 D，与人的生长发育有密切关系	所含的维生素 E、维生素 K，与血液、生殖系统功能关系密切
对人体的影响	含较多胆固醇，它有重要的生理功能，在中老年人的血液中含量过高，易患动脉硬化、高血压等疾病	不含胆固醇，含植物固醇，它不能被人体吸收，可阻止人体吸收胆固醇

根据以上两种油的特点，可以选择食用。对于中老年人以及有心血管疾病的人来说，以植物油为主，少吃动物油，更有利于身体健康；对于正在生长发育的青少年来说，则不必过分限制动物油。对于正常的成年人，正确的吃法是植物油、动物油搭配或交替食用，其推荐比例是 3∶2。植物油含不饱和脂肪酸，对防止动脉粥样硬化有利。用动物油 2 份、植物油 3 份制成混合油食用，可以取长补短。动物油和植物油混吃还有利于防止心血管疾病。

植物油也要限量：植物油主要含不饱和脂肪酸，若吃得过多，容易在人体内被氧化成过氧化脂。而过氧化脂在体内积存过多容易引起脑血栓和心肌梗死。据测定，每人每天吃 7～8 g 植物油就足够身体所需了，另外，适当吸收一点动物油，对人体健康有益。

要注意香油的使用：香油以芝麻为原料，不仅味香、营养丰富，而且我们的祖先很早以前就用芝麻作为良药来治疗某些疾病。经研究发现，香油中含有的亚油酸、棕榈酸和花生四烯酸等不饱和脂肪酸达 6%，这些物质能有效地防止动脉粥样硬化和预防心血管疾病。香油里还含有丰富的维生素 E。动物实验证明，合理食用维生素 E 能延长动物寿命 15%～75%，所以香油不仅可提供热量和一般的营养，而且还有抗衰老和延年益寿的作用。故有条件者，不妨多食用香油。

饱和脂肪酸、单不饱和脂肪酸和多不饱和脂肪酸性格大比拼

饱和脂肪酸就像胖胖的脾气古怪的小孩，因为不容易被带走，所以容易沉积，并且

会增加血液中胆固醇的含量，继而引发高血脂、高血压、动脉粥样硬化等严重心脑血管疾病。不过从另一方面来看，它也比较稳定，不容易被氧化，适合高温油炸。

多不饱和脂肪酸，如亚油酸、亚麻酸等，它们是人体必需脂肪酸。多不饱和脂肪酸的个性随和，和谁都能做朋友，所以虽然它有降低“坏”胆固醇(LDL)的效果和促进孕期胎儿大脑生长发育等重要作用，但不幸的是，也会降低“好”胆固醇(HDL)的效果，更糟的是，由于其性质不稳定，容易在高温烹调过程中被氧化，形成自由基。而自由基会加速细胞的老化及癌症的产生。

单不饱和脂肪酸(油酸)的个性中庸，稳定性虽比不上饱和脂肪酸，但还算稳定，而且它能降低“坏”胆固醇的作用，维持或稍微提高“好”胆固醇的作用，对心、脑、肾血管的健康有益。

二、食用油的营养成分

通常所说的油脂是指两种形态不同的脂肪，在常温下呈液态的称为油，呈固态的称为脂。

食用油是人们饮食中不可缺少的重要组成之一。油脂不仅能够供给人体热量及必需脂肪酸，并且在烹调过程中，能改善食物的感官性质，使食物种类多样化。食用油脂包括食用植物油脂和食用动物油脂，常用的有花生油、豆油、芝麻油、菜籽油、棉籽油、猪油、牛油等，另外还有葵花籽油、玉米胚芽油等新品种。

1. 甘油酯

甘油酯是各种油脂的主要组成部分。每一种油脂中均含有多种甘油酯，因此，油脂是各种甘油酯的混合物，在天然油脂中，以三酰甘油酯为主。

2. 磷脂

油脂中的磷脂可供药用，具有营养价值。油炸食物时，磷脂会使油冒泡，随后使油色变深变黑，影响食物的外观色泽和口味，故此时油脂中磷脂的含量越少越好。一般豆油含磷脂1%～3%，其他食用油磷脂含量在1%以下。

3. 维生素

维生素的种类很多，但能够溶解在油脂中的只有脂溶性维生素A、维生素D、维生素K、维生素E四种。植物油脂中以含维生素E为主，其他三种含量极少。动物油脂中均含四种维生素，不过由于类别不同，其含量比例各有不同。玉米胚芽油与米糠油中含有丰富的维生素E，能保持皮肤的健康，减少感染，促进皮肤的血液循环，维持皮肤的柔嫩与光泽，抑制各种色素斑、老年斑的形成。

4. 固醇

植物油脂中含有植物固醇，动物油脂中含有动物固醇，其典型代表为胆固醇。动物胆固醇对心血管疾病患者不利，植物固醇对心血管疾病患者不仅无不利影响，而且有良好的保健作用。

5. 游离脂肪酸

任何动物油脂中均含有数量不等的游离脂肪酸。游离脂肪酸易与空气中的氧发生氧化作用，而使油脂产生哈喇味。由于游离脂肪酸是造成油脂变坏的根本原因，因此油脂中游离脂肪酸含量越少越好。植物油因含熔点高的饱和脂肪酸很少，而含熔点低的不饱和脂肪酸多，因此，植物油的吸收率比动物油的高。

常见食用油脂肪酸的组成和吸收率见表3-4。

表3-4　常见食用油脂肪酸的组成和吸收率

名　称	熔点/℃	吸收率/(%)	饱和脂肪酸/(%)	不饱和脂肪酸/(%)	必需脂肪酸		
					亚油酸/(%)	亚麻酸/(%)	花生四烯酸/(%)
花生油	常温下呈液态	98.3	20	80	26	—	—
豆油	常温下呈液态	97.5	13	87	53	6.0	—
菜籽油	常温下呈液态	99.0	6	94	22	—	—
芝麻油	常温下呈液态	99.8	14	86	42	—	—
猪油	10～28	97.0	42	58	8.0	0.7	2.0
牛油	40～50	89.0	53	47	2.0	0.5	0.1
羊油	44～55	81.0	57	43	4.0	—	—

三、食用油的注意事项

食用油是人体不可缺少的营养来源之一，但只有做到科学食用才能真正吃出营养、吃出健康。我们在日常生活中必须保证食用一定量的油，不仅因为油能提高人的食欲，而且它也是人体内能量的良好来源，但并不是吃油越多越好，具体应注意以下几个方面。

1. 夏季用油

夏季容易出汗，食欲较差，消化功能相对减弱，油不易消化，故应少吃油。另外，夏季宜吃菜籽油或芝麻油，菜籽油有泻热除瘀和清火去毒的作用；芝麻油微寒，有利于大肠去热和解毒。

2. 炒菜用油

炒菜时油不要过热，因油烧得过热易产生一种化合物，长期食用这种油对人体健康有害，易使人患胃炎和胃溃疡。炸过的油应尽快用完，万不可反复熬炼使用，以免食用了油中分解出来的有毒氧化物。另外，炒肉类食物时宜用花生油，花生油的香味可以去掉肉的腥味，炒蔬菜时可用猪油，可使菜润滑而有香味。

3. 患病者慎吃油

患消化系统疾病时宜少吃油。患肝胆疾病时，胆汁分泌减少，脂肪不易消化吸收，故不宜多吃油。患痢疾、急性肠炎时,或因其他原因导致的腹泻、肠胃功能紊乱时,也不宜多吃油。动物油含饱和脂肪酸较多,应限量食用,肥胖者和高血压患者,最宜食用猪油,其次是牛油、羊油。

4. 科学搭配食用油

动物油和植物油搭配食用有利于健康。动物油含饱和脂肪酸较多,会增加血液中的胆固醇,使血管硬化,失去弹性,引起心血管疾病。植物油含不饱和脂肪酸比较丰富,提倡食用,但只食植物油也不利于健康,因不饱和脂肪酸过多会增加某些癌症发生的概率。因而在日常生活中,应以食用植物油为主(如豆油、花生油、菜籽油和葵花籽油),同时适当搭配动物油,这样才能保持饮食平衡。

四、食用油的保健功能

食用油包括植物油和动物油。植物油包括豆油、菜籽油、花生油等。动物油包括猪油、牛油、羊油等。食用油能供给人体组织不能自行合成的必需脂肪酸,如亚油酸、亚麻酸,能促进食物中脂溶性维生素的吸收,食用油本身还含有维生素E、维生素A、维生素D等。

我国地域辽阔,农业种植发达,由于种植特点,各地区居民对食用油的选择也有所不同。

(1) 菜籽油:又称菜油或芸苔油,是从菜籽中榨出来的油。菜籽油主要产于长江流域和西南各省,西北、华中地区居民普遍喜爱食用菜籽油,菜籽油有利胆功能,人体对菜籽油的消化吸收率也比较高。菜籽油所含脂肪酸大部分为不饱和脂肪酸,另外菜籽油还含有维生素E。不饱和脂肪酸和维生素E对高血脂患者有良好的保健作用。但是,菜籽油中亚油酸含量偏低,所以营养价值有限。另外,菜籽油有一个严重的问题,菜籽油中含有大量芥酸和芥子苷等物质,这些物质摄入过量对人体的生长发育可造成不利影响,因此专家建议菜籽油应该与其他食用油搭配食用。

(2) 橄榄油:由于橄榄油价格昂贵,目前只在高收入消费者中盛行。橄榄油富含维生素A、维生素D、维生素E、维生素K、维生素F,所以橄榄油在美容领域的运用很广泛。橄榄油虽说是"贵族油",但仍然存在不可避免的问题:橄榄油中的单不饱和脂肪酸含量极高,而多不饱和脂肪酸含量低,所以如果长期食用易导致营养不均衡,引起营养不良。

(3) 红花籽油:近几年走进中国家庭厨房的红花籽油,其营养价值非常高。例如,红花籽油可用于制造"益寿宁"等防治心血管疾病及高血压、肝硬化等疾病的药品。由于红花籽油的多不饱和脂肪酸过高,亚麻酸含量低,长期食用也会造成营养不均衡。

(4) 大豆油:大豆油(简称豆油)是豆科植物大豆的种子所榨取的脂肪油。豆油较其他油脂的营养价值更高,每100 g豆油中含有脂肪99.9 g、胡萝卜素0.52 mg、维生素E 137.19 mg。中医学认为,大豆油甘辛温,能驱虫润肠,常用于肠道梗阻、大便秘结等症的治疗。

(5) 色拉油:色拉油几乎无色、无烟、无杂质且风味淡雅。我国市场上的色拉油大多数以菜籽油为原料,也有一部分以豆油为原料。色拉油在加工时已除去了产生油烟的成分,也除去了异味。一般来说,大豆色拉油比菜籽色拉油的营养价值高,尤其适合中老年人食用。

(6) 花生油:花生油是从花生仁中提炼出来的油,按其加工方法和精制程序不同,分为毛花生油、过滤花生油和精制花生油。

我国是世界上主要的花生生产国之一,花生油很自然地成为全国特别是北方地区的主要食用油之一。花生油属于优质食用油,每 100 g 花生油中含不饱和脂肪酸 82.2 g、脂肪 99.9 g、维生素 E 51.63 mg。

花生油属于半干性油脂,夏季是透明的液体,冬季呈黄色半固体状态。花生油提取物给血友病患者应用,能增加抗血友病患者球蛋白的含量,延迟并减轻放射红斑反应。花生油还适宜冠心病、高血脂和高血压等患者食用。花生油中虽含有大量油酸、亚油酸及脑磷脂、卵磷脂和其他不饱和脂肪酸等有益成分,但也有其独特的问题和缺点。

花生油给人感觉非常油腻,不符合清淡饮食的习惯。花生油在民间被称为“火油”,是指它会让人增加火气,不利于健康,火气大的人,不宜多吃花生和花生油。

花生油的另一个问题更为严重。花生容易感染霉菌而分泌黄曲霉素,这种毒素是自然界中最强烈的天然致癌物质之一,可引起肝癌。一旦食用劣质有害的花生油则容易形成急性中毒,导致肝功能被破坏,对人体危害极大。在榨取花生油时,虽经多种方法处理,但仍会有微量黄曲霉素残留。

专家提醒人们,切莫过度注重口味而忽视了健康,因为即使是优质的花生油,也可能含有微量的黄曲霉素,故不宜大量食用。如果黄曲霉素在人体中沉积下来,将会对人体健康产生危害。

(7) 猪油:从猪的脂肪组织(如板油、肠油、皮下脂肪层的肥膘)中提炼出来的动物油脂,其中从板油熬炼出来的猪油质量最好。猪油在液态时透明清澈,而在 10 ℃以下是固态的,呈白色膏状,具有一种清香的味道。每 100 g 猪油中含有脂肪88.8 g、胆固醇 85 mg、维生素 B 20.01 mg、烟酸 0.1 mg。猪油的熔点比羊油、牛油的都低,易被人体吸收。猪油中的胆固醇和花生四烯酸等特殊物质在植物油中是不存在的,这些物质也是大脑和神经细胞的重要成分之一。

可以看出,各种油都有独特的优点,也都存在特定的缺陷。油不可以不吃,那么,应该如何吃呢?专家的建议是,不能长期、大量食用单一油种,否则会影响身体营养均衡。常见食用油脂肪酸成分见表 3-5。

表 3-5 常见食用油脂肪酸成分表(数据仅供参考)

油品	饱和脂肪酸/(%)	单不饱和脂肪酸/(%)	多不饱和脂肪酸/(%)
葡萄籽油	8	22	70
橄榄油	14	77	9

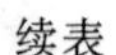
续表

油　品	饱和脂肪酸/(%)	单不饱和脂肪酸/(%)	多不饱和脂肪酸/(%)
菜籽油	6	62	32
花生油	18	49	33
人造乳油(玛琪琳)	31	47	22
猪油	38	48	14
鸡皮油	31	48	21
牛油	51	42	7
棕榈油	51	39	10
奶油	62	32	6
玉米油	13	25	62
大豆油	15	24	61
葵花籽油	11	20	69
棉籽油	27	19	54
红花籽油	9	79	12
深海鱼油	28	23	49

为何色拉油比食用油好?

豆油、菜籽油、棉籽油、花生油等传统食用油,是经过简单榨取和粗加工提炼出来的“毛油”,含较多的杂质和不利于人体健康的成分。有资料表明:棉籽油中含有使人中毒、致人不育的棉酚;菜籽油中的芥酸对高血压、心脏病患者极为不利;豆油中的磷脂使油在高温下冒烟并产生一定量的致癌物质。而动物油也因其含油脂、胆固醇易使进食者血液中脂肪浓度骤升而诱发心绞痛、脑中风等疾病。因此,更多的消费者将目光投向了精炼的色拉油这种高级烹调油。色拉油虽然采用的仍是花生、大豆、葵花籽、玉米等植物油原料,但是它运用了特殊的科学方法和加工工艺,即经过脱胶脂、脱酸、脱蜡、脱色、脱臭等工序后而成。其油质清澄透明、色泽浅淡,入锅中加热不变色、不变焦,使菜肴鲜亮有美感,食之鲜嫩可口。色拉油避免了那种让人产生厌厨心理的“醉油”现象,与传统食用油相比,其杂质和挥发物也较少。

五、食用油的选购与识别

随着人们生活水平的提高,广大消费者对食用油的需要量日趋增加,对质量的要求也越来越高。可是，目前市场上销售的食用油质量参差不齐，有的以劣充优，有的掺假卖假，严重危害了消费者的利益，因此，食用油的优劣是人们普遍关心的一个问题。

（一）选购食用油的识别要领

日常生活中，消费者鉴别食用油主要靠感官来识别。一般来说，食用植物油的感官鉴别主要从看、闻、尝、听、问五个方面入手。

1. 看

首先看透明度，纯净的油应是透明的，在生产过程中由于混入了磷脂等其他杂质，透明度才下降。其次看色泽，纯净的油应该是无色的，在生产过程中由于油料中的色素溶于油中，油才带色。最后看沉淀物，沉淀物俗称油脚，主要成分是杂质，在一定条件下沉于油的底层。购油时应选择透明度高、色泽较浅（香油除外）、无沉淀物的油。

2. 闻

每种油都有各自独特的气味，打开瓶盖时，鼻子靠近就能闻到，也可以在手掌上滴一两滴油，双手合拢摩擦，发热时仔细闻其气味。有异味的油，说明质量有问题。掺矿物油的油，有矿物油的气味，不要购买。

3. 尝

用干净的筷子或玻璃棒，取一两滴油，涂在舌头上仔细品尝其味道。口感带酸味的油是不合格产品，有焦苦味的油已发生酸败，有异味的油可能是掺假油。

4. 听

听油燃烧时的声音，目的是鉴别杂质含量是否超标。取油层底部的一两滴油，涂在易燃的纸片上，点燃并听其响声。燃烧正常无响声者，提示含水量在0.2%以内，是合格产品；燃烧不正常且发出“吱吱”声音者，提示含水量在0.2%以上，是不合格产品；燃烧时发出“叭叭”的爆炸声，则提示含水量在0.4%以上，严重超标，有可能是掺假产品，绝对不能购买。

5. 问

问商家的进货渠道，必要时索要进货发票或查看当地食品卫生监督部门的检测报告。

（二）常见食用油的选购与识别

1. 大豆油

纯净的油脂是无色、透明、略带黏性的液体，但因油料本身带有各种色素，在加工过程中，这些色素溶解在油脂中而使油脂具有颜色。油脂色泽的深浅，主要取决于油料所含脂溶性色素的种类及含量、油料品质的好坏、加工方法、精炼程度和油脂储藏过程中的变化等。品质正常的油脂应该是完全透明的，如果油脂中含有磷脂、固体脂肪、蜡质或含量过多以及含水量较大时，就会出现混浊，使透明度降低。

(1) 大豆油质量识别标准：

① 优质大豆油：呈黄色至橙黄色，完全清晰透明，具有大豆油固有的气味和大豆油

固有的滋味，无异味。

② 次质大豆油：油色呈棕色至棕褐色，稍混浊，有少量悬浮物，大豆油固有的气味平淡，微有异味，如青草味等。

③ 劣质大豆油：油液混浊，有大量悬浮物和沉淀物，有霉味、焦味、哈喇味等不良气味，还有苦味、酸味、辣味及其他刺激味或不良滋味。

(2) 大豆油质量识别方法：油脂是一种疏水性物质，一般情况下不易和水混合，但是油脂中常含有少量的磷脂和其他杂质，能吸收水分而形成胶体物质并悬浮于油脂中，所以油脂中仍有少量水分，而这部分水分一般是在加工过程中混入的，同时还混入一些杂质，会促进油脂水解和酸败，影响油脂储存时的稳定性。

进行大豆油含水量的感官识别时，可取干燥洁净的玻璃扦油管，斜插入装油容器内至底部，吸取油脂进行观察。若油脂清澈透明，则含水量在 0.3%以下；如果出现了混浊，则含水量在 0.4%以上；如油脂出现明显混浊并有悬浮物，则含水量在0.5%以上。把扦油管的油放回原容器，观察扦油管内壁油迹，若有乳浊现象、模糊不清，则含水量在 0.3%～0.4%之间。优质大豆油的含水量不超过 0.2%。

油脂在加工过程中会混入机械性杂质(如泥沙、料坯粉末、纤维等)、磷脂、蛋白质、脂肪酸、黏液、树脂、固醇等非油脂性物质。这些物质可在一定条件下沉入油脂的下层或悬浮于油脂中。

进行大豆油的油脂杂质和沉淀物的感官识别时，可以用洁净的玻璃扦油管，插入到盛油容器的底部，吸取油脂，直接观察有无沉淀物、悬浮物及其量的多少。或取油样于钢勺内加热(不超过 160 ℃)，撇去油沫，观察油的颜色：若油色变深，则杂质含量约为 0.5%；若勺底有沉淀，则说明杂质多，含量在 1%以上。

2. 芝麻油

芝麻油又称香油，分为机榨香油和小磨香油两种。机榨香油色浅而香淡，小磨香油色深而香浓。另外，芝麻经蒸炒后榨出的油香味浓郁，未经蒸炒榨出的油香味较淡。

(1) 芝麻油质量识别标准。

① 优质芝麻油：呈棕红色至棕褐色，清澈透明，具有芝麻油特有的浓郁香味，口感滑爽，无任何异味。

② 次质芝麻油：色泽较浅(掺有其他油脂)或偏深，有少量悬浮物，略混浊，具有芝麻固有的滋味，但是显得淡薄，微有异味。

③ 劣质芝麻油：呈褐色或黑褐色，油液混浊，除芝麻油微弱的香气外，还有霉味、焦味、油脂酸败味等不良气味，有较浓重的苦味、焦味、酸味、刺激性辛辣味等不良滋味。

(2) 芝麻油质量识别方法：芝麻油含水量、有无杂质和沉淀物的识别方法与大豆油的相同，在识别掺假芝麻油时，可使用以下方法。

① 辨色法：纯香油呈淡红色或橙红色，机榨香油比小磨香油颜色淡；香油中掺入菜籽油则颜色深黄，掺入棉籽油则颜色黑红。

② 嗅闻法：小磨香油香味醇厚、浓郁、独特，如掺进了花生油、豆油、菜籽油等，不但

香味差,而且会有花生、豆腥等其他气味。

③ 观察法:在夏季的阳光下看纯香油,可见清澈透明的液体。若掺进 1.5%的凉水,在光照下可呈现不透明液体状;若掺进 3.5%的凉水,香油就会分层并容易沉淀变质;若掺进了猪油,加热就会发白;若掺有菜籽油,则颜色发青;若掺有棉籽油,就会黏锅。

④ 水试法:用筷子蘸一滴香油滴到凉水上,纯香油会呈现出无色透明的薄薄的大油花,而后凝成若干个细小的油珠。掺假香油的油花小而厚,且不易扩散。

⑤ 振荡法:将少许香油倒入试管中,用力摇荡,如不起泡或只起少量泡沫,而且很快就消失了,这种香油比较纯正;如泡沫多、消失慢,又是白颜色泡沫,就是掺入了花生油;如出现淡黄色泡沫且不容易消失,用手掌摩擦有腥气味的,则可能掺有豆油,有辛辣味的,可能掺有菜籽油。

3. 菜籽油

菜籽油含水量、杂质和沉淀物的识别方法与大豆油的识别方法相同。

(1) 优质菜籽油:呈黄色至棕色,清澈透明,具有菜籽油固有的气味和特有的辛辣味,无任何异味。

(2) 次质菜籽油:呈棕红色至棕褐色,微混浊,有微量悬浮物,有菜籽油固有的气味,或微有异味。

(3) 劣质菜籽油:呈褐色,液体极混浊,有酸味、焦味、干草味或哈喇味等不良气味,还有苦味、酸味等不良滋味。

4. 花生油

花生油含水量、杂质和沉淀物的识别方法与大豆油的识别方法相同。

(1) 优质花生油:一般呈淡黄至棕黄色,清晰透明,具有花生油固有的香味(未经蒸炒直接榨取的油香味较淡)和滋味,无任何异味。

(2) 次质花生油:呈棕黄色至棕色,稍混浊,有少量悬浮物,花生油固有的香味平淡,微有异味,如青豆味、青草味等。

(3) 劣质花生油:呈棕红色至棕褐色,并且油色暗淡,在日光照射下有蓝色荧光,油液混浊,有霉味、焦味、哈喇味等不良气味,还具有苦味、酸味等不良滋味。

六、变质的食用油如何处理

食用油存放的时间久了,有时会出现一些变质现象,遇到这种问题怎么办呢?

油的底部堆积有颜色较深的沉淀物,这是因为生产时油脂中的碎屑或其他有形杂质未除干净。只要油没有明显的气味,可将上层清油澄出,将沉淀物弃去,仍可食用。

油中出现浅色的如云絮状的悬浮物,是因油中存在的一种低凝固点的物质未被分离干净,只要将油加温即可消失。外界温度降低时,油脂会出现整体凝固或大部分凝固,只要加温,再熔化成液态即可食用,这是一种正常现象。

若油脂出现较严重的哈喇味,油脂变混,这是油脂的酸败现象。酸败后的油脂不经过处理是不能食用的，否则会引起食物中毒。

还有的油虽然透明，但散发出一种刺鼻的辛辣气味，这是因油脂中的过氧化物增加的缘故。这种油不能食用，以免引起食物中毒。

“起油锅”一定要冒油烟吗？

炒菜时，先把油烧得滚热，冒出缕缕油烟，然后把菜放入锅内，这种炒菜方法称为“起油锅”，日常生活中已司空见惯。其实这种做法对人体健康是不利的。从营养学角度看，食用油，无论是动物油，还是植物油，都是由甘油和脂肪酸组成的。动物油的熔点一般为45～50 ℃，植物油的熔点则低于37 ℃。油温太高，油脂氧化迅速，油中所含的必需脂肪酸和脂溶性维生素均遭到不同程度的破坏。油锅一旦冒烟，则表示油温已超过200 ℃。在这种温度下，油中的脂溶性维生素被破坏殆尽，各种必需脂肪酸也大量氧化。同时，下锅的菜在与高温油接触瞬间，食物中的各种维生素，尤其是维生素C，也遭到破坏。此外，油温过高可使油脂氧化产生过氧化脂质，过氧化脂质的聚合物除直接妨碍机体对油脂的吸收外，还会改变蛋白质的结构，阻碍对蛋白质的吸收，从而降低蛋白质的利用价值。过氧化脂质在胃肠道内还会破坏食物中的维生素，降低人体吸收维生素的量。此外，将油加热至180 ℃以上所产生的气体，可能导致肺癌，所以，“起油锅”时温度最好控制在180 ℃以下，同时，厨房要注意通风，以降低对空气的污染程度。

第三节　脂肪的来源及营养代谢利用

一、脂肪的供给量及食物来源

膳食脂肪的来源包括烹调用油脂及食物本身含有的脂肪。供给人体脂肪的动物性食物主要有猪油、牛脂、羊脂、肥肉、奶脂、蛋类及其制品，植物性食物主要有菜油、豆油、麻油、大豆、花生、芝麻、核桃仁、瓜子仁等。

含磷脂丰富的食物有蛋黄、瘦肉、动物内脏。肉类、动物内脏、蛋黄及奶油等食物也含有较高的胆固醇。

膳食脂肪的供给量目前各个国家均未作出明确的规定。因为生产情况、气候条件、饮食习惯的差异，各国居民脂肪摄入量差异很大。一般每日摄入脂肪占总热量的比例在15%～35%之间。目前我国由于人们生活水平提高，脂肪摄入量有升高的趋势。实验室及流行病学调查发现，摄入脂肪过高与肥胖、高血压、冠心病、胆结石、乳腺癌等发生率高有关，故脂肪摄入量不宜过高，以适当为宜。考虑供给必需脂肪酸、脂溶性维生素及热量和饱腹感等因素，一般要求脂肪提供热量占每日摄入总热量的20%～25%。极重体力劳动者为避免食物体积过大，保证热量的供应，可以适当提高脂肪的摄入量。

儿童、青少年脂肪摄入量占每日摄入总热量的25%～30%，7～12个月的婴儿为

30%～40%，初生至6个月的婴儿为45%，都应高于成年人的摄入量。

二、脂肪在体内的营养代谢过程

膳食脂肪的消化主要在小肠中进行。胃内虽含有少量的脂肪酶，但其酸性环境不利于脂肪的乳化，故脂肪在胃内几乎不消化。婴儿胃酸较少，且乳汁中脂肪呈乳化状态，在胃内有少部分可被消化。脂肪的消化和吸收过程如图3-3所示。脂肪在小肠中由于肠的蠕动和胆盐微小颗粒的作用，分散形成细小的乳胶体。胰腺分泌的胰脂酶在共脂酶的配合下，在这些乳化颗粒的水油界面将脂肪分解为脂肪酸和甘油一酯。在十二指肠下部和空肠上部再分解成游离脂肪酸，与甘油透过细胞膜被吸收，经门静脉入肝。少部分中链脂肪酸与长链脂肪酸被吸收后在肠黏膜内质网重新合成甘油三酯，再与磷脂、胆固醇和特定蛋白质形成直径为0.1～1.6 μm的乳糜颗粒和极低密度脂蛋白(VLDL，即前β-脂蛋白)，通过淋巴系统进入血液循环，分布于脂肪组织。

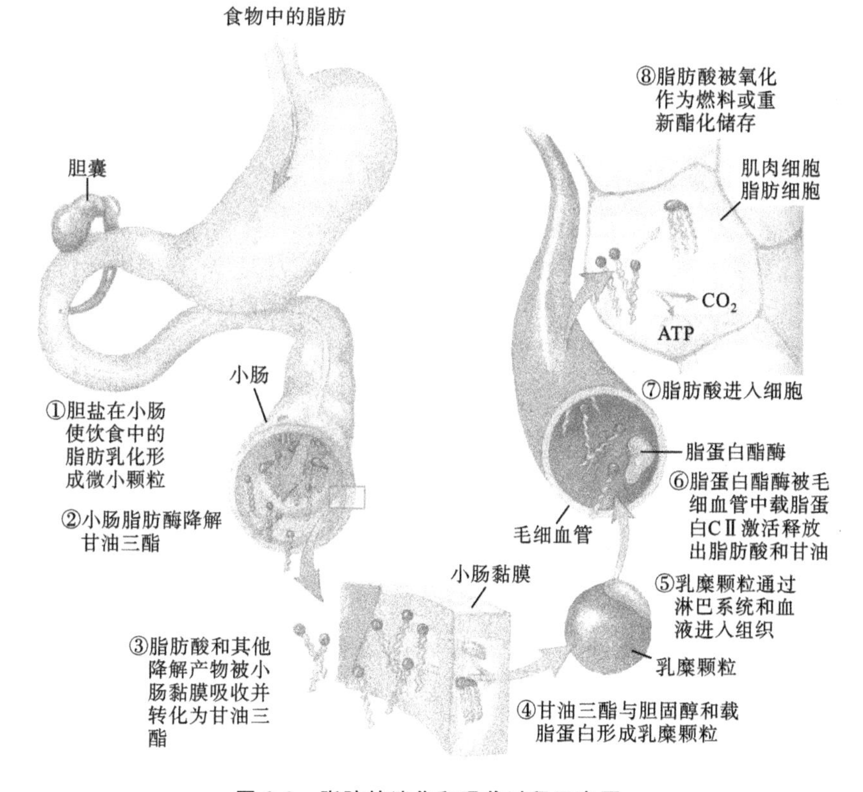

图3-3 脂肪的消化和吸收过程示意图

在机体需要热量时，储存脂肪通过水解产生游离脂肪酸进入血液，与血清白蛋白结合，运至组织进行代谢。当血浆游离脂肪酸超过机体需要时则重新进入肝脏，转变为甘油三酯，并以极低密度脂蛋白形式进入血液，运回脂肪组织储存。大部分甘油三酯由极低密度脂蛋白所携带，故血浆中甘油三酯浓度可间接反映极低密度脂蛋白浓度。

磷脂及其水解产物溶血卵磷脂的吸收部位与脂肪的相同。溶血卵磷脂被吸收后也可重新合成磷脂,参与组织乳糜颗粒进入血液循环。

饮食中的游离胆固醇在小肠上皮细胞吸收,所含少量胆固醇酯与卵磷脂和胆盐结合成微小颗粒后,胆固醇酯被来自胰腺的胆固醇酯酶水解成游离胆固醇,并被吸收。吸收后的胆固醇在肠黏膜细胞中再结合成胆固醇酯。低密度脂蛋白是胆固醇的主要携带者,血中胆固醇浓度反映低密度脂蛋白状态,它的增高有促进动脉粥样硬化的可能。高密度脂蛋白(HDL)有将周围组织的胆固醇送到肝脏进行分解、排出的作用。高密度脂蛋白含量的升高有防止动脉粥样硬化的作用。

未被吸收的胆固醇在小肠下段被细菌转化为粪固醇后由粪便排出。植物性食物的谷固醇能阻碍胆固醇的正常吸收。

第四节　脂肪与美容

一、脂肪的健康美容作用

由日常膳食中摄入适量的脂肪可保持适度的皮下脂肪,使皮肤丰润、富有弹性和光泽,增加容貌的光彩和身体的曲线美。古希腊时期就崇尚女性丰满之美,并且体现在许多美术作品中。脂肪的美容保健作用还体现在必需脂肪酸(EFA)的特殊作用上,EFA缺乏所致的磷屑样皮炎、湿疹与皮肤细胞膜对水通透性增加及脂质代谢失衡关系密切。体内胆固醇要与脂肪酸结合才能在体内运转进行正常代谢。EFA 缺乏,胆固醇运转受阻,不能进行正常代谢,就会在体内沉积而导致疾病。损伤组织的修复过程和新生组织的生长均需要 EFA。因此,富含 EFA 的食物(如深海鱼油)对 X 线、紫外线等引起的皮肤损害有保护作用。

二、合理选择、科学利用脂肪

实验及流行病学调查发现,进食过多的脂肪与肥胖、高血压、冠心病、胆石症、乳腺癌等有关。高脂膳食会导致实验动物肿瘤发病率增高。许多动物实验表明,膳食中总脂肪含量高,尤其是高饱和脂肪含量高,更易引起动脉粥样硬化,当同时存在高胆固醇时尤为明显。

从营养学角度看,其实不必额外服用鱼油胶丸或其制剂。在膳食中深海鱼类是首选,包括马交鱼、金枪鱼、比目鱼及鲑鱼等。这一类鱼的肝脏内也不含有过多的维生素 A 及维生素 D,不至于因摄入过多而引起中毒。单不饱和脂肪酸含量丰富的液态植物油,也有降低胆固醇的作用,这可能是因为单不饱和脂肪酸代替了饱和脂肪酸的缘故。

不能忽视的是总脂肪量的控制,即脂肪产热量占总热量的比值也是十分重要的,我国成年人以控制在 25%为宜。这也包括对食物中胆固醇总量的控制。一般认为,每日脂肪摄入量不宜高于 300 mg。因为所有动物细胞都能合成胆固醇，因此所有动物性食物中都有胆固醇存在。胆固醇不存在于植物性食物中，因而以植物性食物为主的膳食习惯可避免摄入过高的胆固醇。

高脂血症可以分为多种类型，各种类型都有不同构成的胆固醇、甘油三酯及各种脂蛋白，但是，发生高脂血症可由遗传因素引起，也可由膳食因素造成，用改变膳食习惯来调节血脂是极重要的，但其效果存在个体差异。高胆固醇血症可因单一基因异常引起，也可由多基因异常引起。

总而言之，对于食物中的脂肪，不能简单地为了减肥或担心引起高脂血症就远离之，应该一分为二地看待，科学合理地食用。脂肪最好的来源是植物性食物或奶类，应减少动物性脂肪的摄取。而食用油应采用品质好的植物油，如橄榄油、大豆油、麻油、红花籽油、蔬菜油、葵花籽油、玉米油等。要尽量避免高温油炸食物。猪油、牛油、羊油、经氢化处理的植物油、饱和度高的椰子油和棕榈油等，若过量摄取对健康和美容也不利，应减少摄入。

薏米——养颜驻容“明珠”

一、食材性情概述

薏米，又称薏苡、薏苡仁、六谷米。薏米在我国栽培历史悠久，是我国古老的药食皆佳的粮食之一。薏米的营养价值很高，被誉为“世界禾本科植物之王”；在欧洲，它被称为“生命健康之禾”；最近，在日本又被列为抗肿瘤食品，因此身价倍增，薏米具有容易消化吸收的特点，不论用于滋补还是用于医疗，都有很好的功效。

二、美容功效及科学依据

过去，人们对薏米的作用认识不足，一般拿来当作粮食吃，味道和大米相近，且易消化吸收，煮粥、做汤均可。最近数十年，薏米的保健和美容作用才被人们充分认识，其用途也越来越广。

薏米是一种难得的美容食品，它的主要成分为蛋白质、维生素 B_1、维生素 B_2，经常食用可以保持人体皮肤光泽细腻，对消除粉刺、雀斑、老年斑、妊娠斑、蝴蝶斑及脱屑、痤疮、皲裂、皮肤粗糙等都有良好功效。

(1) 它具有营养头发、防止脱发，并使头发光滑柔软的作用。

(2) 它具有使皮肤光滑、减少皱纹、消除色斑的功效。对面部粉刺及皮肤粗糙有明显的疗效，另外，它还对紫外线有吸收能力，其提炼物加入化妆品还可达到防紫外线的效果。

(3) 薏米以水煮软或炒熟，有利于肠胃的吸收，身体常觉疲倦乏力的人，可以多吃，薏米中含有丰富的蛋白酶，能使皮肤角质软化，皮肤赘疣、粗糙不光滑者长期食用也有

疗效。

三、美容实例

1. 薏米面膜

功效:美白肌肤、淡化斑点。

材料:白芷、牛奶、薏米粉(干性肌肤);白芷、绿豆粉、薏米粉(油性肌肤)。

做法:将上述材料调和敷脸15～20 min后洗去即可。

2. 薏米芝麻汤

功效:化脂瘦身。

材料:薏米粉30 g、芝麻15 g。

做法:将上述材料混合后,加入200 mL热牛奶混匀食用即可。

3. 薏米鱼腥汤

功效:除痘化斑。

材料:薏米30 g,紫背天葵草、鱼腥草、蒲公英(以上三者择一)鲜品30 g(或干品15 g)、水800 mL。

做法:将上述材料洗净,一起放入锅中,加水以大火烧开,再转小火煮20～30 min,滤出汤汁,约有500 mL。

500 mL的汤汁可在一天中于两餐之间分三次饮用,也可加水冲淡,当作普通茶水,若一次滤出大量的汤汁,可放冰箱储存,取出时加上温水冲调再饮用。

4. 薏米茶

如果晚上没睡好,第二天早晨起来眼睛发肿,一杯薏米茶就可改善症状。此法很简单,只需将炒过的薏米泡后当茶喝,或是将炒熟后的薏米磨碎成粉,每天用开水冲服薏米粉。

薏米性质偏寒,故怀孕中及月经期妇女要暂停使用。薏米所含的碳水化合物黏性较高,不宜多吃,吃得太多可能会妨碍消化。另外,薏米虽然有降低血脂及血糖的功效,但毕竟只是一种保健食品,不能当作药品,所以有高血脂症状的患者,还是应找医生治疗,不可以单纯自行食用薏米来治疗。

燕麦——美食美容两不误

一、食材性情概述

燕麦又称雀麦、野麦。它的营养价值很高,其脂肪含量是大米的4倍,含有人体所需的8种氨基酸,维生素E的含量也高于大米和白面。

燕麦内含有一种燕麦精,具有谷类的特有香味。燕麦自古入药,性味甘、温,具有补益脾胃、滑肠催产、止虚汗和止血等功效。燕麦面汤是产妇、婴幼儿、慢性疾病患者、病后体弱者的食疗佳品。此外，燕麦是谷物中唯一含有皂苷素的作物，它可以调节人体的肠胃功能，降低胆固醇。燕麦中富含两种重要膳食纤维，即可溶性膳食纤维和非可溶性膳食纤维。可溶性膳食纤维能大量吸纳体内胆固醇，并排出体外，从而降低血液中的胆固醇含量；非可溶性膳食纤维有助于消化，能预防便秘发生。

二、美容功效及科学依据

(1) 褪除黑斑：科学研究发现，燕麦中含有的松果体素有褪除黑斑的神奇功效，故又称为褪黑激素。它进入血液循环后，发挥其固有功能，从而起到美容的效果。

(2) 沐浴佳品：

① 燕麦的粒状组织结构、水溶性和非水溶性纤维的存在，使其具有很好的吸收性，因而清洁作用很强，尤其能够有效清除深层皮肤中的污垢。

② 燕麦含有很多改善皮肤的营养成分，比如二氧化硅，可以减轻或治愈不少皮肤病，而且在所有的谷类中，燕麦的氨基酸含量最高，并且种类均衡，是锁住皮肤水分的重要媒介。燕麦的滋润效果也相当显著，特别是对于干性皮肤的人而言。

③ 一位研究燕麦多年的营养学者还特别提到，燕麦粉能治疗皮肤刺痒，不管刺痒的原因是阳光暴晒、蚊虫叮咬、湿疹、牛皮癣，还是接触了有毒植物，都很有效。由于燕麦是天然植物，作用温和，因此对于婴儿及长期有皮肤问题的人非常适用。不过，专家提醒说，最好不要直接将燕麦片放入洗澡水中，否则营养成分不容易完全溶解在水中，使用前最好将燕麦磨碎。

三、美容实例

1. 燕麦牛奶面膜

燕麦不仅可以食用，还可以制作成面膜。根据个人的肤质，可以在家中制作各种燕麦面膜来护理皮肤，这里介绍一种燕麦面膜——燕麦牛奶面膜。

功效：减缓肌肤因痤疮、雀斑、黑头、面疱产生的斑点，只要问题不是特别严重，只需每天使用 10 min 的燕麦牛奶面膜即可见效。

做法：将 2 汤匙燕麦与半杯牛奶调和，置于小火上煮，趁其温热时涂抹在脸上，10 min 后洗去。

以上做法为基本操作，根据个人皮肤的肤质，还可以加入其他辅料，如蜂蜜、蛋清、精油、各种蔬菜或水果汁等制作出适合自己的护肤面膜。

2. 燕麦美体浴

将 1/2 杯燕麦片、1/4 杯牛奶、2 汤匙蜂蜜混合在一起，调成糊状，然后将这些原料放入一个用棉布等天然材料做成的小袋子中，将其悬挂在浴缸的龙头下，流水就会均匀地将燕麦的营养精华稀释，冲入浴缸中。

如果没有条件，也可以用另一种简单实用的方法代替：将 1/4 杯燕麦用一些温水混合好，调成糊状，用手直接涂抹在发红、发痒的皮肤处，或者干燥的手肘部、足跟部、腿部等处，然后用温水冲净或者用温热毛巾擦干净即可，每天涂抹 1～2 次。

虽然食用的燕麦都可能用来洗澡，但选择时一定要看清成分说明，尽量不要选择快餐型燕麦，或添加了调味料的燕麦。

吃燕麦一次不宜太多，否则会造成胃痉挛或胀气。吃燕麦必须吃粗加工的燕麦粉，而不是吃精细加工的即溶燕麦片。因为无论多么优秀的食品，经过太多加工后，其营养价值都会大打折扣。

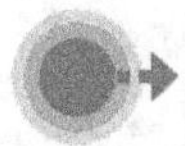

除面部皱纹

鲜黄瓜汁 2 汤匙，加入等量鸡蛋清（一只鸡蛋）搅匀，每晚睡前先洗脸，再涂抹面部皱纹处，次日晨用温水洗净，连用半个月至一个月，能使皮肤逐渐收缩，消除皱纹有特效。

橘子中所含的有机酸能增强肌肤弹性，每天用橘皮擦脸可以抚平面部小细纹。

复习思考题

一、名词解释

必需脂肪酸

二、英文缩写解释

SFA　EFA　LDL　HDL

三、思考题

1. 脂肪的主要生理功能有哪些？
2. 必需脂肪酸的生理功能有哪些？
3. 脂肪的食物来源有哪些？
4. LDL 和 HDL 与心脏病发生的关系是什么？
5. 通过本章的学习，试述如何合理选择和科学利用脂肪。

（黄新志　陈明辉）

第四章　碳水化合物与美容

第一节　碳水化合物的类型及其生理功能

碳水化合物是为人体提供热量的三种主要的营养素之一。

一、碳水化合物的分类

碳水化合物是广泛存在于生物体内的有机成分。营养学上一般将其分为四类：单糖、双糖、低聚糖和多糖。碳水化合物的结合物有糖脂、糖蛋白、蛋白多糖三种。

(一) 单糖

单糖是一种最简单的碳水化合物，有甜味，易溶于水，可不经消化直接被机体吸收和利用，在结构上由3～7个碳原子构成。根据单糖所含的碳原子数量可分为三碳糖、四碳糖、五碳糖和六碳糖等，其中六碳糖在自然界分布最广，最为常见。葡萄糖、果糖、半乳糖是最常见且最重要的单糖。

(1) 葡萄糖：葡萄糖是人们最为熟悉、对人体最为重要的一种单糖。通常所说的血糖就是葡萄糖。葡萄糖是一种具有右旋性和还原性的醛糖，它主要存在于植物性食物中，动物性食物中也少量存在。葡萄糖是碳水化合物被机体消化、吸收、利用的最终形式。

(2) 果糖：果糖是一种左旋性的单糖，主要存在于水果中，在蜂蜜中的含量最多。它的甜度是葡萄糖的1.75倍，在体内消化吸收后可转化为葡萄糖。

(3) 半乳糖：半乳糖是乳糖的分解产物，它的甜度低于葡萄糖，在体内经消化吸收后也可转化为葡萄糖。

(二) 双糖

双糖由两个单糖分子脱去一个水分子缩合而成，易溶于水，但不能直接被人体吸收，必须经过酸或酶的水解作用生成单糖后才能被人体吸收。常见的双糖有蔗糖、麦芽糖、乳糖、海藻糖等。

(1) 蔗糖：蔗糖由一个葡萄糖分子和一个果糖分子缩合而成，白糖、红糖都是蔗糖。甘蔗、甜菜中的蔗糖含量很高。蔗糖的水解液呈左旋性，通常用于食品加工，称为转化糖。

(2) 麦芽糖：由两个葡萄糖分子缩合而成，具有还原性。麦芽糖在谷类种子所萌发的芽中含量较高，特别是麦芽中的含量最高。谷类食物在口腔内咀嚼后经淀粉酶作用，可部分被分解为麦芽糖，我们在吃馒头时感觉到甜味就是因为有麦芽糖。

(3) 乳糖:乳糖由一个葡萄糖分子和一个半乳糖分子缩合而成。它只存在于动物的乳汁中,甜味只是蔗糖的1/6,且较难溶于水。

(4) 海藻糖:由两个葡萄糖分子通过半缩醛羟基缩合而成,由于不存在游离的醛基,故为一种非还原性双糖。其特性非常稳定,能够在高温、超低温、干燥等恶劣的条件下在细胞表面形成特殊的保护膜,能有效地保护生物分子结构不被破坏,从而维持生命体的生命过程和生物特征。它存在于真菌及细菌中,蘑菇、香菇中都含有海藻糖。

(三) 低聚糖

低聚糖又被称为寡糖,是近十几年来国际上颇为流行的一类有营养保健功能的甜味剂,是2～10个单糖以糖苷键连接而成的化合物。自然界中仅有少数几种植物含有天然的功能性低聚糖,如洋葱、大蒜、天门冬、菊苣根和洋蓟等中的低聚糖及大豆中的大豆低聚糖。

低聚糖具有促使人体肠道内固有的有益细菌——双歧杆菌增殖、抑制肠道内腐败菌的生长、防止腹泻和便秘、保护肝脏、降低血清胆固醇、降低血压、增强机体免疫力、促进B族维生素等营养物质的吸收、利于奶制品中乳糖和钙的吸收等生理功能。从膳食中额外补充低聚糖,对于婴幼儿、成年人、老年人,特别是那些工作压力大的人是非常有益的。

此外,还有一些不能被人体消化吸收的由三个已糖分子组成的棉子糖,它是由葡萄糖、果糖、半乳糖构成的,存在于蜂蜜中。棉子糖再结合一个半乳糖形成的四糖称为水苏糖,存在于豆类中,摄入未经合理加工的大豆而引起的肠胀气,主要就是由于这类糖引起的。

上述碳水化合物大多数含有特殊的结构,能刺激人体舌头上的味蕾,从而产生甜味的感觉,但甜度不一。常见碳水化合物的相对甜度见表4-1。

表4-1 常见碳水化合物的相对甜度

碳水化合物	相对甜度
蔗糖	100
葡萄糖	70
果糖	115～170(取决于尝试时的温度)
乳糖	20
麦芽糖	40
高果糖玉米糖浆	100～150(取决于果糖含量)
山梨糖	60～70
麦芽糖醇	90
木糖醇	90
甘露(糖)醇	70
乳糖醇	35

（四）多糖

多糖是由数百乃至数千个葡萄糖分子组合而成的。它虽然也称为糖，但却没有甜味，也不易溶于水。多糖分为可以消化吸收的多糖与不可以消化吸收的多糖两大类。

1. 可以消化吸收的多糖

可以消化吸收的多糖包括淀粉、糊精和糖原。

1）淀粉

淀粉是膳食中碳水化合物构成的主要成分，由数百个葡萄糖分子通过 1,4-糖苷键聚合而成。因聚合方式不同而分为直链淀粉和支链淀粉。前者遇碘产生蓝色反应，易使食物老化，溶于热水，如绿豆淀粉；后者能产生棕色反应，易使食物糊化、黏稠，不溶于热水，但在热水中溶胀而有黏性，如糯米淀粉。淀粉是谷类、薯类等食物中的主要成分，加热后膨胀成为糊状物，被淀粉酶消化后分解为糊精、麦芽糖和葡萄糖，最终以葡萄糖的形式被机体吸收利用。

淀粉广泛存在于植物的根、茎、果实和种子中。淀粉不仅是提供热量的主要食物，也是烹饪中不可缺少的原料，在烹饪中有着多方面的用途。

淀粉在烹饪时可发生糊化和老化现象。

(1) 淀粉糊化：淀粉糊化又称为淀粉 α 化，是指淀粉在水中加热，淀粉粒吸水膨胀，如果继续加热至 60～80 ℃时，淀粉粒被破坏而形成半透明的胶体溶液。糊化后的淀粉容易被淀粉酶水解而易于消化。

(2) 淀粉糊化后的性质：淀粉经过糊化后，形成的胶体溶液具有如下性质。

① 热黏度：淀粉达到完全糊化后的黏度称为热黏度。热黏度高，有利于菜肴的成形。

② 黏度的热稳定性：当淀粉糊化达到最高黏度时仍继续加热，则黏度下降。黏度下降越多，其稳定性越差。具有热稳定性好的黏度的淀粉糊能将芡汁较好地粘连在主料上，从而有利于菜肴的成形。

③ 透明度：淀粉糊化形成后的芡汁的透明度，透明度越高，淀粉越光亮明洁，可使菜肴看起来更加明亮有光泽。

④ 糊丝：淀粉糊化后形成的糊状体，可拉出长短不同的糊丝。淀粉的黏性和韧性较大时，能拉出长糊丝，并容易和菜肴相互黏附。

(3) 淀粉糊化对膳食质量的影响：

① 提高食物的消化吸收率：糊化的淀粉因破坏了天然淀粉的束状结构而变得松弛，有利于淀粉酶发挥催化作用，因而可提高淀粉在人体中的消化吸收率。一般含有淀粉的食物原料，在烹饪中都要使淀粉糊化后才能食用。许多方便食品，如方便米饭、方便粥、方便面就是利用淀粉糊化，使生淀粉变成 α-淀粉，以改善口感和提高消化吸收率的。

② 用于菜肴中的挂糊：淀粉在烹饪过程中经常用来对某些原料进行挂糊，经挂糊的原料，其表面是一层淀粉糊，较上浆要厚得多。经挂糊的原料一般要进行炸制，其温

度很高(一般是200～220 ℃),淀粉在这种高温作用下,发生了剧烈的变化,首先是淀粉由于高温的作用,其中的水分迅速蒸发,淀粉分子间氢键断裂并急速糊化而生成糊精,其中的大部分糊精又因受高温的作用发生氢键断裂,失去水分子,发生糖分的焦化作用,形成焦淀粉。因为焦淀粉具有脆、酥、香的特点,所以经炸制的原料表面具有一层较脆的外壳,且口感香酥。

③ 用于菜肴的上浆:在烹饪菜肴时,往往要对某些原料进行上浆处理后才能继续制作,上浆的原料表面均匀地裹着一薄层淀粉糊,一般要将其进行划油处理。划油时的温度一般为120～150 ℃,划油,破坏了淀粉分子间的结合力,使原来紧密的结构逐渐变得疏松,分子间氢键断裂,淀粉急速糊化,从而形成糊状胶体并达到较高的黏度,在原料的表面就形成了一层具有黏结性的薄膜,这一薄膜层对原料中的营养成分起着保护作用。

上浆与挂糊的淀粉原料基本相同,应选用淀粉颗粒大、吸水性强、糊化温度低、淀粉黏度高、透明度好的淀粉,如马铃薯淀粉等。

④ 用于菜肴的勾芡:烹饪中芡汁的基本原料是淀粉,淀粉在一定温度下可发生糊化而形成芡汁。用于菜肴的芡汁可明显提高菜肴的质量。在勾芡时一般都要在汤汁沸腾时进行,当把调好的水淀粉淋入汤汁时,由于热的作用,首先形成淀粉分子结构的胶束得到外界提供的热量,其胶束运动的动能增强,从而淀粉颗粒吸水膨胀,形成黏性很高的芡汁。一般勾芡时要选用热黏度高、稳定性好、糊丝长度大、胶凝能力强的淀粉,如绿豆淀粉等。

⑤ 用于淀粉食品的制作:以粉皮制作为例,首先应使淀粉在适当温度下糊化,然后再使之降温,这样才能制作出美味可口的粉皮。做粉皮时要选用含直链淀粉较多、老化程度较好的淀粉,如豆类淀粉。而在制作年糕、元宵、汤圆、麻圆等花色糕点时,就要选用几乎不含直链淀粉、不易老化、易吸水膨胀、易糊化、有较高黏性的淀粉,如糯米粉。

(4) 淀粉老化:淀粉老化是淀粉糊化的逆过程,它是指糊化后的淀粉(即α-淀粉)处在较低温度下时会出现不透明,甚至凝结或沉淀的现象。老化的淀粉黏度降低,使食物由松软变为发硬,从而使得其口感变差。而且由于老化的淀粉,其酶的水解作用受到阻碍,从而影响了它的消化吸收率,因此其消化吸收率随之降低。

① 机制:一般来说,食物在加工和烹饪中都应避免已糊化的淀粉发生老化,因淀粉老化既影响食物的口感又不宜消化。因此要防止或延缓食物中的淀粉老化,在于设法阻止或避免已经糊化的α-淀粉分子再重新形成分子间的氢键。一般可采取瞬时脱水干燥及添加抗老化剂或添加油脂、蔗糖、乳化剂等方法来控制淀粉老化的速度。

② 淀粉老化在烹饪中的应用:在某些情况下,需要利用淀粉的老化,如粉丝、粉皮、龙虾片的加工。因为上述这些食物只有经过老化后才能具有较强的韧性,表面产生光泽,加热后不易断碎,并且口感有嚼劲,所以应选择直链淀粉含量高的豆类淀粉为原料,尤以绿豆淀粉为最佳。

直链淀粉的氢键结构比较紧密,因而较难受到淀粉酶的作用,而支链淀粉的氢键结构相对开放，从而易受淀粉酶的作用。

豆类所含的淀粉（含直链淀粉较多）的消化比玉米所含的淀粉（支链淀粉较多）的消化要慢，水解的速度也比玉米的慢。淀粉吸收水分越多，越能使氢键结构开放并接受酶的作用。此外，豆类在煮前研磨，对消化的影响作用大于在煮后研磨的，湿热对食物的影响作用也大于干热的。

2）糊精

糊精是淀粉分解的中间产物，每个分子平均由 5 个葡萄糖分子组成。煮稀饭时表面形成的黏膜就是淀粉变成的糊精，由于其甜度不高，容易被机体吸收利用，因此在临床上常供患者食用。此外，糊精在肠道中有利于乳酸杆菌的生长，可减少肠内细菌的腐化作用。

3）糖原

糖原是存在于人体内和动物体内的多糖储存形式，故又称动物淀粉。糖原主要存在于肝脏和肌肉组织中，当机体摄入碳水化合物、脂肪过多时就转变为糖原储存于肝脏和肌肉中。当体内缺糖时，在糖原分解酶的作用下分解为葡萄糖供机体利用。

2. 不可以消化吸收的多糖

这类多糖总称为膳食纤维，主要存在于植物性食物中。淀粉酶不能将其分解，肠道中细菌只能分解少量的一部分，故这类多糖不能被人体所利用，但它在营养学上有特殊的意义。膳食纤维可以分为如下几类。

(1) 纤维素：纤维素也称粗纤维，是植物的支架，分布于植物的各个部分和种子的外壳中。它不能被机体消化吸收，肠道中有少量细菌能发酵纤维素，故可刺激胃肠蠕动，有帮助排便的作用。

(2) 半纤维素：半纤维素往往与纤维素共存，用碱性溶液可将其与纤维素分开，在结肠中可被细菌部分分解。

(3) 果胶：果胶是由半乳糖醛酸组成的一类聚合物，包括果胶原、果胶酸和果胶。果胶主要存在于水果中，成熟的水果中含量丰富，被机体吸收后成为胶冻，在消化道内不能被吸收，但可吸收水分使大便变软，有利于排便。在工业上，果胶多用于制作凝胶类食物。

二、碳水化合物的生理功能

(1) 供给机体热量：供给机体热量是碳水化合物最重要的生理功能。在中国人的膳食结构中碳水化合物提供的热量占每日膳食总热量的 60％～70％，是机体获得热量最经济、最迅速、最主要的来源。每克碳水化合物在体内氧化可产生 16.7 kJ(4 kcal)的热量，氧化的最终产物为二氧化碳和水。心脏的跳动、肌肉的运动、大脑的思维活动都靠碳水化合物来供能。由于葡萄糖是唯一能通过血-脑屏障的大分子营养物质，所以它是中枢神经系统的唯一热量来源。当机体发生低血糖时，可有昏昏欲睡的表现，严重时出现昏迷、休克甚至死亡。

(2) 构成机体成分:机体的所有组织和细胞都含有碳水化合物,作为生命遗传物质基础的脱氧核糖核酸和核糖核酸中所含有的核糖就是一种五碳糖。此外,对构成细胞膜的糖蛋白、构成结缔组织的黏蛋白及构成神经组织的糖脂而言,碳水化合物都是其中的重要组成部分。

(3) 节约蛋白质作用:碳水化合物对蛋白质在体内的正常代谢过程极为重要,膳食蛋白质摄入机体后被分解为氨基酸形式吸收入血液,重新合成蛋白质或其他代谢物供机体利用。此过程需要消耗热量,若同时摄入充足的碳水化合物,可节省蛋白质合成中热量的消耗。这种作用称为碳水化合物对蛋白质的节约作用。

(4) 抗生酮作用:碳水化合物对维持脂肪代谢的正常进行也有重要作用。三大营养素的分解代谢最终都需要通过三羧酸循环进行彻底氧化,草酰乙酸是碳水化合物代谢产物,若缺乏碳水化合物,草酰乙酸生成减少,脂肪氧化的中间产物乙酰基就不能经三羧酸循环途径氧化而生成过量的酮体,酮体在血液中积累一定的浓度会发生酮症酸中毒。所以,碳水化合物具有抗生酮作用。

(5) 保肝和解毒作用:肝脏是糖原的主要储存器官。当肝糖原储存充分时,可保护肝脏,减少化学毒物(如乙醇、四氯化碳、铅等)对肝脏的损伤作用。此外,碳水化合物物质对由于感染致病微生物而引起的毒血症也有较强的解毒作用,而且葡萄糖醛酸可直接参与肝脏的解毒作用。

美容锦囊

信手拈来护肤品——红糖

红糖的种种特殊作用,主要得益于它的天然成分。根据皮肤医学专家们的研究显示:红糖中蕴含着大量的营养物质,这些营养物质对肌肤的健康、营养有着独到的功效。

(1) 红糖中所含有的葡萄糖、果糖等多种单糖和多糖能量物质,可加速皮肤细胞的代谢,为细胞提供能量。

(2) 红糖中含有的叶酸、微量物质等可加速血液循环,增加血容量,刺激机体的造血功能,血容量增加后可提高局部皮肤的营养、氧气和水分供应。

(3) 红糖中含有的部分维生素和电解质成分,可通过调节组织间某些物质浓度的高低,平衡细胞内环境的液体代谢,清除细胞代谢产物,保持细胞内、外环境的清洁。

(4) 红糖中含有的多种维生素和抗氧化物质,能抵抗自由基,重建和保护细胞基础结构,维护细胞的正常功能和新陈代谢。

(5) 红糖中含有的氨基酸、纤维素等物质,可以有效保护和恢复表皮及真皮的纤维结构和锁水能力,强化皮肤组织结构和皮肤弹性,同时补充皮肤营养,促进细胞再生。

(6) 红糖中含有的某些天然酸类和色素调节物质,可有效调节各种色素代谢过程,平衡皮肤内色素分泌数量和分布情况,减少局部色素的异常堆积。

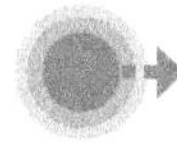

红糖在生活中的使用方法

(1) 黑糖面膜：此面膜具有修复日晒肌肤的功效。红糖含有丰富的矿物质、维生素、氨基酸，它不仅可以使皮肤光滑美丽，而且可以促进日晒皮肤的新陈代谢。将300 g红糖放入锅内，加入少量矿泉水，用文火煮成黑糊状，待凉后装入瓶内，涂搽脸部，5～10 min后用温水洗净。当然，红糖不止可以单独发挥功效，还可以和其他物质合用。

(2) 红枣木耳汤：黑木耳50 g、红枣10个、红糖100 g煎服，每日2次。经常服用，有消除黑眼圈作用。

(3) 红枣菊花粥：红枣50 g、黑米100 g、菊花15 g，一同放入锅内加清水适量煮粥，待粥煮至浓稠时，放入适量红糖。此方具有健脾补血、清肝明目之功效，常食用可使面部肤色红润，起到保健防病、驻颜美容的作用。

(4) 生姜红糖茶：生姜15 g、红糖适量，开水冲泡代茶饮之，能有效缓解寒凝血瘀型女性的痛经痛苦。

(5) 红糖赤豆汤：赤小豆30 g、丹参12 g、红糖适量煎服，坚持一段时间，可使肤色滋润。

(6) 燕窝蜜枣汤：燕窝25 g、蜜枣15 g、红糖适量，将燕窝用清水泡开除去杂质，然后与蜜枣(去核)同放入锅内加水适量煮至蜜枣烂熟，再加入红糖食用。此汤有养颜和除皱之功效，可使肤色光泽滋润。

(7) 增白面膜：红糖30 g、鲜牛奶(奶粉)适量，将红糖用热水融化，加入鲜牛奶或者奶粉充分搅拌以后，以敷在面部不流淌为度，30 min后用清水洗净。每天一次，连续3个月左右可以使导致皮肤暗沉的黑色素减少。

(8) 润肤茶：绿茶2 g、红糖30 g，沸水冲泡后，加盖泡5 min即可饮用。每日一次，可让皮肤变得干净透亮，粗糙的皮肤也会回复光泽。

(9) 滋润面膜：茶叶所含的营养成分较多，经常饮茶的人，皮肤都显得滋润光泽。将红茶和红糖各两汤匙，加水煲煎，以面粉作基底调匀敷面，15 min后用湿毛巾擦净脸部，每周涂敷1～2次，1个月后可使容颜滋润白皙。

第二节　碳水化合物的来源及营养代谢利用

一、碳水化合物的来源和供给量

碳水化合物的来源主要是植物性食物，如谷类、薯类、根茎类蔬菜和豆类，碳水化合物在它们中的含量分别为70%～75%、20%～25%、10%～15%和50%～60%。豆类中大豆的碳水化合物的含量较少，为25%～30%。动物性食物中只有肝脏含有糖原，乳类中含有乳糖，其他动物性食物碳水化合物的含量很少。另外，食用碳水化合物，主要是蔗糖，机体摄入后可迅速被吸收利用，多余的主要以脂肪形式储藏在体内，长期如此可导致体重增加。

膳食中碳水化合物的供给量主要根据劳动性质、饮食习惯、生活水平而定。一般情况下，碳水化合物所供热量以占全天总热量的60%～70%为宜。膳食中碳水化合物、蛋白质、脂肪可按4∶1∶1的比例来供给。

二、碳水化合物的消化和吸收

食物中的碳水化合物主要是淀粉。人体口腔中的淀粉酶可催化淀粉水解，而胃内无淀粉酶，且胃酸可使淀粉酶失活，故胃不能消化淀粉。淀粉的消化主要在小肠上段，经肠腔内的胰淀粉酶将α-1,4-糖苷键水解成糊精和麦芽糖。肠黏膜上皮细胞也有同样的酶，该酶能进一步将糊精分子中的α-1,6-糖苷键和α-1,4-糖苷键水解，最后使糊精、麦芽糖等彻底水解为葡萄糖。此外，蔗糖酶、乳糖酶也可分别将蔗糖、乳糖水解为果糖、半乳糖，最后彻底水解为葡萄糖。这些单糖在小肠上部基本上被全部吸收，然后由肠黏膜上皮细胞刷状缘上的特异蛋白质选择性地将葡萄糖等运至细胞，进入血液中。

在各种单糖中，六碳糖吸收最快（如半乳糖），果糖次之，五碳糖吸收较慢。若葡萄糖的吸收速度为100，则半乳糖为110，果糖为43，五碳糖为9。因此，用单糖补充热量比淀粉效果更快。

被机体吸收后的碳水化合物有三个去向：一是进入血流被机体直接利用；二是以糖原方式储存在肝脏和肌肉中；三是转变为脂肪。

第三节　碳水化合物与美容

姣好的容貌、健美的体型是每一个人所追求的。姣好的容貌可通过皮肤护理和适当地修饰来体现，健美的体型应通过合理营养和体育锻炼来获得。从营养学角度来说，合理、科学地摄入营养素，全面、平衡的膳食是美容保健的基础。

容貌可以说是先天带来的，而体型则是靠后天培养获得的。好体型的前提是机体始终维持在一个标准体重范围内。体重是反映机体营养状况和健康状况的指标。体重随年龄增加而增长，当个人生长发育停止时，身高不再增长，而体重可因各种原因有所波动。

一、碳水化合物摄入量与体重的关系

人从一出生就离不开碳水化合物的供给。母亲的乳汁中含有乳糖，我们每天吃的五谷杂粮中也都含有碳水化合物。

碳水化合物是供给机体热量的主要来源，人体活动的热量有70%是由碳水化合物

供应的。如果碳水化合物供应不足，就会出现低血糖，使人感到心慌无力、出汗、大脑功能障碍，人的正常生命和生活活动就不能维持；反之，如果碳水化合物摄入过多，超过机体的需要，多余的就会在肝脏中转化为中性脂肪进入血液循环，血液中的中性脂肪大部分又转变为皮下脂肪，储存在体内，使体重增加，导致肥胖的发生而影响体型。

在我国，人们日常摄入的主食大米、面粉、薯类等都含有丰富的碳水化合物。当人体摄入量过多而消耗量不足时，剩余的热量自然以脂肪形式储存在体内。有些人特别爱吃甜食，如糖果、巧克力、糕点、冰淇淋、甜年糕等。一方面，这些甜食中含有大量的蔗糖，蔗糖进入机体后很快被消化为葡萄糖、果糖。在三餐主食摄入正常的情况下，由甜食所提供的多余热量将会以脂肪形式储存在体内而使体重逐渐增加。另一方面，碳水化合物含量高的食物进入体内时，可诱发血糖升高，促使胰岛 β-细胞分泌胰岛素。胰岛素本身具有促进脂肪细胞摄取葡萄糖、合成脂肪和控制脂肪分解的作用，所以碳水化合物摄入过多也可使体重增加。因此，要控制体重，平时就要注意管好自己的嘴巴，不贪吃甜食。

水果，因其含有大量的维生素、矿物质、水分和碳水化合物等，且口感好，因此人人都喜欢吃。某些水果对一些疾病还有治疗作用，特别是一些水果含有丰富的纤维素，多吃可减少主食的摄入，所以吃水果可以预防肥胖，利于减肥。但是，有些水果中含有较高的糖分，如果吃多了，产生的多余热量照样会以脂肪形式储存在皮下而产生肥胖。所以，水果也不宜过量地吃。

二、如何获得碳水化合物

营养专家普遍认为，人们每天摄入的 60%～70%的热量应来自碳水化合物。

适量食用水果、喝牛奶是十分必要的，但食用糖和其他甜味剂会提供大量体内不需要的热量，对健康有害。

淀粉含量丰富的食物，如土豆、大米、面粉等摄入后可被身体迅速转化为单糖。所以应尽量多食用这类物质，提倡多食用豆类和全麦类食物，它们对人体健康有益。

美容锦囊

黄豆——豆中的丰胸之王

一、食材性情概述

黄豆有“豆中之王”之称，被人们称为“植物肉”、“绿色的乳牛”，其营养价值丰富。中医学认为黄豆有补脾益气、清热解毒之功效。《神农本草经》指出：生大豆，味甘平，除痈，去肿，止痛。现代营养研究表明，干黄豆中所含的优质蛋白质约为 40%，为粮食之冠。500 g 黄豆相当于 1000 g 瘦猪肉，或 1500 g 鸡蛋，或 6000 g 牛奶的蛋白质含量。其脂肪含量在豆类中也较高，出油率达 20%；此外，黄豆还含有维生素 A、B 族维生素、维生素 D、维生素 E 及钙、磷、铁等物质。500 g 黄豆中含铁 55 mg,且易被人体吸收利用,对治疗缺铁性贫血十分有利;含磷 2855 mg,对促进大脑神经发育十分有利。黄豆经加工制成的各种豆制品,不但蛋白质含量高,而且含有多种人体不能合成的必需氨基酸,胆固醇含量适中。例如,豆腐的蛋白质消化吸收率高达 95%,为理想的补益之品。

二、美容功效及科学依据

关于用黄豆美容,古已有之,黄豆粉在唐代就是制作治疗面部药方的常用药和配制澡豆的理想基质。澡豆是古代清洗手、面的一种清洁护肤类的化妆品,是官吏、贵族及平民百姓必备的美容品,正如孙思邈在《千金翼方》中所说:面脂手膏,衣香澡豆,士人贵胜,皆是所要。

黄豆含有植物性雌激素,能延缓衰老。女性补充豆类食品,可预防过早衰老,且可以调节内分泌,延长女性的脏器功能,使身体更加健康和充满活力。研究发现,豆浆等黄豆制品中含有丰富的植物性雌激素,对女性健康很有益处。

黄豆含有丰富的高蛋白,能美容美发。蛋白质是人体的"建筑材料",蛋白质及其水解后的氨基酸和氨基酸的季铵盐衍生物,是人体所需的重要营养物质。

三、美容实例

1. 玉女补乳酥

功效:丰胸。

材料:花生 100 g,去核红枣 100 g,黄豆 100 g。

做法:

(1) 花生及黄豆连皮烘干后,磨成粉,红枣切碎,充分拌匀,加少许水使其成形。

(2) 将其搓成小球后,再压成小圆饼形状(大小可自行决定)。

(3) 烤箱预热 10 min,再以 150 ℃烤 15 min。

2. 醋泡黄豆

功效:祛班。

做法:准备适量的黄豆、米醋。洗干净黄豆,将米醋倒出半瓶,把洗净的黄豆放入米醋瓶中,盖上盖子,1 个月之后,就可以吃了,量的多少随意。黄豆泡过一段时间后就会胀大,米醋一定浸过黄豆,如果条件许可,可以经常食用,每天 20~40 粒效果更佳。

3. 黄豆排骨汤

功效:美齿。

材料:黄豆 500 g,猪排骨 800 g,料酒、精盐、味精、葱段、蒜片、姜片、酱油各适量。

做法:将黄豆洗好后,放入清水中浸泡 5 h,排骨洗净,斩成 3~4 cm 长的块,放入锅内,加入葱段、姜片、料酒、酱油、适量水,煮沸后,去浮沫,再将黄豆加入,用文火炖至黄豆酥软即可。临食时,加精盐和味精调味,盛入大汤碗内,撒上蒜片,搅匀即可食用。

豆制品虽然营养丰富,色、香、味俱佳,但也并非人人皆宜,患有以下疾病的人应当

忌食或者少吃。

(1) 消化性溃疡:严重消化性溃疡患者不要食用豆制品,因为其中嘌呤含量高,有促进胃液分泌的作用;整粒豆中的膳食纤维还会对胃黏膜造成机械性损伤。

(2) 胃炎:急性胃炎和慢性浅表性胃炎患者也不要食用豆制品,以免刺激胃酸分泌和引起胃肠胀气。

(3) 肾脏疾病:肾炎、肾功能衰竭和肾脏透析患者应摄入低蛋白饮食,为了保证身体的基本需要,应在规定范围内选用含必需氨基酸丰富而含非必需氨基酸较低的食品,与动物性蛋白质相比,豆制品含非必需氨基酸较高,故应禁食。

(4) 糖尿病肾病:引起糖尿病患者死亡的主要并发症是糖尿病肾病,当患者有尿素氮潴留时,也不宜食用豆制品。

(5) 伤寒病:尽管长期高热的伤寒患者应摄取高热量、高蛋白饮食,但在急性期和恢复期,为预防出现腹胀,不宜饮用豆制品,以免产气。

黑豆——豆类家庭的美容“肉”

一、食材性情概述

黑豆别名“乌豆”、“黑大豆”,味甘性平,入脾经、肾经。其营养成分包含蛋白质、碳水化合物、膳食纤维、钙、磷、铁、B族维生素、维生素E、不饱和脂肪酸、异黄酮素及花青素等。品种上又分为黄仁黑豆和青仁黑豆,两者均被当作食材,而青仁黑豆更被中医药界拿来入药,其食补效果由此可见。

《本草纲目》记载:服食乌豆,令人长肌肤、益颜色、填骨髓、长气力、补虚能食。《本草纲目》中还提到:古人陶华以黑豆煮盐常食之,能固元补肾。根据中医学五行配五色和五脏的配属理论,色黑入肾,因此黑豆对肾经引起的疾病有帮助,如尿频、腰酸、女性白带过多及下腹部阴冷等。黑豆还可活血化瘀、利水祛风、补肾明目,可治疗多种类型的水肿,如湿水肿、肾病水肿等,对病后虚弱的人有滋补作用。

二、美容功效及科学依据

黑豆具有补肝肾、强筋骨、暖肠胃、明目活血、利尿解毒的作用,也是润泽肌肤、防老抗衰、美容养颜、乌须黑发之佳品。

(1) 黑豆含有丰富的维生素、卵磷脂、核黄素、黑色素、花青素和异黄酮。黑豆中的异黄酮和花青素,更是极具功效的抗氧化剂,有助于延缓老化。此外,异黄酮还可改善更年期不适症状(如心悸、盗汗、失眠等),可促进身体对钙的吸收,改善骨质疏松症状。

(2) 黑豆是防老抗衰佳品。古书上记载黑豆可驻颜、明目、乌发,使皮肤变白嫩。这是因为黑豆中B族维生素(维生素B_1、维生素B_2)和维生素E含量很高,其维生素E含量相当于肉的7倍以上,可对机体在营养保健、防老抗衰、美容养颜、增强活力等方面起到促进作用。

三、美容实例

1. 黑豆乌发

做法：用醋将黑豆煮烂，取汁，每次 10 g 左右，加热水洗发，可乌发；或者每晚食炒熟黑豆 20 粒，黑芝麻一匙，也有乌发作用。还有一个乌发方子，即每次服水煮黑豆 50 g，每日 2 次，连用一个月无好转者，可改用盐煮黑豆（每 500 g 黑豆加盐 5 g），服法如前。

2. 黑豆糯米粥

功效：补血。

材料：黑豆 30 g，黑糯米 50 g，红糖适量。

做法：将黑豆与黑糯米洗净后同煮成粥，加红糖调味，每日 2 次，温热时服用为佳。

3. 黑豆鸡爪汤

功效：祛斑增白。

材料：黑豆 100 g，鸡爪 250 g，盐适量。

做法：将黑豆除去杂质，用清水浸泡 30 min，备用；鸡爪洗净，放入沸水锅中烫透，加水，将鸡爪、黑豆放入，先用武火煮沸，去浮沫，再改用文火煮至肉、豆烂熟，加盐调味即可食用。每日可服 1 次，连食 10 天。

复习思考题

一、名词解释

碳水化合物

二、思考题

1. 简述碳水化合物的分类及主要来源。
2. 碳水化合物的生理功能有哪些？
3. 简述膳食纤维的分类及生理功能。
4. 通过本章的学习，简述日常生活中获得身体所需碳水化合物的方法。

（李小桃　罗志华）

第五章　维生素与美容

第一节　维生素基础

维生素(vitamin)是维持机体正常代谢和生理功能所必需的一类小分子有机化合物的总称。维生素这个词是波兰化学家卡西米尔·冯克最先提出的，由拉丁文的生命(vita)和胺(-amin)缩写而成，卡西米尔·冯克当时认为维生素都属于胺类(后来证明并非如此，但是该名称被保留了下来)。维生素不能像碳水化合物、蛋白质及脂肪那样产生能量和组成细胞，但是，它们对生物体的新陈代谢可起到调节作用。缺乏维生素会导致严重的健康问题；适量摄取维生素可以保持身体强壮健康；过量摄取维生素会导致中毒，尤其是脂溶性维生素。

一、维生素的命名与分类

(一) 维生素的命名

1. 特点

维生素具有以下特点：①天然存在于食物中，含量很少；②人体对维生素的需要量很少，日需要量常以毫克(mg)或微克(μg)为单位计算，但一旦缺乏就会引发相应的维生素缺乏症，对人体健康造成损害；③大多数维生素，机体不能合成或合成量不足，不能满足机体的生理需要，必须经常从食物中获得；④维生素不是构成机体组织和细胞的组成成分，不会产生能量，它的作用主要是参与机体代谢的调节，维生素缺乏时，机体可产生特异的营养缺乏症状。

2. 命名

维生素的发现是20世纪的伟大发现之一。维生素是一大类化学结构与生理功能各不相同的物质。其命名在科学家确定维生素的化学成分与生理功能之前，一般按发现时间的先后，以拉丁字母顺次命名为维生素A、B族维生素、维生素C、维生素D、维生素E等。其中，B族维生素原以为是一类物质，后来又发现是几种维生素的混合物，故又以维生素B_1、维生素B_2等加以区别。以后又有了按化学结构命名的维生素，如硫胺素、核黄素、烟酸等。此外还可按生理功能及治疗作用不同而命名，如抗坏血酸、抗佝偻病维生素、抗干眼病维生素等。因此往往一种维生素有几个不同的名称。

(二) 维生素的分类

维生素刚被认识时，人们发现有一些维生素能溶解于水，而另一些却不溶于水。科学家根据维生素的溶解性不同将其分为脂溶性维生素、水溶性维生素(图 5-1)及类维生素物质三大类。

图 5-1 脂溶性维生素和水溶性维生素

1. 脂溶性维生素

该类维生素主要包括维生素 A、维生素 D、维生素 E 及维生素 K。

2. 水溶性维生素

水溶性维生素主要包括 B 族维生素及维生素 C。B 族维生素主要包括 8 种水溶性维生素,即维生素 B_1、维生素 B_2、维生素 B_3(泛酸、遍多酸)、维生素 B_6、烟酸(维生素 PP、尼克酸)、生物素、叶酸和维生素 B_{12}。

3. 类维生素物质

机体内存在的一些物质,尽管不是真正的维生素,但它们所具有的生物活性却非常类似维生素,因此把它们列入复合 B 族维生素这一类中,通常称它们为类维生素物质。类维生素物质主要包括胆碱、肉毒碱(维生素 BT)、辅酶 Q(泛醌)、肌醇、维生素 B_{17}(苦杏仁苷)、硫辛酸、对氨基酸苯甲酸(PABA)、维生素 B_{15}(潘氨酸)等。主要维生素的分类与名称见表 5-1。

表 5-1 主要维生素的分类与名称

<table>
<tr><th colspan="3">常用名称</th><th colspan="2">同义名称</th><th>英文名称</th></tr>
<tr><td rowspan="8">脂溶性维生素</td><td rowspan="2">维生素 A</td><td>维生素 A_1</td><td>视黄醇,维生素 A 醇</td><td rowspan="2">抗干眼病维生素</td><td rowspan="2">retinol</td></tr>
<tr><td>维生素 A_2</td><td>3-脱氢视黄醇</td></tr>
<tr><td rowspan="2">维生素 D</td><td>维生素 D_1</td><td>麦角钙化醇</td><td rowspan="2">抗佝偻病维生素</td><td>ergecalciferol</td></tr>
<tr><td>维生素 D_2</td><td>胆钙化醇</td><td>cholecalciferol</td></tr>
<tr><td colspan="2">维生素 E</td><td>生育酚</td><td>抗不孕维生素</td><td>tocopherol</td></tr>
<tr><td rowspan="3">维生素 K</td><td>维生素 K_1</td><td colspan="2">叶绿醇,植基甲萘醇</td><td>phyloquinone</td></tr>
<tr><td>维生素 K_2</td><td colspan="2">多戊烯甲萘醇,甲基萘醇类</td><td>menaquinone</td></tr>
<tr><td>维生素 K_3</td><td colspan="2">甲萘醇</td><td>menadinoe</td></tr>
</table>

续表

<table>
<tr><th colspan="3">常用名称</th><th colspan="2">同义名称</th><th>英文名称</th></tr>
<tr><td rowspan="9">水溶性维生素</td><td rowspan="8">B族维生素</td><td>维生素 B_1</td><td>硫胺素，抗神经炎素</td><td>抗神经炎维生素</td><td>thiamin</td></tr>
<tr><td>维生素 B_2</td><td colspan="2">核黄素，乳黄素</td><td>riboflavin</td></tr>
<tr><td>维生素 PP</td><td>尼克酸</td><td>抗癞皮病
预防因子</td><td>niacin</td></tr>
<tr><td>维生素 B_6</td><td colspan="2">吡哆醇吡哆醛，吡酸胺</td><td>pyridoxine
pyridoxal
pyridoxanine</td></tr>
<tr><td rowspan="2">维生素 B_{12}</td><td>钴胺素</td><td rowspan="2">抗恶性贫血
维生素</td><td>cobalamin</td></tr>
<tr><td>氰钴胺素</td><td>cyano cobalamin</td></tr>
<tr><td>维生素 M 或 Be</td><td>叶酸</td><td>—</td><td>folacin</td></tr>
<tr><td>维生素 H</td><td>生物素</td><td>—</td><td>biotin</td></tr>
<tr><td>维生素 C</td><td colspan="3">抗坏血酸，抗坏血病维生素</td><td>ascorbic acid</td></tr>
</table>

二、几种主要维生素的性质和功能

（一）脂溶性维生素

脂溶性维生素主要介绍维生素 A、维生素 D、维生素 E、维生素 K，它们大部分储存于脂肪中，排出缓慢，过量可致中毒。

1. 维生素 A

维生素 A 别名为视黄醇，是最早被发现的维生素。维生素 A 并非单一的化合物，而是有许多不同的形态。维生素 A 有两种：一种是维生素 A 醇（retionl），是最初的维生素 A 的形态（只存在于动物性食物中），即维生素 A_1（视黄醇）和维生素 A_2（3-脱氢视黄醇）；另一种是胡萝卜素（carotene），在体内转变为维生素 A 的预成物质（provitamin A），可从植物性食物及动物性食物中摄取，主要存在于植物性食物中，动物能将胡萝卜素在体内转化为维生素 A 储藏在肝脏中，通常以醇类的方式存在，称为视黄醇，活性也是最高，但也有一些属于醛类，称为视黄醛，另外还有一些属于酸类，称为视黄酸。

视黄醇与视黄醛主要掌管视杆细胞的视觉循环，而视黄酸主要与人体内上皮组织分化有关，因此有些视黄酸衍生物常用于皮肤疾病的治疗；另外有一种称为视黄酯，它是人体内储存脂溶性维生素 A 的主要形式。

（1）理化性质：维生素 A 在无氧条件下对热相当稳定，一般在烹饪及罐头加工时不易被破坏；在空气中和日光下易被氧化破坏，尤其在脂肪酸败时可全部破坏；碱性环境下较稳定，酸性环境下不稳定。同样条件下胡萝卜素较维生素 A 易氧化。加入适量抗氧化剂有助于维生素 A 的稳定性。

(2) 吸收与转运：维生素A在小肠中易水解，吸收入肠黏膜细胞后又迅速被酯化进入淋巴系统。β-胡萝卜素经小肠黏膜细胞吸收、酶解转化为维生素A后被酯化进入淋巴系统。维生素A约90%储存于肝脏。从肝脏转移出来时，维生素A与视黄醇结合蛋白(RBP)结合，通过血液转运供细胞代谢需要。维生素A氧化代谢途径为：醇→醛→酸→从尿中排出。

(3) 生理功能：

① 维持正常视觉功能，预防夜盲症，视力衰退，治疗各种眼疾。视黄醛为视网膜视紫红质的组成成分，缺乏时视紫红质合成量不足，暗适应时间延长，严重时可致夜盲症。

② 维持上皮生长的正常分化，具有调节表皮及角质层新陈代谢的功效，可以抗衰老，去皱纹。维生素A缺乏时，黏膜细胞中糖蛋白合成受阻，从而改变黏膜上皮正常结构，导致上皮组织过度角化；上皮组织(呼吸道、胃肠道、泌尿道)易受感染，易患结膜干燥病。

③ 促进动物生长发育与正常生殖，促进骨骼生长，帮助牙齿生长、再生，维护牙齿、牙床的健康。维生素A可影响蛋白质生物合成与骨细胞分化，缺乏时可致食欲下降、动物生长不良、生殖器官退化等。

④ 有助于保护表皮、黏膜不受细菌侵害，预防皮肤癌。维生素A酸化后有防止化学致癌作用，它可阻抑癌前病变，临床上已被用于急性粒细胞性白血病。

⑤ 有效预防肥胖，保持女性苗条的身材。

⑥ 减少皮脂溢出而使皮肤有弹性，同时淡化斑点，滋润肌肤。美容业使用的虾红素，即是维生素A家族成员之一。

维生素A只存在于动物的组织中，在蛋黄、奶、奶油、鱼肝油及动物的肝脏中含维生素A较多。表5-2列出了部分食物中维生素A含量。

表5-2 部分食物中维生素A含量(每100 g食物含有1000国际单位(IU)以上维生素A的食物)

食物名称	维生素A含量/(IU/100 g)	食物名称	维生素A含量/(IU/100 g)
猪肝	8700	鸡蛋黄	3500
鸡肝	50900	鸭蛋	1380
鸭肝	8900	牛奶粉	1400
河蟹	5960	奶油	2700
鸡蛋	1440	鲜奶油	830

推荐的参考摄入量：

男性每天800 μg视黄醇当量(RE)；

女性每天700 μg视黄醇当量(RE)。

植物中虽然不含维生素A，但它所含的β-胡萝卜素在人和动物的肝脏与肠壁中在胡萝卜素酶的作用下，能转变成维生素A，所以多吃一些含β-胡萝卜素的胡萝卜、南瓜、苋菜、菠菜、韭菜等蔬菜和水果，也能保证足量的维生素 A 的供给。因为维生素 A 和胡萝卜素都不溶于水，而溶于脂肪，所以将含维生素 A 和 β-胡萝卜素的食物同脂肪一起摄入，能促进它们的吸收。

虽然维生素 A 对于眼睛健康非常重要，但若摄取过量，则会引起中毒，还可能导致胃痛、腹泻、呕吐、头痛、肝脏肥大和视力模糊等。近年来有研究发现，长期高剂量摄取维生素 A 有致癌风险。

2. 维生素 D

维生素 D 于 1926 年由化学家卡尔首先从鱼肝油中提取，它是淡黄色晶体，不溶于水，能溶于醚等有机溶剂。维生素 D 是具有胆钙化醇生物活性的一类化合物，是类固醇的衍生物。其中，重要的有维生素 D_2（麦角钙化醇）及维生素 D_3（胆钙化醇）。麦角固醇（存在于酵母或植物油中）在紫外线照射下可转变为维生素 D_2，7-脱氢胆固醇（储存于人体皮下由胆固醇转变而来）在紫外线照射下可转变为维生素 D_3，因此维生素 D 又称阳光维生素。经常参加户外活动，或者进行日光浴，在阳光的作用下人体就能合成维生素 D。

(1) 理化性质：维生素 D 是环戊烷多氢菲类化合物，可由维生素 D 原经紫外线 270～300 nm 激活形成。维生素 D 的最大吸收峰的波长为 265 nm，比较稳定，溶解于有机溶剂中，光与酸可促进异构作用，故维生素 D 应储存在充满氮气、无光与无酸的冷环境中。其油溶液加抗氧化剂后稳定，其水溶液由于有溶解的氧不稳定。若其双键系统发生还原反应也可损失其生物效用。

(2) 吸收与活化：维生素 D 在小肠内吸收进入淋巴系统转运到血液，在肝脏进行一次羟化形成 25-OH-Vit D_3，进而经肾脏二次羟化形成 1,25-$(OH)_2$-Vit D_3。后者是维生素 D_3 的活性形式，可完成维生素 D 的全部生理功能。维生素 D 储存于肝、皮肤、脑与骨骼中。

(3) 生理功能：一方面，维生素 D 可增进小肠对钙的吸收和肾脏对钙的重吸收，并促使骨盐溶解，血钙浓度上升；另一方面，维生素 D 可促进骨钙化，为骨钙化提供原料供应，同时维生素 D 还可提高骨中柠檬酸水平，促进骨钙整合转运和新骨形成。甲状旁腺激素（PTH）和甲状腺降钙素可调节维生素 D 的第二次羟化，因此可影响其生理功能。维生素 D_3 的缺乏易导致患者患软骨病，此病症在寒带地区较常发生，因此当地居民须穿着厚重衣物以防寒，但也因此而隔绝阳光的照射，无法产生维生素 D_3，此症可经由饮食摄取来改善。维生素 D 是荷尔蒙的前驱物，与血液中钙的代谢有关。如果维生素 D 摄取过量会导致中毒，会使柔软组织形成钙化现象。

天然的维生素 D 来自于动物和植物，如海鱼的肝含有较多的维生素 D_3，人们把它提炼出来，做成鱼肝油，用来预防佝偻病。鱼子、蛋黄和奶类也含有少量的维生素 D_3。植物（新鲜蔬菜）中的麦角固醇，经过紫外线照射后变成维生素 D_2；另外，蕈类、酵母、干菜中也含维生素 D_2。以上这些总称为外源性维生素 D。

维生素 D 的另一个来源是由体内合成，称为内源性维生素 D。由于人体和动物皮肤的皮下组织中有7-脱氢胆固醇，它经过阳光中紫外线的直接照射后变为胆固醇，它是人类维生素D的主要来源，因此，多晒太阳是不花钱就能得到维生素D的最好办法。常见食物中维生素D含量见表5-3。

表5-3 常见食物中维生素D含量

食物名称	维生素D含量/(IU/100 g)
鱼肝油	8500
金枪鱼	232
脱脂牛奶	88
鸡肝	67
鸡蛋	49
牛奶	41

注：本表引自美国《食品与营养百科全书》。

3. 维生素E

维生素E于1922年由美国化学家伊万斯在麦芽油中发现并提取，维生素E又称生育酚(tocopherol)或产妊酚。因为它能促进人体内黄体激素的分泌，所以又称为抗不孕维生素。维生素E在食用油、水果、蔬菜及粮食中均存在，是一种有8种形式的脂溶性维生素，是重要的抗氧化剂。维生素E常被用于乳霜和乳液中，因为维生素E对于烧伤、烫伤后的皮肤能起到促进皮肤愈合及避免瘢痕形成的作用。

天然食物中具有维生素E活性的物质有两类：生育酚(alpha-tocopherol)与生育三烯酚(tocotrienol)，均有α、β、γ、δ四种结构。其中，α-生育酚生物活性最大，是帮助身体抗氧化、抗自由基最有效的维生素E。

(1) 理化性质：维生素E为黄色油状物，无臭无味。在酸性溶液或无氧条件下对热稳定，对氧敏感，易氧化破坏。在光照、加热、碱性条件或Fe^{3+}、Ca^{2+}存在下可加速氧化。因此，在烹调加工、食用油精炼、面粉漂白及食品辐照时均有损失。

(2) 吸收与转运：维生素E在肠道随脂肪吸收，通过淋巴系统进入血液循环，由脂蛋白运输，主要储存于脂肪组织、肝脏、心脏及肌肉中。

(3) 生理功能与缺乏症：

① 抗氧化功能，延缓细胞因氧化而老化，有效减少皱纹的产生，保持青春的容貌。由于维生素E本身是强还原剂，可防止脂质过氧化，防止自由基对细胞膜等的损害，维生素E有助于防止多元不饱和脂肪酸及磷脂质被氧化，故可维持细胞膜的完整性，促进肌肉的正常发育及保持肌肤的弹性。

② 调节体内某些物质的合成，如DNA合成、辅酶Q合成、维生素C合成等。

③ 保护皮肤免受紫外线和污染的伤害，减少瘢痕与色素的沉积，减少老年斑的沉积。维生素E进入皮肤有助于肌肤对抗自由基、紫外线和污染物的侵害，防止肌肤因一些慢性或隐性的伤害失去弹性。

④ 维生素 E 可保护维生素 A 不受氧化破坏，并加强其作用。

⑤ 其他：动物实验证明，维生素 E 可治疗动物睾丸退化、肌萎缩及贫血等；还有实验表明，维生素 E 可阻断亚硝胺生成且比维生素 C 更有效；维生素 E 缺乏可引起新生儿溶血性贫血及早产儿的水肿和过敏，成年人未见有明显临床表现的缺乏症状。

维生素 E 主要存在于植物性食物中，在棉籽油、玉米油、花生油、芝麻油及菠菜、莴苣叶、甘薯等食物中含量较多。最初多数天然维生素 E 从麦芽油中提取，现在通常从菜油、大豆油中获得。表 5-4 是常见食物中维生素 E 的含量。

表 5-4　常见食物中维生素 E 的含量

食物名称	维生素 E 含量/(mg/100 mg)	食物名称	维生素 E 含量/(mg/100 mg)
棉籽油	90	牛肝	1.40
玉米油	87	胡萝卜	0.45
花生油	22	西红柿	0.40
甘薯	4.0	苹果	0.31
鲜奶油	2.4	鸡肉	0.25
全牛奶	0.04	香蕉	0.22
豆	2.1	面包	0.15
蛋	2.0	土豆	0.06

维生素 C、维生素 E 和 β-胡萝卜素的区别

维生素 C、维生素 E 和 β-胡萝卜素都有阻抑自由基活动、保护人体细胞的作用，但是它们的功效各不相同。

维生素 C 是水溶性维生素，能在机体内部的血液和液体里循环流动。

维生素 E 是脂溶性维生素，能保护人体内不饱和脂肪酸免受自由基的破坏，而不饱和脂肪酸具有保护内脏的功能。

β-胡萝卜素则对于眼球、肺等微细血管较多的部位最具保护功效。

每一种抗氧化剂发挥最佳功效的部位不同，三种维生素一起补充，才能达到全面保护身体的作用。

4. 维生素 K

维生素 K 于 1929 年由丹麦化学家达姆(Henrik Dam)从动物肝脏中发现并提取。它是一些特定蛋白质转录翻译所必需的物质，尤其是血液凝固中必备的蛋白质，因此维生素 K 又称为凝血维生素。

(1) 理化性质：天然存在的维生素 K 有两种。维生素 K_1 存在于绿叶植物中，称为叶绿醌；维生素 K_2 存在于发酵食物中，一般由细菌合成。目前，已能人工合成维生素 K，且化学家能巧妙地改变其性质，使其变为水溶性，有利于人体吸收，如维生素 K_3 是

由人工合成的水溶性维生素，生物活性高，已广泛应用于医疗领域。维生素 K 的衍生物如维生素 K_3磷酸酯、琥珀维生素或亚硫酸氢盐，均为水溶性的，可作为肠外用的制剂。

上述三类维生素 K 都易为碱及光所破坏。有些衍生物(如甲基萘氢醌乙酸酯)有较高的维生素 K 活性，并对光不敏感。维生素 K_3 或维生素 K_1 的 2、3 位环氧化合物，虽不溶于水，但对光不敏感，在体内可转化为相应的维生素 K。

(2) 特性：维生素 K 是合成凝血因子的必需物质，在维护血液凝固方面起着重要的作用。天然维生素 K(维生素 K_1 和维生素 K_2)为脂溶性。肠道内正常细菌能合成维生素 K_2。因此缺乏维生素 K 是较为少见的，除非肠道有严重损伤。

(3) 生理功能：

① 维生素 K 为谷氨酸 γ-羧基化酶系统中的重要组成成分。

② 血液凝固过程中一些酶原(proenzyme)的合成与维生素 K 有关，即在它们的合成中需要谷氨酸 γ-羧基化。

③ 维生素 K 可促进骨的重建及钙的动员。

④ 维生素 K 与肾结石、动脉粥样硬化等有关。

常见食物中维生素 K 的含量见表 5-5。

表 5-5 常见食物中维生素 K 的含量

食物名称	维生素含量/(μg/100 g)	食物名称	维生素含量/(μg/100 g)	食物名称	维生素含量/(μg/100 g)	食物名称	维生素含量/(μg/100 g)
牛奶	3	大米	5	甘蓝菜	200	香蕉	2
乳酪	35	小米	5	洋白菜	125	柑橘	1
黄油	30	全麦	17	生菜	129	桃	8
牛油	15	面粉	4	豌豆	19	葡萄干	6
牛肉末	7	面包	4	菠菜	89	咖啡	38
猪肉	11	燕麦	20	萝卜缨	650	可口可乐	2
火腿	15	玉米油	0	土豆	3	绿茶	712
熏猪肉	46	绿豆	14	南瓜	2	—	—
猪肝	25	龙须菜	57	苹果酱	2	—	—

各种脂溶性维生素的生理功能、缺乏症状和良好食物来源见表 5-6。

表 5-6 各种脂溶性维生素的生理功能、缺乏症状和良好食物来源

	生理功能	缺乏症状	良好食物来源
维生素 A	促进视紫红质合成，上皮、神经、骨骼生长发育，调节免疫功能	儿童：暗适宜能力下降，眼干燥症，角膜软化。 成人：夜盲症，干皮病	动物肝脏，红心甜薯，菠菜，胡萝卜，南瓜，绿色蔬菜类

续表

	生理功能	缺乏症状	良好食物来源
维生素 D	调节骨钙代谢	儿童：佝偻病。 成人：骨软化症	皮肤经日光照射合成，强化奶等
维生素 E	抗氧化	婴儿：贫血。 儿童和成人：神经病变，皮肤病	在食物中广泛分布，植物油是其主要来源
维生素 K	激活凝血因子	儿童：新生儿出血性疾病。 成人：凝血障碍	肠道细菌合成，绿叶蔬菜，大豆，动物肝脏

（二）水溶性维生素

水溶性维生素主要介绍维生素 B_1、维生素 B_2、维生素 B_6、烟酸、泛酸、生物素、维生素 C。它们在体内仅少量存在，且易排出体外，故容易出现缺乏或不足，需每日从膳食中补充。

1. 维生素 B_1

维生素 B_1 又称硫胺素(thiamine)、抗神经炎素、抗脚气病因子，是最早被人们提纯的维生素，有酵母气味。硫胺素和脚气病密切相关，脚气病是一种维生素缺乏症，其主要症状为下肢水肿。维生素 B_1 在人体中以辅酶形式参与碳水化合物的分解代谢，有保护神经系统的作用，还可以促进肠胃蠕动，提高食欲。在一般烹饪温度时维生素 B_1 损失不大，加热至 120 ℃仍不分解。在酸性(pH 值为 3.5)环境中稳定，在中性特别是碱性环境中易被氧化失活。对亚硫酸盐类特别敏感，加工过程中可使维生素 B_1 失活。

(1) 吸收与代谢：维生素 B_1 在小肠中迅速被吸收，在肠黏膜和肝中进行磷酸化，主要转变为硫胺素焦磷酸盐(TPP)活性形式，以白细胞、心、肝、肾和脑中含量相对较高。但维生素 B_1 在体内储存量极少，摄入过多即从尿中排出，高温作业环境下可从汗中大量排出。

(2) 生理功能：

① 在糖代谢中起重要作用。TPP 以辅酶形式参加糖代谢的几个主要反应(如 α-酮酸氧化脱羧反应、磷酸戊糖途径转酮基酶反应及乙醛酸分解反应等)。

② 参加支链氨基酸(亮氨酸、异亮氨酸和缬氨酸)形成酮酸后的脱羧反应。

③ 维生素 B_1 能调节神经生理活动，可影响心脏及消化系统功能，帮助消化，特别是碳水化合物的消化，缓解晕机、晕船时的不适状态。维生素 B_1 缺乏可引起脚气病，出现脚趾端麻木、肌肉疼痛等周围神经炎症及水肿、心悸、心动过速等症状，严重者可出现心力衰竭。

含有维生素 B_1 的食物来源主要有两方面：一是在谷类的谷皮和谷胚、豆类、硬果和干酵母中含量丰富，因此，糙米和带麸皮的面粉中维生素 B_1 的含量比精米(面)的含量高；二是在动物的内脏(肝、肾)、瘦肉和蛋黄中含量丰富。

由于维生素 B_1 在中性或碱性溶液中易分解，当 pH 值大于 7 时受热，就会使绝大部

分甚至全部维生素 B_1 分解。因此，高温炸制、烘烤或熏制的食品中的维生素 B_1 会损失很多。据测定，面包中维生素 B_1 可损失 20%～30%。采用碱性膨松剂烘烤的饼干、糕点中，维生素 B_1 几乎全部被破坏。

常见食物中维生素 B_1 的含量见表 5-7。

表 5-7 常见食物中维生素 B_1 的含量

食物名称	维生素 B_1 含量/(mg/100 g)	食物名称	维生素 B_1 含量/(mg/100 g)
籼米(糙)	0.34	花生仁(生)	1.07
籼米(精)	0.15	猪肝	0.40
富强粉	0.13	猪肉	0.53
标准面粉	0.46	猪心	0.34
小米	0.57	鸡蛋黄	0.27
新鲜玉米	0.34	牛奶	0.04
黄豆	0.79	干酵母	6.56

2. 维生素 B_2

维生素 B_2 又称维生素 G 或核黄素，1879 年英国化学家布鲁斯首先从乳清中发现，1933 年美国化学家哥尔倍格从牛奶中提取和提纯。维生素 B_2 是黄色针状晶体，微溶于水(100 mL 水溶解 12 mg)，在酸性环境中较稳定，在碱性环境中较不稳定。维生素 B_2 在食物中多为结合型，一般加工烹调或加热时损失少。游离型对可见光或紫外光敏感，可引起不可逆分解。维生素 B_2 还具有可逆的氧化还原特性。

(1) 吸收与代谢：食物中维生素 B_2 多与蛋白质结合成复合物，在胃部开始酶解，以游离形式在小肠上部被吸收，主要在肠黏膜细胞内磷酸化，再进入血液循环。维生素 B_2 少量储存于肝脏、脾脏、肾脏、心脏等组织及体液中，多余的随尿排出。

(2) 生理功能：

① 维生素 B_2 是体内多种氧化酶系统的辅基，在体内广泛参与代谢作用，如氨基酸与脂肪代谢。

② 维生素 B_2 具有参与铁的吸收和储运、维生素 B_6 的激活、色氨酸的转化等作用。

③ 维生素 B_2 促使皮肤、指甲、毛发的正常生长。

④ 维生素 B_2 帮助预防和消除口腔内、唇、舌及皮肤的炎症反应(统称为口腔生殖综合征)。

⑤ 维生素 B_2 有助于减轻眼睛的疲劳。

维生素 B_2 缺乏可出现口角炎、舌炎、唇炎、睑缘炎、阴囊皮炎、脂溢性皮炎及贫血等。

含有维生素 B_2 的食物来源主要有动物肝、肾等内脏和干酵母，奶、蛋、豆类、硬果类及叶菜类等。表5-8列出了含维生素B_2较丰富的食物。

表5-8 含维生素B_2较丰富的食物

食物名称	维生素B_2含量/(mg/100 g)	食物名称	维生素B_2含量/(mg/100 g)
猪肝	2.11	乳酪	0.50
猪肾	1.11	干酵母	3.25
鸡肝	1.63	黄豆	0.25
鳝鱼	0.95	蚕豆	0.27
鸡蛋	0.31	花生	0.14
鸭蛋	0.37	葵花籽	0.20
鲜牛奶	0.13	口蘑(干)	2.53
牛奶粉	0.69	紫菜	2.07

3. 维生素B_6

维生素B_6包括三种化合物:吡哆醇(pyridoxol,主要存在于植物性食物中)、吡哆醛(pyridoxal)和吡哆胺(pyridoxamine,主要存在于动物性食物中),均为无色结晶。维生素B_6在酸性环境下稳定性好,碱性环境下不稳定,可被紫外线破坏。

(1) 吸收与利用:维生素B_6在小肠上部吸收,游离形式时吸收快,以磷酸酯形式存在时吸收较慢。维生素B_6吸收后再经磷酸化以辅酸形式储存于体内组织,含量最高的为肝脏,其次为肌肉,氧化代谢后形成吡哆酸后经尿排出。

(2) 生理功能:维生素B_6在体内以辅酶形式参与多种酶系代谢,主要在氨基酸代谢中起重要作用,如转氨、脱羧、脱氨、转硫、转化色氨酸等,此外还参与糖原转化、脂肪酸代谢及正铁血红素的合成等。缺乏维生素B_6可产生低色素性小红细胞性贫血(铁剂治疗无效)及外周神经炎。维生素B_6耗竭者可出现脑电图改变,若为婴儿则出现抽搐现象。

(3) 维生素B_6的来源:含有维生素B_6的食物来源很广泛,动物、植物中均含有,但含量不高。含量最高的为白色肉类(鸡肉和鱼肉);其次为动物肝脏、豆类和鸡蛋黄等;水果和蔬菜中维生素B_6含量也较多;含量最少的是柠檬类水果、奶类等。在常见的食物中,富含维生素B_6的包括酵母、麦麸、葵花籽、大豆、糙米、香蕉、动物肝脏及肾脏、鱼类、瘦肉、坚果等。

各种食物中每100 g可食部分含维生素B_6量如下:酵母粉3.67 mg,脱脂米糠2.91 mg,大米(精)2.79 mg,胡萝卜0.7 mg,鱼类0.45 mg,全麦提取物0.4~0.7 mg,肉类0.08~0.3 mg,牛奶0.03~0.3 mg,蛋0.25 mg,菠菜0.22 mg,豌豆0.16 mg,黄豆0.1 mg,橘子0.05 mg。

中国居民膳食维生素B_6适宜摄入量(AL)见表5-9。

表 5-9　中国居民膳食维生素 B_6 适宜摄入量(AL)

年龄/岁	AL/(mg/d)	年龄/岁	AL/(mg/d)
0～0.5	0.1	11～14	0.9
0.5～1	0.3	14～18	1.1
1～4	0.5	18～50	1.2
4～7	0.6	50 以上	1.5
7～11	0.7	孕妇和乳母	1.9

4. 烟酸(尼克酸、维生素 PP)

烟酸也称尼克酸,是 B 族维生素家庭中的一员,以前曾被称为维生素 B_3。因为它最早是从烟草中被发现的,所以被称为烟酸。用化学方法将它分离出来以后很久,人们对它的维生素的本质才有了认识,发现它对治疗癞皮病(一种因维生素缺乏而导致的皮肤病)有效,因此也称它为抗癞皮病维生素、抗癞皮病因子、维生素 PP(PP 是抗癞皮病的缩写)等。

(1) 理化性质:烟酸也称抗癞皮病维生素,性质稳定,在酸、碱、光、氧或加热条件下均不易破坏。烟酸为不吸水的较稳定的白色结晶,在 230 ℃时升华,能溶于水及乙醇中,25 ℃时,1 g 烟酸能溶于 60 mL 水或 80 mL 乙醇中。烟酸很容易变成尼克酰胺,后者比烟酸更易溶解,1 g 可溶于 1 mL 水或 1.5 mL 乙醇中,在乙醚中也能溶解。

烟酸在小肠内被吸收,在体内以尼克酰胺形式构成辅酶Ⅰ(NAD)和辅酶Ⅱ(NADP)。其代谢产物随尿排出。色氨酸也可被转化为 NAD。玉米中所含烟酸为结合型,被碱水解释放出游离烟酸后可被机体利用。

(2) 生理功能及缺乏症:烟酸作为 NAD 和 NADP 组成成分,是组织中氧化还原反应的递氢体,参与糖酶解和三羧酸循环。此外,烟酸还参与脂肪酸、蛋白质和 DNA 的合成。烟酸缺乏可导致癞皮病,表现为腹泻、皮炎、痴呆症状。发病初期以消化道症状为主,并有烦躁、精神不集中等,继而出现外露皮肤发炎,转为慢性后发炎部位色素沉着,出现脱屑及舌炎,消化系统与神经精神系统症状加重。

此外,缺乏烟酸还可导致口疮、口腔异味、失眠、抑郁、眩晕、易疲劳、低血糖、肌无力、皮疹等。

每天进食 1～2 g 烟酸可以降低血液中胆固醇的水平。那些因胆固醇高而烦恼的人可以通过增加烟酸的摄入量来获得帮助。

(3) 食物来源:烟酸虽然广泛存在于动物和植物组织中,但大多数食物中含量较少。烟酸含量丰富的有酵母、花生、豆类及肉类,烟酸含量最丰富的食物为动物内脏。玉米中烟酸含量并不低,但不能被人体直接吸收利用,所以在玉米为主食的地区容易发生癞皮病。

(4) 烟酸的每日需要量:由于烟酸与人体热量的代谢密切相关,所以人体每天应该摄入的烟酸的量通常是以每消耗 4148 kJ 热量所需烟酸的毫克数来表示的。联合国粮食与农业组织规定：饮食中每提供 4148 kJ 的热量需要 6.1 mg 烟酸，这个数值包括食物中的烟酸及来自色氨酸中的等效的烟酸。我国居民每天饮食中烟酸的建议供给量为：成年人 5 mg/4148 kJ，儿童 6 mg/4148 kJ，孕妇与乳母每天供给量分别为 18 mg/4148 kJ 和 21 mg/4148 kJ。

5. 叶酸

叶酸（folic acid）是一种水溶性维生素，是维生素 B_9 的水溶形式。叶酸的名字来源于拉丁文 folium（意思是叶子），它最初是从菠菜叶子中分离提取出来的，故名叶酸。叶酸还有一些其他的名字，如维生素 B_C、维生素 M 等。在 20 世纪上半叶，分离技术不发达，科学家们曾先后从不同生物体中发现了促进红细胞生长的“Wills 因子”，治愈印度热带巨细胞性贫血的“促红细胞生成因子”，改善鸡、猴营养不良的“维生素 B_C”、“维生素 M”和促进干酪乳杆菌生长的因子等。后来证明上述这些“因子”实际上都属于一种物质，即叶酸。1945 年 Lederle 实验室成功地鉴定并合成了叶酸。

（1）理化性质：叶酸别名为蝶酰谷氨酸（又可分为蝶酰单谷氨酸及蝶酰多谷氨酸），由蝶啶、对氨基苯甲酸和谷氨酸组成。叶酸呈暗黄色，不溶于冷水，但其钠盐溶解度大，叶酸及其钠盐在溶液中易被光破坏。在中性和碱性环境中对热稳定，在酸性环境中对热不稳定。

（2）吸收利用：食物中叶酸须被还原成四氢叶酸（THFA）在小肠吸收，大多以多谷氨酸形式存在，在吸收过程中被分解（在小肠黏膜细胞内进行）。机体内有少量叶酸储存，其中一半以上在肝脏。叶酸通过尿、胆汁排出。

（3）生理功能：叶酸在体内的活性形式是四氢叶酸（THFA），它是一种碳基团载体，在嘌呤与嘧啶的合成、氨基酸之间的转化、某些甲基化反应中起重要作用。国外研究人员发现，叶酸可引起癌细胞凋亡，对癌细胞的基因表达有一定影响，故属于一种天然抗癌维生素。

叶酸对婴幼儿的神经细胞与脑细胞发育有促进作用。国外研究表明，在 3 岁以下的婴儿食品中添加叶酸，有助于促进其脑细胞生长，并有提高智力的作用。美国食品与药物管理局（FDA）已批准将叶酸作为一种健康食品添加剂可添加于婴儿奶粉中。

此外，孕期补充叶酸，可预防神经管畸形儿的出现。研究表明，在怀孕前期和怀孕中补充足够的叶酸能够降低神经管畸形和唇裂胎儿的出生率，在怀孕前开始每天服用 400 μg 的叶酸，可降低 70%的新生儿神经管缺陷（NTDs）发生率。有研究表明，男性服用叶酸也能增加精子的质量，从而减少染色体缺陷、降低新生儿唐氏综合征发生的概率。

叶酸缺乏还可导致巨红细胞性贫血、舌炎及胃肠道紊乱。

（4）食物来源及每日摄入量：大量研究表明，如果每天摄入 50～100 μg 叶酸，可以提供基础需要量，维持血浆叶酸正常水平。如果每天摄入叶酸量为3 μg/kg体重，则除了可以满足基础需要量外，还能维持足够的储备。在这个储备基础上即使 3 个月内没有叶酸补充也不会出现叶酸缺乏。叶酸广泛分布于各类食物中，尤其在绿叶蔬菜、动物肝脏、大豆、蛋类、坚果、酵母中含量十分丰富。其中值得一提的是豆类食物。豆类食物营养丰富，可以提供丰富的优质蛋白质、碳水化合物、矿物质和包括叶酸在内的维生素，是很好的食物来源，并且没有像动物性食物那样的副作用。

叶酸食补有讲究

含叶酸的食物很多，但由于叶酸遇光、遇热不稳定，容易失去活性，所以人体真正能从食物中获得的叶酸并不多。例如，蔬菜储藏2～3天后叶酸损失50%～70%；煲汤等烹饪方法会使食物中的叶酸损失50%～95%；盐水浸泡过的蔬菜，叶酸的成分也会损失很大。因此，人们要改变一些烹制习惯，尽可能减少叶酸流失，还要加强富含叶酸食物的摄入。

保持食物营养的几点通用准则如下。

(1) 买回来的新鲜蔬菜不宜久放。制作时应先洗后切，现炒现吃，一次吃完。炒菜时应急火快炒，3～5 min即可。煮菜时应等水开后再放菜，以防止维生素的丢失。做馅时挤出的菜水含有丰富营养，不宜丢弃，可做汤。

(2) 淘米时间不宜过长，不宜用力搓洗米粒，不宜用热水淘米；米饭以焖饭、蒸饭为宜，不宜做捞饭，否则会使营养成分大量流失。

(3) 熬粥时不宜加碱。

(4) 做肉菜时，最好把肉切成碎末、细丝或小薄片，急火快炒。大块肉、鱼应先放入冷水中用小火炖煮烧透。

(5) 不要经常吃油炸食品。

6. 维生素C

维生素C又称抗坏血酸，1907年挪威化学家霍尔斯特在柠檬汁中首先发现，1934年才获得纯品。维生素C是无色晶体，属于水溶性维生素，易溶于水，水溶液呈酸性，又称为抗坏血酸。天然食物中有L-型、D-型两种，后者无生理活性。维生素C是强还原剂，易被氧化，但结晶维生素C较稳定，其水溶液在酸性时也较稳定，在碱性环境、遇热及光照条件下则极不稳定，铁、铜等金属离子能够加速维生素C的氧化。维生素C氧化形成脱氢抗坏血酸，生理活性不变。若进一步氧化则形成二酮古乐糖酸，失去生理活性。

(1) 吸收和利用：维生素C主要在小肠被吸收，吸收率与摄入量有关。维生素C吸收后分布于各组织器官，在体内有少量储存。其分解代谢产物主要为草酸及少量二酮古乐糖酸，随尿、汗排出体外。

(2) 生理功能：

① 维生素C具有可逆氧化-还原特性，参与生命过程中重要的氧化-还原过程，可作为抗氧化剂阻止脂质过氧化及其产物的危害，可将Fe^{3+}还原为Fe^{2+}，促进铁的吸收。

② 维生素C参与体内代谢羟化过程，其主要功能是激活羟化酶，参与胶原蛋白合

成，促进创伤愈合；维生素C参与肝内胆固醇羟化形成胆酸，从而降低血液中胆固醇含量，软化血管；维生素C参与酪氨酸及色氨酸的氧化代谢。

③ 维生素C参与肾上腺皮质激素的合成与释放，低温及应激时维生素C消耗增加，补充维生素C可提高对低温的耐受力。维生素C在大多数生物体中可经新陈代谢产生，但人类例外。人体若缺乏维生素C，可影响胶原质形成，引起坏血病，临床表现为皮肤出现红色斑点（皮肤的斑点分布以腿部最多）、毛细血管脆性增强、牙龈出血和肿胀萎缩、皮下出血、黏膜出血等症状，常有鼻衄、月经过多、便血等，婴幼儿症状更严重，此外还影响骨钙化及伤口愈合。

由于维生素C存在于许多新鲜的蔬菜和水果中，只要每天多吃蔬菜，就能满足人体的需要，但是需注意以下几个问题。

第一，因为维生素C易溶于水，新鲜蔬菜不要长时间在水中浸泡。应该先洗后切，以免维生素C损失。

第二，因为铜离子对维生素C的氧化分解有催化作用，所以在加工过程中应尽量避免使蔬菜跟铜器接触。

第三，植物体内的维生素C往往跟维生素C酶同时存在。当维生素C酶与空气接触时，就会促进维生素C的氧化作用。当温度较高时，这种作用更强烈。本来维生素C受热时比较稳定，但在高温下也会因维生素C酶的作用而受到破坏。因此，在炒青菜时最好用急火快炒，避免维生素C被破坏。

（3）维生素C的每日需要量：我国提出的维生素C供给量为成人60 mg/d，少年60 mg/d，1～3岁小儿30～40 mg/d，5～7岁小儿45 mg/d，10岁小儿50 mg/d，孕妇则需在成人供给量的基础上增加20 mg，而乳母则需增加40 mg。有学者认为，吸烟者维生素C的需要量应比正常需要量再增加50%。在寒冷与高温及应急条件下（如进行外科手术的患者），其维生素C的需要量也要增加。此外，老年人适当补充维生素C也是有益的。

（4）维生素C的食物来源：食物中的维生素C主要存在于新鲜的蔬菜、水果中，人体自身不能合成。水果中的鲜枣、橘子、山楂、柠檬等含有丰富的维生素C，蔬菜中以绿叶蔬菜、青椒、西红柿、大白菜等含量较多。根茎类蔬菜，如马铃薯等虽然维生素C的含量不高，但由于日常饮食中消耗量较大，所以也是很好的食物来源。谷类及豆类食物中几乎不含维生素C，但是豆类经过发芽后也可产生一定量的维生素C。

含维生素C的食物很多，猕猴桃和红辣椒分别是水果和蔬菜中该物质含量最丰富的代表。表5-10是各种常见食物中维生素C的含量。

表5-10 常见食物中维生素C的含量

食物名称	维生素C含量/(mg/100 g)	食物名称	维生素C含量/(mg/100 g)
猕猴桃（汁）	150～400	南瓜	4～14
红辣椒	159	黄瓜	4～12

续表

食物名称	维生素C含量/(mg/100 g)	食物名称	维生素C含量/(mg/100 g)
绿辣椒	89	沙田柚	12.3
苦瓜	84	山楂	8.9
板栗(生)	60	鲜枣	5.4
草莓	35	广柑	5.4
白萝卜	11～30	芹菜(茎)	6.0
大白菜	20	油菜	5.1
冬瓜	16	鸭梨	4

7. 泛酸

长久以来，人们很少注意泛酸(pantothenic acid)，甚至有的人从来都没有听说过它，更不知道它在人体中对新陈代谢的作用。泛酸被称为维生素 B_5，是一种黄色的黏滞油状物，其水溶液在酸性或碱性环境下对热不稳定，容易发生水解，因此在商店或医院中一般使用泛酸的钙盐(泛酸钙)来代替泛酸。泛酸钙是无色的晶体，易溶于乙醇和水，泛酸钙对空气和光是稳定的，但在潮湿的环境中容易吸水结块。此外，泛酸的衍生物泛醇比泛酸更稳定，并且在体内可转变为泛酸，因此也常作为复合维生素补充剂的成分。

(1) 泛酸对人体的作用：泛酸参与肾上腺激素的合成，并协助其他维生素的吸收利用，帮助脂肪、蛋白质及碳水化合物进行能量转化。泛酸能增强体力、预防贫血、维护消化道的正常功能，可以消除紧张和焦虑，治疗抑郁症。

(2) 泛酸的适宜摄入量：对于正常人来说，由于食物中广泛地存在泛酸，因此缺乏泛酸的可能性极小，但由于在食物烹饪和加工过程中损失较多，因此一些食谱单调及蛋白质、脂肪和碳水化合物摄入不足的人群容易出现泛酸的缺乏现象，并且经常伴随有其他维生素不足的表现。

推荐泛酸每天适宜摄入量见表 5-11。

表 5-11 推荐泛酸每天适宜摄入量(AL)

年龄	AL/(mg/d)	年龄	AL/(mg/d)
0～6 个月	1.7	11～13 岁	5.0
7～12 个月	1.8	14～17 岁	5.0
1～3 岁	2.0	18 岁及以上	5.0
4～6 岁	3.0	妊娠期(不分期)	6.0
7～10 岁	4.0	哺乳期(不分期)	7.0

(3) 泛酸的主要食物来源：泛酸的最主要食物来源是肉类和动物内脏(心脏、肝脏、

肾脏含量特别丰富）、蘑菇、花茎甘蓝（硬花球花椰菜）和某些酵母。其中肝脏、肾脏、酵母和花茎甘蓝的泛酸含量达到干重 50 μg/g 以上。全谷物也是良好的泛酸来源，但是大部分泛酸在全谷物加工过程中就丢失了。泛酸最丰富的天然来源是蜂王浆和金枪鱼、鳕鱼的鱼子酱，它们含有丰富的泛酸（蜂王浆为 511 μg/g，两类鱼的鱼子酱为 232 μg/g）；人奶也含有丰富的泛酸，含量为 2.2～11.2 μmol/L（48～245 μg/100 mL），牛奶的泛酸含量接近于人奶。

8. 最晚发现的维生素 B_{12}

维生素 B_{12} 是迄今为止最晚被发现的一种水溶性维生素。维生素 B_{12} 是一种暗红色的针状晶体，极易溶于水，在 pH 值为 4.5～5.0 的弱酸性环境中最稳定，强酸、强碱及光照条件下非常容易被分解，持续高温对维生素 B_{12} 的破坏程度较大。相比之下，短时间的高温对维生素 B_{12} 的破坏程度较小。例如，牛奶经巴氏消毒（60 ℃）2～3 s，维生素 B_{12} 被破坏 7%，煮沸 2～5 min 维生素 B_{12} 被破坏 30%，120 ℃消毒 13 min，维生素 B_{12} 则丢失 77%，而 143 ℃高温消毒 3～4 s 仅丢失 10%，可见加热时间越长、温度越高，维生素 B_{12} 损失的也就越多。

(1) 维生素 B_{12} 对人体的作用：在机体代谢中，维生素 B_{12} 主要有以下几方面的作用。维生素 B_{12} 能够促进氨基酸的生物合成，特别是蛋氨酸和谷氨酸，因此对各种蛋白质的合成有重要作用，所以对于正在生长发育的婴幼儿来说，维生素 B_{12} 是必不可少的；维生素 B_{12} 能促进红细胞的发育和成熟，从而可保证机体的造血功能处于正常状态，避免恶性贫血的发生。

(2) 每天应摄入维生素 B_{12} 的量：科学研究表明，维持成人正常功能的最低需要量为每天 0.1 μg。联合国粮食与农业组织（FAO）及世界卫生组织（WHO）的专家组推荐正常成人每天应摄入维生素 B_{12} 1 μg，为了保险起见，美国科学家于 1989 年建议成人维生素 B_{12} 的每天摄入量为 2 μg。

(3) 缺乏维生素 B_{12} 的危害：当缺乏维生素 B_{12} 时，可导致恶性贫血，还会引起消化不良、慢性腹泻、眩晕、易激惹、易疲劳、记忆力减退、神经系统损伤、头痛、舌炎、耳鸣、精力不集中、呼吸不均匀等病症，老年人易患消化系统疾病。

(4) 维生素 B_{12} 的主要食物来源：日常食物中维生素 B_{12} 主要来源于肉类及其制品（包括动物内脏）、鱼类、禽类、贝类、蛋类、乳类及其乳制品，各类发酵食物中也含有少量维生素 B_{12}。维生素 B_{12} 含量较多的食物包括动物的内脏，如牛和羊的肝脏、肾脏、心脏及牡蛎等；维生素 B_{12} 含量中等的食物有乳类及其乳制品，部分海产品如蟹类、沙丁鱼、鳟鱼等；维生素 B_{12} 含量较少的食物有鸡肉，海产品中的龙虾、剑鱼、比目鱼、扇贝，以及发酵食物。

维生素 B_{12} 能帮助解决以下肌肤问题：①肌肤暗沉、干燥等问题；②因年龄增加所产生的皮肤细纹和皱纹；③缓解日晒后、秋冬干冷等引起的肌肤红肿、脱皮、疼痛；④痤疮后皮肤色素沉着（俗称“痘印”）、蚊虫咬伤后遗留的瘢痕、烧伤烫伤后遗留的瘢痕；⑤整形手术后使用，可以避免产生瘢痕。

9. 促进细胞生长的生物素

生物素(biotin)又称维生素 H、维生素 B_7、辅酶 R 等,属于水溶性维生素,生物素在肝脏、肾脏、酵母、牛乳中含量较多,是生物体固定二氧化碳的重要因素。生物素容易同鸡蛋中的一种蛋白质结合,大量食用生鸡蛋可阻碍生物素的吸收而导致生物素缺乏,从而引起脱毛、体重减轻、皮炎等。生物素在脂肪合成、糖异生等生化反应中扮演着重要角色,它还对预防白发有很好的功效。

生物素在自然界中主要以两种形式存在,即 α-生物素和 β-生物素,它们是水溶性含硫维生素。在自然界所存在的 α-生物素和 β-生物素都具有相同的生物活性。生物素为无色、无味的针状结晶,在水中有一定的溶解度,易溶于热水。生物素在较强的酸、碱及氧化剂的作用下易被破坏而丧失生理活性,但在室温下比较稳定,在紫外线照射下易被破坏。

(1) 生物素的食物来源:自然界的生物素主要来源于某些微生物自身的合成。由于这些微生物广泛地存在于动物、植物体内,因此生物素广泛地存在于天然食物中。含生物素比较丰富的食物包括肉类、奶类、鸡蛋(鸡蛋黄)、酵母、肝脏、肾脏、蔬菜和部分菌类。

(2) 每天生物素的适宜摄入量见表 5-12。

表 5-12 每天生物素适宜摄入量(AL)

年　龄	AL/(μg/d)	年　龄	AL/(μg/d)
0～6 个月	5	11～13 岁	20
7～12 个月	6	14～17 岁	25
1～3 岁	8	18 岁及以上	30
4～6 岁	12	妊娠期(不分期)	30
7～10 岁	16	哺乳期(不分期)	35

生物素需要人群:①喜食生鸡蛋和饮酒的人需要补充生物素;②服用抗生素尤其是磺胺类药物的人每天至少要摄取 25 μg 生物素;③头发稀疏的男性应摄入生物素,以防止脱发;④在妊娠期间,生物素会明显流失,应在医生指导下合理补充。

生物素之敌:生蛋白(其中含有会妨碍生物素吸收的蛋白质——抗生物素蛋白)、磺胺药、雌激素、乙醇。

(3) 生物素的主要功能:①生物素具有较好的美容作用,可保持皮肤嫩白、指甲光滑等;②促进汗腺、神经组织、骨髓、男性性腺、皮肤及毛发的正常生长,减轻湿疹、皮炎症状;③预防白发及脱发,有助于治疗脱发。

各种水溶性维生素的生理功能、缺乏症状和良好食物来源见表 5-13。

表 5-13　各种水溶性维生素的生理功能、缺乏症状和良好食物来源

水溶性维生素	生理功能	缺乏症状	良好食物来源
维生素 B_1（硫胺素）	参与 α-酮酸和 2-酮糖氧化脱羧	脚气病，肌肉无力，厌食，心悸，心脏增大，水肿等	酵母，猪肉，豆类，葵花籽油等
维生素 B_2（核黄素）	电子（氢）传递	唇干裂，口角炎，畏光，舌炎，口咽部黏膜水肿等	肝脏，香肠，瘦肉，蘑菇，奶酪，奶油，牡蛎等
烟酸（维生素 PP）	电子（氢）传递	糙皮病，腹泻，皮炎，痴呆或精神压抑等	金枪鱼，肝脏，鸡胸脯肉，牛肉，比目鱼，蘑菇等
泛酸	酰基转移反应	缺乏很少见，可有呕吐，疲乏，手脚麻木、刺痛等症状	鸡蛋黄、肝脏、肾脏等
维生素 B_6（吡哆胺）	氨基转移反应，脱羧反应	皮炎，舌炎，抽搐等	牛排，豆类，土豆，鲑鱼，香蕉等
叶酸	一碳单位转移	巨幼红细胞性贫血，腹泻，疲乏，抑郁，抽搐等	酵母，菠菜，龙须菜，萝卜，大头菜，绿叶菜类，豆类，动物肝脏等
维生素 B_{12}（钴胺素）	一碳单位的代谢，参与胆碱合成	巨幼红细胞性贫血，外周神经退化，皮肤过敏，舌炎等	肉类，鱼类，贝壳，禽类，乳类等
维生素 C（抗坏血酸）	抗氧化，胶原合成中羟化酶的辅助因子	败血病，疲乏无力，伤口愈合延迟，牙龈出血，毛细血管自发破裂等	木瓜，橙汁，甜瓜，草莓，花椰菜，辣椒，柚子汁等

三、必需维生素

维生素必须满足以下四个特点才可以称为必需维生素。

（1）外源性：人体自身不能合成（维生素 D 人体可以少量合成，但是由于较重要，仍被作为必需维生素），需要通过食物补充。

（2）微量性：人体所需量很少，但是可以发挥巨大作用。

（3）调节性：维生素必需能够调节人体新陈代谢或能量转变。

（4）特异性：缺乏了某种维生素后，人将呈现特有的病态。

根据这四个条件，目前科学界认为人体的必需维生素一共有 8 种。但也有一种意见认为凡是维持人体正常运转所需的维生素，均可称为必需维生素。若按后一种意见，那么人体必需的维生素就有 14 种，其中包括 4 种脂溶性维生素（维生素 A、维生素 D、维生素 E、维生素 K）和 10 种水溶性维生素，即维生素 A、维生素 D、维生素 E、维生素 K、维生素 C 和维生素 B_1、维生素 B_2、维生素 B_3（烟酸）、维生素 B_5（泛酸）、维生素 B_6、维生素 B_9（叶酸或维生素 M）、维生素 B_{12}、胆碱及维生素 H（生物素，也属于 B 族维生素，

也称为维生素 B_7）。

目前，市场上的维生素类营养品比较混乱，许多被称为维生素的物质，如维生素 T、维生素 U、维生素 F、维生素 Q、维生素 S、维生素 V 等，其实并非真正的维生素，而只是商家的噱头，也并非人体所必需。如维生素 V，其实就是业界对红极一时的“伟哥”（万艾可）的习惯称呼。这些是需要辨明的，否则极易上当。

第二节 维生素与美容

一、影响皮肤健康美容的维生素

1. 粗糙

维生素 A 与维持上皮细胞生长和分化有关，维生素 A 缺乏时会影响上皮细胞正常结构，出现毛囊角化、皮肤粗糙。对于皮肤来说，维生素 A 具有保持肌肤润泽的功能。在造成皮肤粗糙的众多原因中，维生素 A 缺乏是一个主要原因。它的不足抑制了皮脂腺和汗腺的分泌，令皮肤干燥、粗糙、失去润泽，使表皮的角质层逐渐硬厚，失去柔润的弹性，从而产生细碎皱纹；同时，还会使皮肤抵抗力降低，易受外界细菌侵袭而引起皮肤感染。

2. 皮炎

（1）维生素 B_2 参与脂肪代谢，缺乏时可出现脂溢性皮炎。

（2）烟酸以辅酶Ⅰ、辅酶Ⅱ形式广泛参与生物氧化过程，缺乏时则易使皮肤出现发红、发痒现象。

（3）维生素 B_1 及维生素 B_6 能调节神经生理活动，缺乏时可出现周围神经炎症状。

（4）紫外线过度照射或皮肤接触光感性物质、药物等可引起光感性皮炎，大剂量维生素 C、烟酸及维生素 B_{12} 可缓解光感性皮炎所致症状。

3. 苍白

皮肤苍白多为贫血所致。与贫血有关的维生素是维生素 C、维生素 B_6、维生素 B_2 及叶酸。维生素 C 可将 Fe^{3+} 还原为 Fe^{2+}，以提高造血原料铁的吸收。维生素 B_6 能参与正铁血红素的合成，缺乏时可产生低色素性红细胞贫血。叶酸及维生素 B_{12} 能参与造血功能，缺乏时可造成恶性贫血。维生素 B_2 可参与铁的吸收、储运，也与贫血有关。

4. 衰老

皮肤衰老的体征之一是皮肤缺乏弹性，另一个重要表现是出现色素沉着，如蝴蝶斑、雀斑、老年斑等，这些现象均与遗传因素及营养因素有关。

皮肤胶原蛋白质合成减少、失水，可使皮肤干瘪无弹性，因此，能促进蛋白质合成、使皮肤组织再生功能增强及延缓衰老的维生素均有益于维持皮肤弹性。自由基在皮肤衰老过程中起重要作用，强光辐照或紫外线照射可促使皮肤黑色素细胞中的自由基剧增、酪氨酸酶活力加强，从而加速黑色素形成。因此，具有抗紫外线辐射、抗过氧化脂质的维生素均有益于皮肤抗衰老、祛斑。

(1) 维生素 A：①参与蛋白质及 DNA 合成；②可抑制酪氨酸酶活力，减少黑色素形成。

(2) 胡萝卜素：①可转化为维生素 A，具有维生素 A 的功能；②胡萝卜素具有抗氧化作用(其他类胡萝卜素不能转化为维生素 A，但具有抗氧化性能)。

(3) 烟酸：①参与蛋白质和 DNA 合成，与维生素 A 一起有维持皮肤弹性的作用；②减少色素沉着。

(4) 维生素 E：抗氧化作用比维生素 C 更强，与维生素 C、类胡萝卜素一样，都有淬灭自由基、减少黑色素形成的作用。

二、影响毛发健康美容的维生素

毛发是皮肤的附属物质，由毛干、毛根组成。毛发植于毛囊中，毛囊由皮肤转变而来。毛发的健康与皮肤息息相关，影响皮肤健康的因素也会间接影响毛发的美容保健。

毛发的毛干、毛根是完全角化的角质细胞，由角蛋白组成，其中含大量胱氨酸，因此，影响蛋白质合成代谢的维生素也将影响毛发的健康。毛发与皮脂腺相连，与脂肪代谢有关的维生素必然影响头发的美容保健。具体表现如下。

(1) 维生素 A：维持上皮细胞正常分化，缺乏时毛囊发生角化，影响毛发生长根基，致使头发稀少、干枯、无光泽、易断。

(2) 维生素 B_2：参与脂肪代谢，缺乏时出现脂溢性皮炎，头发易脱落。

(3) 维生素 B_6：参与氨基酸代谢(包括酪氨酸和多巴胺代谢等)、脂肪代谢，缺乏时导致毛发生长不良，可发生弥漫性脱发、毛发变灰及早生白发等。

(4) 烟酸：参与脂肪酸、蛋白质和 DNA 合成，缺乏时影响头发生长与色泽。

(5) 其他：肌醇和生物素缺乏时可使毛发脱落，泛酸缺乏可导致毛发生长不良和头发变白。

三、影响眼、唇、口腔健康美容的维生素

(1) 维生素 A：维生素 A 为视紫红质成分，缺乏时可致夜盲症；维生素 A 可维护上皮生长分化，缺乏时易患角膜干燥症，眼睛缺少光泽。

(2) 维生素 B_2 与烟酸：广泛参与氨基酸、脂肪代谢及糖代谢，缺乏时易发生眼睑炎、口唇炎、口角炎、舌炎、地图舌、舌水肿等。

(3) 维生素 C：影响胶原合成，缺乏时会导致牙龈出血，易患牙龈炎。

四、影响骨骼生长健康的维生素

(1) 维生素 D：影响钙、磷代谢，促进钙的吸收及骨骼钙化、新骨形成，缺乏时易出现鸡胸、串珠胸、“O”形腿、“X”形腿、骨软化症。

(2) 维生素 C:参与羟化过程,影响胶原蛋白的合成,因而会影响骨的生长。

五、维生素对美容的影响

维生素是维持人体正常功能不可缺少的营养素,是一类与机体代谢有密切关系的低分子有机化合物,是在物质代谢中起重要调节作用的许多酶的组成成分。人体对维生素的需要量虽然微乎其微,但这些维生素在体内发挥的作用却很大。当体内维生素供给不足时,能引起身体新陈代谢的障碍,从而造成皮肤功能的障碍。

1. 维生素 A

维生素 A 有维护皮肤细胞功能的作用,可使皮肤柔软细嫩,有防皱、去皱的功效。缺乏维生素 A,可使上皮细胞的功能减退,导致皮肤弹性下降,干燥,粗糙,失去光泽。维生素 A 可防止皮肤老化,如果维生素 A 轻微缺乏,人们首先注意到的是眼部的症状,此时皮肤却早已经开始变化了。皮下组织的细胞死亡脱落,堵塞毛孔,油脂无法到达皮肤表面,使皮肤变得又干又粗,有时会全身发痒,形成疱疹。

维生素 A 含量丰富的食物有动物肝脏、奶油、黄油、胡萝卜、白薯、绿叶蔬菜、栗子、西红柿等。

2. B 族维生素

维生素 B_1 能促进胃肠功能,增进食欲,帮助消化,消除疲劳,防止肥胖,润泽皮肤和防止皮肤老化。瘦肉、粗粮、花生、松子、榛子、紫皮蒜中富含维生素 B_1。

维生素 B_2 有保持皮肤健康、使皮肤皱纹变浅、消除皮肤斑点及防治末梢神经炎的作用。维生素 B_2 供给不足,可引起皮肤粗糙、皱纹形成,还易引起脂溢性皮炎、口角炎、唇炎、痤疮、白发、白癜风、斑秃等。动物肝脏和肾脏、蛋类、干酪及蘑菇中的大红蘑、松蘑、冬菇,干果中的杏仁,蔬菜中的金针菜、苜蓿菜等食物中维生素 B_2 含量丰富,这些食物应经常食用。

维生素 B_6 能促进人体脂肪代谢,滋润皮肤;维生素 B_1、维生素 B_6、维生素 B_2 能促进皮肤的新陈代谢,使血液循环畅通,因而被称为"美容维生素"。含维生素 B_1、维生素 B_6、维生素 B_2 的食物有动物内脏、鱼类、蚝类、豆腐等。

3. 维生素 C

维生素 C 有分解皮肤中黑色素、预防色素沉着、防止黄褐斑和雀斑发生、使皮肤保持洁白细嫩的功能,并有促进伤口愈合、强健血管和骨骼的作用。因此,应多吃含维生素 C 丰富的食物,如山楂、鲜枣、柠檬、橘子、猕猴桃、芒果、柚子、草莓、西红柿、白菜、苦瓜、菜花等。这些食物既能满足人体对维生素 C 的需要,还含有大量的水分,是皮肤滋润佳品。此外,新鲜蔬菜和水果也是多种维生素 C 的来源,对调节人体血液循环,促进机体代谢,保护皮肤细胞和保持皮肤弹性都有益处。

4. 维生素 D

维生素 D 能促进皮肤的新陈代谢,增强皮肤的抵抗力,并有促进骨骼生长和牙齿发育的作用。服用维生素 D 可抑制皮肤红斑形成,治疗牛皮癣、斑秃、皮肤结核等。体内维生素D缺乏时，皮肤很容易溃烂。从食物中仅能获得少量维生素D，大部分维生素D是通过紫外线照射皮肤转化而成的。最简单的补充方法是服用鱼肝油制剂，但因鱼肝油是由维生素A和维生素D共同组成的，服用过量可引起中毒，最好在医生指导下服用。富含维生素D的食物有各种海鱼如鳕鱼、比目鱼、鲑鱼、沙丁鱼和动物肝脏、蛋类、奶类等。

5. 维生素E

维生素E在美容护肤方面的作用是不可忽视的。因为人体皮脂的氧化作用是皮肤衰老的主要原因之一，而维生素E具有抗氧化作用，从而保护了皮脂和细胞膜蛋白质及皮肤中的水分。另外，它不仅能促进人体细胞的再生与活力的维持，推迟细胞的老化过程，而且还能促进人体对维生素A的利用；维生素E还可与维生素C起协同作用，保护皮肤的健康，减少皮肤发生感染的概率；维生素C对皮肤中的胶原纤维和弹力纤维有"滋润"作用，从而改善和维护皮肤的弹性；维生素C能促进皮肤内的血液循环，使皮肤得到充分的营养与水分，以维持皮肤的柔嫩与光泽；维生素C还可抑制色素斑和老年斑的形成、减少面部皱纹、洁白皮肤和防治痤疮。

因此，为维护皮肤的健康及延缓衰老，应多吃富含维生素E的食物，如豌豆油、葵花籽油、芝麻油、鸡蛋黄、核桃、葵花籽、花生米、芝麻、莴笋叶、柑橘皮、瘦肉、奶类等。总之，每天摄入足够的富含维生素的食物对于人体健康和皮肤健美都是十分有益的。

6. 叶酸(维生素M)

叶酸最初是从菠菜叶子里提取出来的，又称维生素M，对许多的机体功能发挥着重要的作用，包括神经系统、血液和细胞的生理机能。叶酸保护身体免受心脏疾病、先天不足、骨质疏松症和某些癌症等的困扰。

(1) 心脏疾病：叶酸对从血液中清除一种叫高半胱氨酸的物质起着重要作用。高含量的高半胱氨酸会增加心脏病和中风的可能。

(2) 先天不足：叶酸的不足可以导致先天不足。如果孕妇于妊娠期间在她们的饮食中补充叶酸的话，半数的神经管缺陷(如脊柱裂)是可以预防的。研究表明，一定量的叶酸能预防神经管缺陷，而且叶酸的补充可以仅仅从规定的饮食中获取。

(3) 骨质疏松症：缺乏叶酸，导致高半胱氨酸的含量增多，骨质变弱，更容易发生骨折。

(4) 癌症：低剂量的叶酸在癌症的发展过程中扮演着重要角色，特别是子宫颈癌、肺癌和结肠癌。

(5) 忧郁症和智力问题：叶酸对于脑部机能是重要的，它能帮助调解情绪、睡眠和食欲。增加叶酸的含量可以消除精神上和心理上的消极情绪，在老年人中尤为明显。叶酸有温和的抗抑郁作用，补充叶酸被证实能增强某些药物的药效。

叶酸的生理功能还包括如下几点：预防贫血(一种能减少红细胞数量的疾病)，帮助治疗头痛，减轻风湿性关节炎，能帮助不孕不育的治疗，可帮助治疗痤疮、粉刺，而且可能对患艾滋病的人有帮助。

含有大量叶酸的食物包括动物肝脏、小扁豆、稻米的胚芽、酿酒的酵母、大豆粉、黑豌豆、菜豆、云豆、花生、菠菜、芜菁甘蓝、利马豆，以及全部的谷类和芦笋。食物的加工处理，比如沸煮、加热会破坏叶酸。过久在室内保存同样会破坏食物自身的叶酸含量。

六、维生素与体型

1. 肥胖

肥胖原因很多，具体见本节课外导读“肥胖的原因及预防”中的阐述。单纯性肥胖的主要原因是热量过剩，热量摄入多于消耗，体内脂肪过度存积。尚未发现某种维生素在肥胖进程中有独特作用，但近年来的人群流行病学研究表明，肥胖者不仅热量代谢不平衡，而且存在各种微量营养素（维生素与矿物质）的失调。这种失调又进一步加剧热量代谢的失衡，这是肥胖难以彻底根治的原因之一。纠正这种营养失调的措施，对维生素而言，就是全面补充各种维生素，尤其是肥胖者日常膳食中容易缺乏的维生素 B_2、维生素 C 及维生素 A 与胡萝卜素。在采取各种减肥措施时，均需注意全面补充以上维生素，以利于健康。

2. 消瘦

消瘦的原因与肥胖相反，即机体热量消耗大于热量摄入，长期呈饥饿状态，使肌肉和内脏萎缩，消瘦无力。同时伴有蛋白质缺乏者缺乏维生素对健康影响更为严重，可见于食物不足者、盲目节食者或热量代谢障碍者，有影响的维生素主要是 B 族维生素。

维生素 B_1：以辅酶形式在糖代谢中起重要作用。

维生素 B_2：以黄素酶形式在脂肪代谢中起作用。

烟酸：作为 NAD 和 NADP 组成成分参与糖代谢。

因此，维生素 B_1、维生素 B_2、烟酸不足或缺乏时，常导致产热营养素氧化代谢受阻和热量代谢障碍。

3. 体重指数

体型是反映体格特征的综合表现。常根据身高、体重等测量指标，按一定公式计算得出各种身体质量指数，实际上也是体型指数，其中，最常用的指标是体重指数（body mass index，BMI）。BMI 的计算公式如下。

$$\mathrm{BMI}=\frac{\text{体重(kg)}}{\text{身高的平方(m}^2\text{)}}$$

WHO 关于成人体重指数（BMI）标准如表 5-14 所示。

表 5-14　WHO 关于成人体重指数（BMI）标准

类　别	BMI（欧洲）	BMI（亚洲）	相关疾病危险性
体重过低	＜18.5	＜18.5	低（其他疾病危险性增加）
正常范围	18.5～24.9	18.5～22.9	平均水平
超重	≥25	≥23	增加

续表

类　别	BMI(欧洲)	BMI(亚洲)	相关疾病危险性
肥胖前期	25～29.9	23～24.9	增加
Ⅰ度肥胖	30～34.9	25～29.9	中度增加
Ⅱ度肥胖	35～39.9	⩾30	严重增加
Ⅲ度肥胖	⩾40	—	极严重增加

注:BMI为20～22最健康,中国成人BMI为18.5～23.9。

[例1]

体重=40 kg　　身高=1.60 m　　BMI=15.6

[例2]

体重=50 kg　　身高=1.60 m　　BMI=19.5

[例3]

体重=77.3 kg　　身高=1.73 m　　BMI=25.8

[例4]

体重=77.3 kg　　身高=1.60 m　　BMI=30.2

表5-15和表5-16分别列出了男性、女性理想体重和女性理想体围,适合各类人群参考。

表5-15　男性、女性理想体重表

男性理想体重表		女性理想体重表	
身高/cm	标准体重/kg	身高/cm	标准体重/kg
160	54.9～60.3	150	44.5～50.0
162	55.9～61.4	152	45.6～51.0
164	57.0～62.5	154	46.7～52.1
166	58.1～63.7	156	47.7～53.2
168	59.2～65.1	158	48.8～54.3
170	60.7～66.6	160	49.9～55.3
172	62.1～68.3	162	51.0～56.8
174	63.5～69.9	164	52.0～58.2
176	64.9～71.3	166	53.3～59.8
178	66.4～72.8	168	54.7～61.5
180	67.8～74.5	170	56.1～62.9
182	69.2～76.3	172	57.5～64.3
184	70.1～78.1	174	59.0～65.8
186	72.1～79.9	176	60.4～67.2

表 5-16　女性理想体围表

身高/cm	青年女性标准体围/cm			中年女性标准体围/cm		
	胸围	腰围	臀围	胸围	腰围	臀围
150	74～81.4	55.3～63.2	75～82.5	75～82.5	60.0～67.5	82.5～90.0
152	75～82.5	56.0～64.0	76～83.6	76～83.6	60.8～68.4	83.6～91.2
154	76～83.6	56.7～64.8	77～84.7	77～84.7	61.6～69.3	84.7～92.4
156	77～84.7	57.4～65.6	78～85.8	78～85.8	62.4～70.2	85.8～93.6
158	78～85.8	58.1～66.4	79～86.9	79～86.9	63.2～71.1	86.9～94.8
160	79～86.9	58.8～67.2	80～88.0	80～88.0	64.0～72.0	88.0～96.0
162	80～88.0	59.5～68.0	81～89.1	81～89.1	64.8～72.9	89.1～97.2
164	81～89.1	60.0～68.8	82～90.2	82～90.2	65.6～73.8	90.2～98.4
166	82～90.2	60.9～69.6	83～91.3	83～91.3	66.4～74.7	91.3～99.6
168	83～91.3	61.1～70.4	84～92.4	84～92.4	67.2～75.6	92.4～100.8
170	84～92.4	62.3～71.2	85～93.5	85～93.5	68.0～76.5	93.5～102.0
172	85～93.5	63.0～73.0	86～94.6	86～94.6	68.8～77.4	94.6～103.2
174	86～94.6	63.7～73.8	87～95.7	87～95.7	69.6～78.3	95.7～104.4
176	87～95.7	64.4～74.6	88～96.8	88～96.8	70.4～79.2	96.8～105.6

课外导读

肥胖的原因及预防

一、肥胖的原因

1. 遗传因素

不同的个体，有时他们的饮食和劳动强度相同，但是他们的体重可能完全不同。有的人胖，有的人瘦，这与每个人的家族成员的体型有密切关系，特别是父母与祖父母的体型对子女和孙辈影响很大。一般双亲肥胖者，其子女肥胖的发生率高达70%～80%；单亲肥胖者，其子女的肥胖发生率为40%～50%。这种家族聚集性可能与遗传因素和环境因素均有关，因为父母的饮食、生活习惯将对其子女产生直接的影响。

遗传因素对肥胖的影响是多方面的，可归纳如下。

(1) 遗传因素影响体重指数、皮下脂肪厚度及内脏脂肪，且对内脏脂肪的影响尤为显著。

(2) 遗传因素不仅影响肥胖的程度，并且对脂肪分布类型也有很强的影响。

(3) 过度喂养导致的肥胖，即过度喂养后的体重增加敏感性是由遗传因素决定的。

(4) 遗传因素可影响个体的基础代谢率、食物的热效应和运动的热效应，即热量的支出受遗传因素的影响，个体间热量支出的差异可达40%以上。

(5) 个人体力活动的多少也明显受到遗传因素的影响。父母喜欢运动，其子女长大后通常也喜欢运动。

另外，遗传特性的表现通常还受环境因素的制约，遗传因素与环境因素之间的关系还有待进一步研究。

2. 环境因素

现代社会中，人类的健康不仅受到自然环境因素与生态因素的影响，而且还受到社会经济因素、行为方式等的影响。肥胖与某些偏离行为及社会因素之间的关系已有许多报道。

(1) 饮食因素：高脂肪、高热量饮食对肥胖的发生有直接的影响，这已被动物和人体研究所证实。可以肯定地说，肥胖者均进食过多，但无绝对的数量标准。正常成年人如果热量的摄入和支出长期维持平衡，使机体脂肪量维持恒定，则能保持体重不变，但如果进食过多，摄入的热量超过机体的消耗量，则多余的热量可转化为脂肪，使体重增加。

食物的摄入受多种因素影响，一般来说可分为两大类：一是外部因素，二是内部因素。

影响进食的外部因素有如下几个方面。首先，食物的可得性是导致肥胖的物质基础。肥胖的发生率随生活水平的提高而增加，发达国家的经验和我国目前的情况均证实了由贫困到富裕的阶段是肥胖发病的高峰，其原因正是食物的可得性发生了变化。其次，食物的外观和味道可影响人的食欲。色、香、味俱全的食物可使人的食欲大增，从而增加摄入量，导致热量过多。在动物实验中让正常体重的小鼠随意进食美味食物，可使其变为肥胖小鼠。而人体实验显示，虽然在美味食物面前，肥胖者和消瘦者都有一部分人进食增加，但在肥胖者中出现该现象的比例更大。再次，饮食结构也与肥胖的发生有关，人体的脂肪含量与所摄入的食物中的脂肪含量成正相关，如从食物中摄入脂肪过多，则易使体脂含量增加而导致肥胖。最后，不良的饮食习惯，如进食速度过快、睡前进食等是导致肥胖的又一个重要原因。

影响进食的内部因素是指人体内部控制进食的机制。研究表明，在人体大脑内部存在一个食欲控制中枢，进食后该中枢会发出饱腹感“信号”而停止进食，肥胖者的该中枢常对进食反应不敏感，以致摄食过量。

(2) 运动不足：运动不足不仅使热量消耗减少，促使肥胖的发生，而且在肌肉组织中由于胰岛素抵抗力增强直接导致糖耐量降低，更增加了肥胖的易感性。目前，采用运动疗法和饮食控制来减轻体重的方法较为盛行，这也从另一方面证实了运动不足是肥胖发生的一大危险因素。

(3) 生活方式：有报告指出，在美国人们每日用来看电视所消耗的时间比从事其他任何活动所需的时间都多。另有一项调查表明，每天看 4 h 以上电视的妇女比每天看 1 h以下电视的妇女(成年男性和儿童相似)的肥胖发作危险性高两倍，主要原因是看电视多的妇女趋向于很少进行锻炼。

(4) 教育水平和社会经济地位：教育水平和社会经济地位有着某种程度的必然联系，教育水平的高低明显影响着个体的许多行为和生活方式。发达国家和发展中国家社会经济地位的内涵不同。在发达国家，含碳水化合物丰富的食品价廉，低收入阶层摄入量大，所以出现经济地位越低，肥胖的现患率越高的现象。在发展中国家情况则不同，如中国，近几年由于经济的快速发展，有一部分人已经先富裕起来了，在这部分先富裕起来的人群中，肥胖的现患率呈快速上升趋势，特别是在儿童青少年中表现更为明显。

二、肥胖的类型

1. 单纯性肥胖

机体对热量的摄入大于消耗，导致脂肪在体内的积聚过多使体重超常，属非病理性肥胖。它的发生与遗传、年龄、生活习惯及脂肪组织特征有关，大多数肥胖者属于此类。根据其不同特征又可分为两种：一种为体质性肥胖，婴幼儿期就发生肥胖，脂肪细胞肥大并增生，且分布于全身，可称为脂肪细胞增生肥大型肥胖症或幼年起病型肥胖症；另一种为获得性肥胖，多在20～25岁后由于营养过度和由遗传因素引起，脂肪多分布于躯干，脂肪细胞只有肥大而无数量上的增多，又称脂肪细胞单纯肥大型肥胖症或成年起病型肥胖症。

2. 继发性肥胖

继发性肥胖多由内分泌代谢性疾病引起，肥胖者大多呈特殊体态，临床症状较单纯性肥胖明显，属病理性肥胖。常见的有库欣综合征、垂体性肥胖、甲状腺功能减退性肥胖、下丘脑性肥胖、胰源性肥胖、药物性肥胖等。

三、控制和预防肥胖的方法

(一) 调整体重到正常范围

1. 神经性厌食症

对神经性厌食症的治疗十分困难，患者常常否认患病，拒绝治疗，制造各种假象导致医务人员判断错误。因此，对神经性厌食症的治疗是一项长期、艰苦、耐心和细致的工作。目前对此尚无特效治疗手段，主要依靠精神行为治疗和饮食治疗，前者尤为关键，而饮食治疗只能在精神行为治疗的基础上进行。

精神行为治疗，首先和最关键的是要取得患者的信任与合作，使患者愿意并且安心接受住院或门诊治疗。医护人员应诚恳且坦率地告诉患者所患疾病的病因、目前的病情、发展下去的严重性及治疗的必要性和有效性；要逐步与患者建立友好的关系，取得患者的信赖，使患者相信和服从所制订的医疗计划；要深入调查并了解可能导致患者发病的社会背景、家庭环境背景，对患者进行大量深入细致的心理治疗工作，纠正他们对体重、进食的错误认识和偏见，帮助他们建立正确的进食行为习惯；在治疗过程中还应注意鼓励患者，调动患者的积极性，充分发挥他们的主观能动性。

在良好的精神行为治疗的基础上，进行合理的饮食治疗，可以迅速取得明显的疗效。饮食治疗的食谱必须因人而异，使患者能够接受和适应。最初可少量多餐，以后逐

渐增加进食量和减少进食次数，最终过渡到正常人的饮食习惯。应反复告诉患者进食的安全性，向患者保证不会使其变胖。治疗初期患者的体重增长率以每周增加 1 kg 为宜，切忌求快，否则将造成不良后果，如水肿、心力衰竭、急性胃扩张等。个别患者因不能接受体重增长过快和身体急剧变化的事实而发生精神失常，甚至自杀。医护人员应密切监视患者的一切活动，特别是进餐、如厕、洗漱、睡眠等。尽管如此，有时也难以避免患者自我引起呕吐、偷服泻药等情况的发生。患者在每日早餐前应测体重，并认真记录。

经过一段时间的治疗后，患者的体重和营养状况可恢复到正常，但还要对其进行长期的随访。如果女性患者月经仍不来临，可试用 1～2 个疗程的克罗米芬治疗((50～100)mg/d,7 天)。长期治疗和门诊随访的期限并无规定，根据患者的具体情况尽可能延长，以防止病情的复发。

2. 蛋白质-热量缺乏性营养不良

对于发生蛋白质-热量缺乏性营养不良的患者，首先要寻找原发病因，积极治疗原发疾病，然后再给予高蛋白、高热量及含有丰富维生素、无机盐的食物，如鸡蛋、牛奶、瘦肉、鱼、黄豆及其制品等，这些食物均含丰富的蛋白质。除此之外，还应补充维生素 A、B 族维生素及铁制剂等，这些物质能改善机体的营养状况，使体重逐渐恢复到正常水平。

（二）控制体重、预防肥胖的发生

肥胖的治疗是一个非常棘手的问题，儿童尤其是开始于 2 岁前的肥胖患儿，治疗更难奏效，故重要的是预防肥胖的发生。由于肥胖的直接起因是长时间的热量摄入过剩所致，所以要通过长期限制热量摄入、增加消耗才能防止体重增加。避免肥胖的发生，应该从母亲怀孕末期就着手预防，不使胎儿过重。出生后应正确喂养，家长不要让孩子过度饮食，使孩子从小养成良好的饮食习惯，不暴饮暴食，并养成参加体育锻炼的习惯；中年以后要根据具体情况调整饮食的量与结构，增加锻炼，保持热量平衡。在人的一生中任何时期都可能发生肥胖，因此，肥胖的预防是长期的、持久的。

肥胖一旦发生，影响了形体美或对健康产生了不良的影响，有些人就急于减肥。当今的减肥方法越来越多，如药物减肥、饥饿减肥、气功减肥、运动减肥、手术减肥、按摩减肥等。面对众多的减肥方法，减肥者往往无所适从。对肥胖者来说，减肥决不能操之过急，应该从容不迫地进行。

需要减肥的人应该选择一个合理的减肥方法。合理的减肥方法应该符合以下条件：①能有效地消除体内多余的脂肪，但不能损害健康；②采用符合人体生理学的方法，尽量不用过于剧烈的非生理学的方法，以免引起机体的副作用，对以后的身心健康产生不良影响；③减肥后能长期保持正常体重，不容易反弹。

对大部分减肥者来说，应选择最基本的减肥方法，即饮食控制法和运动疗法，必要时可辅以中医疗法。

1. 饮食控制法

饮食控制法即节食法，又称低热量饮食疗法，是在平衡膳食基础上控制热量摄入，同时增加活动量,消耗体脂,达到减轻体重的目的。

单纯性肥胖由于长期过量摄入热量,摄入量大于消耗量,从而导致脂肪在体内皮下和各脏器的堆积。特别是腹腔脂肪容易聚集于肠系膜、大网膜和肾脏,形成了大脂肪库,故在治疗上必须长时间坚持。只有持之以恒地改变原有的生活方式和饮食习惯,才能使摄入的热量和消耗的热量达到平衡。从婴幼儿期、青少年期开始肥胖者,更要彻底改变其原有的生活方式和饮食习惯,用坚强的毅力控制饮食,即减少膳食中糖和脂肪的摄入。但要保证充足的蛋白质、维生素、无机盐和微量元素的摄入。只要做到每日少吃一点米、面、糖果、点心等食物,随着时间的延长,体重就会逐渐减轻。

对一般人来说,少吃一餐饭难,少吃一口饭并不难。每日少吃一口饭,就少摄入了几百焦耳的热量。一个月下来,就少摄入了几千焦耳的热量,体重就自然会减轻。但是,减轻体重的速度不能太快,一般以每月减轻体重 2 kg 左右为宜。每个成年人每日至少需要 5016 kJ 的热量才能维持其体重。一个成年人每日摄入的热量如果低于 4180 kJ,其体重就会减轻。进食量的控制应根据肥胖程度而定。一般轻度肥胖者不要过分严格限制饮食,平时食量大者可以每日减少主食 150～200 g,如果食量小者可以每日减少 100～150 g(或 50～100 g 开始)。如果饮食控制得好的话,坚持 1～3 个月以后就会看到明显的减重效果。从理论上说,每日少摄入 100 g 碳水化合物,就意味着每日的热量负平衡为 1672 kJ,一年后就可减重 5 kg 左右。在日常生活中应持之以恒地做到这一点,待体重恢复到正常范围后,再根据体重状况继续进行摄食量的调节。

饮食控制治疗的原则与要求如下。

(1) 膳食热量供给应合理控制:供给低热量饮食,使机体处于热量负平衡状态,以使体内原有的多余脂肪被代谢、利用、消耗,直至体重恢复到正常水平。热量摄入的控制一定要循序渐进,逐步降低,不可过急,适度即可。成人轻度肥胖者,每月保持减重 0.5～1.0 kg,即每日负热量值为 525～1050 kJ 的三餐热量供给;中度以上肥胖者常食欲亢进,并伴有贪吃高热量食物的习惯,必须加大负热量值,使其每周减重 0.5～1.0 kg,即每日负热量值为 2310～4620 kJ,不能低于此。为防止酮症酸中毒出现、负氮平衡加重和维持神经系统正常热量代谢的需要,对碳水化合物的摄入量不可过分限制,其供热量不能低于 40%,但也不能高于 70%为宜;蛋白质的供热量控制以占总热量的 10%～20%为佳,蛋白质摄入量中优质蛋白质应占总热量的 50%以上;膳食脂肪供热量可占总热量的 20%～25%,以不超过 30%为妥,要限制烹调油的用量,每日 10～20 g 为宜;胆固醇的摄入量以每日小于或等于 300 mg 较为理想。

(2) 对低分子糖、饱和脂肪酸、乙醇应严加控制:含低分子糖丰富的食物,如蔗糖、麦芽糖、蜜饯、糕点、饮料等;含饱和脂肪酸丰富的食物,如猪、牛、羊等动物肥肉和动物内脏,食用油脂等及各种各样的含乙醇饮料。上述这些都是热量密度高而营养成分少的食物,只提供给机体单纯的热量,应尽量少吃或不吃。

(3) 保证膳食中含有丰富的维生素、无机盐和微量元素:新鲜蔬菜(尤其是绿叶蔬菜)和水果中含有丰富的维生素、无机盐、微量元素及膳食纤维,在减肥膳食中应充足供给。这些食物含热量低，又有饱腹感，是减肥膳食中的最重要的组成部分。

(4) 采用合理的食物烹饪方法：食物尽量用氽、煮、蒸、炖、拌、卤等少油烹饪方法来制作，目的是减少用油量。为防止过多水分潴留在体内，应限制食盐的用量，以每日 6 g 为佳。

(5) 养成良好的饮食习惯：每个人的一日三餐都要定时定量，不能以不吃早餐来减少食物的摄入量；白天尽量不吃零食；晚餐量应控制，以八分饱为宜，睡前不能吃东西。吃饭时要细嚼慢咽，尽量使食物变细小，与唾液充分混合，有助于食物的消化吸收，并可延长用餐时间，增加饱腹感。食欲亢进易饥饿者，为预防主食摄入过度，三餐前可先吃些低热量的菜肴，如菜汤、拌菠菜、炒豆芽、炒芹菜等以充饥，来减少主食的摄入量。

(6) 坚持每天进行适量的体育活动：在饮食控制减肥期间，一定要配合持之以恒的体育活动，这样才能取得应有的减肥效果。

2. 运动疗法

要控制体重，除了减少热量的摄入外，增加热量的消耗也是非常重要的一个方面。增加热量的消耗主要靠运动。现代医学证明，运动对人体健康有许多好处。第一，运动能明显地增强肌肉和关节的功能，可以提高关节的柔韧性和灵活性。第二，运动对内脏功能具有良好的影响。运动对心血管系统和呼吸功能尤其有好处，可增强心脏收缩力，增加血输出量，使心血管保持良好的弹性，减少胆固醇等代谢产物在血管壁的沉淀，降低血脂。运动还可增加呼吸肌的力量，增加肺活量，改善肺通气与换气功能，以利于机体氧化-还原反应彻底进行，燃烧掉多余的脂肪。第三，运动对于人体的消化功能、泌尿功能和新陈代谢都有良好的作用。第四，运动还可以改善和增强中枢神经系统对全身的指挥和调节作用，单纯饮食控制时机体的代谢率降低，热量消耗减少，若同时辅以体育锻炼，则可作用于神经系统，使之产生消耗脂肪的刺激，促进脂肪代谢，使热量消耗增加。所以饮食控制法和运动疗法两者结合可使热量进一步负平衡，同时还可减少由于单纯低热量饮食造成的机体蛋白质的丢失，促使更多的脂肪组织分解，减肥的同时增强了体质。

运动时消耗的热量多少视运动的方式和强度而定，以选择有氧运动为佳。例如，中速或快速步行(115～125 步/分)、慢跑、做健美操、游泳、爬山、打太极拳等，可使交感神经兴奋，血浆胰岛素减少，儿茶酚胺和生长激素分泌增加，促进脂肪分解。最好是根据肥胖者的爱好、原有的运动基础、肥胖的程度、体质、居住环境及年龄来选择适当的运动项目，并设计适当的运动量，以活动时最高脉搏达 120～130 次/分，活动后疲劳感于 10～20 min 渐渐消失为宜。运动初期减肥者要制订好计划，分析自己的运动强度，运动量要由小到大，循序渐进，缓慢增加运动强度和运动量。每次运动时间应持续在 30 min以上，能达 1 h 更好，但不要过度疲劳，要持之以恒。

强度是指持续运动达到最大心率的百分率。运动强度判断方法如表 5-17 所示。

根据不同运动项目运动强度的大小，将运动项目分为以下几个类别：一级强度运动有散步、家务劳动、一日三餐做饭等；二级强度运动有中速行走、打太极拳、平地骑车、做

广播操等；三级强度运动有慢跑、打乒乓球、打排球、在坡地骑自行车等；四级强度运动有跳绳、踢足球、打篮球等。

表 5-17 运动强度判断方法

强度/(%)	心率/(次/分)					自我感觉
	20～29 岁	30～39 岁	40～49 岁	50～59 岁	60～69 岁	
70	150	145	140	135	125	出汗、气急
60	135	135	130	125	120	乏力、出汗
50	125	120	115	110	110	有时出汗、不疲劳
40	110	115	105	100	100	感觉轻松、一般不出汗
30	95	95	95	90	90	轻松、舒服

下面介绍几种常用的运动减肥方法。

1）步行运动

此项运动最易进行，节奏、时间可灵活掌握，且副作用小，不需要特殊设备和环境条件，只要患者腿脚行动自如，且无严重器质性疾病即可做到。动作要领如下：挺胸、抬头、直膝、大步走或快步走，双手在体侧自然地摆动。步行运动的目标是每日走万步，根据自身的运动基础，制订一个最佳的运动计划，先从现有的步行速度开始，逐渐加快速度、延长时间，以达到每日万步的目标。例如，以每步距离女性为 60～70 cm、男性为 70～80 cm 计算，10000 步的距离相当于 6～8 km，约消耗 1254 kJ 热量。步行运动在一日内任何时间、任何地点都可进行，最好是在清晨和晚餐后 1 h 在公园内或远离马路、植物丰富、空气清新的地方进行更为有益，贵在坚持。任何性别、任何年龄的人群都可通过步行运动来控制体重，预防肥胖，以达到体型健美的目的。

2）跑步运动

跑步也是一项简单易行的减肥运动。它可以在人车稀少的小路上、公园中、住宅区周围或运动场上进行，有条件者可以在家中的跑步机上进行。此项运动适合于轻度、中度肥胖无并发症，年龄在 60 岁以下、体质较好者。进行跑步运动时，全身肌肉放松，注意调整呼吸，匀速进行，以慢跑为宜，持续时间应在 20 min 以上。按每分钟跑 150 m、消耗 33 kJ 热量计算，20 min 可消耗 669 kJ 热量。

3）跳减肥健美操

跳减肥健美操的目的在于消耗人体内多余的脂肪，提高新陈代谢率，改善体质，消除精神压力，保持健美体型，达到减肥与健美双重目的。选择适宜的减肥健美操与运动强度应根据个人的年龄、性别、工作、生活条件、环境、体力及个人运动基础作出综合判断和计划，逐渐增加运动量。每次运动时间也要逐渐增加到 30 min 以上才能有效果，一般以每次消耗 1254 kJ 热量的强度为宜。

4）跳绳运动

跳绳运动只需一条绳子和一块平坦的地面即可，简单易行。跳绳运动在我国有悠久的历史，唐代称为“透索”，宋代称为“跳索”，明代称为“白索”，清代称为“绳飞”，现代称为“跳绳”。动作可简可繁，人数可多可少。若用于减肥，单人跳即可，跳绳易学易会，运动量可调节。跳绳可改善心肺功能，促进新陈代谢，增进健康，能达到很好的减肥健美目的。跳绳动作多种多样，基本动作是双脚必须同时离地。近年来发展为将跳绳与舞蹈、体操、武术相结合，称为绳操、绳舞、绳技。这不仅加大了跳绳的难度与强度，也提高了跳绳的趣味性，是一种新型的、很有前途的减肥运动，特别适合于青少年减肥。

5）跳舞

跳舞是一种主动的全身运动。不同的跳法运动量有很大的差别。节奏快、动作幅度大、运动量大的舞蹈减肥效果最好，其中以迪斯科舞的减肥效果最为明显。跳迪斯科舞每小时的运动量相当于跑步距离为 8～9 km 的运动量或骑自行车距离为 20～25 km 的运动量，消耗热量多。由于有音乐伴奏，节奏感强，不容易产生疲劳，且容易引发兴趣并坚持运动，方式灵活，动作自如，容易学习掌握。所以，跳舞不仅是一项适合于青年人的减肥运动，而且对于中老年人也有很大的好处，正在被越来越多的中老年人所接受。跳迪斯科舞时，腰及髋部摆动幅度比较大，臀部及大腿肌肉可得到较强的活动锻炼，有利于强壮肌肉和减少脂肪，对于臀部、大腿部位肥胖者的减肥尤为适宜。

6）其他

此外，还有瑜伽、打太极拳及针对具体肥胖部位进行的各种减肥运动。只要能持之以恒，这些运动对减肥都是有一定效果的。

肥胖者大多是长期不爱运动者，其中的一部分人甚至将日常生活活动、劳动都减少到最低程度。所以，如果突然开始减肥运动，尤其是比较激烈的运动如跑步，若超越了其体能所限，往往容易发生一些不良反应，轻者腰酸背痛、疲乏无力、关节疼痛，重者会诱发心血管疾病，如心绞痛发作、血压升高等。所以在决定进行减肥运动前，应作一个体能及健康状况的评估。在医生的指导下选择合适的运动项目，并在减肥运动过程中严格遵守减肥疗法的注意事项，以得到满意的减肥效果。

只要发挥得好，小小的椅子就是你的减肥道具

(1) 坐在椅子上，伸直身体，做一次深呼吸，收腹紧腰。保持这种姿势 2～3 s，重复 4～8 次。此动作可强健腰腹肌力量，预防腰背酸痛。

(2) 坐在椅子上，伸直身体，两肩向后用力使背肌收紧，两肩胛骨靠拢。保持此姿势 4～6 s，重复 4～8 次。此动作有强健肩背肌力量和预防肩背肌酸痛之功效。

(3) 坐在椅子上，两手撑住坐板，用力支撑，尽量把自己身体抬起。保持这种姿势 3～4 s，重复 4～8 次。此动作有助于消除疲劳，兼有消除腹部多余的皮下脂肪、达到减小腰围之目的。

(4) 坐在椅子上，身体紧缩收腹，双手用力支撑，收紧臀大肌，并使臀部从椅子上微微抬起一点。保持这种姿势 4～6 s，重复 4～8 次。此动作可强健上肢、腰腹、臀部和腿

部肌力，有预防腰痛和坐骨神经痛之功效。

（5）坐在椅子上，双腿屈膝抬起，双手抱住小腿，尽力使膝盖贴近胸部，重复4～8次。此动作可促进腿部血液循环，有预防下肢肿胀之功效。

（6）坐在椅子上，双手叉腰，两脚踩地，左右转动腰肢至最大幅度，重复8～12次。此动作可强健腰腹肌力和柔韧性，防止腰痛，对于消除腰腹部多余的皮下脂肪与减小腰围，颇见成效。

（7）坐在椅子上，双腿轮流快速屈膝向上提起，双臂屈肘于体侧，交替前后摆动，重复30次。此动作可促进全身血液循环。

3. 中医疗法

根据中医经典文献记载，肥胖的病因归结起来有两个方面：一是因脾气虚弱或脾肾气虚，水谷精微运化输布失调，清浊相混，膏脂痰瘀内蓄而致肥胖；二是因过食肥甘、醇酒厚味，以使浊热渐积，脾运失常，加之多食懒动，气血瘀滞，运行不畅，脾胃运化失调，脂膏内瘀，气血壅塞，以致肥胖。故肥胖早期多以实证为主，后期以虚证为主，属本虚标实之证。其病位在中焦脾胃，涉及肝、肺、心、肾、胆等脏腑。根据中医理论，结合患者的临床表现，可将肥胖者分为以下几型来辨证施治。

（1）肝瘀气滞型：患者形体肥胖，情志抑郁或心烦易怒，头晕头痛，口苦咽干，妇女月经量少或闭经，经前乳房胀痛，舌边尖红，苔薄黄，脉弦。治则：疏肝理气，行气化瘀。可选用方剂“逍遥散”加减。

（2）脾虚湿阻型：患者体态肥胖，面色萎黄，神疲乏力，四肢困重，脘腹不舒，纳谷不香，下肢水肿，大便溏薄，白带清稀，舌胖，苔淡白，脉滑。治则：健脾、利湿、益气。可选用方剂“参苓白术散”加减。

（3）胃肠积热型：形体肥胖，多食善饥，口干，怕热多汗，大便秘结，小便短赤，或兼有腹胀、口苦、口臭、心烦、舌红、苔黄、脉滑数。治则：清胃、泻热、通便。可选用方剂“调胃承气汤”或“清胃散”。

（4）脾肺气虚型：患者体态肥胖，面色㿠白，食欲缺乏，气短懒言，疲乏无力，头晕易汗，大便稀溏，下肢水肿，舌淡胖，苔白，脉沉缓。治则：健脾、益气、补肺。可选用方剂“四君子汤”合“补肺汤”加减。

（5）气阴两虚型：患者体态肥胖，多食易饥，口干汗出，神疲乏力，心悸气短，头晕耳鸣，手足心热，舌红，苔少，脉细弱或细数。治则：益气养阴。可选用方剂“保真汤”加减。

中医学对肥胖的治疗除了用方剂辨证施治外，在采用针灸治疗肥胖方面也取得了显著的效果。经过数十年国内、外学者的临床实践证明，针灸治疗肥胖是一种简便、经济、安全、无副作用而行之有效的方法。第一，针灸可改善物质代谢异常，肥胖者经针灸治疗后，乳酸脱氢酶活力上升，碳水化合物分解代谢加速，血糖浓度下降至正常水平，并可抑制葡萄糖转变为脂肪和促进脂肪分解，使糖代谢异常得以改善。第二，针灸可以逆转或改善肥胖者交感神经功能低下而副交感神经功能亢进的失衡状态，提高交感神经的兴奋性，致使肾上腺髓质分泌大量的肾上腺素，使血中肾上腺素含量升高，明显提高机体代谢总耗氧量和呼吸熵，促进肝糖原和脂肪分解，产生减肥效应。此外，还有研究表明，针灸减肥效应的产生，可能是通过调整下丘脑摄食中枢，阻断下丘脑的饥饿信号，抑制饥饿感，减少摄食量的产生。

中医学治疗肥胖的方法还包括耳针、耳压、体针、耳体针结合乃至使用各种基于针灸按摩原理的减肥仪等。

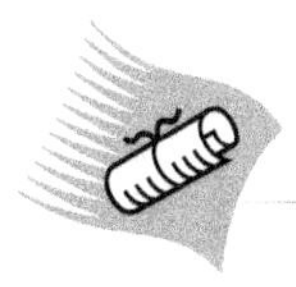

知识链接

九种天然排毒美容食品

随着环境污染日益严重，现代人越来越重视自身的健康。专家指出，只有及时排除体内的有害物质及过剩营养，保持五脏和体内的清洁，才能保持身体的健美。这里推荐九种既天然又经济的排毒美容食品。

1. 黄瓜

黄瓜味甘，性平，又称青瓜、胡瓜、刺瓜等，原产于印度，具有明显的清热解毒、生津止渴功效。现代医学认为，黄瓜富含蛋白质、碳水化合物、维生素 B_2、维生素 C、维生素 E、胡萝卜素、烟酸、钙、磷、铁等营养成分，同时黄瓜还含有丙醇二酸、葫芦素、纤维素等成分，是难得的排毒美容食品。黄瓜所含的黄瓜酸，能促进人体的新陈代谢，排出毒素。维生素 C的含量比西瓜高 5 倍，能美白肌肤，保持肌肤弹性，抑制黑色素的形成。黄瓜还能抑制碳水化合物物质转化为脂肪，对肺、胃、心、肝及排泄系统都非常有益。夏日里烦躁、口渴、喉痛或痰多时，吃黄瓜有助于化解上述症状。

2. 荔枝

荔枝味甘、酸，性温，有补脾益肝、生津止渴、解毒止泻等功效。李时珍在《本草纲目》中说：常食荔枝，补脑健身。《随身居饮食谱》记载：荔枝甘温而香，通神益智，填精充液，辟臭止痛，滋心营，养肝血，果中美品，鲜者尤佳。现代医学认为，荔枝富含维生素 A、维生素 B_1、维生素 C，还含有果胶、游离氨基酸、蛋白质及铁、磷、钙等多种元素。现代医学研究证明，荔枝有补肾、改善肝功能、加速毒素排除、促进细胞生成、使皮肤细嫩等作用，是排毒美容的理想水果。

3. 木耳

木耳味甘，性平，有排毒解毒、清胃涤肠、和血止血等功效。古书记载，木耳"益气不饥，轻身强志"。木耳富含碳水化合物、胶质、脑磷脂、纤维素、葡萄糖、卵磷脂、胡萝卜素、维生素 B_1、维生素 B_2、维生素 C、蛋白质及铁、钙、磷等多种营养成分，被誉为"素中之荤"。木耳中所含的一种植物胶质，有较强的吸附力，可将残留在人体消化系统的灰尘杂质集中吸附，再排出体外，从而起到排毒清胃的作用。

4. 蜂蜜

蜂蜜味甘，性平，自古就是滋补强身、排毒美容的佳品。《神农本草经》记载：久服强志轻身，不老延年。蜂蜜富含维生素 B_2、维生素 C 及果糖、葡萄糖、麦芽糖、蔗糖、优质蛋白质、钾、钠、铁、天然香料、乳酸、苹果酸、淀粉酶、氧化酶等多种成分，对润肺止咳、润肠通便、排毒养颜有显著功效。现代医学研究证明，蜂蜜中的主要成分葡萄糖和果糖很容易被人体吸收利用。常吃蜂蜜能达到排出毒素、美容养颜的效果，对防治心血管疾病和神经衰弱等也很有好处。

5. 胡萝卜

胡萝卜味甘，性凉，有养血排毒、健脾和胃的功效。胡萝卜富含碳水化合物、脂肪、维生素 A、维生素 B_1、维生素 B_2、花青素、胡萝卜素、钙、铁等营养成分。现代医学已经证明，胡萝卜是有效的解毒食物，它不仅含有丰富的胡萝卜素，而且含有大量的维生素 A 和果胶，与体内的汞离子结合之后，能有效降低血液中汞离子的浓度，加速体内汞离子的排出。

6. 苦瓜

苦瓜味甘，性平。中医学认为，苦瓜有解毒排毒、养颜美容的功效。《本草纲目》中说苦瓜"除邪热，解劳乏，清心明目"。苦瓜富含蛋白质、碳水化合物、粗纤维、维生素 C、维生素 B_1、维生素 B_2、烟酸、胡萝卜素及钙、铁等成分。现代医学研究发现，苦瓜中存在一种具有明显抗癌作用的活性蛋白质，这种蛋白质能够激发体内免疫系统的防御功能，增加免疫细胞的活性，清除体内的有害物质。苦瓜虽然口感略苦，但余味甘甜，近年来渐渐风靡餐桌。

7. 茶叶

茶叶性凉，味甘苦，有清热除烦、消食化积、清利减肥、通利小便的作用。中国是茶的故乡，对茶非常重视。古书记载：神农尝百草，一日遇七十二毒，得茶而解之。上述记载说明茶叶有很好的解毒作用。茶叶富含铁、钙、磷、维生素 A、维生素 B_1、烟酸、氨基酸及多种酶，其醒脑提神、清利头目、消暑解渴的功效尤为显著。现代医学研究表明，茶叶中富含一种活性物质——茶多酚，具有解毒作用。茶多酚作为一种天然抗氧化剂，可清除活性氧自由基，可以保健强身和延缓衰老。

8. 冬菇

冬菇味甘，性凉，有益气健脾、解毒润燥等功效。冬菇含有谷氨酸等 18 种氨基酸，在人体必需的 8 种氨基酸中，冬菇就含有 7 种，同时它还含有 30 多种酶及葡萄糖、维生素 A、维生素 B_1、维生素 B_2、烟酸、铁、磷、钙等成分。现代医学研究认为，冬菇含有多碳水化合物物质，可以提高人体的免疫力和排毒能力，抑制肿瘤细胞生长，增强机体的抗肿瘤能力。此外，冬菇还可降低血压、胆固醇，预防动脉硬化，有强心保肝、宁神定志、促进新陈代谢及加强体内废物排泄等作用，是排毒强身的最佳食用菌。

9. 绿豆

绿豆味甘，性凉，有清热、解毒、祛火之功效，是中医学中常用来解除多种食物或药物中毒的一味中药。绿豆富含B族维生素、碳水化合物、蛋白质、淀粉酶、氧化酶、铁、钙、磷等多种成分,常饮绿豆汤能帮助排泄体内毒素,促进机体的正常代谢。许多人在进食油腻、煎炸、热性的食物之后,很容易出现皮肤瘙痒、暗疮、痱子等症状,这是由于湿毒溢于肌肤所致。绿豆则具有强力解毒的功效,可以解除多种毒素。现代医学研究证明,绿豆可以降低胆固醇,又有保肝和抗过敏作用。夏秋季节,绿豆汤是排毒美容的佳品。

初秋用水果给美丽加分

经过一个夏季的风吹日晒,马上又面临干燥的秋季天气,女性的肌肤更容易受损。如果能充分利用秋季的水果对肌肤进行保养,会取得满意的效果。

下面介绍几种简单实用的保养方法。

(1) 对于干性皮肤的女性,可将一只苹果去皮捣烂,加一茶匙蜂蜜,再加少许普通乳霜,敷于洗干净的脸上,20 min 后用温水洗净,再用冷水冲洗一下,然后涂上适合自己的面霜。

(2) 用捣烂的香蕉敷脸,也能柔化干性皮肤。20 min 后用温水洗干净,涂上面霜,方便快捷。

(3) 对于油性皮肤的女性来说,采用西瓜皮敷脸法,可吸收掉脸上多余的油分。特别是卸妆后,可用西瓜皮擦脸。

(4) 用半个柠檬榨汁,加入一杯温水,用海绵擦脸,有助于祛除脸上的死皮。

(5) 其他一些水果也有独特的护肤作用:杏对敏感肌肤有独特疗效;葡萄能为肌肤提供养分,并有消毒作用,对去除口角、眼角的皱纹有疗效;西柚汁对毛孔粗大有收敛作用;橙比柠檬温和,对中性肤质特别适合;桃也有柔化干性肌肤、去除皱纹的效果。

美容锦囊

绿豆——排毒去角质之佳品

一、食材性情概述

绿豆又称青小豆,是我国的传统豆类食物。绿豆中含有多种维生素及钙、磷、铁等无机盐。因此,它不但具有良好的营养价值,还有非常好的药用价值,有“济世之良谷”的说法。

绿豆性味甘凉,有清热、解毒之良效,夏天或在高温条件下工作的人出汗多,水液损失大,钾的损失最多,体内的电解质平衡被破坏,用绿豆汤来补充是最好的方法,喝绿豆汤能够清暑益气、止渴利尿,不仅能补充水分,而且还能及时补充无机盐,对维持水和电解质平衡有着重要的意义。绿豆还有解毒的作用,如发生有机农药中毒、铅中毒、酒精

中毒或吃错药等情况，在医院抢救前都可以先喝下一碗绿豆汤进行紧急处理。经常在有毒环境下工作的人或接触有毒物质的人，应经常食用绿豆来解毒保健。

二、美容功效与科学依据

(1) 绿豆提取物中的牡蛎碱和异牡蛎碱，具有较好的洁净、保湿效果，去除皮脂机能作用突出，能有效去除皮肤的不净物，更可彻底除去皮肤深层废物，使皮肤焕发洁净、透明的光彩。

(2) 绿豆特有的保湿成分及矿物质能供给皮肤足够水分，能有效强化皮肤的保湿能力，天然多聚糖可在肌肤的表层形成透明、有弹力的保湿膜，使皮肤润泽、有弹力。

(3) 从绿豆中萃取的特殊成分抗氧化效果及抗自由基效果显著，是抵抗衰老、防止肌肤色斑的有力武器。

(4) 萃取于绿豆的提取物，依然保有绿豆良好的清热解毒的功效，对解决汗疹、粉刺等各种皮肤问题效果极佳。

(5) 绿豆种子的提取物内含 AHA 成分，能去除老化角质，促进细胞再生。

三、美容实例

1. 绿豆洗面奶

功效：祛痤疮。

用煮好的绿豆汤洗脸，价格便宜，祛痤疮效果显著。

2. 绿豆粉面膜

功效：去除角质。

材料：绿豆粉 4 茶匙，蒸馏水。

做法：将绿豆粉中加入适量的蒸馏水后拌匀，将其敷于脸上，15～20 min 后洗净。每周可做 2～3 次。此面膜可以清洁皮肤、去除角质、减少痘痘的发生。

3. 控油保湿面膜

材料：绿豆粉 3 茶匙、白芷粉 2 茶匙、1 汤匙纯乳酪或适量蜂蜜。

做法：将绿豆粉与白芷粉混合，再混入纯乳酪或适量蜂蜜拌匀，将面膜敷于脸上约 15 min 用水洗净便可。每周可做 2～3 次。

这种面膜最适合油脂分泌过多或暗疮肌肤者使用，因为面膜具有消炎、抗菌和清洁的功能。干性皮肤者不宜使用。

4. 绿豆粉刺面膜

功效：去除粉刺。

材料：绿豆粉 30 g，白芷粉 15 g，蛋清 1 个。

做法：将绿豆粉与白芷粉混合均匀，放入罐中备用。将蛋清打泡后加入适量粉末调匀，将面膜敷于脸上，注意避开眼、鼻等部位，干燥后洗净。

5. 美白面膜

材料：绿豆粉 10 g 左右，珍珠粉 0.5 g，薏米粉 10～20 g，适量酸牛奶。

功效：此面膜每星期只需做 1～2 次就能明显改善暗黄肤色，使皮肤白皙动人。

做法：将准备好的材料加入少许酸牛奶调匀敷在脸上 15 min 左右，用清水洗净即可。

以下几类人不适合饮用绿豆汤。

(1) 属于寒凉体质的人（如四肢冰凉乏力、腰腿冷痛、腹泻便稀等），吃了绿豆反而会加重症状，甚至引发其他疾病。

(2) 老人、儿童及体质虚弱的人。这类人的肠胃消化功能较差，很难在短时间内消化掉绿豆，容易因消化不良导致腹泻。

(3) 正在服用各类药物的人。绿豆的解毒作用源于绿豆中的有效成分与有机磷、重金属结合成沉淀物，然而，这些解毒成分也会降低药效，影响治疗。

另外，绿豆不宜煮至过烂，以免使有机酸和维生素遭到破坏，降低其清热、解毒的功效。未煮烂的绿豆腥味强烈，食后易恶心、呕吐。

一、名词解释

维生素

二、思考题

1. 简述维生素的分类和各类中具体包含的维生素。
2. BMI 是什么？简述其计算方法。
3. 简述维生素的特点。
4. 什么是“三 D”症状？
5. 维生素与美容保健的关系如何？

（杜　娟）

第六章　矿物质、水与美容

第一节　矿物质分类、生理功能及来源

一、矿物质分类及生理功能

（一）矿物质分类

人体是由许多元素组成的。地壳表层存在的90多种元素，几乎全部能在人体内找到。人体中除碳、氢、氧、氮元素主要以有机化合物形式出现外，其他有益于营养的元素，无论存在形式如何、含量多少，统称为矿物质（或无机盐）。根据人体每天需要量多少，矿物质可分为两大类。

（1）常量元素（或宏量元素）：每天需要量在100 mg以上，在人体内含量较多的有钙、镁、钾、钠、硫、磷、氯7种元素，占人体总成分的60%～80%。

（2）微量元素（或痕量元素）：每天需要量仅数毫克，有铁、碘、铜、锌、硒、锰、铬、钼、镍、钒、锡、氟、硅等近20种元素。根据联合国粮农组织（FAO）、国际原子能组织（IAEA）、世界卫生组织（WHO）1990年的重新界定，微量元素按其生物学作用分为三类：第一类是已经被确认是维持人体正常生命活动不可缺少的必需微量元素；第二类是必需性尚未完全确定的可能必需微量元素；第三类则是具有潜在毒性，但低剂量可能具有人体必需功能的微量元素。必需微量元素包括碘、锌、硒、铜、钼、铬、钴及铁8种，可能必需微量元素有锰、硅、硼、钒及镍5种，而具有潜在毒性的微量元素有氟、铅、镉、汞、砷、铝、锂及锡8种。

矿物质不能在人体内生成，必须由外界环境供给，不能提供热量，但为构成人体组织和维持正常生理功能所必需。各种矿物质在人体新陈代谢过程中，每日有一定量随粪、尿、汗、头发、指甲、皮肤黏膜的排出或脱落排出体外。所以必须从食物中获得足够的各种矿物质，才能维持良好的健康状况。在一般情况下，强调食物的多样化，人类可以从各种食物中获得足量的矿物质。

矿物质对人体有一个适宜的量，摄入量不够会引起缺乏症，摄入过多会引起中毒。特别是一些微量元素，其生理作用剂量与中毒剂量极接近，应特别注意摄入量。根据矿物质在食物中的分布及其在人体内吸收与需要的特点，我国人群中比较容易缺乏的有钙、铁、锌。在特殊地理环境和特殊生理条件下，也可能出现碘、氟、硒、铬等缺乏。

（二）矿物质的生理功能

矿物质的生理功能有以下六点。

（1）构成人体组织的重要原料。例如，钙、磷、镁是骨骼和牙齿的重要组成部分，磷和硫参与构成组织蛋白。头发、指甲、皮肤及腺体分泌物中都含有本身所特有的一种或多种元素。

（2）维持渗透压，对体液移动和潴留过程起重要作用，使组织保留一定量的水分，并保持水平衡。

（3）维持体液的中和性，保持酸碱平衡。细胞活动必须在近于中性的环境中进行，即体液中主要正、负离子的当量浓度相等，从而维持体液的中和性。

（4）维持神经-肌肉兴奋性。在组织液中保持一定比例的钾、钠、钙、镁离子浓度，是维持神经-肌肉的兴奋性、细胞通透性及所有细胞正常功能的必要条件。

（5）参与酶的构成。微量元素是某些有特殊生理功能重要物质的成分，如血红蛋白和细胞色素酶系中的铁、甲状腺激素中的碘和谷胱甘肽过氧化酶中的硒等。

（6）酶的活化剂。例如，盐酸可活化胃蛋白酶原，氯离子可活化唾液淀粉酶，镁与氧化磷可活化氧化磷酸化的多种酶类。

二、常量元素生理功能及来源

1. 钠

（1）含量与分布：钠是人体内最重要的常量元素之一，含量约为0.2%，其中约50%存在于细胞外液中，约40%存在于骨骼中，仅有约10%存在于细胞内。

（2）生理功能：

① 钠是细胞外液中主要的正离子，在调节酸碱平衡、维持渗透压、保持水平衡方面起重要作用。

② 钠可维持神经-肌肉的应激性。

③ 钠是胰液、胆汁、汗、泪的组成成分。

（3）供给量与食物来源：几乎所有食物都含有钠，所以很少发生钠不足的情况。但激烈运动和在高温下劳动、出汗多、严重腹泻、呕吐者，钠损失量大，应额外补充。正常人需要量：成人每日为6 g，儿童为3 g，食物来源以食盐及各种盐腌食品为主。

2. 钾——钠的搭档

（1）含量与分布：成人体内含钾140～150 g，体内98%的钾存在于细胞内液中，细胞外液中仅占2%。

（2）生理功能：

① 钾是细胞内液中主要的阳离子，参与并维持细胞的渗透压，维持酸碱平衡。

② 钾、钠与钙、镁协同，维持神经-肌肉应激性，钾与钙的平衡对心肌正常活动起着重要作用。

③ 与细胞的新陈代谢有关，保证某些酶的正常活动，促进碳水化合物的代谢。

(3) 供给量与食物来源：钾的摄入量，一般建议每天摄入1.6～2.0 g钾以维持体内正常的钾含量。钾的摄入量与食物的选择有关，食用大量水果和蔬菜的人每天摄入的钾可达到8～11 g。由于钾有降低血压的作用，因此建议增加水果和蔬菜的摄入，使成人每天钾的摄入量达到3.5 g。钾广泛分布于各类食物中，肉类、鱼类、各种水果和蔬菜中都含钾，膳食中不易缺钾。

3. 镁——钙的亲密战友

(1) 含量与分布：成人体内含镁20～30 g，是常量元素中含量较少的一种。其中60%～70%以磷酸盐形式参与骨骼和牙齿的组成，其余大部分存在于细胞内液和软组织之中，细胞外液仅占10%。

(2) 生理功能：

① 镁是细胞内液的主要阳离子，与钙、钾、钠一起维持体内酸碱平衡和神经-肌肉的应激性。

② 镁是心血管系统保护因子，为维持心脏正常功能所必需。

③ 体内许多生物化学和生理过程都需要镁的参与或由镁进行调节。

④ 镁能与钙、磷构成骨盐。

(3) 供给量与食物来源：

① 供给量：成年男、女饮食中的镁的推荐每日摄入量(RDA)均为4.5 mg/kg体重，19岁及以上成年男、女分别是350 mg/d和280 mg/d，孕妇为320 mg/d，产妇在哺乳期的前六个月和后六个月分别是355 mg/d和340 mg/d。婴儿需要量为40～60 mg/d，随年龄的增加，7～10岁的儿童需要量增加至170 mg/d，成人为300～400 mg/d，孕妇与哺乳期妇女为450 mg/d。

② 食物来源：植物性食物含镁较多，动物性食物含镁较少，加工精细食品及油脂含镁最低。根据营养学家的推荐，一些食物既富含镁元素，其他营养素又较齐全。例如，紫菜含镁最多，在每100 g紫菜中，含镁可达460 mg，居各种食物之首，被誉为镁元素的宝库。其他富含镁的食物主要有：谷类，如小米、玉米、荞麦、高粱等；豆类，如黄豆、黑豆、蚕豆、豌豆、豇豆和各种豆制品等；蔬菜，如苋菜、荠菜、辣椒、蘑菇等；水果，如杨桃、桂圆等；另外还有虾米、花生、芝麻等。妇女只要常食这些富含镁的食物，无痛经史的可以防止痛经的发生，有痛经史的可减轻痛经症状。

(4) 镁与健康美容的关系：镁在人体的主要作用有以下几种。①参与核糖核酸(RNA)及去氧核糖核酸(DNA)的合成；②参与神经-肌肉的传导；③镁是构成人体内多种酶的主要成分之一；④对体内一些酶(如肽酶、磷酸酯酶)有激活作用；⑤能维护皮肤的光洁度。人体如果缺镁，可出现面部、四肢肌肉颤抖及精神紧张，可因情绪不稳定而影响整体美。镁广泛存在于各种食物中，一般不缺乏。

4. 钙——骨骼的构成元素

(1) 含量与分布：钙是人体中含量最多的一种常量元素。

正常成人体内钙含量约为1200 g，其中99%与磷形成骨盐存在于骨骼和牙齿中，其余 1%则以游离或结合形式存在于软组织和体液中。

（2）生理功能：

① 钙是构成牙齿和骨骼的主要成分。

② 钙、镁、钾、钠保持一定比例是促进肌肉收缩和维持神经-肌肉应激性所必需的。钙能降低神经-肌肉兴奋性。另外，钙还具有安定情绪的作用，能防止攻击性和破坏性行为的发生。

③ 维持细胞膜功能。细胞膜中的钙与卵磷脂密切结合，以维持细胞膜通透性，保持细胞膜的正常功能。

④ 凝血作用。钙可激活凝血酶原，使之成为凝血酶而发挥凝血作用。

⑤ 钙是体内许多酶和激素的激活剂。

（3）供给量与食物来源：在我国，钙推荐每日摄入量（RDA）为 800 mg，最佳每日摄入量（ODA）为 1000 mg。

食物中钙来源以奶类及奶制品最好。奶类及奶制品不但含钙量丰富，且吸收率高。鸡蛋黄和鱼贝类含钙量也高。植物性食物以干豆类含钙量最高，尤其是豆制品。蔬菜以绿叶蔬菜含钙量高，但有的蔬菜含有植酸、草酸、枸橼酸，如小麦粉、菠菜等，这些酸性物质会使钙离子化合成更难解离的钙盐。谷类食物含植酸较多，钙的吸收率较低。

含钙量丰富的食物如表 6-1 所示。

表 6-1 含钙丰富的食物

食物名称	钙含量/(mg/100 g)	食物名称	钙含量/(mg/100 g)
牛奶	104	豆腐	164
奶酪	799	花生仁(炒)	284
虾皮	991	油菜	108
鸡蛋黄	112	小白菜	159
大豆	191	土豆	149

中国居民膳食钙参考摄入量（DRIs）如表 6-2 所示。

表 6-2 中国居民膳食钙参考摄入量(DRIs)

年龄/岁	钙参考摄入量/(mg/d)	年龄/岁	钙参考摄入量/(mg/d)
半岁之前	300	11～14	1000
0.5～1	400	14～18	1000
1～4	600	18～50	800
4～7	800	50 岁之后	1000
7～11	800	—	—

由于孕妇及哺乳期妇女对钙的需求量较大，故其膳食中钙的参考摄入量标准与正常人略有不同，标准如下：孕妇中期 DRIs 为 1000 mg/d，孕妇晚期 DRIs 为 1200 mg/d，哺乳期妇女 DRIs 为 1200 mg/d。

(4) 钙与健康美容的关系：人体中若缺乏钙，儿童可导致佝偻病，出现方颅、鸡胸、牙齿缺损等症状，成人可发生骨质疏松、骨质软化症，并可出现神经紧张、脾气急躁、烦躁不安等症状。

5. 磷

(1) 含量与分布：人体中磷的含量约为体重的 1%，成人体内含 400～800 g。磷也是人体内含量较多的元素，仅次于钙，其中 80%存在于骨骼和牙齿中。此外，细胞膜与核酸均含有磷。

(2) 生理功能：

① 磷和钙结合成骨盐，是构成骨骼和牙齿的重要成分，也是核酸、磷脂以及酶等细胞成分的原料。

② 参与重要生理代谢活动，如碳水化合物和脂肪的吸收及代谢，磷参与构成磷酸腺苷、磷酸肌酸等供能和储能物质，且在热量产生和传递过程起着非常重要的作用。

③ 磷酸盐参与组成缓冲系统，维持体液的酸碱平衡。

(3) 供给量与食物来源：磷的供给量应与钙保持一定的比例，一般成人钙磷比例保持在 1∶(1.2～1.5)为宜，一般成人对磷的需求量为 1.2 g/d，重体力劳动者为 1.5 g/d，儿童为 1～1.5 g/d，孕妇和哺乳期妇女为 2 g/d。磷在食物中广泛存在，瘦肉、蛋类、鱼类、动物肝脏和肾脏中含量都很高。谷粮中虽然含磷量高，不过谷粮中的磷若不经过处理加工，吸收利用率低。

含磷丰富的食物有黄豆、黑豆、赤豆、蚕豆、海带、紫菜、花生、芝麻、核桃、鸡蛋黄、鸡肉、瘦猪肉、瘦羊肉、螃蟹、大米、小米、高粱米等。

(4) 磷与健康美容的关系：B 族维生素(如维生素 B_1、维生素 B_6、维生素 PP 等)只有经过磷酸化，才能具有活性，发挥辅酶作用；磷具有组成体内多种酶并维持血液酸碱平衡等作用。体内磷缺乏，也可导致佝偻病、骨骼钙化等，影响人体健康。

6. 氯

(1) 含量与分布：氯是人体内一种重要的常量元素，人体内约含氯 100 g，约占体重的 0.15%，大多与钠和钾结合，主要存在于细胞外液中。

(2) 生理功能：

① 氯是细胞外液中主要的负离子，参与调节渗透压、水和酸碱的平衡。

② 氯是胃酸的组成成分，能激活唾液淀粉酶，有利于消化。

(3) 供给量与食物来源：成人每天大约需要 0.5 g 氯，食物来源主要是食盐及盐腌食品。

7. 硫

(1) 含量与分布：硫是组织蛋白的成分，成人体内硫含量约占体重的0.25%，大部分存在于含硫氨基酸（如蛋氨酸、胱氨酸、半胱氨酸等）中。

(2) 生理功能：

① 角蛋白、皮肤、指甲和毛发的硬蛋白中均含硫，硫是胶原合成必需的成分。

② 参与体内许多重要物质的成分，如硫胺素和胰岛素，参与碳水化合物代谢，作为生物素的成分参与脂肪代谢，作为辅酶A的成分参与热量代谢。

(3) 供给量与食物来源：硫的食物来源主要是蛋白质中的含硫氨基酸，100 g蛋白质可供给0.6～1.6 g的硫。硫的优质来源是蛋类、鱼类、谷类、豆类等。

三、微量元素生理功能及来源

1. 铁——氧的携带者

(1) 含量与分布：铁是人体中含量最多的一种微量元素，正常成人体内含铁3～5 g，约占体重的0.004%。其中70%为功能铁，主要存在于血红蛋白、肌红蛋白中，其余约30%的铁储存于肝脏、脾脏和骨髓中。

(2) 生理功能：

① 铁是血红蛋白的组成部分，血红蛋白是氧的载体，具有向细胞输氧和从细胞移去二氧化碳的重要作用，能参与组织呼吸，推动生物氧化-还原反应，有二价铁参与的肌红蛋白具有储存氧的功能。

② 参与细胞色素氧化酶、过氧化物酶和过氧化氢酶的合成，担负着电子传递和在氧化-还原过程中清除组织代谢产生的毒物的重任。

③ 直接参与热量释放，体内热量释放取决于线粒体聚集铁的数量。

④ 铁可影响免疫系统功能，铁不足或过量都可引起免疫功能的损害。

⑤ 可防止疲劳，使皮肤保持红润。

(3) 供给量与食物来源：铁在体内可被反复利用，排出量很少。成年男性每日损失铁约为1 mg，女性在特殊情况下损失铁约为2 mg。考虑到食物中铁的吸收率较低，常以吸收率为10%作估计值，则每日需要供给量至少为10 mg。成人每日铁供给量男性为12 mg，女性为18 mg。

饮食中铁的良好来源为动物性食物，如肝脏、肾脏、蛋黄、豆类等，一些蔬菜里也含有丰富的铁，动物性食物中的铁吸收率较高，动物肝脏和血是铁的良好来源。植物性食物以绿叶蔬菜含铁量最高，但吸收率较低。奶类的含铁量较少，牛奶的含铁量更低。长期用牛奶喂养的婴儿，应及时补充含铁量较丰富的食物。使用铁锅炒菜，也是摄取铁的一个很好途径。

含铁丰富的食物有猪肝（及各种动物肝脏）、海带、芝麻酱、黑豆、黑木耳等，表6-3列出了部分含铁丰富的食物的铁含量。

表 6-3　部分含铁丰富的食物的铁含量

食物名称	铁含量/(mg/100 g)	食物名称	铁含量/(mg/100 g)
猪肝	25.0	黑木耳(水发)	5.5
猪血	8.7	芝麻酱	9.8
瘦羊肉	3.9	大豆	8.2
鸡蛋黄	6.5	大米	2.3
黑木耳	97.4	芹菜	1.2

(4) 铁与健康美容的关系:铁是人体造血的重要原料,人体如果缺铁,可引起缺铁性贫血,表现为面色苍白、皮肤无华、失眠健忘、肢体疲乏、思维能力差。

2. 锌——最被注重的元素

(1) 含量与分布:成人体内锌含量(2～3 g)约为铁的一半,比铜多十几倍。一切器官都含有锌,70%集中于皮肤和骨骼。头发和睾丸中锌含量也较高。血液中的锌,红细胞占 75%～85%,白细胞和血小板占 3%,其余存在于血清中。

(2) 生理功能:

锌在体内具有重要的生理功能、生化功能及营养作用。它能参与细胞的所有代谢过程,在组织呼吸及物质热量代谢中起着重要作用。

① 与多种酶(现已证实约有 300 种酶)的合成或酶的激活剂的活性有关,还有一些酶虽然本身不含锌,但需要依靠锌激活才能发挥作用。

② 加速生长发育:由于锌与很多酶、核酸及蛋白质合成有关,能影响细胞分裂、生长和再生,尤其是处在生长发育期时锌有更重要的营养价值。锌对性器官和性机能的正常发育也起着重要作用。

③ 与维生素 A 的代谢有关:锌参与肝脏及视网膜内维生素 A 还原的过程,影响维生素 A 的转移,并保持其在血浆中的正常水平。

④ 维持味觉及嗅觉:锌参与唾液中味觉素的合成,为味蕾和嗅觉黏膜提供营养。

⑤ 锌可提高免疫功能,增强创伤组织的再生能力。

(3) 供给量与食物来源:锌的膳食推荐每日摄入量(RDA)是指一定人群在一定时期平均每天应摄入的锌量。中国营养学会规定了不同人群的 RDA 参考值:青春期及成年男性 RDA 为 15 mg/d,女性为 12 mg/d。婴儿和儿童由于生长发育较快,所以对锌的每天相对摄入量较高。中国营养学会规定婴儿(0～1 岁)的 RDA 为 5 mg,儿童(1～10 岁)为 10 mg。当然,这些数值并不是意味着我们每天必须吃进去这么多的锌,而是指一段时间内的平均摄入量。

锌的食物来源如下。含锌丰富的食物有牡蛎、海参、海带等海产品,以及瘦肉、核桃、松子、榛子、葱、蒜、金针菜、芥蓝、芥菜、香椿、苋菜、西兰花、红辣椒、木耳、蘑菇、果丹皮、杏脯、椰子、鲜枣、花生、葵花籽等。锌的最好食物来源为海产品,如牡蛎、海参、扇贝、蛏子、蛤蜊等。部分食物的具体锌含量如表 6-4 所示。植物性食物不仅锌含量较

低，且不易吸收。粗糙食物的锌含量高于精制食物，加工越精细，锌的损失越多。

表 6-4 部分食物的锌含量

食物名称	锌含量/(mg/100 g)	食物名称	锌含量/(mg/100 g)
干贝	47.05	猪肝	5.78
蛤蜊	1.64～5.13	鸡蛋黄	3.10
鱿鱼(水浸)	1.36	松子	9.02
瘦羊肉	6.06	花生	2.82
瘦牛肉	3.71	标准粉	1.64

(4) 锌与健康美容的关系：锌是人体内多种酶的重要成分之一。它参与人体内核酸及蛋白质的合成，在皮肤中的含量占全身含量的 20%。锌对第二性征发育，尤其是女性的三围有重要影响。锌在眼球视觉部位含量很高，缺锌的人，眼睛会变得呆滞，甚至造成视力障碍。锌对皮肤健美有其独特的功效，能防治痤疮和皮肤干燥。儿童如缺锌，还会严重影响其生长发育。葵花籽和南瓜籽富含锌，人体缺锌会导致皮肤迅速长出皱纹；锌和 B 族维生素可以延缓白发的生长。

3. 铜

(1) 含量与分布：人体内含有少量铜，为 100～200 mg。大部分器官组织都含铜，以脑部、心脏、肾脏和肝脏中含量最多，骨骼和肌肉中也有相当数量的铜。肝脏是铜的“仓库”，需要时才动用。

(2) 生理功能：铜为体内 30 种含铜金属酶的必需成分，或为某些酶活性所必需，具有重要的生理功能。

① 对铁代谢及造血功能的影响：铜为铜蓝蛋白(铁氧化酶)成分，可促进铁的吸收和储存铁的释放，加速血红蛋白的合成。另外，铜能促进白细胞分裂和增殖。

② 对毛发和皮肤的影响：黑色素合成需要酪氨酸羟化酶，铜可维持酪氨酸羟化酶活性，促进黑色素合成，使毛发和皮肤保持一定的色泽。铜还可以维持巯基氧化酶活性，使巯基氧化成二硫键，使头发中二硫键含量增加，以免头发弯曲、干燥、变硬。

③ 对骨骼及结缔组织代谢的影响：铜参与胶原和弹性纤维的共价交联过程，赖氨酸氧化酶和抗坏血酸氧化酶均为需铜酶。这两种酶可维持胶原和弹性纤维共价交联的形成，保持结缔组织中纤维的结构和弹性。

④ 抗脂质过氧化作用：铜是抗氧化酶——铜锌超氧化物歧化酶的活性离子，铜锌超氧化物歧化酶的主要功能是清除自由基，具有抗脂质过氧化作用，以免器官组织遭受过氧化损伤。

⑤ 对中枢神经系统的影响：酪氨酸羟化酶与多巴胺羟化酶均为需铜酶，这两种酶可维持儿茶酚胺类神经介质的合成，保持中枢神经系统正常功能。

(3) 供给量与食物来源：铜的供给量成人为 30 μg/kg。动物性食物、植物性食物都含有不同量的铜，以贝壳类动物性食物和甲壳类动物性食物中含铜量较高。此外，牛肝中含较多的铜，坚果类食物也含较多的铜。含铜丰富的食物有动物内脏类、虾类、蟹类、贝类、瘦肉、奶类、大豆及坚果类等。

(4) 铜与健康美容的关系：人体皮肤的弹性、润泽及红润与铜的含量有关。

铜和铁都是造血的重要原料。铜还是组成人体中一些金属酶的成分，组织的能量释放、神经系统磷脂形成、骨髓组织胶原合成及皮肤、毛发色素代谢等生理过程都离不开铜。铜和锌都与蛋白质、核酸的代谢有关，能使皮肤细腻、头发黑亮，使人焕发青春，保持健美。人体缺铜，可引起皮肤干燥、粗糙，头发干枯，面色苍白，生殖功能衰弱，抵抗力降低等。

4. 硒——抗癌矿物质元素

(1) 含量与分布：人体硒含量为 6～11 mg，广泛分布于脂肪以外所有组织，指甲含量最多，其次为肾脏、肝脏、心脏等。

(2) 生理功能：

① 脂质过氧化作用：硒是谷胱甘肽过氧化物酶的重要组成部分，是抗环氧化和过氧化的重要酶，其主要功能是阻止过氧化和自由基生成，硒是强氧化剂，能保护细胞免受脂质过氧化损伤，具有抗衰老作用。

② 硒的生物拮抗作用：硒对镉、汞、铅的毒性具有拮抗作用，使镉、汞、铅不利的生物效应发生逆转。它在生物体内和重金属相结合，形成金属-硒蛋白质复合物，从而使金属解毒和排泄。硒还可以降低黄曲霉素的毒性。

③ 硒能增强机体免疫功能。

④ 保护视觉器官功能的健全：硒是某些酶的重要组成部分。含有硒的谷胱甘肽过氧化物酶和维生素 E，可以使视网膜上的氧化损伤降低，亚硒酸钠可以使一种神经性的视觉丧失得到改善。注射硒和食用含硒多的食物能提高视力，在大鼠实验中还观察到缺硒与白内障有密切关系。

(3) 供给量与食物来源：

① 供给量：据研究，我国成人对硒的最低安全摄入量为 22 μg/d。也就是说，低于此值人体便会产生相应的缺硒症状。硒的安全生理需要量为 50 μg/d，适宜的摄入量范围为 50～250 μg/d。我国居民饮食以谷物蔬菜为主，城市人口的硒摄入量一般在 50～200 μg/d 之间，因此，我国大部分地区居民日常对硒的摄入量一般都低于 250 μg/d。大量科学实践证实，过量的硒可引起中毒，而适量的硒则是生命活动不可缺少的。人体对硒的需要量极少，但当人体长期生活在缺硒环境中，就能引起疾病。海产品、动物肝脏和肾脏、肉类含硒量较多，蔬菜、水果含硒量较少，精细食品含硒量少。食品经烹调加热后硒可挥发，会造成一定损失。

② 食物来源：根据营养学家测定，含硒量较多的食物有鱼、虾、海藻、牡蛎、瘦肉、牛肝、牛肾、鸡肝、鸡肾、猪肝、猪肾、蛋黄、黄豆、普通面粉、糙米、大麦等。若每天食猪肾 30 g 就能满足硒的需求量，而食虾则每天需 80 g，食鱼每天需 130 g。含硒较多的食物还有蘑菇、大蒜、芝麻、葱头、芦笋、芥菜、紫苋菜、胡萝卜等。此外，花生、葵花籽、栗子、

核桃等也含硒较多。部分食物的硒含量如表 6-5 所示。所以，补硒应从饮食上多吃些富含硒的食物，需要时也可适当服用硒制剂。

表 6-5　部分食物的硒含量

食物名称	硒含量/(μg/100 g)	食物名称	硒含量/(μg/100 g)	食物名称	硒含量/(μg/100 g)
鱼子酱	203.09	青鱼	37.69	瘦牛肉	10.55
海参	150	泥鳅	35.30	干蘑菇	39.18
牡蛎	86.64	黄鳝	34.56	小麦胚粉	65.20
蛤蜊	77.10	鳕鱼	24.8	花豆	74.06
鲜淡菜	57.77	猪肾	111.77	白果	14.50
鲜赤贝	57.35	猪肝	28.70	豌豆	41.80
蛏子	55.14	羊肉	32.20	扁豆	32.00
章鱼	41.68	猪肉	11.97	甘肃软梨	8.43

(4) 硒与健康美容的关系：硒在人体主要分布于肝脏、肾脏，其次是心脏、肌肉、胰腺、肺部、生殖腺等。头发中的硒含量常可反映体内硒的营养状况。硒不仅是维护人体健康，防治某些疾病不可缺少的元素，而且是一种很强的氧化剂，对细胞有保护作用，对一些化学致癌物有抵抗作用，能调节维生素 A、维生素 C、维生素 E，能增强人体的抵抗力，保护视器官功能的健全，改善和提高视力，能使头发具有光泽和富有弹性，使眼睛明亮有神。

5. 碘

(1) 含量与分布：成人体内含碘 20～50 mg，其中 50%存在于肌肉中，20%存在于甲状腺内，10%存在于皮肤，6%存在于骨骼中，其余则存在于内分泌系统和中枢神经系统中。

(2) 生理功能：碘参与甲状腺激素的合成，是三碘甲状腺原氨酸的重要组成成分，碘的生理功能是通过甲状腺激素实现的。它能调节人体热量代谢及蛋白质、脂肪、碳水化合物的合成和分解，并能促进生长发育，从而使机体充满活力，提高反应的敏捷性，促进毛发、指甲、皮肤、牙齿的健康。

(3) 供给量与食物来源：

① 供给量：成人每日碘供给量为 150 μg。中国居民膳食碘参考摄入量(DRIs)如表 6-6 所示。

表 6-6　中国居民膳食碘参考摄入量(DRIs)　　单位：μg/d

年龄/岁	RNI	UL	年龄/岁	RNI	UL
半岁之前	50	—	7～11	90	800
0.5～1	50	—	11～14	20	800
1～4	50	—	14～18	150	800
4～7	90	—	18 岁之后	150	1000

注：①孕妇和乳母的 RNI 为 200 μg/d，UL 为 1000 μg/d。

②RNI 为推荐摄入量，UL 为最高耐受量。

② 食物来源：碘的重要食物来源是海产品，海产品中的碘含量大于陆地食物，因为大海是自然界的碘库，所以海洋生物体内的碘含量很高。碘含量高的食物包括海带、紫菜、鲜海鱼、蚶干、蛤干、干贝、海参等。其中海带中碘含量最高，干海带中碘含量可达到240 mg/kg，其次为海贝类及鲜海鱼。但是，盐的碘含量极微，越是精制盐含碘越少，海盐的碘含量低于5 mg/kg，若每人每日摄入10 g盐，则只能获得低于50 μg的碘，远不能满足预防碘缺乏病的需要。陆地食品则以蛋类、奶类碘含量较高，其次为肉类。植物的碘含量是最低的，特别是水果和蔬菜。

(4) 碘与健康美容的关系：碘在人体的主要生理功能为构成甲状腺素，调节机体能量代谢，促进生长发育，维持正常的神经活动和生殖功能，维护人体皮肤及头发的光泽和弹性。碘缺乏可导致甲状腺代偿性肥大、智力及体格发育障碍、皮肤多皱纹及失去光泽。

6. 其他微量元素

(1) 氟：氟是一种必需元素，是骨骼、牙齿的正常成分。它在体内的含量取决于水分和食物的摄入量，其生理功能是预防龋齿和老年性骨质疏松症，还能加速伤口愈合，促进铁吸收。人体中氟的主要来源为饮水，茶叶中含氟量较高。氟摄入量过多可引起氟中毒。

(2) 锰：成人体内锰含量为10～30 mg，一生中其含量基本保持恒定，以肝脏、骨骼、大脑垂体中含量最高，肝脏中的线粒体为锰的储存库。锰的重要生理功能是作为一种辅助因子激活大量的酶，这些酶形成酶的复合物，如锰超氧化物歧化酶可催化过氧化物自由基歧化，形成过氧化氢和水，使细胞免于被过氧化物自由基所破坏，具有抗衰老作用，成年人每日供给量为2～9 mg。谷类是锰的良好来源，其次在蔬菜、水果，茶叶中也含有丰富的锰。

(3) 钼：成年人体内含有微量钼，约9 mg，一半存在于骨骼中，肝脏、肾脏、皮肤中含量也较多。它能参与组成多种酶，如黄嘌呤氧化酶和醛氧化酶等。钼参与铁代谢，能维持心肌热量代谢，对心肌有保护作用。钼能起增氟作用，有助于预防龋齿。供给量为成人每日100～300 μg，食物来源以豆类、粗粮中含量较多。

(4) 铬：铬广泛存在于人体组织中，但含量甚微，成年人体内含铬量约6 mg。在体内参与碳水化合物和脂类代谢，参与构成葡萄糖耐量因子，能促进生长发育。成年人每日供给量为20～50 μg，其中骨骼、皮肤、脂肪、肾上腺、大脑和肌肉中含量相对较高。铬的主要生理功能是：对核蛋白代谢有一定作用；能抑制脂肪酸和胆固醇的合成，影响脂类和碳水化合物的代谢；能促进胰岛素的分泌，降低血糖，改善糖耐量。

铬缺乏最常见的表现是引起动脉硬化症；老年人缺铬易患糖尿病和动脉硬化；妊娠期缺铬可引起妊娠期糖尿病；正常人缺铬可出现皮肤干燥无华、皱纹增加、头发失去光泽和弹性等症状。铬的主要食物来源是整粒谷类、豆类、瘦肉类、酵母、啤酒、干酪、动物肝脏、红糖等。鲜葡萄和葡萄干中含铬最多，有"铬库"之称。食物加工越细，含铬越少，精制食品中几乎不含铬，铬是人体不可缺少的物质。所以，为补充铬元素，应多吃粗粮。

(5) 钴：钴是维生素 B_{12} 的构成成分，是人体血红细胞不可缺少的物质。它能刺激人体骨髓的造血功能，对机体的生长发育及蛋白质的代谢有着重要的作用。肉类、动物肾脏与肝脏、牛奶、牡蛎、蛤蜊都是富含钴的食物，但人体直接摄取的钴无活性作用，只有通过摄取动物的肉类或肝脏得到维生素 B_{12} 时，才能获得活性钴。

四、矿物质之间及矿物质与其他营养素之间的关系

矿物质之间及矿物质与其他营养素之间的关系十分复杂。例如，磷是构成骨骼和牙齿的成分，并与许多元素构成金属酶或酶的激活剂，共同参与生物氧化过程，影响热量和物质代谢；若甲状腺激素中含碘，可影响热量代谢；胰岛素含锌，可直接影响碳水化合物的代谢。

矿物质与维生素关系密切，维生素 E 能与硒对抗脂质过氧化，有协同作用；维生素 C 能加速磷在体内的氧化，有利于铁吸收；维生素 D 可促进钙的吸收，调节钙磷代谢。

矿物质之间存在着置换、拮抗、协同作用。例如：钙与镁、钾与钠既有配合作用，也有拮抗作用；磷和钙共同构成骨骼和牙齿，但钙磷比例不当可阻碍钙的吸收；铁、铜、钴在造血过程中起协同作用。利用矿物质之间的拮抗作用，可消除某些金属元素所造成的损害，硒可抑制汞、铅、镉毒性，锌、钼拮抗汞、铅毒性。总之，矿物质之间的关系十分复杂，必须保持平衡。

第二节　矿物质与美容

一、微量元素与衰老的关系

1. 人生四期

人的生命过程按照人类的生理变化，一般可分为四期：生长发育期（从出生到 18 岁）、青壮年期（19～49 岁）、渐衰期或老年前期（50～65 岁）、衰老期（65 岁以上）。但是，衰老过程是逐渐发生的，其界限很难以年龄截然分开，不但人开始衰老的年龄不同，就是同一个人各个器官功能衰老也先后不同。衰老可能推迟，也可能提早，这取决于遗传因素和环境因素两方面，而环境因素中微量元素的摄入量是至关重要的影响因素。

2. 衰老的机制

研究衰老的机制，对认识生命的本质及延缓衰老是非常重要的。衰老机制有很多种学说，其中自由基学说普遍受到人们的重视。该学说认为，人体在生命过程中必然产生一些自由基，继而引起自由基连锁反应。自由基对机体可造成脂质过氧化损伤，使生物膜的结构和功能受到破坏，脂褐素堆积，导致机体衰老和死亡。

同时，人体内存在自由基防御系统：其一是酶防御系统，如超氧化物歧化酶（SOD）和谷胱苷肽过氧化物酶（GSH-Px）；其二是非酶防御系统，直接对自由基发生作用或参

与酶防御，如维生素 E、维生素 C、硒及巯基化合物。体内自由基防御系统称为抗氧化剂或自由基清除剂。自由基清除剂随着年龄增长而减少。若体内产生的自由基不能及时清除，则会对机体造成脂质过氧化损伤。

此外，机体的衰老与免疫功能有密切关系。随着年龄的增长，免疫器官胸腺和脾脏淋巴结均出现较明显变化，导致细胞免疫、体液免疫功能的下降。

3. 微量元素抗衰老的作用机制

(1) 调节氧自由基代谢，防止过氧化损伤。各种组织细胞在需氧代谢过程中，不断生成的氧自由基对细胞有毒性作用。氧自由基水平随年龄增长不断积累，造成机体老化。机体依赖抗氧化酶来清除自由基，如超氧化物歧化酶(SOD)和谷胱苷肽过氧化物酶(GSH-Px)。

SOD 是一种大分子金属蛋白酶，按其金属辅助因子不同，可分为三种类型：铜锌 SOD、锰 SOD、铁 SOD，其中锌、铜、锰、铁是 SOD 活性中心离子。机体处于老年前期，SOD 活性开始下降，抗氧化能力也逐渐下降，脂质过氧化逐渐增强。脂质过氧化产物与蛋白质相互作用形成的脂褐素在体内大量蓄积，导致机体衰老。这时期机体补充适量的微量元素锌、铜、锰、铁，可提高 SOD 活性，增强清除自由基能力，阻止脂褐素生成，延缓衰老。补充上述营养素时以食物、有机化合物的形式摄取，才能为消化系统吸收，并且毒性小，可望有较长久的持续效果。动物的肝脏、肾脏等器官中含量较多。

此外，鱼类、蔬菜、豆类、奶制品等也含有较多微量元素。SOD 含量高的食品主要有动物血、动物肝脏、野生棘梨、银杏、绿茶抽提物。除了天然食物源中的 SOD 以外，添加有 SOD 的食品和化妆品也已面世。外源性 SOD 是极稳定分子，耐温、耐酸碱，遇抗蛋白酶水解，故 SOD 可完全被人体吸收。人体进入老年期，机体功能衰竭、代谢失调，于是疾病增多。因此，从天然食品和保健品、饮品中摄取大量的 SOD，对强身健体具有重要意义。

硒是谷胱苷肽过氧化物酶(GSH-Px)的必需组成成分，是自由基的清除剂。GSH-Px 对过氧化氢具有良好的清除作用，可使有毒的过氧化物还原成无害的羟基化合物，并使过氧化氢分解。因而，可保护细胞膜结构与功能免受过氧化物损害和干扰，有延缓衰老的作用，所以应多进食富含有硒的食品。海产品、动物肝脏和肾脏及肉类是硒的良好来源。

(2) 微量元素通过调节免疫功能，起到抗衰老的作用。游离铁有助于微生物繁殖，而铁结合蛋白有抑菌效果，并有维持上皮屏障作用。动物实验表明，锌、硒可提高免疫器官胸腺和脾脏的重量及抗脂质过氧化作用，使免疫器官免受过氧化损伤，从而增强机体的免疫功能，延缓衰老过程的发生。

二、矿物质与健康美容的关系

1. 矿物质对头发的健康美容作用

(1) 头发是人体很重要的一部分。从某种意义上来说，它是男性威武雄壮、女性优雅美丽的外在标志。因此，每个成年人必须重视头发的健美，采用合理的健发饮食。除了注意营养均衡外，还要注意进食富含蛋白质、维生素和矿物质的美发食物。矿物质中以铁、钙、镁、锌元素最重要，它具有改善头发组织、增强头发弹性和光泽的作用。美发食品包括水果、干果、豆制品、奶类及动物内脏等。

(2) 头发具有光泽是由于甲状腺激素的作用，如果常吃含有丰富碘质的海藻类食品，能使头发得到充分滋润。碘是水溶性元素，在海水中生长的海藻类食物中含有极丰富的碘，多吃海带能增加头发的光泽。

2. 矿物质对皮肤的健康美容作用

(1) 人衰老的第一个标志便是皮肤的老化和松弛，而皮肤的松弛是由体重波动引起的。体重增加时，皮肤会拉紧，体重减轻时，皮肤却不能完全恢复收缩，于是便形成了皮肤的松弛。皮肤的老化主要是由营养原因造成的。不合理的饮食结构会使皮肤产生不适，使人显得有些老相；相反，合理的饮食营养结构会使人青春焕发。合理的饮食营养结构体现在两方面。一方面，饮食中必须含有各种微量元素，摄取营养要全面；另一方面，食品中各种营养素的含量必须保持一定的比例。锌、硒元素对皮肤的保养十分重要。这两种元素有抗脂质过氧化作用，可清除体内氧自由基，使皮肤免受脂质过氧化损伤，使皮肤柔软、滑润、皱纹减少。含锌和硒元素丰富的食物有牛肉、鸡蛋、贝类等。

(2) 面色苍白者，主要与膳食中铁质过低、蛋白供给不足、维生素 C 缺乏所引起的缺铁性贫血有关，所以，面色苍白者要补充蛋白质、铁质、维生素 C 等造血原料，以促进机体血色素的合成。常食用新鲜蔬菜、水果、蛋类、奶类、动物内脏及豆制品等，对面色变得红润和光泽极为有益。

(3) 少吃盐可使皮肤白嫩。吃盐过多，不仅影响人体的新陈代谢，而且会使皮肤粗糙。因为盐进入体内可合成黑色素，能使皮肤变黑。

(4) 多饮茶可延缓衰老。这与茶叶中微量元素氟、铁、锡、铜含量较丰富有关。

3. 矿物质对牙齿的健康美容作用

若想拥有一口洁白坚固的牙齿，就应经常吃富含钙、磷、氟等元素的“牙齿食物”，如牛奶、鸡蛋、黄鱼、虾米、豆制品等。因为钙和磷是构成骨骼和牙齿的主要成分。充足的钙和磷能促进骨骼及牙齿的生长和坚硬。氟是构成牙齿釉质不可缺少的成分，体内缺氟时，牙齿结构疏松，容易发生龋齿。但是，氟摄入量过多，则会造成氟斑牙，影响牙齿的美容。此外，还会影响钙、磷吸收，使牙齿失去洁白和坚固。

4. 矿物质对体型的健康美容作用

要使体型健美，从儿童期起营养就要充足。膳食中要有充足的蛋白质、维生素与矿物质，少吃碳水化合物多的食物及甜食、油炸食物等。故儿童成长期充分摄入矿物质尤其重要，特别是钙、磷元素和维生素 D，它们可保证骨骼、肌肉生长发育，对预防佝偻病引起的胸廓畸形和“O”形腿有重要意义。

第三节 水与美容

水不仅有营养，而且在人们的生活中是非常重要的。人体离不开水，一旦体内水分失去10%，生理功能即会发生严重紊乱；体内水分失去20%，人很快就会死亡。可见，水比任何营养素都重要。水在自然界中是取之不尽、用之不竭的丰富资源之一，是人类重要环境因素之一。水不仅是维持机体最基本的生命活动物质，也是人类强健身体和养生保健不可缺少的重要物质。

在我国，用水治病保健的历史悠久。早在《黄帝内经》中就有记载：其有邪者，渍形以为汗。这里所指的"渍形"就是用热汤洗浴的治病保健方法。《千金要方》中还有冷水浴法记载。

一、水的生理功能

(1) 水是构成人体组织的重要成分。所有组织都含水，水是人体含量最大、最重要的组成部分，是维持生命、保持细胞外形、构成各种体液所必需的。年龄越小者，体内含水量越高：胎儿体内含水量为98%、婴儿体内含水量为75%～80%、成人体内含水量为60%左右。人的体液和血浆中90%是水，肌肉中70%是水，即使骨头中也有10%的水。通常当机体内脂肪含量增加时，含水量则下降，因此，肥胖者体内所含的水分比消瘦者要少。人体内一切生理活动，如体温调节、营养输送、废物排泄等都需要水来完成。

(2) 水的溶解力强，许多物质可溶于水，并解离为离子状态，发挥其重要的生理功能。蛋白质和脂肪分子可悬浮于水中形成胶体，便于机体消化、吸收和利用。

(3) 水在体内直接参与氧化-还原反应，促进各种生理活动和生化反应的进行。若体内没有水，则一切生化反应都不能进行，物质代谢就会发生障碍。

(4) 调节体温。人体体温必须保持在37 ℃左右，可容许的上下波动范围极小。水具有较大比热。细胞代谢中产生的多余热量，能通过水很快排出体外。如通过出汗等皮肤表面蒸发来散热，皮肤表面每蒸发1 L水，就可以散发出597.11 kcal的热量。在高温环境和剧烈运动时，通过排汗就可以带走大量的热量。例如，在高温条件下工作，经汗排出的水分可达每小时1500 mL。由于汗排出量的调节，体温得以基本保持恒定。在外界气温降低时，水由于较大的热力储备而不至于使体温发生明显波动。另外，水是非金属中最良好的导热体，可通过水的导热作用来保证机体和组织器官间的温度趋于一致。

(5) 水是人体输送营养和排泄废物的媒介。由于水的流动性大，一方面可将氧气、营养物质、激素等运到各处组织，另一方面通过大小便、汗液及呼吸等途径，可将代谢废物和有毒物质排出体外。

(6) 水是体内自备的润滑剂，可湿润皮肤。

二、水的需要量与水平衡

每人每天需要的水量与人的年龄、体重、活动量及环境、温度等因素有关。一般而言，婴幼儿每千克体重，每天需饮水 110 mL；少年儿童每千克体重，每天需饮水 40 mL；成年人每千克体重，每天需饮水 40 mL。所以，一个体重 60 kg 的成年人每天需饮水 2400 mL。

体内细胞不断进行代谢，排出废物，散发热量，都会损失水分。为维持内环境的稳定，保持水分的摄入和排出平衡十分重要。

1. 人每天水的消耗量

人体每天要消耗多少水分呢？经营养学方法测定，一般情况下，人体每天通过不同方式消耗的水量如下。

(1) 通过呼吸排出水约 400 mL。

(2) 通过皮肤排出水 400～800 mL。

(3) 通过粪便排出的水约 150 mL。

(4) 通过尿液排出的水约 1500 mL。

以上共计 2.5 L 左右。

然而每天从食物中可以得到的水约为 800 mL，每天在体内分解和氧化营养素时(除产生能量外，还产生水分)约产生 400 mL 的水，其余的 1300 mL 水必须通过饮食(包括饮料)来补充。

2. 水的来源

(1) 饮用水：我们日常生活中的饮用水主要来源于自来水、瓶装水、纯净水、天然泉水、蒸馏水等。此外，还包括茶、咖啡、汤和其他各种饮料。

(2) 食物水：许多固体食物中含有大量的水分，可供机体使用。它们主要存在于各种食物中，其中有一部分水以结晶水的形式存在，有一部分则以结合水的形式存在，都可以被人体吸收。各种食物的含水量相差较悬殊，例如，蔬菜、新鲜水果含水量高达 80%～95%，奶类多达 87%～90%，肉类为 60%～80%，粮食为 14%～15%，因此，从食物中获取的水分随所摄取的食物的种类、数量的不同而有所不同。

(3) 代谢水：代谢水是由营养素在体内发生氧化反应后生成的。每 100 g 蛋白质完全氧化可产生41 mL水，100 g 碳水化合物完全氧化可产生 55 mL 水，100 g 脂肪完全氧化可产生 107 mL 水，可见在完全氧化的情况下脂肪产水最多。骆驼的驼峰里储存有大量的脂肪，因此它能在缺水的沙漠中长途旅行并维持生命。

3. 饮水的时间

清晨喝一杯温开水被认为是一种有效的保健方法。专家们研究证明，每天清晨喝 200～300 mL 21～31 ℃的温开水，对人体健康有很多好处，有助于预防感冒、咽喉炎、脑出血、动脉硬化及结石等疾病。

饮水的最佳时间是早晨起床后、上午 10 时和下午 3 时左右。最佳饮水时间还有每日三餐前半小时至 1 小时之间。因为水在胃里暂时停留后会很快进入血液，补充到全身，以保证身体对水分的需要。同时，饭前饮水能使身体分泌出足够的消化液，以促进食欲。除饭前饮水外，进餐时也应喝一定量的汤水，这有助于溶解食物，使食物在小肠中能很快地被吸收。另外，晚上 8 时左右和睡前也被视为适宜的时间，因为睡眠时血液浓度增高，饮水可以冲淡血液，加速血液循环。

4. 饮水的注意事项

(1) 生水不能喝。因为生水中有很多的细菌和虫卵，饮后会引发多种疾病，所以应喝烧开过的水。

(2) 蒸锅水不能喝。蒸锅水是指反复烧开的开水，反复烧开的水中亚硝酸盐的含量增多，对身体有很大的害处。

(3) 太烫或太冷的水不能喝，更不要冷、热水交替喝。太烫的水会损伤口腔和食道的黏膜，黏膜变质会引发肿瘤。太冷的水会刺激胃黏膜，引起胃功能紊乱，造成腹泻、腹痛等。冷、热水交替喝易使牙齿受到刺激，易患牙病。

(4) 不要一次性过量饮水。这样会引起胃扩张，如果大量出汗，应该少量频饮淡盐水。

(5) 剧烈运动后或运动疲劳后不要饮水过快。否则会使血容量迅猛增加，加重心脏负荷，久之可造成心力衰竭。有心脏病的人更应该注意不要饮水过快，可以先润润喉咙，再少量频饮。

(6) 饭前和饭后不要大量喝水。否则会冲淡胃液，增加胃肠负担，影响食欲和食物的消化。睡觉前不要喝太多的水，水喝多了会增加排尿次数，影响睡眠质量。

5. 烧开水的正确方法

烧开水的目的是消毒灭菌，但关于如何烧开水却说法不一。有人认为水烧开5 min后较好，有人认为 20 min 为宜，还有人认为 30 min 最佳。营养学家认为：烧开水以煮沸5 min最佳，这段时间能很充分地将细菌和细菌芽孢彻底消灭，而 20～30 min 就会使溶解在水中的无机盐、化学元素、重金属等浓缩从而提高它们的含量。更重要的是水中的硝酸根离子在水中煮过长时间会被还原为亚硝酸根离子，它能和血液中的血红蛋白发生作用，从而使血红蛋白失去携氧能力，导致血液中毒。更严重的是亚硝酸根离子可以同人体内的组胺类物质发生化学反应，产生强烈的致肿瘤物质——亚硝酸类化合物，直接危害人体的健康。所以开水不要煮得太久，烧开 5 min 即可。

三、水的保健作用

本书中水的保健作用主要是论述水浴的保健作用。

1. 水浴种类

水浴按温度可分为冷水浴、温水浴、热水浴；按作用方式分为擦浴、冲洗浴、浸浴、淋浴；按水的成分分为淡水浴、海水浴、中药浴；按作用部位分为全身浴和局部浴（如手浴、足浴、坐浴、面部浴等）。

(1) 温度刺激:由于水的热容量大,导热性高,水中有热对流现象,所以在各种水浴保健中温度刺激起主要作用。

人体通过皮肤感受器感受冷或热,由神经传导到大脑,凡高于健康人体表温度刺激时就会感到热,低于体表温度刺激即感到冷。与体表温度相等不引起冷热感觉的温度称为不感温度,常将 34～37 ℃定为不感温度,不感温度随着皮肤温度变化而变化。

皮肤温度影响因素:耐寒经常锻炼者,其四肢温度比未经锻炼者的要高。人体不同部位温度也不同,腋下最高(平均 36.6 ℃),足底最低(平均 30 ℃),四肢近端到远端温度逐渐降低。当气温高、新陈代谢旺盛、皮肤血液供应丰富时,皮肤温度相应增高。基于不感温度的相对性、皮肤温度的稳定性及各部位皮肤温度的敏感性,在施行水浴保健时不能机械地规定水温,应考虑本来的皮肤温度,而不能完全根据感觉。

(2) 机械刺激:几乎每种水浴都有不同程度的机械刺激作用,其作用大小因采用方法不同而异。例如,淋浴和旋涡浴的机械作用较强,而雾浴和局部浸浴的机械作用不明显。

水的机械作用表现为一定的压力、浮力、冲击和按摩作用。水的压力压迫胸廓、腹部时,可辅助呼吸动作,加强气体代谢。若垂直立于水中时,两脚周围所受压力比胸腹部大,所以血液和淋巴液易由下部压到上部,从而改善血液和淋巴液回流。冲击和按摩作用使水由一定高度向人体冲击,或通过人工加压作用于体表。冲击和按摩作用可治疗腹壁松弛和肥胖症等。

(3) 化学刺激:水浴保健的化学刺激作用取决于溶解在水中的各种无机盐及微量元素、气体、药物和放射性物质的作用,常用的有天然矿泉浴、人工海水浴、药物浴等。

2. 蒸汽浴的健康美容作用

淋浴是保持清洁卫生和身心健康的最好方法,是永葆青春和迈向健康的第一个台阶。蒸汽浴能给人带来更多的快乐和肉体上的享受,对人体产生心理上和生理上的影响及保健作用。在浴室里人们的体表和肌肉不仅被加热,而且在高温作用下,心血管系统和组织细胞还能获得大量的营养物质和氧气,并能促进体内废物的排泄,对身体的关节和皮肤特别有益。蒸汽浴有益于健康,但也有一定的危险,蒸汽过热可引起头痛、眩晕、全身虚弱,一旦出现上述情况,要尽快到凉快的房间去,并进行温水淋浴。蒸汽浴不能超过 10～15 min,年龄越大停留时间应越短。有严重呼吸系统和心血管疾病者不能进行蒸汽浴。

3. 浸浴美容

润肤、清洁、调理、滋养全身肌肤是浸浴的目的。浸浴是使皮肤健康、美丽的一个重要方法,是美容不可缺少的重要环节。浸浴美容又分为药物浴和食物浴两种。

1) 药物浴

(1) 菊花蜜浴。

材料:干菊花 25 g、蜂蜜数滴。

方法:把干菊花放入水锅中煮开,20 min 后去渣,然后在水中再加数滴蜂蜜,即可浸浴。

功效：长期应用可使皮肤光洁、细腻，并能去除皱纹。

(2) 姜奶浴。

材料：姜黄 15 g、白芷 15 g、脱脂奶粉适量。

方法：先将姜黄与白芷熬水半小时，去渣，然后将药液和奶粉搅拌混合，一起倒入浴水中浸浴。

功效：皮肤不易生疮，感染，尤其适用于粗糙皮肤。

2) 食物浴

(1) 麦片浴。

材料：麦片 500 g。

方法：将麦片装入布袋内缝合，放入热水中，稍后待水温降为适宜时浸浴，最后再用清水清洗身体。

功效：可迅速滋润干燥的皮肤。

(2) 牛奶蜂蜜浴。

材料：小苏打 50 g、蜂蜜 500 g、奶粉 750 g、细盐 100 g、西瓜汁 500 g。

方法：将小苏打和细盐放入 10000 mL 温水中，将奶粉调为奶液，再加蜂蜜。先将小苏打及盐溶液倒入浴水中，再倒入奶粉和蜂蜜的混合液，最后加入西瓜汁，随后浸浴，浸润全身皮肤 15 min，再用清水洗净全身。

功效：能使皮肤晶莹，颜色洁白如象牙色，柔滑如羊脂。这是较昂贵的浸浴方法，但也是世界各国女士常用的著名浸浴方法。

四、水与健康美容的关系

1. 美容健身宜饮凉开水

随着生活水平的提高，人们以各种饮料来取代传统的茶水解渴。其实，这些饮料并不是人体生理需要的理想液体。相反，饮料喝得过多会对身体产生不良的影响。有关学者研究得出结论：补充体液和解渴的理想液体是凉开水。

美国学者研究发现，煮沸后开水自然冷却到 20～25 ℃时，溶解在其中的氯气和别的气体比一般自来水减少一半，但对人体有益的微量元素并不减少，水的表面张力、密度、黏滞度和导电性等理化特性与体内水分极为相似，具有特殊的生物活性，易透过细胞膜，可促进新陈代谢，增加血液中血红蛋白的含量，改善免疫机能。经常喝凉开水的人，体内脱氢酶的活性高，肌肉组织中乳酸堆积少，身体充满活力而不易疲劳。另一方面，凉开水易被机体吸收而发挥作用。特别是凉开水通过皮肤吸收渗透，能够进入皮肤和皮下组织脂肪里，使皮下脂肪呈“半液态”，皮肤也就因此显得柔嫩而有弹性，面部皮肤的皱纹也就容易减少或消失。

饮用凉开水，特别是早晨起床洗漱后空腹饮一杯凉开水，能很快被排空的胃肠道吸收利用，可清洗肠道，有利于代谢产物的排泄，减少机体对毒物的吸收，对延缓衰老、防治疾病有一定作用。

饮用的凉开水要新鲜，不能久放，久放会失去生物活性作用。凉开水要避免细菌污染，还要避免饮用有毒、有害的凉开水，如锅炉中隔夜凉开水、蒸食品的锅底水、煮沸时间太长的水等。因为这些水中亚硝酸盐含量高，饮用后既影响美容，又危害身体健康。还要注意饭后不要喝很多水，因为饭后大量饮水，可稀释胃液，降低消化能力，长期如此可导致消化不良。

2. 水是美容的甘露

美国学者认为，水是一个人美容、健康和生命的甘露。一个人的皮肤有充足的水分，给人以滋润的感觉。尤其是秋天皮肤分泌物逐渐减少，应补充足够的水分。体内有足够的水，可减少油脂的积累，消除人体的臃肿和排出一些废物。因此，水是一种无副作用的持久的减肥剂。

此外，人体内盐分过多，也需要水来冲淡。当体内水不足时，易造成便秘，而便秘是美容和皮肤健康的大敌。

为了让人青春常驻、健康长寿，美国学者建议多喝凉开水。

3. 水的硬度对美容保健的影响

水的硬度是指溶于水中的钙、镁等盐类的总含量。一般分为碳酸盐硬度和非碳酸盐硬度，也可分为暂时硬度（将水煮沸后可除去的硬度）和永久硬度（水经煮沸后不能除去的硬度）。

水的硬度：1 L 水中钙离子和镁离子总含量相当于 10 mg 氯化钙时称为 1 度。水的硬度小于 8 度称为软水，8～16 度称为中等硬水，17～30 度称为硬水，30 度以上称为极硬水。地下水硬度比地面水高，我国饮用水的硬度标准为不超过 25 度。

水的硬度对日常生活的健康保健有一定的影响。若用硬水烹调食品，则不易煮熟而降低营养价值。硬水泡茶会使茶变味。硬水沐浴可产生不溶性沉淀物堵塞毛孔，不仅影响皮肤的代谢和健康，对皮肤敏感的人还有刺激作用。

洗头发不宜用硬水，因为硬水含矿物质较多，可使头发变脆，而且也不易洗净。水温以 30～40 ℃为宜，不宜用凉水，也不能过热，否则会破坏头发的蛋白质，使头发失去光泽和弹性。

此外，不同的水还有不同的美容功效。

（1）矿泉水中含有多种无机盐，如钙、镁、钠等成分，能健脾胃、增食欲，经常饮用能使皮肤细腻光滑。

（2）在饮用水中加入鲜橘汁、番茄汁、猕猴桃汁等，有助于减退色素斑，保持皮肤张力，增强皮肤抵抗力。

（3）在饮用水中加入花粉，可保持青春活力和抗衰老。花粉中含有多种氨基酸、维生素、矿物质和酶类。天然酶能改变细胞色素，消除色素斑、雀斑，保持皮肤健美。

（4）露水。《本草纲目》中说：百草头上秋露，未时收取，愈百疾，可使肌肉悦泽。有研究发现，露水含有植物渗出的对人体有利的化学物质。露水几乎不含重水，渗透性强，有益于皮肤健美，具有对人体有益的化学物质和某种活性。用脱脂棉球蘸取露水，敷于眼睑，能够很快地消除眼睑水肿。

(5) 茶水。红茶、绿茶都有益于健康，并有美容护肤功效。茶叶具有降血脂、助消化、杀菌、解毒、清热、利尿、调整糖代谢、抗衰老、祛斑及增强机体免疫功能等作用，但不宜饮浓茶及过量饮茶，以免妨碍铁的吸收，造成贫血。

(6) 磁化水。磁化水分子小，易渗透到细胞内，有利于细胞内外的物质交换，因此有利于美容。

(7) 电解活性离子水。电解活性离子水是目前被世界各国越来越多的人所接受的一种提高自身免疫功能、预防疾病的日常饮用保健水。此水饮用后能迅速进入细胞的每一个角落，可与自由基相结合，对降低血液中自由基含量、增强体质、防治疾病、延缓衰老和护肤美容都有益处。

(8) 雪水。雪水是经过蒸发后重新凝结而成的冰状水。据《本草纲目》记载，雪水甘冷无毒，可解毒，可治疗天行时气瘟疫、小儿热毒狂啼、成人丹石发动、酒后暴热。在我国，自古就有用雪水治疗烫伤的方法及治疗冻伤的病例记载。此外，还可以用毛巾蘸雪水对高热患者进行物理降温。经常用雪水洗澡，不仅能增强皮肤与身体的抵抗力，减少疾病，而且能促进血液循环，增强体质。如果长期饮用洁净的雪水，对防治动脉粥样硬化十分有效。

(9) 雨水。在下雨的时候，空气中负离子的浓度会大量增加。这种负离子被称为“空气中的维生素”。因此，雨中散步，能使人神安志逸，心情舒畅，并有助于降低血压，同时还可以调节神经系统，加速血液循环，促进新陈代谢，对维护人体健康十分有利。因此，在雨天出来散步或慢跑，对与呼吸系统、神经系统及心脑血管系统等相关的多种疾病具有一定的治疗效果。实践证明，经常在毛毛细雨中散步或慢跑锻炼，会给人一种清新、爽朗、沁人心脾的感觉，不失为健身之妙方。但是雨中散步只能在温度适宜(15 ℃以上)的毛毛细雨中进行，千万不要冒着滂沱大雨去散步。

4. 延缓面部皱纹出现的方法

面部皱纹是人体衰老的标志，是岁月在面部皮肤留下的痕迹。随着年龄的增长，面部皱纹会增多。一般来说，额纹最早出现，其次为笑纹和鱼尾纹。皱纹在每个人脸上出现的时间有早有晚，如果不注意面部的美容护理，面部皱纹就出现得早。能科学地进行皮肤美容护理，就可大大延缓皱纹的出现。其方法如下。

(1) 坚持科学的皮肤护理：每天用温水洗脸，洗后用热毛巾敷脸 2 min，使毛孔张开，面部血液循环加快，可增加皮肤营养，延缓皱纹出现。一般情况，至少一天要洗两次脸。油脂性皮肤，一天可洗脸 3～4 次。污垢和尘埃堵在毛细孔内，长久积聚，就会使皮肤疲劳，失去光泽和弹性。

(2) 蒸汽美容：蒸汽美容的原理是软化皮脂腺内的堵塞物，使皮肤洁净润滑，补充皮肤细胞新陈代谢所需要的水分。随着年龄的增长，皮脂腺或汗腺血液循环能力减弱，角质不能充分保持水分，颜面则易出现细小皱纹。

蒸汽美容的方法：每日早晚将脸洗净，用一个深底碗或搪瓷缸，装满热水，将头低垂在深底碗或搪瓷缸上，并用毛巾连头带碗一起蒙住，蒸熏15 min左右，然后用温水将脸冲洗1次，再用冷水洗净。油性皮肤者每天最好做1～2次蒸熏，干性皮肤者每周做1次即可。

课外导读

矿物质是“吃进去”还是“喝进去”功效不同

水中矿物质与人体健康有极其重要的关系。水中矿物质与食物中的矿物质有不同的存在形态和功效，不能混为一谈，更不能把食品营养的认识照搬到水中矿物质中，两者之间的异同应该是今后研究的重点。如果长期只饮用纯净水，则会对人体造成危害。饮用纯净水会减少细胞中的水分，使排尿量增多、身体水分及矿物质流失；引起体内的钠及氯等电解质失衡，妨碍细胞膜、各种酶和激素的正常功能，使得人体钙及镁的吸收量不足。2009年世界卫生组织在《饮水中的钙和镁对公众健康的意义》一文中确定了饮用水中钙和镁的重要性。长期饮用纯净水可能会使人感到疲倦、虚弱、头痛、肌肉抽筋及不正常的心跳等，严重时，甚至会出现脑水肿、痉挛及血酸中毒。实验证明，长期饮用天然矿泉水人群的健康状况要优于条件相近不饮用天然矿泉水人群，但矿泉水的不同类型的影响似乎较小。

不同年龄阶段美容饮食应不同

女性美容饮食在不同年龄阶段应针对不同的情况，食用不同的食物，这样才能发挥其最好的效果。

(1) 15～25岁：这一时期正是女性月经来潮、生殖器官发育成熟时期，随着卵巢的发育和激素的产生，皮脂腺分泌物也会增加，因此要使皮肤光洁红润而富有弹性，就必须摄取足够的蛋白质、脂肪酸及多种维生素，如白菜、韭菜、豆芽、瘦肉、豆类等。同时，注意少吃盐，多喝水。这样既可防止皮肤干燥，又可使尿液增多，有助于脂质代谢，减少面部渗出的油脂。

(2) 25～30岁：此时女性额头及眼下会逐渐出现皱纹，皮下的油脂腺分泌减少，皮肤光泽感减弱，粗糙感增强。所以在饮食方面，除了坚持清淡饮食、多饮水的良好饮食习惯外，要特别多吃富含维生素C和B族维生素的食品，如荠菜、胡萝卜、西红柿、黄瓜、豌豆、木耳、牛奶等。

(3) 30～40岁：此时女性的内分泌和卵巢功能逐渐减弱，皮肤易干燥，眼尾开始出现鱼尾纹，下巴肌肉开始松弛，笑纹更明显，这主要是体内缺乏水分和维生素的缘故。因此，这一时期要坚持多喝水，最好早上起床后饮一杯(200～300 mL)凉开水。饮食中除坚持多吃富含维生素的新鲜蔬菜和瓜果外，还要注意补充富含胶原蛋白的动物性蛋白质，可吃些猪蹄、肉皮、鱼、瘦肉等。

(4) 40～50岁：女性进入更年期，卵巢功能减退，脑垂体前叶功能一时性亢进，致使植物神经功能紊乱而易于激动或忧郁，眼睑容易出现黑晕，皮肤干燥而缺少光泽。在饮食上的补救方法是，多吃一些可促进胆固醇排泄、补气养血、延缓面部皮肤衰老的食品，如玉米、红薯、蘑菇、柠檬、核桃和富含维生素 E 的卷心菜、花菜、花生油等。

美容锦囊

豌豆——本草中的去黑神豆

一、食材性情概述

豌豆甘平，《饮膳正要》作回回豆，它是一种可作食品的豆类。豌豆是一种营养性食品，含铜、铬等微量元素较多。铜有利于造血及骨骼和脑的发育；铬有利于碳水化合物和脂肪的代谢，能维持胰岛素的正常功能。

二、美容功效及科学依据

《本草纲目》记载，豌豆具有"去黑，令面光泽"的功效。现代科学研究进一步发现，豌豆含有丰富的维生素 A 原，维生素 A 原可在体内转化为维生素 A，起到润泽皮肤的作用。而且新鲜豌豆所含的维生素 C，在所有鲜豆中名列榜首。

三、美容实例

豌豆粥的做法如下。

功效：治疗面色干黄。

材料：豌豆 100 g，红糖适量。

做法：将豌豆用温水浸泡数日，用微火煮成粥，至糜烂如泥；加入红糖，做早餐或可随时食用。

花生——减肥一族的新宠

一、食材性情概述

花生，也称落花生，原产于南美洲，主要分布在亚洲、非洲和美洲的热带和亚热带地区。印度种植面积约占世界栽培面积的 33%；中国居第二位，种植面积约占世界栽培面积的 15%。花生仁含有 60%的脂肪和 30%的蛋白质。在花生仁的蛋白质中含有人体所必需的 8 种氨基酸，花生蛋白的消化吸收率很高，约为蛋白质总量的 90%，生花生和熟花生差异不大。花生仁中含有多种维生素和无机盐类，还含有锰、硼、铜等元素。果壳中含蛋白质 4.9%～7.2%，含脂肪 1.2%～2.8%，含碳水化合物 10.6%～21.2%，含粗纤维 65.7%～79.3%。

二、美容功效及科学依据

花生营养丰富，含有多种维生素、卵磷脂、蛋白质、棕榈酸等，是神奇而又廉价的美容食材。

(1) 花生富含维生素 B_6，维生素 B_6 具有去除黑色素及瘢痕的作用。

(2) 食用花生有助于控制体重，防止肥胖。花生是高脂肪、高热量食物，人们担心食用花生会增加体重。但是，一系列研究证实，食用花生不仅不增加体重，反而有助于维持和减轻体重。花生含高蛋白，高纤维，质地易碎，容易增加饱腹感并能使饱腹感持续较长时间，花生维持饱腹感的时间比一般的高碳水化合物食物高 5 倍左右，可抑制饥饿，从而减少对其他食物的需要量，降低总能量摄入，避免饮食过量。花生吸收率不高，这也是避免增加体重的另一个原因。美国普度大学的研究发现，长期食用花生不影响健康人体的能量平衡。

(3) 食用花生后不产生腐蚀酸，有利于牙齿健康。

花生有其科学的吃法。用油煎、炸或爆炒，对花生中富含的维生素 E 及其他营养成分破坏很大。花生本身含大量植物油，遇高热烹制，会使花生甘平之性变为燥热之性，多食、久食易上火。因此，花生煮着吃能最大限度地保存营养成分又易于消化。

千万不要食用变质花生。值得注意的是，花生若保存不当，易发霉或导致黄曲霉素污染，吃了可能致癌，不可不慎。

有喝酒习惯的人，喜欢把花生仁(油炸、椒盐及带壳的花生果)和拌黄瓜作为下酒菜。其实，这是错误的，如果同时食用会造成腹泻，甚至中毒。

三、美容实例

花生黑芝麻糊的做法如下。

功效：花生与黑芝麻以富含维生素 E 著称，能促使卵巢发育和完善，使成熟的卵细胞增加，刺激雌性激素的分泌，从而促进乳腺管增大，乳房胀大。黑芝麻中还含有强力抗衰老物质——芝麻酚，是预防女性衰老的重要滋补食品，其中的 B 族维生素含量十分丰富，可促进新陈代谢，有利于雌性激素和孕激素的合成，故而能起到美胸功效。

材料：花生、黑芝麻、炼乳、色拉油等。

做法：花生用色拉油炸熟，黑芝麻炒香，待用。用适量炼乳将花生拌匀，撒上黑芝麻，将酒酿放入砂锅，加适量冰糖，下入枸杞子、鹌鹑蛋一起煮开，勾芡。

将全部原料放入砂锅，加适量高汤小火炖熟，用盐、味精、料酒调味。

取适量高汤，加入冰糖和粟米，小火炖熟，撒上核桃仁和松仁即可。

黑芝麻——乌发养颜的美容上品

一、食材性情概述

黑芝麻又名胡麻，性味甘平。《神农本草经》将其列为上品，认为能治“伤中虚羸、补五脏、益气力、长肌肉、填脑髓”，“久服，轻身不老”。《本草经疏》认为：胡麻，益脾胃，补肝肾之佳谷也。中医学认为黑芝麻有补虚劳、清肠胃、通血脉、润肌肤、补肝肾，可治眩晕、耳鸣、腰膝酸软、大便秘结等。

二、美容功效及科学依据

古人称黑芝麻为仙药，久服人不老。现代医药学研究结果表明，黑芝麻有显著的美容保健作用。

(1) 黑芝麻中的维生素 E 含量丰富，可延缓衰老，并有润五脏、强筋骨、益气力等作用。据营养学家科学分析：每百克黑芝麻中含蛋白质 21.9 g，脂肪 61.7 g，钙 564 mg，磷 368 mg，铁 50 mg，另外，还含有芝麻素、花生酸、芝麻酚、油酸、棕榈酸、硬脂酸、卵磷脂、维生素 A、B 族维生素、维生素 D、维生素 E 等营养物质。正因为黑芝麻含有如此丰富的营养物质，因而在延缓人的衰老及美容方面，颇具功效。

(2) 常吃黑芝麻，可使皮肤保持柔嫩、细致和光滑。黑芝麻中的维生素 E，在护肤美容中的作用更是不可忽视。它能促进人体对维生素 A 的利用，可与维生素 C 起协同作用，使皮肤内的血液循环顺畅，使皮肤得到充分的营养物质与水分，以维护皮肤柔嫩与光泽。

(3) 有习惯性便秘的人，肠内滞留的毒素会伤害人的肝脏，也会造成皮肤的粗糙。黑芝麻能滑肠从而治疗便秘，并具有滋润皮肤的作用。单纯利用节食来减肥的人，由于其营养的摄取量不够，皮肤会变得干燥、粗糙。

(4) 黑芝麻中含有防止人体发胖的物质如卵磷脂、胆碱等，因此黑芝麻吃多了也不会发胖。

(5) 中医学认为：黑芝麻，令白发黑，九蒸晒，混枣肉丸服。将黑芝麻蒸过之后晒过，反复九次，再连同黑枣肉混合成药丸状服用，可令白发变黑。

黑芝麻虽然有乌发功效，但过犹不及，不宜大量摄取，最适合的食用方法如下：春、夏两季，每天半小匙，秋、冬两季，每天一大匙，超过分量反而会引起脱发。

(6) 冬日里，对于每个爱美女性来讲，最大的担忧莫过于深裹在冬装中的双腿在夏日来临时，会变得臃肿不堪。其实这种担心大可不必，因为在我们的生活中，有许多修形美腿的好食物，黑芝麻就是其中的一员。黑芝麻能提供人体所需的维生素 E、维生素 B_1、钙质，特别是它的亚麻仁油酸成分，可除去黏附在血管壁上的胆固醇，有利于保持腿形。

三、美容实例

1. 芝麻首乌杞子丸

功效：治疗脱发。

材料：黑芝麻、何首乌、枸杞子等量若干。

做法：把三种原料研末，炼蜜为丸，每丸 10 g 重。每次服 1～2 丸，1 日服 2～3 次，开水送下,空腹服。

2. 黑芝麻黄面糊

功效:美容乌发。

材料:白面 500 g,黑芝麻 100 g。

做法:将黑芝麻炒熟,白面炒至焦黄,每日晨起用滚开水调冲 30 g 食用,也可加盐或糖少许。

复习思考题

一、思考题

1. 简述矿物质的分类及生理功能。
2. 简述水的生理功能及美容保健作用。
3. 通过本章的学习,谈谈矿物质对美容保健的作用。

(李沛波　裴　刚)

第七章　膳食纤维与美容

膳食纤维是存在于植物细胞壁中的复杂的高分子化合物。膳食纤维是不在人体小肠消化吸收，而在人体大肠能部分或全部发酵的可食用的植物性成分、碳水化合物及其类似物质的总和，包括多糖、寡糖、木质素以及相关的植物性物质。

1992 年世界卫生组织将膳食纤维推荐为人群膳食营养目标之一。在此之前，营养学家将食物中对人体生长发育不可缺少的蛋白质、碳水化合物、脂肪、矿物质、维生素和水称为人体必需的六大营养素，而把人体无法消化吸收的膳食纤维排除在营养素之外，但现代医学和营养学研究证明，这种"非营养素"在预防人体某些疾病方面起着重要作用，因而被营养学家称为"第七大营养素"。膳食纤维是人体必需的营养素之一。

第一节　膳食纤维的种类及功能

一、膳食纤维的种类

膳食纤维的定义明确规定了膳食纤维的主要成分，膳食纤维是一种可以食用的植物性成分，而非动物性成分，膳食纤维包括纤维素(图 7-1)、半纤维素、果胶、树胶、木质素及相关的植物性物质。

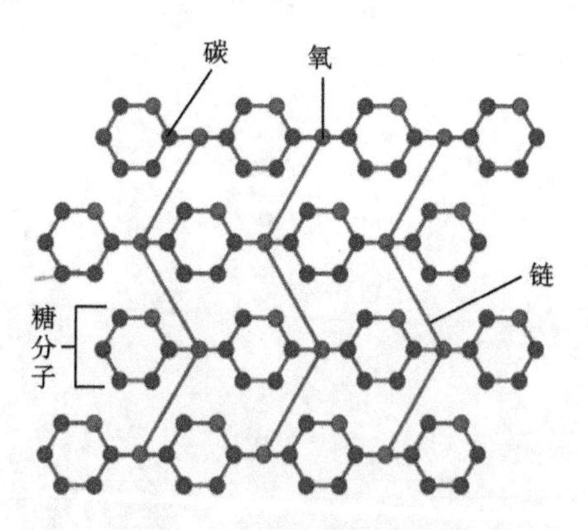

图 7-1　纤维素的结构示意图

根据膳食纤维的溶解性，膳食纤维分为两种。一种是不可溶性的，含量最高的食物是米、麦等五谷杂粮的皮质，也就是米糠和麦糠。这类膳食纤维不溶于水，在胃肠里也不能消化，没有能量，含 B 族维生素，能将胃肠撑饱，使人获得饱腹感，是很有效而又安全的减肥食物。另一种是可溶性的，这类膳食纤维能溶于水，不能消化，但大肠里的益生菌能将其发酵降解，变成短链脂肪酸，作为结肠黏膜细胞的能量来源。这类可溶性的膳食纤维也能降低血清胆固醇和血糖，保护心脑血管系统，益处更大，存在于芹菜、胡萝卜、五谷、豆类、梨、柑橘、李子、苹果、桃子、西瓜等常见食物中。

这些膳食纤维具有独特的物理特性：一方面能促进大肠的蠕动，缩短食物在大肠里停留的时间，防治便秘；另一方面能像海绵一样，吸附肠道内的代谢废物及随食物进入体内的有毒或有害的物质，并将其及时排出体外，缩短有毒物质在肠内滞留时间，减少肠组织对废毒物质的吸收。同时，它又像一把刷子，可清除黏附在肠壁上的毒废物质和有害菌，使大肠内壁形成光滑的薄膜，有利于食物残渣快速排出体外。

大多数植物都含有可溶性膳食纤维与不可溶性膳食纤维，所以只有在饮食中均衡摄取可溶性膳食纤维与不可溶性膳食纤维才能获得不同的益处。一些特定深海红藻类植物既含有可溶性膳食纤维又含有不可溶性膳食纤维。例如，寒天粉中的膳食纤维含量高达87.5%，其中可溶性膳食纤维和不可溶性膳食纤维各占50%，可以说是膳食纤维含量最丰富的物质。

膳食纤维主要成分的特性如下。

1. 纤维素

纤维素(cellulose)的化学结构与直链淀粉相似，由数千个葡萄糖分子所组成。人体内的淀粉酶只能水解α-1,4糖苷键而不能水解β-1,4糖苷键。因此，纤维素不能被人体胃肠道的酶所消化。纤维素具有亲水性，在消化道内可以大量吸收水分。

2. 半纤维素

半纤维素(hemicellulose)是由多种糖基组成的一类多糖，其主链由木聚糖、半乳聚糖或甘露糖组成，在其支链上带有阿拉伯糖或半乳糖。在人的大肠内半纤维素比纤维素易于被细菌分解，它有结合离子的作用。半纤维素中的某些成分是可溶的，在谷类中可溶的半纤维素被称为戊聚糖，它们可形成黏稠的水溶液，并具有降低血清胆固醇的作用。半纤维素大部分为非水溶性，它也起到一定的生理作用。

3. 木质素

木质素(lignin)不是多糖物质，而是苯基类丙烷的聚合物，具有复杂的三维结构。木质素存在于细胞壁上难以与纤维素分离，人和动物均不能消化木质素。

4. 果胶

果胶(pectin)主链上的糖基是半乳醛酸，其侧链上是半乳糖和阿拉伯糖。它是一种无定形的物质，存在于水果和蔬菜的软组织中，可在热溶液中溶解，在酸性溶液中遇热形成胶态。果胶也具有与离子结合的能力。

二、膳食纤维的生理功能

(1) 改良肠道菌群，延缓身体衰老：膳食纤维可帮助清除代谢废物，从而减少某些致癌物的产生和活化，因而降低了肠癌的发病率。它还能延缓、控制糖的吸收，抑制血糖的上升，从而对糖尿病起到防治作用。膳食纤维中含有抗氧化剂和异类黄酮物质，这些物质可以保护机体细胞免受氧化剂的侵害，维持细胞的正常功能。异类黄酮物质对身体中生长因子的活性有抑制作用，可延缓组织细胞的代谢速度。

(2) 降低血糖水平：膳食纤维能延缓碳水化合物在肠道的吸收，影响餐后血糖水平。经常食用膳食纤维者，空腹血糖水平或口服葡萄糖耐量都低于少食用者。

(3) 降低血脂水平，预防胆结石形成：膳食纤维可通过减少胆酸和中性胆固醇的肠肝循环而降低胆固醇的吸收，从而降低血液和胆汁中的胆固醇浓度，使胆汁中的胆固醇饱和度降低，减少胆石症的发生。可溶性的膳食纤维降脂作用更为明显。

(4) 控制食物摄入量，防止肥胖发生：膳食纤维可增加食物容积，容易产生饱腹感，从而减少食物摄入量和热量，有利于控制体重和减肥。

膳食纤维是存在于植物性食物中的不被机体消化吸收利用的碳水化合物的特殊形式，在谷类、薯类、豆类、蔬菜、水果中含量丰富。具体来说，富含膳食纤维食物对于粮食来说是指那些未经过精加工的食品，如全麸的谷类、小麦粉、玉米、高粱等杂粮。医学研究发现富含膳食纤维的食物具有减肥效果，其作用机制有两点：一是由于富含膳食纤维的食物的质地较精细食物硬一些，它能充分支撑胃部，同时富含膳食纤维的食物之间的间隙能像海绵一样吸收和保持水分，在胃中停留时间长，使胃的饱胀感时间也长，人不容易感到饥饿，就不会因频繁就餐而导致摄入量过多；二是富含膳食纤维的食物分解出来的碳水化合物比精细食物分解的碳水化合物消化吸收慢得多，能使体内血糖水平长时间维持在较高水平，使人不容易感到饥饿，也就不会多吃东西，因而也就不容易发生肥胖。此外，据科学家测定，人的饱腹感信号要经过大约 10 min 才能传到大脑中枢，所以吃饭快的人在大脑传出饱腹信号前又多吃了 10 min，这也是吃饭快的人多肥胖的原因之一。

吃精细食品时，由于不太需要咀嚼，所以无形中加快了吃饭的速度，增加了进食量。食用富含膳食纤维的食物时，由于该类食物质地硬，体积相对较大，纤维粗，咀嚼的时间较长，使吃饭的速度自然减慢，饱腹的信号由大脑传出相对较快，因此进食量大大减少，有利于减轻和控制体重。

第二节　膳食纤维的来源及其对健康的影响

一、膳食纤维的来源

中国人素以谷类为主食或兼有以薯类为部分主食的习惯，副食则以植物性食物(如蔬菜)为主，兼食豆类及鱼类、肉类等食品，水果因地区和季节的不同而有着不同的摄入量，奶类食品则较少吃。一般膳食纤维主要含在谷类、薯类、豆类及蔬菜、水果等植物性食物中，植物成熟度越高其膳食纤维含量也就越多，谷类加工越精细其所含膳食纤维就越少。常见食物的膳食纤维含量如表 7-1 所示。

表 7-1　常见食物的膳食纤维含量表

类别		100 g 中含膳食纤维平均量/g	食物名称	100 g 中膳食纤维含量/g
五谷类	麸皮	9.2	麦麸	9.4
			米糠	9.1
	全谷	1.2	白米饭	0.1
			大麦	2.3
			全麦面包	1.6
			玉米	1.5
			小麦	1.5
			燕麦	1.1
			小米	0.9
			糙米	0.3
豆类	干豆类	4.5	豌豆	5.0
			绿豆	4.2
			黄豆	4.0
			红豆	3.5
			黑豆	3.6
			豆渣	1.8

类别		100 g 中含膳食纤维平均量/g	食物名称	100 g 中膳食纤维含量/g
根茎类	块茎类	1.0	芋头	1.1
			甘薯(红心)	1.2
			甘薯	1.0
			马铃薯	0.8
	根类	1.2	牛蒡	1.8
			莲藕	0.9
			荸荠	0.6
果类	坚果类	1.8	栗子	2.7
			干莲子	2.1
			杏仁	1.0
	水果类	3	石榴	5.8
			乌梨	4.8
			油柑	2.6
			桃子	1.5
			草莓	1.3
			苹果	0.8
	干果类	3.2	柿子	4.9
			红枣	2.5
			黑枣	2.5
			橄榄	2.1

二、膳食纤维的需要量

每天的饮食中,至少需含有膳食纤维 20 g。可由全谷类、干豆类及新鲜蔬菜、水果的摄取来增加饮食中的膳食纤维量。日常食用的豆腐,在经肠胃消化酵素作用后,也可产生很多的膳食纤维,所以并非质地粗糙的食物才含膳食纤维。

三、增加膳食纤维的方法

(1) 牛奶中不妨加入全谷麦片或早餐麦片。

(2) 用糙米或不去皮的马铃薯、甘薯烹煮。面包、饼干、馒头、水饺等尽可能采用全麦或裸麦面粉、麸皮等来制作。

(3) 黄豆、绿豆、红豆、黑豆、豆干、豆腐等豆类及其制品都含有丰富的膳食纤维，可以在三餐菜肴及点心中多加利用。

(4) 最好选用种子、果皮都可食用的水果，如苹果、梨、石榴、草莓、桑葚、杏子、桃子、李子、葡萄等新鲜水果，或杏脯、无花果、葡萄干等不添加糖或盐的脱水水果。

(5) 花生、葵花籽、巴西胡桃、大胡桃等均是膳食纤维含量高的食品。

(6) 增加膳食纤维，除了食用富含膳食纤维的食物之外，还应注意食物的制作方法。捣碎、磨粉等加工方式都会破坏膳食纤维。加热并不影响食物的膳食纤维含量，而油炸、煎或蒸的烹调过程会增加食物的膳食纤维量，但增加量是很有限的。

四、膳食纤维对健康的影响

膳食纤维对一些“现代病”和肠癌都有很好的预防和治疗作用。膳食纤维对人体虽没有营养价值，但它特有的功能使得膳食纤维与人体健康的关系极为密切。尤其是近十年来，膳食纤维与人体健康的相关性，几乎成为广泛研究的焦点，并取得了许多研究成果，使膳食纤维有了应有的“声誉”。

1. 防治“现代病”

膳食纤维在人体内有几种特性，即持水性、对有机分子的吸附作用、与阳离子的结合和交换、可被微生物分解等。正因为具备上述特性，膳食纤维能够调节营养物质在体内的消化和吸收，并影响体内分泌状况，从而起到降糖、降脂、减肥、通便等作用。目前所谓的一些“现代病”均与摄食膳食纤维含量低、高脂肪的饮食有关。因此，许多国家提倡尽量摄取糙米、全麦等未精制的谷物，改变饮食习惯。现在许多慢性病(包括癌症)的发生都与膳食纤维摄入量过少有关，这一观点已被愈来愈多的科学家所认同。

2. 防治癌症

现在由于许多人以“食不厌精”的观点来选择食物，多选用精米、精面，而且偏食肉类、蛋类、奶类等食品，因而饮食中所含膳食纤维极少，使机体的消化、排泄功能减缓。这些食物在胃肠内停留时间延长，过剩的动物性蛋白质与细菌作用，产生一种有毒物质——过氧化脂质。另外，蛋白质被分解后的产物——氨，能黏附在肠壁上，如果大量的氨长期黏附在肠壁上，可使肠壁细胞发生不规则变化，甚至引起癌变。肠内如果有适量的膳食纤维，一是可使排便加快，致癌物质在体内停留时间相对减少，而且由于膳食纤维增多，大便相应增加，肠内含有的致癌物质密度从而降低，二是膳食纤维能促进肠内有益细菌增生，其中一部分有益的细菌对致癌物质有抑制作用，这样就降低了结肠癌的发病率。

3. 防治糖尿病

摄入膳食纤维含量高的食物，还有助于糖尿病患者控制血糖。这主要是由于膳食纤维能延缓碳水化合物的吸收，使血中胰岛素的消耗减少，调节胰岛素的分泌，控制血糖上升。膳食纤维中的果胶对控制血糖很有效果，因为果胶能增加食糜的黏稠度，降低碳水化合物的吸收。所以，膳食纤维含量高的食物是糖尿病患者和冠心病患者比较理想的食物。

五、膳食纤维常见误区

膳食纤维近年来非常受欢迎，因为它可以清洁肠胃、防止脂肪堆积、缓解便秘，所以受到了不少爱美人士和中老年人的喜爱。芹菜中可以看见的细丝，就是最直观的膳食纤维。实际上，膳食纤维多种多样，它对肠胃的保健功效也因人而异。总结起来，以下三个误区几乎人人都有。

误区一：口感粗糙的食物才有膳食纤维。根据理化性质的不同，膳食纤维分为可溶性和不可溶性两类。不可溶性膳食纤维主要存在于麦麸、坚果、蔬菜中，因为无法溶解，所以口感粗糙。不可溶性膳食纤维主要能改善大肠功能，包括缩短消化残渣的通过时间、增加排便次数，起到预防便秘和肠癌的作用，芹菜中含有的就是这种纤维。大麦、豆类、胡萝卜、柑橘、燕麦等都含有丰富的可溶性膳食纤维，能够减缓食物的消化速度，使餐后血糖平稳，还可以降低血降胆固醇水平，这些食物的口感较为细腻，但也有丰富的膳食纤维。

误区二：膳食纤维可以有助于排出废物、留住营养。膳食纤维在阻止人体对有害物质吸收的同时，也会影响人体对食物中蛋白质、无机盐和某些微量元素的吸收，特别是对处于生长发育阶段的青少年儿童，过多的膳食纤维，很可能把人体必需的一些营养物质带出体外，从而造成营养不良。所以，吃膳食纤维含量高的食物要适可而止，儿童尤其不能多吃。

误区三：肠胃不好的人要多补充膳食纤维。膳食纤维的确可以缓解便秘，但它也会引起胀气和腹痛。胃肠功能差者多食膳食纤维反而会对肠胃道造成刺激。对成人来说，每天摄入 25～35 g 膳食纤维就足够了。

课外导读

燕麦——膳食纤维的最佳来源

膳食中的可溶性膳食纤维有这样几个来源：果胶含量较高的水果，如苹果、葡萄等；一些豆类；某些谷类，如燕麦、大麦等。

但是，根据科研结果，很多科学家推荐：获得适量的可溶性膳食纤维的最好办法是常吃燕麦片。其原因有以下三点。

第一：燕麦的功效人们目前研究得比较深入和广泛。

研究结果表明，燕麦中的 β-葡聚糖有降低胆固醇的作用。如果每天食用 60 g 燕麦片，一个月内，血中胆固醇可下降 5％～10％；患者胆固醇水平越高，食用效果越明显，有 7％～10％的人胆固醇水平可下降约 27％。

第二：燕麦的膳食纤维含量高而且方便。

燕麦所含的可溶性膳食纤维是白米的 12 倍，是白面包的 3 倍。摄入的可溶性膳食纤维能在人体大肠中形成胶质，令人体吸收食物养分的时间延长，较长时间地维持饱腹感，并能避免血糖骤升骤降所带来的想吃甜食的欲望。市场上出售的燕麦片大都方便、简单、即食。

第三：燕麦可以降低胆固醇，维持肠道健康，可帮助节食者及糖尿病患者控制饮食。燕麦能选择性地降低被称为"坏"胆固醇的低密度脂蛋白胆固醇，而不降低被称为"好"胆固醇的高密度脂蛋白胆固醇；燕麦中含有丰富的可溶性膳食纤维，在肠道内可溶性膳食纤维能与水混合成胶质，从而调节体内血糖水平，让人体更有效地吸收营养，改善体内胰岛素和葡萄糖的代谢，有助于预防和控制糖尿病和肥胖症。

苹果——天然美容保养品

一、食材性情概述

苹果果实硕大，品种繁多，口味多种多样，有"果中西施"之称。苹果与人们的生活有密切的关系，人们对苹果的保健价值也比较重视。欧洲民谚云：日食一苹果，医生远离我。

苹果的营养很丰富，它含有多种维生素和酸类物质。一个苹果中含有类黄酮30 mg以上，苹果中含有15%的碳水化合物及果胶，维生素A、维生素C、维生素E及钾和抗氧化剂等含量也很丰富。由于苹果中的含钙量比一般水果高得多，故苹果有助于代谢体内多余盐分。苹果酸可代谢热量，防止下半身肥胖。而可溶性纤维果胶，既可解除便秘痛苦，还能促进胃肠道中的铅、汞、锰的排放，调节机体血糖水平，预防血糖水平的骤升骤降。苹果中的果胶还可以降低胆固醇，荷兰学者从长期调查研究中发现，每天吃1个苹果的人，胆汁的排出量和胆汁酸的浓度增加，有助于肝脏排出更多的胆固醇。

苹果所含的多酚及类黄酮等天然化学抗氧化物质，可及时清除体内的代谢"垃圾"。吃熟苹果，可治疗便秘；吃切成丝的生苹果，能治疗轻度腹泻。苹果酸可以稳定血糖，预防老年糖尿病，因此糖尿病患者宜吃苹果。苹果含有的糖和锂、溴元素，是有效的镇静安眠药，且无副作用。另外，苹果还含有锌、镁元素。常吃苹果能排除体内有害健康的铅、汞等元素，所以欧洲科学家称苹果为防癌食品。

二、美容功效与科学依据

苹果素来就享有"水果之王"的美誉，苹果的食用价值早已众所周知，而且苹果还是一种很好的天然美容保养品。

(1) 防止肥胖。和其他水果相比较，苹果提供的脂肪可忽略不计，几乎不含蛋白质，提供的热量也很少(平均100 g只有60 cal)。苹果还含有丰富的苹果酸，苹果酸可以让积蓄在体内的脂肪有效地分解，从而防止体态过胖。

(2) 美白牙齿。苹果含丰富的纤维素，其中的细纤维可清除牙齿间的污垢，使牙齿更加清洁，笑容更加自信。

(3) 排毒养颜。因苹果含丰富的果胶，故有助于调节肠道的蠕动，而它所含的纤维素可以帮助排除体内的垃圾，从而有助于排毒养颜。

(4) 美白皮肤。苹果含有大量维生素C，经常吃苹果，可以帮助消除皮肤的雀斑和黑斑，保持皮肤细嫩红润。将苹果切成薄片敷在眼部，还有助于消除黑眼圈。

三、美容实例

1. 嫩肤苹果面膜

苹果先去皮，捣烂如泥后，针对干性皮肤可加适量的鲜牛奶或植物油，针对油性皮肤可加蛋清，搅拌均匀后再敷面，20 min后用清水洗干净，不仅可以消除皮肤暗疮、雀斑及黑斑，还能使皮肤细嫩、柔滑而白皙。

2. 消除黑眼圈

将苹果切成薄片敷在因过度疲劳形成的黑眼圈部位，有助于消除黑眼圈。

3. 润泽肤色

每日食苹果1～2个，能提供皮肤必需的基本矿物质和维生素，这是维持面部皮肤红润光泽的前提之一。

4. 保健肌肤

准备2个苹果和适量的牛奶，将苹果洗净后榨汁，与牛奶按照1∶2比例混合。用混合液早晚清洗面部和颈部，对皮肤有保健作用，可使肌肤光滑、细致。

5. 轻盈瘦身

红色或黄色甜椒1/2颗、苹果1个、菠萝2小片。苹果削皮、去核，菠萝切片，分别制成纯汁。甜椒纵切，加200 mL水打成汁。所有纯汁混合搅拌均匀后，立即饮用。

进食技巧：无论饭前或饭后吃苹果或喝苹果汁，对健康都是有益的。假若胖人吃苹果是为了减肥，则在饭前和饭中吃为好，这是因为苹果具有较强的饱腹感，能令肥胖者减少进食量，其含有的果胶也能充分阻止肠道吸收食物中的脂肪。另外，吃苹果不应速战速决，要细细地咀嚼，因为苹果不好消化，另外，咀嚼苹果还能起到洁齿效果。

要适量：一日吃苹果的量不宜大，100 g即可。若进食苹果过量，所含的果胶与鞣酸在胃内和胃酸反应，形成胶状物，就会堵塞胃肠道，导致腹胀。假如是为追求某种食疗效果，如减肥、治疗便秘，需要多吃时，则应一日分几次吃或同其他食物搭配进食。

橙子——浑身是宝的美容佳品

一、食材性情概述

橙子又名香橙，颜色鲜艳，酸甜可口，是深受人们喜爱的水果。橙子种类很多，最受

青睐的主要有脐橙、冰糖橙、血橙和美国新奇士橙。橙子被称为“疗疾佳果”,含有维生素A、B族维生素、维生素C、维生素D及柠檬酸、苹果酸、果胶等成分。维生素C能增强毛细血管韧性;果胶能帮助尽快排泄脂类及胆固醇,并减少外源性胆固醇的吸收,故具有降血脂的作用。橙子性味酸凉,具有行气化痰、健脾温胃、助消化、增食欲等功效。

二、美容功效与科学依据

橙子对于爱美的女人来说,全身都是宝。

(1) 橙子含丰富维生素C,具有防止老化及预防皮肤过敏的功效。略带油光、容易受外界物质刺激的敏感肌肤,尤其适合选用含香橙精华成分的护肤品。

(2) 橙子具有滋润、抗老化及调和自由基的作用,更能有效补充眼部水分。

(3) 橙子的果肉中含丰富维生素C,具有预防雀斑的功效,沐浴时使用可促进血液循环,防止肌肤水分流失,发挥长时间滋润效果,而橙皮更能磨去死皮。其香气还有舒缓及振奋作用。

三、美容实例

1. 盐味橙汁

运动后饮用橙汁,含量丰富的果糖能迅速补充体力,而高达85%的水分更能解渴提神,加点盐饮用,效果更是明显。特别提醒橙汁榨好后要立即饮用,否则空气中的氧会使其维生素C的含量迅速降低。

2. 橙汁卸妆

用洗面巾浸透橙汁擦拭面部皮肤,充分吸收5 min后用清水洗净,既能卸妆,又可彻底清除污垢和油脂,发挥深层洁肤功效,即使敏感的肌肤也可以使用。但特别提醒,使用橙汁洁肤后尽量避免阳光暴晒。

3. 橙籽面膜

将2茶匙橙籽用搅拌机打成粉末,混合蒸馏水制成糊状面膜。每周敷1～2次,能提高皮肤毛细血管的抵抗力,达到紧致肌肤的目的。皮肤敏感的人可先做皮肤测试,将自制面膜涂于耳后,5～10 min后洗净,若没感到不适便可安心使用。

4. 橙瓣眼膜

将橙瓣切成薄片当眼膜使用,用手指轻轻地按压以助吸收,能促进局部血液循环,有效补充眼部水分,发挥长时间滋润功效。

5. 橙皮按摩

橙皮具有出类拔萃的抗橘皮组织功能。取清洗干净的橙皮,用橄榄油浸润,然后按摩身体上相应的橘皮组织部位,按摩时均匀用力挤出汁液,结束后用清水洗净皮肤。

6. 橙皮磨砂

用橙皮磨去死皮时其中含有的丰富的类黄酮成分和维生素C成分,还能促进皮肤新陈代谢,提高皮肤毛细血管的抵抗力。将鲜橙带皮切片,装入纱布,直接在手肘、膝盖、脚跟等粗糙的部位摩擦,即可磨去死皮。

7. 橙皮沐浴

沐浴时加入少量新熬好的橙皮汤,橙皮汤不仅能带来沁人心脾的芬芳,更能调和自由基，有助于保持皮肤润泽、柔嫩。此法尤其适合在干燥的秋季使用。

进食提示：饭前或空腹时不宜食用橙子，否则橙子中所含的有机酸会刺激胃黏膜，引起胃部不适。吃橙子前后 1 h 内不要喝牛奶，因为牛奶中的蛋白质遇到果酸会凝固，影响消化吸收。吃完橙子应及时刷牙漱口，以免酸性环境损害牙齿健康。

莫过量：橙子味美但不要吃得过多。过多食用橙子等柑橘类水果会引起中毒，出现恶心、呕吐、烦躁、精神不振等症状，也就是老百姓常说的“橘子病”，医学上称为“胡萝卜素血症”。

不适宜人群：有些人是不适合吃橙子的，如出现口干咽燥、舌红苔少等症状者。这是由于肝阴不足所致，而橙子吃多了更容易伤肝气，发虚热。

一、思考题

1. 简述膳食纤维的种类。
2. 简述膳食纤维的生理功能及对健康的影响。
3. 如何增加食物中的膳食纤维？

（江 冰 彭剑锋）

第八章　常见食品与美容

第一节　谷类食物与美容

谷类是植物的种子。谷类食物是世界大多数居民的主要食物，种类很多，在我国主要是稻米、小麦、玉米、高粱和小米。谷类食物在我国饮食构成中占有重要的地位，是人们日常生活中的主食，是人们赖以生存的支柱。人体每天所需热量有60%～70%来源于谷类食物，所需的蛋白质也有相当数量来自谷类食物及其制品。

一、谷类食物的结构、营养分布及营养价值

1. 谷类食物的结构和营养分布

各种谷粒的结构基本相似，都是由谷皮、糊粉层、胚乳和谷胚四部分组成的。谷皮主要含有纤维素和半纤维素，也含有较多的B族维生素和矿物质。胚乳是粮谷的重要部分，约占谷粒总量的83%，主要含淀粉和较多的蛋白质以及少量的脂肪和矿物质。谷胚占谷体总量的2%～3%，含有丰富的B族维生素，其中以维生素B_1含量最多。此外，还含有大量脂肪、蛋白质、矿物质和各种酶，主要是麦芽淀粉酶、蛋白酶、脂肪酶等。

2. 谷类食物的营养价值

谷类食物的各种营养素含量，因谷类的种类、品种、种植条件、土壤肥料及加工方法的不同而有很大差异。谷类食物包括大米、小麦、玉米、小米、高粱等，谷类蛋白质含量为7%～12%。

谷类食物中脂肪平均含量约为2%，玉米和小米中含量稍高，约为4%；不饱和脂肪酸占80%。谷类食物中含糖70%以上，是人体供给热量的主要来源。谷类食物是世界大多数居民摄入热量的主要来源，在我国人民的饮食中，有50%的热量来源于谷类食物，50%左右的蛋白质也是由谷类食物供给的。因此，称谷类食物为主食。

谷类食物中矿物质含量为1.5%～3.0%，由于其中含有一定量的植酸，植酸可与矿物质形成难吸收的植酸盐，所以谷类食物中的矿物质营养价值较差。

谷类食物不含胡萝卜素（黄色玉米除外）和维生素C，但含丰富的B族维生素，特别是维生素B_1和烟酸的含量相当丰富。谷类蛋白质所含赖氨酸、苯丙氨酸、蛋氨酸都比较低，除黑糯米外，其余谷类食物中蛋白质含赖氨酸较少，其中以小麦中赖氨酸含量最少，所以营养价值不如动物性蛋白质高。黑糯米的营养价值较一般谷类食物高。据报道，黑糯米中蛋白质、脂肪及九种氨基酸的含量均比一般大米高，此外还含有多种维生

素和微量元素。中医学认为黑糯米有滋阴补肾、健脾益气、开胃益中等功效，适宜长期食用。

常见谷类食物的营养成分如表 8-1 所示。

表 8-1　常见谷类食物的营养成分

食物名称	热量/kcal	蛋白质/g	缺乏的氨基酸	脂肪/g	钙/mg	铁/mg	胡萝卜素	维生素 B_1/mg	维生素 B_2/mg	烟酸/mg
全麦	334	12.2	赖氨酸	2.3	30	3.5	微量	0.40	0.17	5.0
大米(去壳)	357	7.5	赖氨酸	1.8	15	2.3	微量	0.25	0.12	4.0
玉米	356	9.5	赖氨酸	4.3	12	5.0	微量	0.33	0.13	1.5
燕麦	335	13.0	赖氨酸	7.5	60	3.8	微量	0.50	0.14	1.3
小麦	343	10.1	赖氨酸	3.3	30	6.2	微量	0.44	0.12	3.5
稞麦	319	11.0	赖氨酸	1.9	50	3.5	微量	0.27	0.10	1.2

二、谷类食物与热量

谷类食物所含的热量非常高，饮食中 50%的热量都由谷类食物来提供。在我国，一般饮食中由碳水化合物所供应的热量占总热量的 60%～70%。经折算，谷类食物提供的热量应占饮食总热量的 50%。以谷类食物为主食的饮食结构有很多优点。

1. 谷类食物易被氧化分解

从人体新陈代谢的特点来看，以谷类食物作为热量的主要来源是非常合适的。谷类食物中提供热量的淀粉和糖的结构简单，人体能够将其迅速地进行氧化分解，在短时间内获得大量的热量。同时，碳水化合物在人体内氧化分解的最终产物是二氧化碳和水，这两种物质都没有毒性，人体不需要对它们进行解毒，而且可以比较容易地将其直接排出体外。

2. 谷类食物是价格最便宜的热量来源

如果把 500 g 小麦所含的热量换算成猪肉所含的热量，约相当于 531 g 猪肉所含的热量。可是按照价格来计算，500 g 小麦粉比 531 g 猪肉显然要廉价得多。有人按照产量算了一笔账：1 亩地种小麦可收获 300 kg 粮食，含热量 1.1×10^6 kcal，而用这些小麦来养猪仅能够获得 75 kg 猪肉，含热量 2.5×10^5 kcal。故同样的土地面积上所生产出来的热量，肉类仅有谷类的几分之一。因此，在目前世界人口爆炸、食物供应出现危机的时刻，用产量较高的谷物作为热量的主要来源，就可以使地球上有限的耕地养活更多的人。

3. 谷类食物食用方便、易于储存

干燥的谷类食物或谷类食物制品可以长期保存而不变质。正因为如此，自古以来，生产和储存粮食一直是关系到国计民生的头等大事。

三、常见谷类食物的保健作用

各种谷类食物不仅有各自的营养特点，而且它们对人体健康所起的作用也各不相同。各种谷类食物不仅可以作为饮食中的主食，提供丰富的营养，而且许多谷类食物还对人体有一定的滋补作用和特殊的保健功效。

1. 大米

大米有补中气、健脾胃的功效，尤其对平素不以大米为主食的体虚、中气不足者，连食数日颇有成效。若用大米煮成粥，对发热后津伤烦渴、小便短少者或泄泻后肠胃虚弱、食欲不佳者，食后有养胃生津之功效。

2. 小麦

小麦不仅蛋白质含量高于大米，而且钙的含量是大米的 9 倍。小麦既含有丰富的 B 族维生素和维生素 E，是有助于保护人体各脏器组织正常功能的常见食品，又含有胆碱、卵磷脂、精氨酸等，可增强记忆，提高儿童智力，还含有有助于消化的淀粉酶、麦芽糖酶、蛋白分解酶等。

3. 小米

小米的营养也比较丰富，蛋白质、脂肪及维生素 B_1、维生素 B_2 的含量均比大米高，特别是人体必需的色氨酸、亮氨酸、精氨酸的含量比其他粮食都高，其中色氨酸含量每 100 g 高达 202 mg。营养学家研究发现，人类睡眠愿望的产生和困倦程度与食物中蛋白质的色氨酸含量有关。色氨酸能促使大脑神经细胞分泌出一种使人产生睡意的物质——五羟色胺，可使大脑思维活动受到暂时抑制。另外，小米富含易消化的淀粉，可促进人体胰岛素的分泌，进一步提高进入脑内的色氨酸量。所以，睡前半小时适量进食小米粥，能帮助入睡，且无副作用。

4. 玉米

近年来，科学家们研究发现，玉米不仅含有极其丰富的营养物质，而且它的药用价值也很高。玉米中所含的维生素 E、不饱和脂肪酸及卵磷脂等，能降低胆固醇含量，防治高血压、冠心病，并且具有延缓细胞衰老和功能退化等作用。玉米中含有的大量维生素 B_2 可治疗口角炎、阴囊炎等维生素 B_2 缺乏症。玉米中还含有较多的镁元素，能帮助血管舒张，加强肠壁蠕动，增加胆汁，促使人体内废物的排泄，有利于机体新陈代谢的正常运行。另一方面，镁也能抑制肿瘤细胞的发展，从而起到抗肿瘤的作用。玉米中所含的纤维素能促进胃肠蠕动，缩短食物残渣在肠内的停留时间，并减少分泌毒素的腐质在肠内的积累，能将有害物质带出体外，从而减少结肠癌和直肠癌的发病率。玉米中所含的木质素，可使人体内的巨噬细胞的活力提高 2～3 倍，从而抑制肿瘤的发生。玉米中还含有一种抗肿瘤因子——谷胱甘肽，这种物质能控制致肿瘤物质，使其失去活力，并从消化道将致肿瘤物质驱除体外。

四、谷类食物对健康美容的作用

(1) 糙米的美容保健作用:糙米的最大特点是含有胚芽和膳食纤维。膳食纤维有减轻体重、降低胆固醇和通便的作用。胚芽是米粒内的小胚胎,其体积仅占一颗米粒的3%,而一颗米粒的营养成分却有一半以上存在于胚芽之中,胚芽含锌极丰富。胚芽可改善肠胃系统,使便秘不治而愈,从而改善体质,同时有净化血液、美容保健的作用。

(2) 米糠是稻谷种皮和部分糊粉层的混合物,占稻谷重量的7%~8%。从米糠中可提取与人体健康美容有密切关系的米糠油、谷维素和谷固醇。米糠油清淡可口,消化吸收率高,其中人体所需要的亚油酸含量较多,因而在国外有"健康美容营养油"的美誉。谷维素能改善皮肤微血管的循环机能,增加表皮血流量,使皮肤色泽红润。米糠中所含的维生素E既能预防皮肤干燥,减少色素沉积,又能延缓细胞衰老,保持机体的青春活力。

第二节　动物性食物与美容

一、肉类的组成

肉类包括畜类或禽类的肌肉组织、脂肪组织和结缔组织。肌肉组织是肉类的主要组成部分,在各种家畜肉、家禽肉的体内,肌肉组织占50%~60%。肌肉组织中富含人体必需的完全蛋白质,是最有食用价值的部分,也是决定肉类质量的最重要的部分。结缔组织包括肌腱、韧带和肌肉脂肪的内外膜、血管、淋巴等组织,其营养价值不如肌肉组织的蛋白质,不易消化。脂肪组织一般较多地分布在皮下、肌肉间隙、腹腔内及肾脏周围,还有一部分与蛋白质结合存在于肌肉中。

二、动物性食物的营养价值

动物性食物一般是指肉类食物。肉类食物包括家畜的肌肉、内脏及其制品,家畜是指猪、牛、羊、兔、狗等,家禽是指鸡、鸭、鹅等。肉类食物的营养价值随动物的种类、部位、年龄及肥瘦程度不同而有显著差异。它们含有丰富的蛋白质、脂肪、矿物质和维生素A及B族维生素。肉类食物不仅味道鲜美、消化吸收率高、易饱腹,而且具有强身健体的作用。例如,鸡肉可补益五脏、治脾胃虚弱,羊肉暖中补虚、开胃健身,牛肉补中益气,猪肉和血脉、润肌肤,狗肉安五脏、暖腰膝等。肉类食物的化学组成与人体肌肉极为接近,可供给人类各种氨基酸、脂肪、矿物质和维生素。

1. 提供优质蛋白质

人体组织除了水分外,以蛋白质含量最高,蛋白质不仅是身体的基本组成成分,而且凡帮助消化吸收与调节生理作用的酶、激素、维持神经介质正常传递的物质、抵抗传

染病的抗体等物质都与蛋白质的结构和功能密切相关。在整个生命过程中，体内蛋白质都在细胞内不断地被分解和利用，因此，必须源源不断地给机体提供蛋白质，只有人体各部分能吸收和利用足量的蛋白质时，人才能健康长寿。

肉类中蛋白质含量为10%～20%，动物性蛋白质是优质蛋白质，因为其所含的八种必需氨基酸的含量和比例均接近人体需要，是吸收利用率很高的优质蛋白质。人体内所需蛋白质约50%应来自于优质蛋白质。及时补充优质蛋白质，对于生长发育迅速的婴幼儿、儿童、青少年和对蛋白质需要量特别高的孕妇、哺乳期妇女尤为重要。

2. 提供多价不饱和脂肪酸

肉类食物中脂肪含量随动物种类、饲养情况和部位不同而异。畜肉类脂肪含量为10%～30%，以饱和脂肪酸为主。

禽肉类中脂肪含量较少（为2%～10%）且熔点低，易于消化吸收，并含有20%亚油酸。

鱼肉类中脂肪多由多价不饱和脂肪酸组成，是人体必需的脂肪酸，机体不能合成，必须由食物提供。这类脂肪酸能加速体内胆固醇的代谢，减少动脉中脂肪斑块的形成，对预防动脉粥样硬化有重要的作用。多价不饱和脂肪酸是一种有益于大脑的物质，对脑细胞，特别是对脑的神经传导和突触的生长发育有重要作用，对人的智力、记忆和思维能力等也有影响。缺乏这种物质，就会影响脑细胞膜的形成，并有可能引起脑细胞的死亡。

3. 提供矿物质，预防缺铁性贫血

近十几年来人们生活水平普遍提高，但人体缺铁现象还是比较普遍，主要表现为缺铁性贫血发病率较高。其中一个原因是饮食中铁吸收率低。食物中的铁有两种形式，即血红素铁（有机铁）和非血红素铁（无机铁），而血红素铁能直接被肠黏膜上皮细胞吸收，因此利用率高。肉类为铁和磷的良好来源，并含有一定量的铜。肝脏中所含的铁、铜比肌肉中的高，另外还含有其他微量元素，可称为矿物质的宝库。畜肉类、动物肝脏、禽肉类和鱼肉类中的血红素铁约占食品中铁总含量的1/3，其吸收率较高。同时肉类蛋白质中半胱氨酸含量较多，半胱氨酸能促进铁的吸收。因此，饮食中有牛、羊、猪、鸡、鸭和鱼时，可使铁的吸收率增加2～4倍，可以改善缺铁性贫血。

4. 提供丰富的维生素

无论是维生素A、维生素D、维生素K、维生素E等脂溶性维生素，还是B族维生素等水溶性维生素，在动物性食物中均含量丰富。与贫血有关的维生素B_{12}，一般只有在动物性食物中才存在。尤其是动物的肝脏，是多种维生素的重要来源。畜肉类中维生素含量与禽肉类基本相似，瘦肉为B族维生素的良好来源，尤其是维生素B_1含量很丰富。肉类、动物内脏尤其是肝脏中含有多种维生素，且含量高，特别是维生素A和维生素B_2含量高。此外，禽肉类还含有一定量具有抗脂质过氧化作用的维生素E。

三、动物性食物的营养健康功能

（一）常见畜肉类的营养健康功能

畜肉类食物包括家畜的肌肉、内脏及其制品。

家畜主要有猪、牛、羊、兔、狗等。畜肉类蛋白质含量丰富，是人类摄取蛋白质的重要来源。它们不仅味道鲜美，而且还有强身健体和食疗保健的作用。

1. 猪肉

猪肉是我国居民常吃的一种肉类，全国猪肉消费量占肉食消费总量的80%以上。猪肉纤维细软，是良好的肉食佳品。猪肉营养丰富，是畜肉类中含维生素 B_1 较多的食物之一。猪肉中蛋白质含量虽不算太多，但其品质很好，所含氨基酸接近人体需要。猪肉中维生素A含量也较高，是羊肉的5倍、牛肉的12倍。猪肉含脂肪量高，比牛肉、羊肉高出2.5倍，而且产热量较大，适合冬季食用或劳动量大、消耗热量多的人食用。经常酌量食用猪肉，对促进健康是有益的，因为猪肉是人类摄取优质蛋白质的主要来源之一。

2. 牛肉

牛肉含蛋白质比猪肉多，含脂肪比猪肉少，其氨基酸的组成比猪肉更接近人体的需要，还含有肽类、肽酸、黄嘌呤、牛磺酸、乳酸及糖原等，所含营养素中除钙、磷、铁外，还含有较多的锌和镁，维生素中以烟酸较多。因此，牛肉是营养十分丰富的食物。动过手术的人在补充血液、修复组织和伤口愈合时食用瘦牛肉特别适宜。此外，心血管疾病患者食用牛肉也较适宜。

3. 羊肉

羊肉营养丰富，蛋白质的含量高于猪肉，脂肪含量介于猪肉和牛肉之间，含有多种维生素和无机盐。羊肉不仅营养丰富，而且各种营养成分均有滋补作用，由于性温，一直被人们认为是温补身体的优良食品。羊肉在我国自汉代以来一直被作为滋补和壮阳的佳品，具有多种保健功能。中医学认为，羊肉有补虚益气、温中暖下、开胃健身、通乳治带等功效，可用于治疗肺气虚弱、久咳哮喘、胃寒腹痛、纳食不化、产后体虚、多汗缺乳、慢性肾炎、低血压、心率过缓、阳痿早泄、经少不孕等。

4. 狗肉

狗肉是冬季御寒强体的滋补佳品。狗肉含蛋白质多、含脂肪少，而且含维生素A多，所含无机盐中钙的含量较多，还含有较多的锰、锌、硒等微量元素。对体虚畏寒、年老体弱、腰痛足冷及患风湿性疾病的人有较好的保健作用。由于狗肉能增加热量，因此可作为冬季滋补食品，增强人们的御寒能力。

5. 兔肉

兔肉是高蛋白、低脂肪、低胆固醇食品。其蛋白质含量超过猪肉、牛肉、羊肉，其脂肪含量也远远低于这些肉类；其赖氨酸含量也很高，占氨基酸总量的9.6%，并且含有

丰富的B族维生素和多种微量元素。兔肉最大的特点之一是胆固醇含量低于其他常见肉类。兔肉还含有丰富的卵磷脂,卵磷脂是构成神经组织和脑细胞代谢的重要物质,卵磷脂中的胆碱又有改善人脑的记忆力及防止脑功能衰退的特点,是儿童、青少年大脑和其他器官发育不可缺少的物质。对高血压患者来说,卵磷脂有抑制血小板凝聚、防止血栓形成的作用。

(二)常见禽肉类的营养健康功能

家禽的品种较多。其中经济价值较高的主要有鸡、鸭、鹅,其次是人工饲养的飞禽,如鸽、鹌鹑、火鸡等。从营养角度看,禽肉类比畜肉类营养价值更高。首先禽肉类蛋白质含量高,是优质蛋白质的来源之一。其次,其脂肪含量低,禽肉类脂肪中含有丰富的不饱和脂肪酸(如人体必需脂肪酸——亚油酸),易被人体消化吸收。这是禽肉类食物所含脂肪的一个特点。

1. 鸡肉

鸡肉是人们喜爱的肉类食物之一,不仅味道可口,而且也是营养丰富的滋养食品。鸡肉中的蛋白质含量远远超过畜肉类及鱼肉类,但脂肪的含量却比较低,而且含有不饱和脂肪酸,其脂肪酸的构成比例也接近于人体的需要。鸡肉对老年体弱、脾胃虚弱、虚痨羸瘦、小便频数、产后乳少、腹泻下痢、畏寒虚弱、手足冰冷等均有疗效。特别是在病后、产后食用,可以滋补身体,有利于恢复健康。更有滋补价值极高的乌骨鸡,历来被视为妇科滋补良药。

2. 鸭肉

鸭肉是营养价值很高的肉类食物,我国大部分地区均有饲养,以北京填鸭、南京盐水鸭最为著名。鸭肉所含蛋白质略低于鸡肉,脂肪含量高于鸡肉,维生素A和核黄素的含量比鸡肉多,铁、锌、铜的含量也多于鸡肉,因此其营养价值不可低估。鸭肉在我国历来被视为补养佳品之一,其性微寒、味甘,具有滋阴养胃、利水消肿、健脾补虚、清暑利热的功效。

3. 鹅肉

鹅肉为常用禽肉类之一,虽然味道略逊于鸭肉,但营养价值大致相同。蛋白质含量略低于鸡肉,脂肪含量高于鸡肉1倍多,也含有多种维生素,核黄素的含量比鸡肉高,无机盐中铁、锌、铜等元素的含量高于鸡肉的含量。鹅肉性平味甘,对脾胃虚弱、中气不足、倦怠乏力、少食消瘦、烦渴等均有疗效。

4. 鹌鹑肉

鹌鹑肉既有营养价值,又有药用价值。鹌鹑肉营养价值比鸡肉高,有“动物人参”之称。其味鲜美,且易消化吸收,适宜孕妇、产妇、老年体弱者食用,肥胖症、高血压病患者也可选食。另外,鹌鹑肉性平味甘,有补五脏、益中气、清利湿热的功效。

5. 鸽肉

鸽肉营养丰富,营养保健作用与鸡肉类似,而且比鸡肉更易消化吸收,所以民间有

“三鸡不如一鸽”之说。鸽肉含蛋白质十分丰富，血红蛋白含量也较多，脂肪含量比较低，维生素 E、烟酸、核黄素等的含量都比鸡肉高。鸽肉对用脑过度引起的神经衰弱、健忘、失眠、夜尿频繁都有一定的辅助治疗作用，也适用于辅助治疗虚羸、消渴、妇女血虚等，尤其对体质虚弱者和产妇有较好的滋补作用。

四、动物性食物对健康美容的作用

1. 肉皮、蹄筋类食物与健康美容的关系

胶原是人体中一种重要的蛋白质，它是构成人体毛发、肌肉、皮肤及内脏等各种组织器官的最基本物质。如人的皮肤出现干燥、褶皱、缺乏弹性甚至萎缩等现象，与细胞的“脱水状态”有密切关系，而改善这种储水状态、促进水代谢的最佳营养物质就是胶原蛋白。人体骨骼主要由胶原蛋白和钙、磷等矿物质构成，另外，肌腱和韧带也都是由胶原蛋白构成的。

我国有句俗话，叫做“吃什么，补什么”。从提供组织器官的原始材料来看，这话有一定道理。例如，从猪皮、鸡皮、鸭皮或猪蹄筋、牛蹄筋中，进一步分解出来的物质往往与构成人的皮肤、肌腱、韧带所需物质相近或部分相同。经消化吸收后，能较快地重新组合，构成人的皮肤、肌腱、韧带。猪皮、鸡皮、鸭皮或猪蹄筋、牛蹄筋等对美容保健的作用有以下三点。

(1) 促进生长，强壮筋骨，使体型健美：特别是儿童和青少年处于个体生长最快的时期，若胶原蛋白充足，则可保证骨骼生长迅速，肌腱和韧带正常生长。

(2) 延缓衰老：胶原蛋白充足，能使皮肤代谢正常，防止真皮过早变薄，减少脱发和防止头发过早变白。

(3) 重要的美容食品：胶原蛋白可使皮肤细腻白皙，毛发乌黑油亮，是容貌美丽和身体健康的重要标志。胶原蛋白充足，是皮肤细胞更新的重要保证。胶原蛋白能促进微循环和增强血管壁弹性，并有助于红细胞的生成。胶原蛋白充分，能使皮肤白里透红。胶原蛋白又是构成头发及眉毛和睫毛的重要物质基础，可使头发、眉毛、睫毛丰厚且乌亮。因此，肉皮、蹄筋类食物被列为重要的美容食品。

2. 羊胎素可补充细胞活力，延缓衰老

随着年龄的增长，人体细胞活力与新陈代谢率下降，超氧化物歧化酶活力降低，人体对外来环境抵抗力下降，变得易疲劳，外貌逐渐衰老。只有让人体细胞重新活跃起来，才能延缓衰老。可向人体注入动物胚胎活细胞来延缓衰老。在各种动物中，羊的细胞与人体最接近，最易被人体吸收，有明显的清除自由基和抗氧化作用。羊胎素集中了初生羊胎活性精华，有明显的抗衰老作用，可使人青春常驻。

3. 动物骨骼有健身、健美作用

现代科学研究表明，骨骼的组织构造主要是由蛋白质及钙组成的网状结构，管内充满骨髓，其中含有丰富的营养物质，如蛋白质、脂质等。骨骼中钙、磷等矿物质及其对人体有益的微量元素含量是肉类的数倍。

人体中最重要的组织之一是骨髓，红细胞、白细胞就是在骨髓中形成的。头发和指甲生长的速度放慢，身体和脸上出现老年斑就是骨髓开始退化的表现。抑制衰老过程，可以从体外摄取类黏朊，使骨骼生产细胞的能力加强。摄取类黏朊最简单的办法是利用动物骨头中的类黏朊，动物骨头熬制的汤（熬汤时要把骨头打碎）有健身、健美作用。

钙是人体不可缺少的重要物质（特别是在儿童时期、青少年时期）。牙齿、肌肉、骨骼的生长发育不可缺钙，钙对体型健美起着重要作用。在补充钙质的食物中，由动物骨骼直接提供的钙最为理想。据研究，动物组织对于相同的组织细胞有较强的亲和力（组织专一性）。为此，国外把各种动物骨骼制成骨泥，即将骨头进行超细粉碎。我国从20世纪80年代起从国外引进设备进行骨头加工。

4. “液态肉”——猪血的营养健康作用

对猪血多种营养成分分析，发现其中部分营养成分含量超过猪肉。尤其是含铁极为丰富，比猪肉高十多倍，而且是血色素型铁，可直接被机体吸收，生物利用率高，可预防缺铁性贫血，使皮肤红润。另一方面，猪血中的血浆蛋白经胃液分解后，能产生一种具有消毒、滑肠作用的物质，能清除从外界进入人体的有害物质，防止衰老发生。

5. “美容肉”——兔肉的营养健康作用

兔肉具有高蛋白、低脂肪的特点，蛋白质含量为21.5%，高于鸡肉、牛肉、羊肉，而脂肪含量为3.5%，低于其他肉类。胆固醇含量少，而卵磷脂含量又高于一般肉类。兔肉含有多种人体必需的微量元素和氨基酸。经常食用兔肉，既能增强体质，又不会使人发胖。兔肉是促进儿童发育，使妇女保持健美身材的优良肉类食物。

第三节　果类食物、蔬菜类食物与美容

一、果类食物、蔬菜类食物的营养价值

果类食物（包括水果类食物和干果类食物）、蔬菜类食物的蛋白质、脂肪含量虽然甚低，但其中含有丰富的维生素、矿物质及食物纤维，是人类维生素C和胡萝卜素的最主要来源。

（一）果类食物的营养价值

1. 水果类食物的分类与成分

在现代家庭中，水果类食物的消耗量越来越大，这是由温饱型生活向小康型生活转变的一个重要标志。

水果含有多种营养成分，可以调节体内代谢、预防疾病、促进健康。按照构造、特性和园艺分类法，水果可大致分为以下几类。

(1) 仁果类：本类水果大多属于蔷薇科。果实的食用部分为花托、子房形成的果心，所以从植物学上称为假果，如苹果、梨、海棠果、沙果、山楂、木瓜等。其中苹果和梨是北方的主要水果。

(2) 核果类:本类水果属于蔷薇科。食用部分是中果皮。因其内果皮硬化而成为核,故称为核果,如桃、李、杏、梅、樱桃等。

(3) 浆果类:这类果实含有丰富的浆液,故称浆果,如葡萄、树莓、猕猴桃、草莓、番木瓜、石榴等,其中葡萄是我国北方的主要水果品种。

(4) 柑橘类:本类水果包括柑、橘、橙、柚、柠檬5大品种。此类果实是由若干枚子房联合发育而成的,其中果皮具有油胞,这是其他果实所没有的特征。食用部分为若干枚内果皮发育而成的囊瓣(又称瓣囊或盆囊),且内生汁囊(或称砂囊,由单一细胞发育而成)。

(5) 什果类:本类水果有枣、柿子、无花果等。

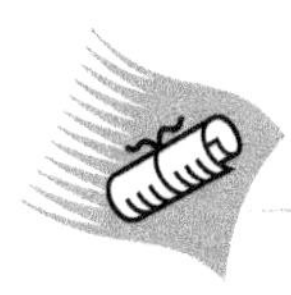

知识链接

在什么时间吃水果最适宜

人们一般习惯在饭后食用一些水果,其实这样做是不科学的。人吃饱饭后,食物进入胃内需要经过1~2 h的消化过程,才能缓慢从胃中排出,饭后如果立即进食很多水果,即会被食物阻滞在胃内,食物和水果在胃内如果停留时间过长,就会引起腹胀、腹泻或便秘等症状,天长日久,将导致消化功能紊乱。饭前空腹吃水果,也是不科学的。这是因为苹果、橘子、葡萄、桃子、梨等水果中含有大量的有机酸,会刺激胃壁的黏膜,对胃的健康非常不利。

因此,吃水果的时间最好在饭后2 h或在餐前1 h左右。

2. 水果类食物的营养价值

水果类食物(简称水果)的营养成分和营养价值与蔬菜相似,是人体维生素和无机盐的重要来源。

水果普遍含有较多的碳水化合物和纤维素,而且还含有多种具有生物活性的特殊物质,因而具有极高的营养价值和保健功能。经常适量吃些水果,可以增强体质,有益健康。水果的营养价值主要体现在以下几个方面。

(1) 维生素C的良好来源:水果中含有人体所需要的多种维生素,特别是含有丰富的维生素C,可增强人体抵抗力,防止感冒,促进外伤愈合,维持骨骼、肌肉和血管的正常功能,增加血管壁的弹性和抵抗力。常吃水果对高血压、冠心病的防治大有好处,尤其是生吃水果,维生素C不会遭到破坏。含维生素C多的鲜果有鲜枣、猕猴桃、山楂、柑橘、柠檬、柚子、草莓等。

(2) 含有较多的胡萝卜素:胡萝卜素在体内经酶的作用可生成维生素A,它可增强人体对传染病的抵抗力,防治夜盲症,促进生长发育,维持上皮细胞组织的健康。胡萝

卜素在黄绿色水果中含量较多，如橘子、枇杷、杏和柿子等。

（3）供给碳水化合物：水果中含有丰富的葡萄糖、果糖和蔗糖，能直接被人体吸收，产生热量。

（4）含各种有机酸：如苹果中含苹果酸，柠檬中含枸橼酸，葡萄中含酒石酸等。这些有机酸能刺激消化液分泌，有助于食物的消化。

（5）含有较多的无机盐：水果中含有钙、铁、磷等无机盐及一些微量元素。这些无机盐具有较多的生理功能，如维持体内酸碱平衡、抗肌肉疲劳等。大多数水果为高钾低钠食物，故常吃水果可以维持体内的钾钠平衡，适于高血压和肾炎水肿患者食用。

（6）含有纤维素、半纤维素、果胶：这些物质能促进肠蠕动，防止便秘，有利于体内废物及有毒物质的排泄。

（7）有预防癌症的作用：苹果中的维生素C可阻断致癌物质亚硝胺的合成，常吃苹果可预防胃部肿瘤；杏中的胡萝卜素、维生素C及类黄酮物质，对人体有直接或间接的预防肿瘤的作用；红果中含有的黄酮类物质有抗肿瘤作用，常吃红果可预防食道癌和胃癌；柑橘中柑橘黄酮和川陈皮素有抗肿瘤作用；猕猴桃、红枣等也有抗肿瘤作用。

3. 常见水果的营养健康功能

水果是我国人民的重要食品，与健康息息相关。

随着人民生活水平的提高和饮食结构的不断改善，水果已经成为人们日常生活中不可缺少的食品。目前，一年四季均有新鲜水果上市。水果不但种类多，而且鲜嫩味美、香甜可口，又能生食，有利于保持所含的营养素，防止营养丢失，因此颇受人们喜爱。水果不仅具有营养价值，而且在维持人体正常功能、生长发育、防治疾病、延缓衰老等各方面都具有特殊的保健功能。

（1）桃：桃含有蛋白质、脂肪、碳水化合物及钙、铁、磷等无机盐，尤以含铁量较多，还含有维生素A、B族维生素、维生素C及苹果酸、柠檬酸等物质。桃性温味甘酸，具有生津、活血、消积、润肠及益气血、润肤色的功效，适用于津伤、肠燥、便秘等症，并可用于年老体虚者。

（2）西瓜：西瓜的营养价值较高，在夏季水果中也是名列前茅的，它含有果糖、葡萄糖、蔗糖、蛋白质及多种人体必需的氨基酸，还含有维生素A、B族维生素、维生素C和钾、钙、铁、磷等矿物质及纤维素。西瓜性寒味甘，具有消烦止渴、解暑清热、利尿下气、解酒利咽等功效，对发热、烦躁、口渴、口疮、中暑、黄疸、水肿、血痢、咽喉肿痛、小便赤黄、风火牙痛等症均可作为辅助治疗的食品。

（3）柑橘：柑橘含有丰富的胡萝卜素，胡萝卜素对患有夜盲症、皮肤角化和发育迟缓的婴儿均有一定疗效，有利于儿童的生长发育并可提高免疫力。柑橘中含有较多的维生素C，对坏血病有防治作用。柑橘中的某种膳食纤维有抑制淀粉酶、减少中性脂肪形成的作用，因此多食用柑橘可以减肥。柑橘还可降低胆固醇，有助于动脉粥样硬化的逆转。

（4）香蕉：香蕉又称甘蕉，性寒味甘，有清热润肠、润肺解酒的功效。香蕉营养丰富，尤其含钾量是常见水果中最高的。钾对维持人体细胞功能和体内酸碱平衡、改进心肌功能等均有良好的作用。因此，高血压、心脏病患者，只要肾功能良好，常食香蕉有益无害。

(5) 苹果：苹果为常见四大水果之一，果味芳香、营养丰富，既可鲜食又可加工食用。苹果含有丰富的营养：含糖量高，其中主要是果糖和蔗糖，容易被人体吸收和利用；含有苹果酸等有机酸及芳香醇类，所以苹果香味浓郁、甜酸爽口，可以增进食欲、促进消化，有较好的保健作用；含锌量高，可促进记忆，故苹果有“记忆果”之称。同时，锌元素又是性成熟的重要因素，因此吃苹果对促进青少年的生长发育十分有益。

(6) 木瓜：木瓜有“百益果王”之称，性平、微寒，味甘，助消化之余还能消暑解渴、润肺止咳。木瓜酵素可帮助人体分解肉类蛋白质。消化科专家建议饭后吃少量木瓜，可以帮助肠道消化较难被人体吸收的肉类蛋白质，对预防胃溃疡、消化不良等也有一定的功效。此外，由于木瓜酵素能帮助分解并去除皮肤表面角质层的细胞，因此也被越来越多地应用在护肤品中。

4. 干果类食物的营养价值

闻起来香、吃起来脆的干果类食物(简称干果)，是营养价值较高的健康食品，也是众多家庭的首选年货。干果的营养十分丰富，大多数干果所含的不饱和脂肪在不同程度上多于饱和脂肪，不饱和脂肪有助于清除血液中的胆固醇，因而对健康有利。但是干果食品的热量普遍较高，吃多了容易发胖。

常见干果的保健功能如下。

(1) 杏仁：杏仁是一种营养素密集型坚果，富含蛋白质、碳水化合物、食物纤维、单不饱和脂肪酸、维生素和多种矿物质。杏仁不仅不含胆固醇，而且其富含的单不饱和脂肪酸还能降低人体中所产生的“有害”胆固醇。杏仁是维生素 E 含量丰富的食物之一，也是坚果中维生素 E 含量最高的。

(2) 花生：花生更是全身皆宝，花生仁中含有 18 种氨基酸，其中 8 种是人体必需且自身不能合成的，所以花生有“植物肉”的美称。

(3) 开心果：开心果有“木本花生”的美称，它营养丰富，富含蛋白质、植物脂肪、碳水化合物、无机盐、维生素及多种微量元素。据《本草拾遗》记载，其果、皮、仁、叶均具有很高的治疗保健作用，对肝病、外科疾病、妇科疾病、皮肤科疾病、神经衰弱和传染病均有疗效。

(二) 蔬菜类食物的营养价值

蔬菜类食物(简称蔬菜)含有丰富的维生素、纤维素和多种无机盐，是人类健康不可缺少的食物，任何名馔、佳肴都无法代替。蔬菜除了能提供丰富的矿物质、维生素和膳食纤维以外，还可以促进肉类、蛋类等食物中蛋白质的消化吸收。有研究表明，单独吃肉类，蛋白质消化吸收率为 70%；肉类和蔬菜同吃，蛋白质消化吸收率能达到 80%～90%。

1. 蔬菜营养的分类

蔬菜种类繁多，分类方法也不尽相同。营养学家根据蔬菜所含营养素的高低，将蔬菜分为四个等级，这个方法称为蔬菜营养分类法。

(1) 一类蔬菜：富含胡萝卜素、维生素 B_2（核黄素）等物质，营养价值是蔬菜中的佼佼者。例如，小白菜、油菜、芹菜、木耳菜、雪里红、小萝卜缨和茴香等绿色叶菜，含有丰富的矿物质和维生素。红、黄、绿等深色蔬菜中维生素含量超过浅色蔬菜，它们含胡萝卜素和维生素 B_2 较多（如南瓜、胡萝卜等）。

(2) 二类蔬菜：营养素次于一类蔬菜，可将其分为一号蔬菜、二号蔬菜、三号蔬菜。一号蔬菜富含维生素 B_2，包括所有的新鲜豆类和黄豆芽。二号蔬菜含胡萝卜素和维生素 C 较多，包括胡萝卜、芹菜、番茄、甘薯、大葱、青蒜、辣椒等。三号蔬菜主要含维生素 C，包括大白菜、圆白菜和菜花等。

(3) 三类蔬菜：含维生素较少，但所含热量却远远超过一类蔬菜、二类蔬菜，如马铃薯、芋头、山药、南瓜等。

(4) 四类蔬菜：仅含有微量的维生素 C，营养价值也较低，主要有冬瓜、竹笋、茄子、茭白等。

2. 蔬菜品种的分类

我国具有良好的蔬菜栽培的自然条件和生产技术，是盛产蔬菜的国家，不仅品种多、产量大，而且品质优良。

我国的蔬菜品种达 17000 多个，其中有起源于我国的蔬菜，也有从国外引进的品种，其中栽培较普遍的约有 60 多种。根据蔬菜的构造和可食部分，可将其分为叶菜类、茎菜类、根菜类、果菜类、花菜类等。

(1) 叶菜类：叶菜类是以肥嫩的菜叶、叶柄作为食用部分的蔬菜，这类蔬菜生长期短，适应性强，一年四季都有供应。常见的叶菜有：普通叶菜，如小白菜、油菜、菠菜等；结球叶菜，如大白菜、卷心菜等；香辛叶菜，如大葱、韭菜、香菜等。

(2) 茎菜类：茎菜类是以肥大的变态茎作为食用部分的蔬菜，这类菜含水分少，适于储藏，但其中有些茎菜具有繁殖力，保管不当时常有发芽现象，须加以预防。茎菜按生长状况可分为地上茎和地下茎。地上茎，即可食部分生长在地上，如莴苣、红菜苔等；地下茎，即可食部分生长在地下，这类蔬菜又分为块茎，如芋头等；根茎，如藕、姜等；球茎，如慈菇等；鳞茎，如大蒜、洋葱等；嫩茎，如竹笋、茭白等。

(3) 根菜类：根菜类是以变态的肥大根部作为食用部分的蔬菜，如萝卜、胡萝卜、马铃薯等。

(4) 果菜类：果菜类是以果实或种子作为食用部分的蔬菜，这类果菜可分为如下几种。①茄果类：番茄、茄子、辣椒等。②瓜类：黄瓜、冬瓜、南瓜、丝瓜等，这类蔬菜耐热、耐旱。③荚类：毛豆、豇豆荚等。

(5) 花菜类：花菜类是以菜的花部作为食用部分的蔬菜，常见的有花椰菜（菜花）等。

3. 蔬菜的营养价值

蔬菜品种繁多，颜色各异，营养价值也各不相同。营养学家分析了各种蔬菜的营养成分后发现，蔬菜中蛋白质含量仅为 2%左右，脂肪成分则更少，除根菜类、茎菜类以淀粉为主外，一般蔬菜中碳水化合物含量也不多。因此，蔬菜很少提供热量，然而它却含有多种维生素和一定量的某些无机盐及丰富的膳食纤维。

(1) 维生素：一切新鲜蔬菜中都含有维生素C，尤其是绿叶蔬菜中维生素C含量更高。每天补充一定量的维生素C，可以预防感冒，增强机体对各种疾病的抵抗力。橙红色的蔬菜（如番茄、胡萝卜、南瓜等）都含有较多的维生素A。多吃富含维生素A的蔬菜可以增强抗病能力，防止出现夜盲症，尤其是胡萝卜，含有极丰富的胡萝卜素，是极好的预防肿瘤食品。

(2) 矿物质：蔬菜中含有人体必需的矿物质，含钙多的有油菜、香菜、扁豆、萝卜、芹菜等，含磷多的有蚕豆、香椿、马铃薯、芋头、葱头等，含铁多的有芹菜、香菜、青椒、姜等。蔬菜中的矿物质不仅和人体骨骼、牙齿、神经的健全发育有关，而且由于它含有较多的钙、镁、钠、钾等成分，可以中和蛋白质、脂肪产生的酸性，调节人体酸碱的平衡。

(3) 纤维素：蔬菜含有较多的纤维素。纤维素虽不能被人体吸收，但能松动进入肠胃的营养食物，有助于消化，同时刺激新陈代谢，特别是对过胖的人减肥有利，对活动少的老年人可以降低胆固醇，防止高血压和冠心病。

(4) 芳香油：蔬菜中含有芳香油、有机酸及硫化物。例如，辣椒中的辣椒素、生姜中的姜油酮等，不仅能促进食欲，而且还可以促进人体的内分泌，也有一定的杀菌、防病的作用。

含营养素较高的蔬菜品种如表8-2所示。

表8-2 含营养素较高的蔬菜品种

营养素	蔬　　菜
蛋白质	豆类、黄花菜、蘑菇、木耳、竹笋
脂肪	豆类、干蘑菇
碳水化合物	蘑菇、银耳、黄花菜、马铃薯、芋头、藕、胡萝卜、洋葱、花菜、菠菜、白菜、香椿、甜椒、大蒜、竹笋、油菜、蕨菜
胡萝卜素	胡萝卜、番茄、菠菜、白菜苔、茴香菜、荠菜、芥蓝、韭菜、芹菜、青蒜、生菜、茼蒿、空心菜、乌菜、苋菜、黄花菜、香椿
核黄素	大白菜、白菜苔、菠菜、花菜、卷心菜、油菜、芥菜、芥蓝、萝卜缨、芦笋、乌菜、苋菜、西兰花、香菜、香椿、苦瓜、柿子椒、辣椒、萝卜、藕
维生素C	胡萝卜、山药、竹笋、菠菜、蕨菜、萝卜缨、芹菜、香椿、西兰花、香菜、茄子（绿皮）、葱头
烟酸	蚕豆、刀豆、荷兰豆、豇豆、毛豆、豌豆、芸豆、慈姑、辣椒、胡萝卜、姜、马铃薯、竹笋、白菜、白菜苔、菠菜、花菜、葱、大蒜、红菜苔、茴香菜、芥蓝、黄花菜、韭菜、蕨菜、芦笋、芹菜、乌菜、苋菜、香椿、绿菜花、油菜、香菜、柿子椒、番茄
硫胺素	蚕豆、荷兰豆、毛豆、豌豆、芸豆、慈姑、胡萝卜、马铃薯、藕、竹笋、菠菜、花菜、红菜苔、大蒜、茴香菜、芥蓝、黄花菜、韭菜、芹菜、蕹菜、苋菜、香椿、西兰花、油菜、香菜、柿子椒、番茄

续表

营养素	蔬　菜
维生素 E	甜椒、红尖干辣椒、香菜、油菜、芹菜、苦菜、芥菜、胡萝卜、菠菜、慈姑、毛豆、豇豆、豆角、刀豆
钾	毛豆、豌豆、百合、慈姑、胡萝卜、马铃薯、竹笋、油菜、香菜、红尖干辣椒、甜椒
钠	豌豆、豆苗、胡萝卜、山药、白菜、菠菜、花菜、根达菜、茴香菜、芹菜、茼蒿、乌菜、油菜
镁	白菜、菠菜、苋菜、油菜、香菜、甜椒、红尖干辣椒
铁	蚕豆、刀豆、毛豆、白菜、菠菜、葱茎、蕨菜、油菜、香菜
锰	毛豆、白菜、菠菜、冬瓜、苋菜、黄花菜、蕨菜、苦菜、油菜、香菜
锌	蚕豆、毛豆、豌豆、芸豆、白菜、菠菜、黄花菜、蕨菜、油菜、香菜、红尖干辣椒
钙	毛豆、白菜、蕨菜、葱头、乌菜、苋菜、油菜、香菜、蛇豆
铜	蚕豆、毛豆、白菜、菠菜、花菜、葱茎、大蒜、蕨菜、油菜、香菜
磷	蚕豆、毛豆、豌豆、白菜、菠菜、大蒜、黄花菜、蕨菜、香菜、油菜、香椿
硒	蚕豆、豇豆、豌豆、葱茎、大蒜、红菜苔、油菜、香菜

4. 蔬菜的颜色与营养

蔬菜营养价值的高低与颜色有一定关系。一般的规律是颜色越深，所含的胡萝卜素和维生素越多，营养价值越高。在蔬菜中，一般来说，营养价值最高的是绿色蔬菜，如菠菜、芹菜、韭菜、油菜等，主要含维生素 B_1、维生素 B_2 和维生素 C 及丰富的胡萝卜素、微量元素。其次是红色或橙黄色蔬菜，主要包括西红柿、胡萝卜、南瓜等，含有胡萝卜素，对防治肿瘤有一定的作用。例如，西红柿中含有番茄红素，并含有丰富的维生素 C，它们对防癌都有积极的作用。浅橙色蔬菜、浅黄色蔬菜及白色蔬菜营养价值较低，如菜花、马铃薯、莴笋、茭白等。

同一种蔬菜，也是颜色深者比颜色浅者营养价值高，如紫红色的胡萝卜所含的胡萝卜素就比橙黄色的多。胡萝卜在人体内可转变为维生素 A，对维持眼睛的正常视力和维持血管弹性都有益，并有预防肿瘤的作用。同一棵菜，也是深色部分比浅色部分营养价值高，如芹菜的叶子含的胡萝卜素和维生素 C 都比茎部的高，所以在吃芹菜时不要扔掉叶子。

5. 蔬菜新品种

随着蔬菜栽培技术的改进和发展及外国菜种的引进，蔬菜市场日渐繁荣，新品种不断涌现。当前，国外和国内出现的新品种有如下几种。

(1) 无公害蔬菜：消费者选购无公害蔬菜，已经成为市场上蔬菜销售的新趋势。

(2) 绿色食品：绿色食品并不是指绿颜色的食品，而是指安全无污染的食品。按照国家有关部门对绿色食品标准的界定，必须达到三条标准才能获得绿色食品的称号：第一，产品的原料、产地具有良好的生态环境；第二，原料作物生长过程及水、肥、土壤条件符合一定的无公害控制标准；第三，产品的生产、加工及包装、储运过程应符合国家食品卫生法的要求。

(3) 脱水蔬菜：由以色列一家公司发明的新产品，这种蔬菜在 0 ℃的条件下可存放两年，而且新鲜度达 95%。

(4) 减肥蔬菜：西欧国家培育出的新品种，它嫩黄软白、入口清脆、微带苦味，维生素含量高，但热量低，是理想的减肥蔬菜。

(5) 彩色蔬菜：科学家用遗传方法培育出的自然色蔬菜，不是蔬菜使用色素的结果，如粉红的花菜、紫色的卷心菜、红白相间的辣椒、红皮白肉的萝卜等。

二、水果、蔬菜的健康美容作用

1. 水果、蔬菜富含维生素

维生素 C 是一种抗氧化剂，能抑制黑色素形成，抑制皮肤色素沉着。维生素 C 还能抑制脂肪氧化，防止脂褐质的沉积。含维生素 C 较多的水果有枣、柑橘、柚子等。

维生素 E 具有强抗氧化性，能减少氧自由基对细胞重要成分的改变和破坏，减少和防止脂褐质的产生和沉积，从而保护细胞膜磷脂成分中的不饱和脂肪酸，稳定生物膜结构、保护膜结合蛋白酶的活力，使生物膜发挥正常的功能，推迟细胞衰老过程。绿色蔬菜含有一定的维生素 E。

B 族维生素有使皮肤光滑、减退色素、消除斑点的功能。金花菜、酱菜、雪里蕻 B 族维生素含量较丰富。

维生素 A 能使皮肤细腻而润泽，水果和蔬菜是维生素 A 的良好来源，如胡萝卜、金花菜、韭菜、青椒等。

2. 吃蔬菜有利于减肥

蔬菜品种繁多，常吃以下蔬菜有利于减肥。

绿豆芽含水分较多，被身体吸收后产生热量较少，不容易形成脂肪堆积。韭菜中含纤维素较多，有通便作用，能排除肠道中过多的营养。白萝卜中有芥子油等物质，能促进脂肪类物质更好地进行新陈代谢。冬瓜是减肥良药。《食疗本草》中说：得体瘦轻健者，则可常食之。冬瓜与其他瓜菜不同，不含脂肪，含钠量也较低，常食冬瓜可减肥。

3. 新鲜水果、蔬菜能使头发秀美

萝卜、洋葱、梨、杏、柑橘、西瓜等均可使头发保持稠密。苹果、李子、韭菜、大葱、胡萝卜等均可抑制头皮屑。芹菜、山楂、樱桃对头发也有益处。

4. 美容佳果——草莓

众所周知，维生素 C 不但能促进人体的新陈代谢，而且有美容作用。草莓含有丰富的维生素 C。草莓汁又是一种很好的美容饮料，如将草莓与牛奶、酸奶、柠檬汁、蛋汁等配合，可制成各种饮料。例如，草莓奶是最佳美容饮料；草莓柠檬汁对消除皮肤色素沉着有效，常饮有漂白肌肤作用；对户外运动者和户外劳动者，草莓蛋汁可防止其晒伤皮肤。

5. 黄瓜能减肥兼美容

黄瓜是夏季时令菜，一般人只知其清凉解渴、利尿之作用，殊不知黄瓜还有减肥之功效。据科学研究表明，黄瓜含有一种可抑制碳水化合物转化为脂肪的物质。不少肥胖者午时特别爱吃碳水化合物食品，这些碳水化合物物质进入人体后，一部分转化成脂肪。若能同时吃些黄瓜，可以抑制碳水化合物转化为脂肪，减少人体脂肪的积聚，而收到减肥的效果。不过黄瓜性寒，脾胃虚寒者不宜多吃。国外还将黄瓜作为美容剂，即用黄瓜汁来清洁皮肤和保护皮肤，也有用捣碎的黄瓜抹于脸上，10～15 min 后再用清水洗净，可减少脸上皱纹。

6. 神奇的食品——魔芋

魔芋又名蘑芋，是我国南方地区民众喜爱的蔬菜之一，是一种多子生长的根茎植物。由于其营养丰富，已为世界营养学家所重视。由于它含有一种葡甘聚糖，不能被人的唾液及胰液淀粉酶水解而消化吸收，所以魔芋食品既能填充胃肠，又不产生过多热量，成为一种良好的减肥保健食品。

第四节　食用菌类食物及野菜与美容

食用菌类食物是以无毒菌类的子实体作为食用部分的蔬菜，如蘑菇、黑木耳等。野菜生长在大自然中，如马齿苋、蕨菜、苦菜、荠菜等。野菜很少受到环境污染，多数野菜不仅味道鲜美，而且所含蛋白质、维生素、微量元素和纤维素大多超过了栽培品种。食用菌类食物和野菜中都含有能抑制肿瘤细胞活性的天然化合物，既可食用又具有药用价值。

一、食用菌类食物的营养价值

食用菌类食物以具有独特的香气和鲜味而著称，含有大量人体所需的氨基酸、维生素、无机盐和酶类，特别是所含的特殊物质具有重要的药用价值。例如，香菇中的核酸类物质，对胆固醇有溶解作用，有助于防治心血管病；麦角固醇作为维生素 D 原可预防佝偻病；糖苷等物质具有抗肿瘤作用。

食用菌类食物是一种高蛋白质、低脂肪又富含维生素的保健食品。食用菌类食物有蘑菇菌、草菇菌、平菇菌、香菇菌等，一般都含有多种维生素。食用菌类食物含有多糖，能增强人体免疫力、促进抗体的形成，被认为是当前世界上最好的免疫促进剂。食用菌类食物具有抗肿瘤作用，而且其在预防和协助治疗肿瘤时没有任何副作用，这是许多抗肿瘤药物所无法相比的。

1. 蘑菇

蘑菇性凉味甘，素有高级佳肴之美称，被誉为山珍佳品。蘑菇所含营养丰富，虽然蛋白质含量不多，但具有人体必需的 8 种氨基酸和含氮物质，特别是含有一般生物少有的伞菌氨酸、口蘑氨酸、鹅膏氨酸等成分。常食蘑菇不仅可增强抗体抗病能力，起到预防人体各种黏膜和皮肤炎症及毛细血管破裂的作用，还能降低血液中胆固醇的含量，预防动脉硬化和肝硬化及体虚纳少。

2. 金针菇

金针菇中含有蛋白质、脂肪、碳水化合物、钙、磷、钾、镁等成分，特别是其中蛋白质含量超过了其他常见食用菌类蛋白质的含量，且精氨酸、赖氨酸的含量尤为丰富。精氨酸、赖氨酸能促进记忆、开发智力，特别是对儿童智力开发有着特殊的功能。日本人民和我国台湾地区人民称金针菇为增智菇。金针菇不但食用价值很高，而且还有很好的药用价值。据临床实验证明，中年人、老年人长期食用金针菇，可预防和治疗肝炎及消化性溃疡，降低胆固醇。

3. 香菇

香菇营养丰富，含有 30 多种酶和 18 种氨基酸(其中有 7 种是人体必需氨基酸)。香菇多糖和蘑菇多糖能提高机体的免疫功能，具有抗肿瘤作用。香菇因被广泛应用于抗肿瘤，而受到医学界的普遍重视。香菇中含有能降低血脂的物质——香菇素，适于高脂血症者食用。香菇含钙和磷较丰富，可作为治疗软骨病的辅助饮食。多食香菇还有助于预防流感。

4. 黑木耳

黑木耳营养价值较高，含有丰富的蛋白质、木糖和少量脂肪及钙、磷、铁等，尤以铁的含量最为丰富，为常见食品含铁之冠。另外，黑木耳还含有维生素 B_1、维生素 B_2、胡萝卜素及卵磷脂、磷脂、脑磷脂等物质。中医学认为，黑木耳具有滋阴养胃、润肺补脑、补气益智、活血养颜、凉血止血等功效，对贫血、久病体虚、腰腿酸软、痔瘘便血、尿血、经血量过多、外伤出血、大便燥结等均有一定治疗作用。黑木耳还能降低血液凝结成块的概率，可用于冠心病的辅助治疗。

5. 猴头菌

猴头菌是一种名贵的食用菌，被列为八大山珍之一，古有“山中猴头，海味燕窝”之说。猴头菌营养丰富，每百克所含的蛋白质是香菇的 2 倍；含氨基酸多达 17 种，包括 8 种必需氨基酸；还含有多种无机盐和微量元素及维生素。近年来，还发现猴头菌对皮肤平滑肌肉瘤有明显的抗肿瘤功能。

6. 银耳

银耳是营养丰富的食用菌，具有滋补保健作用，历来与人参、鹿茸等同具显赫的声誉，被称为“菌中明珠”。银耳含有蛋白质和多种氨基酸，以含较多谷氨酸和赖氨酸而著称。银耳能增强人体的免疫力，加强白细胞的吞噬能力，兴奋骨髓造血机能；临床上对于高血压病、动脉硬化、便秘及月经过多者均可将其作为辅助治疗食品。银耳还能清肺热、养胃阴、润肾燥，有助于治疗肺热、咳嗽、咯血、痔疮出血、胃出血等疾病。

二、野菜的营养价值

我国野菜资源丰富，种类很多。野菜的营养价值很高，能提供优质蛋白，还含有丰富的维生素及人体所需的钾、钙、磷、镁、铁、锰、锌等多种无机盐和微量元素。

野菜的最大优点是它们在田野或山区自然生长，未经人工栽培、施肥，因而没有农药污染和化肥污染。野菜品种繁多，有的是乔木植物的嫩尖、叶或花，有的是果实，有的是一年生或多年生草本植物，有的是根茎类，还有的是蕈菇类。许多野菜在我国古代医书和食疗集中早有记载，现就市场上几种常见野菜对人体的保健作用分述如下。

1. 蕨菜

蕨菜俗称“野蒜”，素有“山菜之王”的美称，自古以来就是我国民间喜食的时鲜野菜。日本人就将蕨菜视为“野珍”。科学研究证实，蕨菜营养丰富，它富含蛋白质、脂肪、碳水化合物、钙、磷、铁、胡萝卜素等。它具有很高的药用价值，它的根、茎、叶、苗皆能入药，具有安神、降压、利尿、解毒、驱虫等功效，可治痢疾、肠炎、头晕、高血压及关节炎等疾病。

2. 苦菜

苦菜自古就十分受人青睐，所含营养成分相当可观，除蛋白质、脂肪、碳水化合物、钙、磷外，还有维生素及其他营养成分。苦菜具有清热解毒的功效，可入药，能治疗痢疾、肝硬化及痔瘘等疾病，还能治疗“苦夏症”。

3. 刺儿菜

刺儿菜因其叶片边缘带刺而得名，学名为小蓟。刺儿菜营养丰富，富含蛋白质、脂肪、碳水化合物和钙等物质。刺儿菜整个可入药，含有生物碱、皂甙，有止血、抗菌等作用。刺儿菜性味甘凉，有凉血、祛瘀、止血的功效，可治疗吐血、衄血、尿血、血淋、便血、血崩、急性传染性肝炎、创伤出血、疔疮、痈毒等疾病。

4. 马齿苋

马齿苋不仅滋味鲜美、滑润可口，而且营养价值也比较高。马齿苋中含有蛋白质、脂肪、糖、钙、磷、铁、胡萝卜素、维生素等物质。马齿苋对大肠杆菌、痢疾杆菌、伤寒杆菌均有较强的抑制作用，对血管也有显著的收缩作用。马齿苋尤其对淋巴结核、脊椎结核、骨结核、肺结核、肾结核等所致溃烂具有一定的治疗作用。此外，马齿苋中还含有丰富的对心脏病具有防治效果的 ω-3 脂肪酸，可预防血小板聚集、冠状动脉痉挛和血栓的形成，从而有效地降低心脏病的潜在威胁。

5. 荠菜

初春的荠菜，叶绿味美、营养丰富。据测定，芥菜含有蛋白质、脂肪、碳水化合物、多种维生素和无机盐类，具有清热解毒、降压、止血、兴奋神经、缩短体内凝血时间的功效。荠菜所含的胡萝卜素几乎与胡萝卜相等。因其含有十多种人体所必需的氨基酸，所以味道异常鲜美，烹调后能起到调味料的作用。此外，荠菜还有降血压的作用，可防止高血压所致的中风。

6. 发菜

发菜又称头发菜、含珠藻，因其形如乱发、颜色乌黑而得名。发菜是一种营养价值较高的食用菌，所含蛋白质十分丰富，而脂肪含量极少，故有山珍“瘦物”之称。发菜具有清热消滞、软坚化痰、消肠止痢等功效，可作为治疗高血压、动脉硬化、慢性气管炎等疾病的辅助食物。

三、食用野菜要适量

野菜营养丰富，受污染少，具有保健作用。但大部分可食性野菜，如马齿苋、蒲公英等含有较多的亚硝酸盐和硝酸盐。医学研究已证明，硝酸盐和亚硝酸盐对人体健康具有很大的危害。

因此，不能长期大量食用野菜。灰菜、野苋菜、榆叶、洋槐花等野菜含有较多的光敏物质，可引起食用者植物神经紊乱，对光和热特别敏感，经烈日晒后易发生皮炎。为了防止因吃野菜而发生的诸多不适或中毒，在采集和购买野菜时一定要认真选择，食用前应多浸泡、煮烂，弃汤而食，或晾晒 1～2 天后再吃，并且食用量不宜过大。

第五节　豆类食品与美容

一、豆类及豆制品的营养价值

豆类是指豆科农作物的种子。按豆类的营养组成将其分为两类：一类是大豆（如黄豆、黑豆、青豆等），含有较高的蛋白质和脂肪，碳水化合物的含量相对较少；另一类是除大豆外的其他豆类（如豌豆、蚕豆、红豆、绿豆等），含有较高的碳水化合物、中等量的蛋白质和少量的脂肪，是植物性蛋白质的主要来源。

就其在营养上的意义与消费量来看，以大豆为主。

（一）豆类的营养与保健功能

豆类食品是我国人民喜爱的食品。豆类的营养成分极为丰富，目前还没有任何一种谷类食物在营养上能与之媲美，它主要含丰富的蛋白质、脂肪、钙、磷、铁和 B 族维生素等。

1. 大豆

（1）大豆的营养：大豆的品种很多，根据皮色可分为黄豆、青豆和黑豆等，其中以黄豆为主。大豆是一种高植物蛋白食物，其蛋白质的必需氨基酸的组成与牛奶和鸡蛋的蛋白质相似。大豆富含蛋白质，是大米蛋白质含量的 6 倍，所以有“植物肉”及“绿色乳牛”之美誉。大豆也是一种油料植物，油脂中 85% 属于不饱和脂肪酸，以亚麻油酸最为丰富，而且油脂不含胆固醇，其中所含的亚麻油酸、亚麻油烯酸、皂草甙等均可减少体内胆固醇的含量。

(2) 大豆的保健功能如下。

① 大豆对大脑有益。大豆富含胆碱类物质,胆碱类物质在脑细胞中具有传递信息的功能。另外,大脑的活动要消耗大量能量,能量的转换过程需要B族维生素,而大豆中B族维生素的含量也较多。

② 大豆有降低胆固醇的作用。科学实验表明:食用动物性蛋白质饮食会使胆固醇浓度升高,而食用大豆则能降低血液中的胆固醇浓度。

③ 大豆有抗癌作用。大豆中富含的异黄酮具有预防乳腺癌的作用。大豆中含有的多种微量元素也有抗癌作用,如钴、硒、钼等。常食大豆和豆腐,能明显减少患结肠癌和直肠癌的危险。

④ 大豆能防治高血压、糖尿病。豆腐渣中含有人体需要的纤维素和钙质,对防治动脉硬化、高血压和冠心病均有一定的作用。大豆中富含纤维素,纤维素可抑制体内胰高血糖素的分泌,对防治糖尿病和预防肥胖有一定作用。

⑤ 大豆有镇痛作用。实验表明:喂食大豆的大鼠术后神经损伤造成的痛觉比没食大豆的大鼠低。

2. 绿豆

绿豆含有丰富的蛋白质和碳水化合物,而脂肪含量甚少。蛋白质中主要为球蛋白,还含有蛋氨酸、色氨酸、酪氨酸等。磷脂中有磷脂酰胆碱、磷脂酰乙醇胺、磷脂酰肌醇、磷脂酰甘油、磷脂酰丝氨酸、磷脂酸等。这些成分是机体中许多重要器官必需的营养物质。此外还含有少量钙、铁、磷和胡萝卜素、核黄素、硫胺素、烟酸等。

3. 蚕豆

蚕豆含有较丰富的营养物质,蛋白质含量仅次于黑豆、大豆,碳水化合物仅次于绿豆、赤豆,还含有磷脂、胆碱、葫芦巴碱、烟酸、B族维生素、钙、铁等。

蚕豆含有一种巢菜碱苷,对此过敏者食后即可引起溶血而发生蚕豆病。其症状如下:在食后1～4天出现发热、头痛、腹痛、呕吐等,随之皮肤发黄、小便呈棕红色,全身乏力,严重者可导致死亡。此病多见于生食蚕豆者和幼儿。如果先煎后煮、炒食或经多次浸泡后再煮食蚕豆,则可避免引发此病。

每100 g豆类的营养成分如表8-3所示。

表8-3 每100 g豆类的营养成分

食物名称	蛋白质/g	脂肪/g	碳水化合物/g	热量/kJ	粗纤维/g	钙/μg	磷/μg	铁/μg	胡萝卜素/μg	硫胺素/μg	核黄素/μg	烟酸/μg
黄豆	36.3	18.4	25.3	1724	4.8	367	571	11.0	0.40	0.79	0.25	2.1
青豆	37.3	18.3	29.6	1808	3.4	240	530	5.4	0.36	0.66	0.24	2.6
黑豆	49.8	12.1	18.9	1607	6.8	250	450	10.5	0.40	0.51	0.19	2.5
豌豆	24.6	1.0	57.0	1402	10.7	84	400	5.7	0.04	1.02	0.12	2.7
蚕豆	28.2	0.8	48.6	1314	14.7	71	340	7.0	0	0.39	0.27	2.6

续表

食物名称	蛋白质/g	脂肪/g	碳水化合物/g	热量/kJ	粗纤维/g	钙/μg	磷/μg	铁/μg	胡萝卜素/μg	硫胺素/μg	核黄素/μg	烟酸/μg
红豆	22.0	20	55.5	1373	8.2	100	456	7.6	—	0.33	0.11	2.4
绿豆	23.0	0.5	58.5	1402	4.3	80	360	6.8	0.22	0.53	0.12	1.8
赤豆	21.7	0.8	60.7	1411	6.4	76	386	4.5	—	0.43	0.16	2.1

（二）豆制品的营养与保健功能

豆制品是富含钙和优质蛋白质的食物，更容易为儿童及老人消化和吸收。黄豆经过浸泡、磨细、过滤、加热等过程，可制成豆浆，在豆浆中加入硫酸钙（有的地方用卤水，卤水中含氯化镁），使蛋白质凝固，可制成豆花、豆腐干、豆腐丝、豆腐皮等。在这些加工过程中，去掉了部分粗纤维，增加了钙的含量。这些豆制品更容易为儿童和老年人消化。发酵豆制品有豆豉、腐乳、豆瓣酱等。这些经过发酵的豆制品，其中的蛋白质更容易消化，B族维生素的含量也更丰富了。

1. 豆浆

豆浆是用黄豆经水磨、煮沸、过滤除去豆渣后的水溶性豆溶液。豆浆营养成分丰富、加工简单、物美价廉。豆浆中的营养成分可溶于水中，食入后在体内易被人体消化吸收。每天喝一碗豆浆（250 mL）即可增加 8 g 蛋白质。一些经济不发达的国家提倡给儿童食用豆浆，这一措施在防治营养缺乏病上起到了重要的作用。豆浆中富含植物性蛋白质，脂肪含量不高，老年人食用有利于防止肥胖和心血管疾病的发生。

2. 豆腐

豆类的含铁量较高，而且容易消化吸收，是贫血患者的有益食品。豆类加工成豆腐后，因制作时使用卤，从而增加了钙、铁、镁等元素的含量，这就更加适宜于缺钙的患者。镁不仅有益于预防心脏病，而且有助于提高心脏活力。大豆加工成豆腐后，可明显提高蛋白质的消化吸收率。在制作豆腐的过程中需加热，这一过程可破坏大豆中的抗胰蛋白酶因子，从而提高了氨基酸的消化吸收率。

3. 豆腐干

豆腐干是豆浆点卤后加压制成的片状豆制品。从营养角度讲，豆腐干与豆腐无明显差别，但由于加工及各种调味的关系，增加了人们的食欲，更有利于人体营养素的消化吸收。胃肠功能不好的人不宜食用豆腐干，因其质地较硬，不易消化。儿童宜食用豆腐干，因其有益于促进儿童口腔咀嚼功能的发育，增加钙的摄入量。

4. 腐乳

腐乳又名红方、白方、酱豆腐。腐乳是用豆腐经接种毛真菌发酵后腌制而成的豆制品，又可分为加红曲米汁的红腐乳和不加红曲的白腐乳。它霉香宜人，能促进食欲，既可作为佳肴，也可作为配料和调料。腐乳各种营养素的含量基本与豆腐干相同，并稍有减少，蛋白质及各种必需氨基酸的含量也比豆腐干低，但有利于咀嚼功能不好的老人及患者食用。

5. 豆芽

豆芽是黄豆经水发后生长出来的芽。干大豆几乎不含维生素，但经过发芽长成豆芽后，维生素含量明显增加。因此，在高寒地区或长期在海上航行时，可以将豆芽作为蔬菜来补充供给维生素C。

二、奶类及奶制品的营养价值

奶是哺乳动物腺体分泌的体液，用以喂养下一代。因此，凡是属于哺乳动物的生物，都有奶，如人奶、牛奶、羊奶、马奶、骆驼奶等。无论是人奶还是动物奶，几乎都含有生命活动所需的全部营养成分，只不过是人奶更适合婴儿，牛乳更适合牛犊，羊奶更符合羊羔的需要。

（一）牛奶

1. 牛奶的营养特点

牛奶是纯天然营养饮料，既是世界公认的营养佳品，也是人们生活中不可缺少的重要食品。牛奶营养丰富，容易被消化吸收，是一种营养价值很高的食品，对老、幼、病、弱者具有很好的滋补作用，特别是对儿童的生长发育具有重要意义。中国居民饮食中普遍缺钙，奶类应是首选的补钙食物，很难用其他食物代替。人们最常食用的奶类是牛奶，牛奶中蛋白质含量比人奶多，乳糖含量比人奶少。用牛奶代替人奶时，须适当调配，使其成分更接近人奶。牛奶的主要特点如下。

(1) 含有优质的蛋白质：牛奶所含蛋白质为优质蛋白质，其含量为3.3%。从数字上看虽然不多，但牛奶所含蛋白质是完全蛋白质，它含有人体所必需的8种氨基酸，特别是植物性蛋白质所缺乏的蛋氨酸和赖氨酸极为丰富。牛奶中40%蛋白质为乳酪蛋白，其含硫量的比例与鸡蛋清相当。牛奶中蛋白质的生理价值仅次于鸡蛋，并且消化吸收率高达97%。

(2) 含有4%的脂肪：牛奶中含有4%的脂肪。其脂肪颗粒小，呈高度分散状态，是一种消化吸收率很高的脂肪。这种脂肪多由低碳链和不饱和脂肪酸组成，如亚油酸等，而且胆固醇含量很低，每100 g中仅含胆固醇13 mg，属低胆固醇食品。

(3) 含有丰富的钙：牛奶含有丰富的钙。每100 g牛奶中含钙120 mg、含磷93 mg，是食物中钙的最好来源，其含钙量居食品之首。如果每天喝0.5 L牛奶，可提供人体钙需要量的40%。

(4) 含有多种维生素：牛奶中含有多种维生素，主要含有维生素A、B族维生素、维生素D等。如果每天喝0.5 L牛奶，可满足人体14%的维生素A和大部分B族维生素的需求量。

(5) 含有近5%的乳糖：牛奶中含有近5%的乳糖。乳糖在消化道内分解成葡萄糖和半乳糖，是最易被人体吸收的单糖。

饮用牛奶的最佳时间

从现代营养学的观点看，喝牛奶的最佳时间是在晚上临睡前。经医学研究证实，人体血浆中生长激素的浓度，在晚上深睡 1 h 后会出现分泌高峰，此时人体常处于低血钙状态。为了补足血钙，机体要进行体内调整，从骨骼中抽调一部分钙入血。长此以往，骨骼就会因缺钙变松，特别是老年人容易出现骨折。如果晚上喝牛奶，就能补充夜间人体对钙质的需求，避免骨骼中钙的流失。另外，牛奶中有一种易使人困倦的生化物——左旋色氨酸，还有一种具有镇静作用的类似吗啡的物质，故牛奶可有催眠、镇静作用，如果睡觉前半小时喝牛奶，将对睡眠有利。据国外科学家研究证实，睡前喝杯牛奶可以有效防止胆结石的形成。其原理是牛奶具有刺激胆囊排空的作用，使胆汁不易在胆囊内蓄积和浓缩，从而可以避免胆囊内小晶体的形成，预防胆结石的发生。

2. 牛奶的保健功能

牛奶具有补益五脏、生津止渴的功效。经常饮用可使皮肤细嫩、毛发乌黑发亮。这是因为牛奶中含有丰富的维生素 A，能防止皮肤干燥和老化，使皮肤和毛发具有光泽。牛奶中所含的维生素 B_1 可以增进食欲、帮助消化、润泽皮肤、防止皮肤老化。牛奶中所含的维生素 B_2 可促进皮肤的新陈代谢，保护皮肤和黏膜的完整。喝牛奶还可补充钙。钙是构成骨骼和牙齿的主要成分。在青春期前摄取足量的钙可促进生长发育，在中老年阶段摄取足量的钙可减缓骨质流失，预防骨质疏松症。所以，摄取足量的钙，对儿童、成年人和老年人都是必要的。因此，每天都应喝一两杯牛奶。奶粉也同样有作用。消化性溃疡患者常喝牛奶，可在溃疡表面形成保护膜，有利于溃疡愈合。研究表明，脱脂牛奶中的维生素 C、维生素 A 等物质具有抗肿瘤功能。常饮脱脂牛奶，可降低各种肿瘤的发病率。另外，牛奶中还含有一种称为左旋色氨酸的生化物质，它可使人产生疲劳感，可催人入睡。

（二）羊奶

1. 羊奶的营养特点

羊奶经过脱膻处理后不但可以去除膻味，而且还具有一些特殊的营养特点。由于羊奶中的酪蛋白含量比牛奶少，可在胃中结成细嫩的乳块，容易消化，消化吸收率可达 94%以上。羊奶中的脂肪球较小，直径平均在 2 μm 以下，并且大小均匀，易被肠壁吸收。牛奶的脂肪球直径平均在 3 μm 以上，并且大小不一、悬殊较大。羊奶中含无机盐较多，这些无机盐主要是对骨骼发育有利的磷和钙。羊奶中维生素 A 的含量是牛奶的

3.5倍。

2. 羊奶的保健功能

羊奶含钙量比较高，比牛奶多15%，因而生长发育旺盛的婴幼儿及怀孕、哺乳期妇女和老年人饮用更为适宜。羊奶具有医食兼优的特点。

中医学认为，羊奶性温，具有养血、润燥、益气补虚之功效，所以常用来治疗肾虚、中风、慢性胃炎等疾病。由于羊奶偏碱性，对胃酸过多的人非常适宜。

（三）酸奶

1. 酸奶的营养成分及其特点

酸奶在国外称为酸乳酪，国内则简称为酸奶。酸奶属发酵型牛奶，可分为凝固型酸奶和搅拌型酸奶两种。凝固型酸奶是装入小杯中封闭发酵而成的，如普通酸奶。搅拌型酸奶是在大容器中发酵，而后搅拌（通常加入一些调味剂），再罐装而成的，如一些花式酸奶。酸奶与牛奶相比较，不仅酸甜适口、有较强的饱腹感等，而且营养成分有较大提高，因此成为老少皆宜的保健食品。

（1）乳糖：牛奶中的乳糖在肠内较其他碳水化合物分解缓慢，有些人甚至不能消化乳糖。经发酵后的酸奶，其中的乳糖分解为半乳糖和葡萄糖，半乳糖是构成动物脑、神经系统中脑苷脂类的主要成分，并且由于发酵作用消耗了一定量的乳糖。因此，酸奶适用于患乳糖不耐症者食用。

（2）乳酸：牛奶中几乎不含乳酸，而酸奶由于经过了发酵，一定量的乳糖变成了乳酸。乳酸可抑制有害菌，促进胃内容物的排泄，减轻胃酸分泌，提高钙、磷、铁的消化利用率。

（3）蛋白质：酸奶中的蛋白质由于经过乳酸菌发酵，被分解成微细的凝固奶酪和肽、氨基酸等。因此，更容易消化吸收，从而提高了蛋白质的消化利用率。

（4）脂肪：牛奶中的脂肪以微细球状的乳浊液状态分散在乳中，酸奶中的脂肪被分解成为脂肪酸，更易于吸收。经研究证实，酸奶中游离脂肪酸和必需氨基酸含量均可达到鲜牛奶的4倍。

（5）钙：鲜奶中钙含量丰富，经发酵后钙和无机盐都不发生变化。但发酵后产生的乳酸可有效地提高钙、磷的消化利用率，酸奶中的钙更容易被人体吸收。

2. 酸奶的保健作用

目前，食用酸奶者日益增多，这是因为酸奶有较好的保健作用。酸奶不仅完好地保存了牛奶的所有营养成分，而且还增加了可溶性钙、磷及B族维生素等有益物质。在发酵过程中，牛奶的乳糖转化为乳酸，蛋白质转化为水解产物，这些都易被人体吸收利用。酸奶具有一定保健及延长寿命的作用，俄罗斯偏僻乡村的百岁老人、保加利亚的百岁老人都有一个共同的特点，即酸奶是其不可缺少的食物。酸奶除含蛋白质、钾、钙、磷外，还含有较多的铁、锌、铜、硒及维生素A、B族维生素等。酸奶的保健作用如下。

（1）抑制腐败细菌：酸奶所含有的乳酸可以使肠道趋于酸性，酸性环境既有利于细菌的增殖，同时又抑制了腐败细菌的生长，从而减轻了有毒物质对人体的侵害。酸奶中的乳酸菌在生长过程中还能产生某些抗生素，这些抗生素对抑制伤寒杆菌、痢疾杆菌和葡萄球菌等细菌的生长，对肠道疾病的发生有一定的防治作用。有专家认为，乳酸对预防某些消化道的肿瘤也有重要意义。酸奶的抗菌成分在发酵 48 h 后达到顶峰，然后逐渐消失，因此，酸奶在制成后的 2 天内食用效果最理想。

(2) 有益消化吸收：酸奶中的嗜酸乳杆菌提供了乳糖酶。如果成人缺乏乳糖酶，一般在饮用牛奶后会造成小腹内胀气，引起腹痛、腹泻。但由于酸奶含有乳糖酶，所以饮用酸奶就不会引起腹痛、腹胀、腹泻。有了乳糖酶，更有益于对营养素的消化吸收。

(3) 提高矿物质的消化利用率：酸奶中的乳酸能使钙从与酪蛋白结合的形式中游离出来，并与其结合成乳酸钙，从而有利于人体的吸收。此外，酸奶中的磷、铁等矿物质也与乳酸结合成盐类，从而大大提高了矿物质在人体中的消化利用率。

(4) 预防疾病：酸奶中叶酸的含量比牛奶高 1 倍，胆碱也显著增加，这对防止体内脂肪氧化和胆固醇浓度过高有明显作用。研究发现，嗜酸乳杆菌的某些菌属能在消化道中吸收胆固醇，故具有降低胆固醇的作用，从而也起到了预防心、脑血管疾病的作用。

三、豆浆与牛奶的营养价值比较

豆浆与牛奶相比有较多优点。

(1) 豆浆易消化吸收：由于牛奶所含动物性蛋白质消化吸收较难，故脾胃虚弱者不宜饮牛奶，但豆浆却没有这种副作用，老少皆宜。

(2) 豆浆没有传染结核病或其他疾病的危险：奶牛在生长发育过程中，可能会染上一些疾病，若牛奶消毒不完全、不彻底，饮用后则有被传染的可能性，而豆浆则不存在这种情况。

(3) 豆浆富含铁质：豆浆的含铁量是牛奶的 4 倍以上，经常依靠牛奶作为主要食物的婴儿，若没有其他适宜食物来补充，很易贫血，所以，豆浆对于贫血患者的调养，亦比牛奶作用要强。

(4) 豆浆气味芳香：有很多婴儿及吃流质食物者，对牛奶敏感或不喜欢牛奶的气味，而豆浆清香爽口，更能激发食欲。

(5) 豆浆价廉：牛奶相对较贵，而豆浆价廉物美，更易受到人们的欢迎。

四、豆类食物及奶类食物与健康美容的关系

(一) 豆类食物及其制品与健康美容的关系

大豆富含一般粮食中缺少的赖氨酸和亮氨酸，仅蛋氨酸含量稍低于动物性蛋白质，所以大豆有植物肉之誉。大豆中含有 20%脂肪，其中不饱和脂肪酸、亚油酸含量在 50%以上，并含有丰富的卵磷脂、豆甾醇、B 族维生素、维生素 E 及钾、铁、钙、磷等。此外，大豆还富含皂角甙等成分，能抑制机体吸取胆固醇，促进脂肪分解，可有效预防肥胖及衰老。

有人称豆制品为“皮肤食品”，豆油和豆浆能提供蛋白质和脂肪以维持皮肤营养。

油性皮肤者宜少吃动物性脂肪，多吃蔬菜、豆腐等含维生素C、维生素E的食品，而干性皮肤者则要增加豆油、豆浆的摄入量。豆芽含有很多膳食纤维，膳食纤维具有按摩牙床、清洁牙齿的作用。

据报道，出水痘后常吃大豆能减少瘢痕和色素的沉着。常服黑豆能使肌肤变白。黑豆具有乌发和防脱发的作用。

黑豆的乌发作用：取黑豆适量，按古法炮制，九蒸九晒后，装瓷瓶备用。每日2次，每次6 g。用口嚼后，淡盐水送服。同时每天吃鸡蛋一个，对防止白发、早年白发、头发枯黄均有效。黑豆可防秃发：取黑豆500 g，水1500 mL，文火熬煮，取出晾干后撒细盐少许，储存于瓷瓶内。每次6 g，温水送服，一日2次，对早秃、斑秃、脂溢性脱发等均有功效。

（二）奶类食物及其制品与健康美容的关系

奶类食物是指动物的乳汁，是一种营养丰富、容易消化的食品。牛奶是人类食用最普遍的奶类食物。牛奶的蛋白质含量比人奶高一倍以上，所含氨基酸种类齐全，比例适当，属于优质蛋白质。牛奶富含不饱和脂肪酸，脂肪颗粒微小，呈高度分散状态，易于消化。牛奶中还含有大量钙、磷、钾等无机盐和铜、锌、锰、碘等微量元素，并含有适量维生素。常饮牛奶有健身、润肤的作用，用牛奶洗脸可以细嫩皮肤。

酸奶是用鲜牛奶接种乳酸杆菌并添加白糖经发酵、凝固、冷冻后制成的。在营养成分上与纯牛奶最大的区别是含有大量乳酸。乳酸的优点如下：使乳蛋白质形成微细的凝乳，从而变得更易消化，更利于胃壁蠕动，促进胃液分泌，增强消化机能，也可提高机体钙、磷、铁的消化利用率。此外，它还可以维持肠道菌群平衡，使肠道中的有益细菌增加，对腐败细菌有抑制作用。

第六节　其他常见食品与美容

一、食醋与美容

相传醋是由古代酿酒大师杜康的儿子黑塔发明而来的，因黑塔学会酿酒技术后，觉得酒糟扔掉可惜，由此不经意酿成了醋。我国著名的醋有山西老陈醋、镇江香醋、保宁醋及红曲米醋。经常喝醋能够起到消除疲劳、软化血管等作用。宋代吴自牧《梦粱录》中记载：盖人家每日不可阙者，柴米油盐酱醋茶。醋已成为开门七件事之一。

食醋是由水、糖、氨基酸、乙酸乙酯及少量乙酸乙醇等化学成分和5%的醋酸组成的。它不仅是日常生活中不可缺少的一种调味品，而且还有增食欲、助消化及杀菌防腐的功能，并在健肤美容方面有独特之处。现将醋美容的方法介绍如下。

1. 醋拌凉菜

用胡萝卜、黄瓜、南瓜、白菜、卷心菜等各适量，洗净切片撒少许盐压实，半日后以适量香醋凉拌佐餐。常吃有减淡面部色素沉着、防治痔疮之效。

2. 醋泡黄豆

将新鲜黄豆 250 g 用食醋刚好浸没，一周后可用。每天吃醋泡黄豆 10 粒，有柔软皮肤、减轻色素沉着的作用。

3. 醋泡薏米

薏米 250 g，浸入 500 g 醋里。密闭储藏 10 天后，每天饮醋液一汤匙，能起到改善皮肤粗糙状况的功效。

4. 皮肤护理

用加醋的水洗皮肤，能使皮肤吸收到一些非常需要的营养素，从而起到增强皮肤活力的作用。皮肤粗糙者，可将醋与甘油以 5∶1 的比例，混合涂抹面部，每日坚持，容颜就会变得细嫩。在洗脸水中，加一汤匙醋，洗毕后用清水洗净，也有美容之效。

5. 头发护理

用醋 200 mL 加水 500 mL 烧热后洗头，每天 1 次，对脱发、头痒、头屑等疗效显著。用醋洗头，可以令头发飘顺，容易打理而且兼有去头皮屑的功效，特别适合烫染后的头发。

方法一：以 1∶10 的比例，用水将醋稀释。

方法二：每次洗头时先把洗发精抹在头上洗第一遍，冲洗后再适当抹点洗发精，起泡后倒上 10～20 mL 的醋跟着一起搓洗，待 3～5 min 后，再用清水冲洗干净即可。

6. 护甲美甲

在温水中加入半茶匙醋，用其浸泡指甲或趾甲，然后再进行修剪。此时，不但甲皮易于修剪，而且甲缝中的污垢也容易清除，指甲和趾甲也光亮晶莹。

7. 消除疲劳

洗澡时，可在水中放点醋浸浴，浴后会使肌肉放松，疲劳消除，皮肤光滑。

8. 蜂蜜白醋露让人苗条

如果想要保持苗条健康的体型，可使用蜂蜜白醋露。蜂蜜白醋露不需改变日常的饮食规律，只需将蜂蜜和白醋以 1∶4 的比例调配，如果是清晨刚醒来，可选择早餐前 20 min 空腹服用（记得要刷牙后进行）；如果是中餐和晚餐的话，可在饭后立即饮用。值得注意的是，在挑选白醋时，要挑选由高粱、大米、黄豆制成的天然醋，避免化学添加物，这样才符合现代的健康理念。

9. 醋花生降血压

根据世界卫生组织预测，到 2025 年，全球将有 15 亿人口有高血压的问题，而古老的红衣醋花生对预防和改善高血压有一定的作用。具体方法如下：取红衣的花生仁浸在陈醋中，密封一周以上（密封是为了不让花生仁发霉），每天晚上睡前食用 3～5 颗经过这种处理的花生，连续服食 7 天为一个疗程，即可逐渐恢复到正常血压。但这段时间也要注意控制饮食及配合适当运动，并请医生协助。

10. 止痛经

取白芍片 100 g 加上 15 g 的白醋拌匀，以慢火炒至微黄，即可食用。它的主要成分为芍药甘、鞣酸质，中医学认为其主要作用是养血敛阳、柔肝止痛，对于女性血虚萎黄、月经不顺、痛经及女性心情躁闷所致肝郁胁痛、眩晕、头痛等具有相当疗效。

11. 去除眼袋

使用适量的牛奶，加白醋与温水调匀，然后用干净的棉球蘸取涂抹，反复在眼皮四周按摩 3～5 min，最后用热毛巾盖住双眼，每天 10 min，便能消除因熬夜太久而引起的眼袋。

使用醋时应注意以下几点。

外用醋一般以米醋为好，不宜用白醋，因为白醋以醋精配制。食醋虽然好处很多，但也不可过量；成年人每天食醋量应在 20～40 g，最多不宜超过 100 g。醋对钙的代谢作用也不可轻视，为了防止成年女性的骨质疏松症，患有下列疾病的女性不宜吃醋：胃溃疡、胆囊炎、肾炎、低血压、胆石症、骨损伤及慢性肾脏疾病等。

长期喝醋容易引起牙齿的腐蚀和脱钙，所以喝醋时应先用水稀释，尽量用吸管直接咽下，然后用水漱口。空腹时不要喝醋，以免胃酸过多而伤胃；胃酸过多的人，也不宜喝醋。

二、蜂蜜与美容

蜂蜜是蜜蜂从开花植物的花中采得花蜜后在蜂巢中酿制的蜜。蜜蜂从开花植物的花中采取含水量约为 80% 的花蜜或分泌物，存入自己的胃中，在体内转化酶的作用下经过 30 min 的发酵，回到蜂巢中吐出，蜂巢内温度经常保持在 35 ℃左右，经过一段时间，水分蒸发，成为水分含量少于 20% 的蜂蜜，储存到蜂巢中，再用蜂蜡密封。蜂蜜是由高度复杂的碳水化合物混合而成的，即由单糖、双糖、三糖及以上的多糖共同组成的。蔗糖含量低，还含有多种人体必需的氨基酸、维生素、酶、矿物质等，营养价值很高。1 kg 的蜂蜜含有 2940 cal 的热量。蜂蜜是糖的过饱和溶液，低温时会结晶，生成结晶的部分主要是葡萄糖，不产生结晶的部分主要是果糖。

1. 蜂蜜的分类

(1) 根据采蜜的蜂种分类：我国现有的蜂种主要以意大利蜜蜂与中华蜜蜂为主。它们所采的蜜分别称为意蜂蜜与中蜂蜜（土蜂蜜）。

(2) 根据来源分类：蜜蜂酿造蜂蜜时，它所采集的加工原料的来源，主要是花蜜，但在蜜源缺少时，蜜蜂也会采集甘露或蜜露，因此，可将蜂蜜分为天然蜜和甘露蜜。

天然蜜就是蜜蜂采集花蜜酿造而成的。它们来源于开花植物的花的内蜜腺或外蜜腺，通常所说的蜂蜜指的就是天然蜜。

甘露蜜是蜜蜂从植物的叶或茎上采集蜜露或昆虫代谢物——甘露所酿制的蜜。甘露是蚜虫吸取植物的汁液后经过消化系统的作用，再吸取其中的蛋白质和糖分，然后把多余的糖分和水分排泄出来的产物。蜜蜂以甘露为原料酿造成的产物称为甘露蜜。

(3) 根据物理状态分类：蜂蜜在常温常压下，具有两种不同的物理状态，即液态和结晶态(无论蜂蜜是储存于蜂巢中，还是从蜂巢中分离出来)。一般情况下，刚分离出来的蜂蜜都是液态的，澄清、透明、流动性良好，经过一段时间放置以后，或在低温下，大多数蜂蜜会形成固态的结晶。因此，人们通常把它分为液态蜜和结晶蜜。

(4) 根据生产方式分类：按蜂蜜的不同生产方式，可分为分离蜜与巢蜜等。分离蜜，又称离心蜜或压榨蜜，是将蜂巢中的蜜脾取出，置于摇蜜机中，通过离心力的作用摇出并经过滤的蜂蜜，或用压榨巢脾方法从蜜脾中分离出来并过滤的蜂蜜。这种新鲜的蜜一般处于透明的液体状态，有些分离蜜经过一段时间就会结晶，如油菜蜜取出不久就会结晶。有些分离蜜在低温下或经过一段时间才会出现结晶。

巢蜜，又称格子蜜，是指利用蜜蜂的生物学特性，在规格化的蜂巢中，酿造出来的连巢带蜜的蜂蜜块。巢蜜既具有分离蜜的功效，又具有蜂巢的特性，是一种比较高级的天然蜂蜜产品。

(5) 根据颜色分类：蜂蜜随着蜜源植物种类不同颜色差别很大，可将其分为水白色、特白色、白色、特浅琥珀色、浅琥珀色、琥珀色及深琥珀色 7 个等级，其区分颜色的依据是普方特比色仪。无论是单花还是混合的蜜种，都具有一定的颜色，而且，往往是颜色浅淡的蜜种，其味道和气味较好。因此，蜂蜜的颜色，既可以作为蜂蜜分类的依据，也可作为衡量蜂蜜品质的指标之一。一般认为，浅色蜜在质量上大多优于深色蜜。

(6) 根据蜜源植物分类：根据蜜源植物分为单花蜜和杂花蜜(百花蜜)。

① 单花蜜：来源于不同的蜜源植物以某一植物花蜜为主体。常见单花蜜包括荔枝蜜、龙眼蜜、柑橘蜜、枇杷蜜、油菜蜜、刺槐蜜、紫云英蜜、枣花蜜、野桂花蜜、荆条蜜、椴树蜜、益母草蜜等。

② 杂花蜜(百花蜜)：多种植物同时开花而取到的蜂蜜，各单一植物花蜜的优势不明显，又称为百花蜜。

根据蜜源植物对蜂蜜进行分类有以下优点：蜂蜜的色泽、香气、口感、医疗保健的功效都相对稳定，因此，这是比较科学的分类方法。

2. 蜂蜜的美容功效

蜂蜜又被称为“可食用的化妆品”。常饮用蜂蜜可保持青春，获得健康。蜂蜜有防止便秘的作用，使皮肤保持光泽。

蜂蜜中富含维生素 B_6，且有特殊杀菌能力，对皮肤的润滑非常有效。明朝李时珍的《本草纲目》记载，蜂蜜对消除雀斑具有神奇的效果。冬季皮肤干燥，可用少许蜂蜜调和水后涂于皮肤，可防止干裂，可用蜂蜜代替防裂膏。

食用蜂蜜要合理。蜂蜜含有多种氨基酸、维生素及生物活性物质。在高温下，这些成分会在不同程度上受到破坏。所以，蜂蜜不能煮沸，也不宜用开水冲服。合理的食用方法是用 40～50 ℃温开水冲服，如果是炎夏，可用冷开水调成冷饮。

3. 蜂蜜助减肥的原因

(1) 促进代谢：蜂蜜中所含酵素种类是所有食物中种类最多的。这些酵素可以帮

助人体消化吸收，促进人体的新陈代谢。

（2）改善便秘：蜂蜜具有优良的杀菌与解毒效果，可以帮助排出体内积聚的废物，如果是因为便秘症状而导致的肥胖，喝蜂蜜特别有效。

（3）平衡血糖降低空腹感：蜂蜜最主要的成分是葡萄糖和果糖，这两种成分都属于单糖，单糖在人体内不需经过消化作用，即可转化为能量而被吸收利用，从而让血糖值上升，所以只要喝少许蜂蜜，就可以降低空腹感，避免吃下过多食物。

（4）不易积聚脂肪：蜂蜜本身不含脂肪，相较于一般白糖，蜂蜜更易为人体吸收利用，即使食用过量，蜂蜜也不容易囤积脂肪。

（5）热量较低：蜂蜜所含热量很低，100 g 蜂蜜含 294 cal 热量，只有同等分量白糖的 75%。蜂蜜比蔗糖（砂糖的主要成分）更易被人体吸收，因为蜂蜜是由单碳水化合物的葡萄糖和果糖构成，可以被人体直接吸收，而不需要酶的分解。

三、茶叶与美容

中国是茶叶的故乡，不仅在制茶、饮茶方面历史悠久，而且名品荟萃，主要品种有绿茶、红茶、花茶、白茶、黄茶、黑茶等。饮茶既有一定的药物疗效，又富有欣赏情趣，可陶冶情操。随着现代科学的发展，人们发现茶叶还具有美容减肥的作用。

（1）茶叶能美容：茶叶之所以有美容功效，与茶叶中的化学成分有关。茶叶中的主要成分有茶多酚（单宁）、生物碱（咖啡碱、茶碱、可可碱）、黄酮类化合物、多种氨基酸、维生素 A、B 族维生素、维生素 C、维生素 E 及微量元素氟、铁、锰、铜等。此外茶叶中还含有叶酸、二硫辛酸、泛酸等。维生素 C 和维生素 E 可防止皮肤衰老，生物碱可使人精神振奋，铁可合成血红蛋白，使皮肤红润。

（2）茶叶能除口臭：用浓茶水漱口即可除口臭，也可咀嚼茶叶以去除大蒜味。茶叶之所以能除口臭，是因为黄酮类化合物作用的结果。黄酮类化合物能与恶臭物质起中和反应，从而除去臭味。

（3）茶叶能使体型健美：茶叶之所以能减肥，是叶酸、二硫辛酸、泛酸等化合物作用的结果。这些物质都具有调节脂肪代谢的作用。茶叶中还含有黄烷酸，它可使人体消化道松弛，净化消化道中的微生物及其他有害物质。这样不仅有利于脂肪等物质的消化，而且还防止肠道疾病的发生。由于茶叶能调节脂肪代谢，降低血脂和胆固醇，所以常饮茶能减肥，使人体型保持健美。

虽然饮茶能美容、减肥，但也不能饮茶无度，否则会伤害身体健康。茶也是一种含氟量很高的饮料，过量饮茶会导致氟中毒，牙釉质变黄、变黑，影响牙齿美观。

一般来说，某些疾病患者、孕妇不宜饮茶，即便是平常人，在饮茶方面也要有所选择。因为人群中有性别、年龄、地域、胖瘦、寒热、虚实等不同的体质，有一些人并不宜饮茶，所以饮茶也要因人而异。选择茶叶时还应注意人体所处的不同状态。青春期发育时，宜饮绿茶；少女经期和妇女更年期时，情绪不安，则饮花茶以疏肝解郁和理气调经；妇女产后和体力劳动者宜用红茶；脑力劳动者宜饮绿茶；肝肾阴虚或阴阳俱虚者，可饮用红茶。

四、芦荟

芦荟属通称芦荟，原产于地中海、非洲，为独尾草科多年生草本植物，据考证野生的芦荟品种有300多种，主要分布于非洲等地。这种植物颇受大众喜爱，主要因其易于栽种，且为花叶兼备的观赏植物。

现代科学研究发现，芦荟含维生素 B_1、维生素 B_2、维生素 B_6、维生素E、氨基酸、矿物质、叶绿素、不饱和脂肪酸等营养成分，对皮肤的健康和美容颇有功效。

内服芦荟可增强肝脏、肾脏的代谢功能，排除体内毒素，调节人体内分泌，从而达到使皮肤光洁的功效。芦荟中的芦荟素、芦荟碱、氨基酸等可提高胶原蛋白合成的能力，抑制皮肤黑色素的合成，预防或减轻甚至消除色斑。因此，内服芦荟已成为现代女性美容的新时尚（关于芦荟美容护肤的知识详见第十二章的美容锦囊）。但芦荟易引起过敏，所以过敏体质者不宜使用芦荟。

美容锦囊

牛奶——全面护理的绝佳美容师

一、食材性情概述

牛奶是上天赐给人类的“完美食品”。牛奶中含有数十种天然营养物质，非常适合人类食用。每人每天饮用牛奶500 mL，就能满足人体每日大部分营养需要。

二、美容功效及科学依据

牛奶含有丰富的乳脂、维生素与矿物质，具有天然保湿功效，而且其营养成分容易被吸收，能防止肌肤干燥。

三、美容实例

1. 牛奶面粉面膜防止肌肤干燥

牛奶与面粉混合后就是非常优质的面膜，特别适用于中性肌肤。对于油性肌肤，就需要把牛奶换成脱脂的；如果处于20～40岁的年龄阶段，就可以不用进行任何加工直接使用。丰富的乳脂能有效改变皮肤干燥的现象，故牛奶面粉面膜能较好改善肤质。

2. 食盐牛奶浴告别皮屑

牛奶和盐混合可以改善粗糙的肌肤，并有效去除皮屑，使肌肤光滑。

预先在一个小罐子里融化一杯食盐，倒入已经放好温热水的浴缸里，再加入四杯等量的脱脂奶粉，躺入特制的浴缸里浸泡20 min之后，再进行日常洗浴流程。一周使用一次，便可以告别皮屑。

3. 燕麦牛奶面膜调理肌肤

肌肤最讨厌的问题——痤疮、雀斑、黑头等，只需每天使用10 min的燕麦牛奶面膜即可得到有效改善。

将2汤匙的燕麦与半杯牛奶调和，置于小火上煮，然后趁其温热时涂抹在脸上，10 min后用清水洗净即可。

4. 牛奶调和醋消除眼睑水肿

牛奶还具有收紧肌肤的功效。如果早晨起床后发现眼睑水肿，可用适量牛奶和醋加开水调匀，然后在眼睑上反复轻按3～5 min，再以热毛巾敷片刻，眼睑即可消肿。若简单一点的，也可先将两片化妆棉浸以冻牛奶，然后敷在水肿的眼睑上约10 min，再用清水洗净便可。

5. 冻牛奶舒缓晒伤

冻牛奶有消炎、消肿及缓和皮肤紧张的功效。因此，当享受完日光浴后，若发觉面部因日晒而灼伤出现红肿，可用冻牛奶来护理。

先以冻牛奶来洗脸，然后在整张脸敷上浸过冻牛奶的化妆棉，或以薄毛巾蘸上冻牛奶敷在发烫的患处。假如全身都有疼痛感觉，不妨采用牛奶泡浴、牛奶体膜等方法，这样，便能使日晒所损伤的皮肤得以舒缓，减少痛楚并防止炎症的产生。

莫过量：牛奶是人们公认的营养佳品，常饮对人体健康有益。但是，饮牛奶并非多多益善，饮之过度也会损害健康。营养学家指出，每人每日饮牛奶量应控制在500 mL以内，最适宜的饮奶量为200～400 mL，即每日两小杯。

忌过烫：牛奶煮熟后，营养会有所损失，而且煮的时间越长，损失越大。这是因为随着温度的升高。牛奶中所含的维生素、蛋白质等营养成分就会发生化学变化，不仅口感欠佳，还会转化成其他物质，所以牛奶加热时间不宜过长。

柠檬——皮肤美白的佳品

一、食材性情概述

柠檬生食味极酸，口感不佳，但使用得宜，其实用价值极大。在我国，柠檬又称宜母。古书云：宜母子，味机酸，孕妇肝虚嗜之，故日宜母；当熟时，人家竞买，以多藏而经岁为尚。可见，长久以来，柠檬深受我国民众喜爱。

二、美容功效及科学依据

作为常见的美容水果，柠檬受到越来越多时尚人士的关注。柠檬的美容作用可以概括为以下几个方面。

(1) 减少色素生成，使皮肤白皙。

(2) 营养护肤作用。

(3) 消毒去垢、清洁皮肤。

不过，柠檬的美容功效主要集中在使皮肤美白上。柠檬是当仁不让的白嫩肌肤的水果之王。柠檬含有丰富的维生素 C，对美白肌肤、防止皮肤老化等具有极佳的效果，对消除疲劳也很有帮助。其蕴含的柠檬酸成分不但能防止和消除色素在皮肤内的沉着，而且能软化皮肤角质层，令肌肤变得白净有光泽。

三、美容实例

(1) 清除雀斑。现代医学认为，雀斑是皮下黑色素增多或暴晒过久所致。每天早晚洗脸后用稀释后的新鲜柠檬汁涂面各一次，一周左右可以消除雀斑。

(2) 洁肤增白。将一只鲜柠檬洗净去皮切片，放入一只广口瓶内，加入白酒浸没柠檬，浸泡一夜。次日用消毒脱脂棉蘸浸液涂面，15 min 后用温水洗净，一周后可见面容光滑洁白。

(3) 调理面膜。取一汤匙鲜柠檬汁，放入杯中，加入鲜蛋黄 1 个，混合搅拌均匀。再加入两汤匙燕麦粉、两汤匙橄榄油或花生油，一起搅拌均匀成糊状面膜。每晚洗脸后以此面膜敷面，20 min 后取下，再用温水洗净。每晚一次，连续一周后，可使干性、松弛、多皱的面容变得红润光泽。

(4) 润泽肌肤。将鲜柠檬两只切碎，用消毒纱布包扎成袋，放入浴盆中，水温控制为 38～40 ℃，进行沐浴，洗大约 10 min，可清除汗液、异味、油脂，润泽全身肌肤。脚掌心有厚皮者可用柠檬皮搓揉，可使之软化逐渐脱落。油性皮肤者，沐浴后在润肤霜中滴入少许鲜柠檬汁并涂擦全身按摩，可以去除过多油脂，使肌肤光泽红润而有弹性。

(5) 饮用减肥。柠檬水可以解渴且能冲淡想吃东西的欲望，因此可有效抑制不当饮食，如果再加上一天 30 min 以上的运动，效果会十分显著。这套减肥法现在在日本是最流行的，在家里自己操作就可以达到减肥的效果，所以被称为“家庭主妇”式的喝水减肥方法。具体方法如下：按 1 L 水加上半个柠檬中取出的原汁的比例调好柠檬水，置于冰箱里存放；每日至少喝下 3 L 的柠檬水，不需特别节食或禁绝零食，但必须时时补充柠檬水。此法必须搭配每日 30 min 以上的运动，不必持续进行，分散时间亦可。柠檬水有助于排汗，可排除体内有害物质。

温馨提示

注意使用方法：由于柠檬中含大量有机酸，对皮肤有刺激性，因此，切莫将柠檬原汁直接涂面，一定要稀释后按比例配用其他天然美容品才能敷面。

注意使用剂量：如果是做柠檬面膜的话，切忌用整个柠檬贴片，在有其他成分混合的情况下，使用的柠檬果肉原汁最多不超过 3 汤匙(使用喝咖啡时常用的小汤匙)。

注意使用时间：日晒前最好避免用柠檬、芹菜等敷脸，可饮用柑橘类果汁。用柠檬进行美容护理最好选在晚上进行。

1. 简述蔬菜的颜色与营养的关系。
2. 简述豆浆与牛奶在营养上的区别。
3. 简述茶叶的美容保健功效。

（周建军）

第九章　合理膳食与美容

第一节　构建合理的饮食结构与合理营养

饮食结构是科学饮食的重要组成部分，是实现营养平衡的物质基础。没有科学合理的饮食结构，就不可能达到营养平衡。因此，从一定意义上讲，营养平衡也就是饮食平衡，营养平衡是建立在饮食平衡的基础之上的，合理的饮食结构首先是以营养平衡为出发点和落脚点的。

科学合理的饮食结构，就是要在符合人体健康的前提下，把各类食品合理搭配，以满足人的生长、发育和生活劳动的需要。

一、我国传统饮食结构的利弊

《黄帝内经》中曾提出“五谷为养、五果为助、五畜为宜、五菜为充”的饮食结构。

我国传统的饮食结构以谷类食物为主，蔬菜类食物品种丰富，肉类食物较少，食物多不做精细加工，糖的使用量较少，茶为大众的饮料，食用油中荤油占有一定比例。

（一）传统饮食结构的特点

(1) 以谷类食物为主的饮食结构正是目前西方科学家推崇的饮食结构。由于谷类食物中碳水化合物含量高，而碳水化合物产生的热量占总热量的 60%以上，故谷类食物是最经济、最主要的热量来源。

(2) 由于蔬菜品种丰富，食物不做精细加工等，故能摄入大量的膳食纤维，因此，可降低消化系统疾病及肠癌的发病率。

(3) 豆类及豆制品的摄入，补充了一部分优质蛋白质和钙。

(4) 饮茶、吃水果和甜食少，减少了糖的过多摄入。

(5) 丰富的调味食品，如葱、姜、蒜、辣椒等，具有杀菌、降脂、增加食欲、助消化等功能。

（二）传统饮食结构的不足

(1) 奶类及奶制品摄入不足。饮食调查表明，在我国全国范围内钙的摄入量只达到每日推荐量的一半略多。牛奶的营养价值很高，又是钙的最好来源，因此应提倡多喝牛奶，以每日不少于 250 mL 为宜。

(2) 缺乏瘦牛肉、瘦羊肉、鱼肉等优质动物性食物的摄入，导致优质蛋白质摄入不足。

(3) 食盐摄入量过高。我国居民每人每天食盐平均摄入量为13.5 g,这比世界卫生组织关于防治高血压、冠心病的建议中提出的每人每天食盐平均摄入量在6 g以下的标准高出1倍以上。

(4) 白酒的消耗量过多。

二、不良饮食结构的危害

近几年,随着人们生活水平的不断提高,一些人从开始的“吃饱求生存”转型到“吃好求口味”,进入了饮食误区。营养对人体健康的影响是一个渐进的过程,人体对营养素的需要是有标准的,营养素供给量过多、不足或比例不合理,都会对机体产生一定的影响。最初的影响是潜在性的,随着时间的推移,各种营养性疾病就会慢慢表现出来。

1. 形成酸性体质

鸡、鸭、鱼、肉等动物性食物都是酸性食物,它们在人体内可产生乳酸、尿酸等酸性代谢废物。当这些酸性物质的含量超过人体的调节能力时,人体的内环境就开始恶化,便出现了不健康的酸性体质,而只有在体液的pH值正常时,人体免疫细胞才有能力吞噬和消灭肿瘤细胞。曾有文章报道过,肿瘤细胞周围的pH值为6.85~6.95,偏酸性,而正常体液的pH值是不利于肿瘤细胞存活的。

另外,人体的pH值每下降0.1个单位,胰岛素的活性就下降30%,从而增加了2型糖尿病发病的危险。酸性体质是一种病态体质,易使人产生疲劳、情绪急躁、胃肠闷胀、消化不良、呼吸加快、智力减退等慢性酸中毒现象。

2. 引发“富贵病”

现代医学已经证实,由于生活质量提高,大鱼大肉、糖果和甜食及高脂肪、高蛋白、高热量的饮食结构和进食越来越“去粗取精”,从而引发“富贵病”。“富贵病”大都与酸性体质有关,如高血压、糖尿病、脂肪肝、动脉硬化、痛风等。

据统计,在我国2型糖尿病患者目前已接近400万人,每年我国糖尿病发病率都在不断增长。与此同时,以前十分罕见的痛风病、脂肪肝在刚过30岁的青壮年中也开始高发。“富贵病”发病率越来越高,发病年龄却越来越低的现象已成为一种令人担忧的发展趋势。

三、建立科学的饮食结构

食物是人体必需营养的最佳来源,只有建立科学的饮食结构,才能保障饮食的科学、合理。一般来说,中国人的饮食来源比较丰富,但是由于地域的差异,中国人的饮食结构并不理想。饮食习惯中的“口味”与“嗜好”等问题决定了其饮食结构的不合理性与盲目性。只有真正了解食物的营养特点,并掌握补充营养的一定技巧,才能获得理想的效果。

1. 食物多样,蔬菜为主,粗细搭配

人类的食物是多种多样的。各种食物所含的营养成分不完全相同,每种食物都至少可提供一种营养物质。除母乳对0～6个月龄的婴儿外，任何一种天然食物都不能提供人体所需的全部营养素。平衡膳食必须由多种食物组成，才能满足人体各种营养需求，以达到合理营养、促进健康的目的，因而普遍提倡人们广泛食用多种食物。

根据可提供的营养物质，食物可分为五大类：第一类为谷类及薯类，谷类包括米、面、杂粮等，薯类包括马铃薯、甘薯、木薯等，主要提供碳水化合物、蛋白质、膳食纤维及B族维生素。第二类为动物性食物，包括肉类、奶类、蛋类等，主要提供蛋白质、脂肪、矿物质、维生素A、B族维生素和维生素D。第三类为豆类和坚果，包括大豆、其他干豆类及花生、核桃、杏仁等坚果类，主要提供蛋白质、脂肪、膳食纤维、矿物质、B族维生素和维生素E。第四类为蔬菜、水果和菌藻类，主要提供膳食纤维、矿物质、维生素C、胡萝卜素、维生素K及有益健康的植物化学物质。第五类为纯能量食物，包括动植物油、淀粉、食用糖和酒类，主要提供能量。动植物油还可提供丰富的维生素E和必需脂肪酸。

另外，要注意粗细搭配，经常吃一些粗粮、杂粮和全谷类食物。每天最好能摄入50～100 g谷类食物。稻米、小麦不要研磨得太精，否则谷类表层所含维生素、矿物质等营养素和膳食纤维大部分会流失到糠麸之中。

提倡以谷类食物为主，即强调膳食中谷类食物应是提供能量的主要来源，应达到一半以上，以谷类食物为主的膳食模式既可提供充足的能量，又可避免摄入过多的脂肪及含脂肪较高的动物性食物，有利于预防相关慢性病的发生。谷类食物中的能量有80%～90%来自碳水化合物，因此，只有膳食中谷类食物提供能量的比例达到总能量的50%～60%，再加上其他食物中的碳水化合物，才能达到世界卫生组织(WHO)推荐的适宜比例。要坚持谷类食物为主，应保持每天膳食中有适量的谷类食物，一般成年人每天应摄入250～400 g谷类食物。

2. 多吃蔬菜、水果和薯类

新鲜蔬菜、水果是人类平衡膳食的重要组成部分，也是我国传统膳食重要特点之一。蔬菜和水果是维生素、矿物质、膳食纤维和植物化学物质的重要来源，水分多、能量低。薯类含有丰富的淀粉、膳食纤维及多种维生素和矿物质。富含蔬菜、水果和薯类的膳食可保持身体健康，保持肠道正常功能，提高免疫力，降低患肥胖、糖尿病、高血压等慢性疾病风险。因此近年来各国膳食指南都强调增加蔬菜和水果的摄入种类和数量。我国推荐成年人每天吃蔬菜300～500 g，最好深色蔬菜占一半，水果200～400 g，并注意增加薯类的摄入。

3. 常吃奶类食物、豆类食物及其制品

奶类食物营养成分齐全，组成比例适宜，容易消化吸收。奶类食物除含丰富的优质蛋白质和维生素外，含钙量高且利用率也很高，是日常膳食钙质的极好来源。大量的研究表明，儿童和青少年饮奶有利于其生长发育，增加骨密度，从而推迟其成年后发生骨质疏松的年龄；中老年人饮奶可以减少其骨质丢失，有利于骨健康。2002年中国居民营养与健康状况调查结果显示，我国城乡居民每日平均钙摄入量仅为389 mg，不足推荐摄入量的一半;每日平均奶类制品摄入量为 27 g,仅为发达国家的 5%左右。因此,我国居民应大力提高奶类的摄入量,建议每人每天饮奶 300 g 或相当量的奶制品,对于饮奶量更多或有高血脂和超重肥胖倾向者应选择低脂或脱脂奶类及其制品。豆类含丰富的优质蛋白质、必需脂肪酸、B 族维生素、维生素 E 和膳食纤维等营养素,还含有磷脂、低聚糖及异黄酮、植物固醇等多种植物化学物质。大豆是重要的优质蛋白质来源。为提高农村居民的蛋白质摄入量及防止城市居民过多消费肉类带来的不利影响,应适当多吃豆类及其制品,建议每人每天摄入 30~50 g 豆类或相当数量的豆制品。

4. 经常吃适量的瘦肉、蛋类和鱼类,少吃肥肉和荤油

瘦肉、蛋类和鱼类均属于动物性食物,是人类优质蛋白质、脂类、脂溶性维生素、B 族维生素和矿物质的良好来源,是平衡膳食的重要组成部分。动物性食物中蛋白质不仅含量高,而且氨基酸组成更适合人体需要,尤其富含赖氨酸和蛋氨酸,与谷类或豆类食物搭配食用,可明显发挥蛋白质互补作用;但动物性食物一般都含有一定量的饱和脂肪和胆固醇,摄入过多可能增加患心血管病的危险性。鱼类脂肪含量一般较低,且含有较多的多不饱和脂肪酸,有些海产鱼类富含二十碳五烯酸(EPA)和二十二碳六烯酸(DHA),它们对预防血脂异常和心脑血管疾病等有一定作用。蛋类富含优质蛋白质,各种营养成分比较齐全,是很经济的优质蛋白质来源。肥肉和荤油为高能量和高脂肪食物,摄入过多往往会引起肥胖,并且是引起某些慢性疾病的危险因素,应当少吃。

目前,我国部分城市居民食用动物性食物较多,尤其是食入的猪肉过多,应调整肉食结构,适当多吃鱼类,减少猪肉摄入。相当一部分城市居民和多数农村居民食用动物性食物的平均量还不够,应适当增加。推荐成人每日摄入量:鱼类 50~100 g,肉类50~75 g,蛋类 25~50 g。

5. 减少烹调油用量,吃清淡少盐膳食

脂肪是人体能量的重要来源之一,并可提供必需脂肪酸,有利于脂溶性维生素的消化吸收,但是脂肪摄入过多是引起肥胖、高血脂、动脉粥样硬化等多种慢性疾病的危险因素之一。膳食中油的摄入量过高与高血压的患病率密切相关。2002 年中国居民营养与健康状况调查结果显示,我国城乡居民平均每天食用油平均摄入量为 42 g,已远高于 1997 年《中国居民膳食指南》的推荐量 25 g。每天食盐平均摄入量为 13.5 g,比世界卫生组织建议值高出 1 倍以上。同时相关慢性疾病患病率迅速增加,与 1992 年相比,成年人超重比例上升了 39%,肥胖比例上升了 97%,高血压患病率增加了 31%,食用油和食盐摄入过多是我国城乡居民共同存在的营养问题。

为此,建议我国居民应养成吃清淡少盐膳食的习惯,即膳食不要太油腻,不要太咸,不要摄食过多的动物性食物和油炸、烟熏、腌制食物。建议每人每天食用油摄入量不超过 30 g;食盐摄入量不超过 6 g(包括酱油、酱菜、酱料中的食盐)。

知识链接

常见低钠高钾食物

豆类：几乎所有的豆类都是低钠高钾食物，其中黑豆中含钾量比含钠量高2199倍、黄豆中含钾量比含钠量高1810倍，但豆芽中的含钾量较低。

鲜果类：其中尤以蜜桃、香蕉、鲜荔枝等含钾较多，柚子、枇杷、柑橘、梨、柿子、海棠果、苹果、香瓜等也都是低钠高钾水果。

蔬菜类：常见低钠高钾的蔬菜有笋、土豆、倭瓜、茄子、大葱、红薯、龙须菜、香椿、西葫芦、菜瓜、蘑菇、丝瓜、苋菜、豌豆、西红柿、柿子椒等。

6. 食不过量，天天运动，保持健康体重

进食量和运动是保持健康体重的两个主要因素，食物提供能量，运动消耗能量。如果进食量过大而运动量不足，多余的能量就会在体内以脂肪的形式积存下来，增加体重，造成超重或肥胖；相反若进食量不足，可由于能量不足引起体重过低或消瘦。体重过高和过低都是不健康的表现，易患多种疾病，缩短寿命。所以，应保持进食量和运动量的平衡，使摄入的各种食物所提供的能量能满足机体需要，而又不造成体内能量过剩，使体重维持在适宜范围。我国成人的健康体重是指体质指数(BMI)在18.5～23.9 kg/m^2之间。

正常生理状态下，食欲可以有效控制进食量。一些人食欲调节不敏感，满足食欲的进食量常常超过实际需要量，过多的能量摄入导致体重增加。食不过量意味着少吃几口，不要每顿饭都吃到十成饱。

近年来，由于生活方式的改变，身体活动减少、进食量相对增加，我国超重和肥胖的发生率正在逐年增加，这是心血管疾病、糖尿病和某些肿瘤发病率增加的主要原因之一。运动不仅有助于保持健康体重，还能够降低患高血压、中风、冠心病、2型糖尿病、结肠癌、乳腺癌和骨质疏松等慢性疾病的风险，同时还有助于调节心理平衡，有效消除压力，缓解抑郁和焦虑症状，改善睡眠。目前，我国大多数成年人体力活动不足或缺乏体育锻炼，应改变久坐少动的不良生活方式，养成天天运动的习惯，坚持每天多做一些消耗能量的活动。建议成年人每天进行累计相当于步行6000步以上的身体活动，如果身体条件允许，最好进行30 min以上中等强度的运动。

7. 三餐分配要合理，零食要适当

合理安排一日三餐的时间及食量，进餐应定时和定量。早餐提供的能量应占全天总能量的30%，午餐应占30%～40%，晚餐应占30%～40%，可根据职业、劳动强度和生活习惯进行适当调整。一般情况下，早餐安排在6:30—8:30，午餐在11:30—13:30，

晚餐在18:00—20:00进行为宜。应每天吃早餐并保证其营养充足,午餐要吃好,晚餐要适量。不暴饮暴食,不经常在外就餐,尽可能与家人共同进餐,并营造轻松愉快的就餐氛围。零食作为一日三餐之外的营养补充,可以合理选用,但来自零食的能量应计入全天能量摄入之中。

8. 每天足量饮水,合理选择饮料

水是膳食的重要组成部分,是一切生命必需的物质,在生命活动中发挥着重要功能。体内水的来源有饮水、食物中含的水和体内代谢产生的水。水的排出主要通过肾脏,以尿液的形式排出,其次是经肺呼出、经皮肤排出和随粪便排出。进入体内的水和排出的水基本相等,处于动态平衡。水的需要量主要受年龄、环境温度、身体活动等因素的影响。一般来说,健康成人每天需要水2500 mL左右。在温和气候条件下生活的轻体力活动的成年人每日最少饮水1200 mL(约6杯)。在高温或强体力劳动的条件下,应适当增加饮水量。饮水不足或过多都会对人体健康带来危害。饮水应少量多次,要主动,不要感到口渴时再喝水。日常饮水的最佳选择是白开水。

饮料多种多样,需要合理选择。如含乳饮料和纯果汁饮料含有一定量的营养素和有益膳食成分,适量饮用可以作为膳食的补充。有些饮料添加了一定的矿物质和维生素,适合热天户外活动和运动后饮用。有些饮料只含糖、香精和香料,营养价值不高。多数饮料都含有一定量的糖,大量饮用含糖量特别高的饮料,会在不经意间摄入过多能量,造成体内能量过剩。另外,饮后如不及时漱口刷牙,残留在口腔内的糖分会在细菌作用下产生酸性物质,损害牙齿健康。有些人尤其是儿童和青少年,每天喝大量含糖的饮料代替饮水,是一种不健康的习惯,应当改正。

9. 饮酒要限量

在节假日、喜庆和交际场合,饮酒是一种习俗。高度酒含能量高,白酒基本上是纯能量食物,不含其他营养素。无节制的饮酒,会使食欲下降,减少食物摄入量,以致发生多种营养素缺乏、急(慢)性酒精中毒、酒精性脂肪肝,严重时还会造成酒精性肝硬化。过量饮酒还会增加患高血压、中风等疾病的危险,并可导致事故及暴力行为的增加,对个人健康和社会安定都是有害的。另外,饮酒还会增加患某些肿瘤的危险性。饮酒应尽可能饮用低度酒,并控制在适当的限量值以下。综合考虑过量饮酒对健康的损害作用和适量饮酒的可能健康效益及其他国家对成年人饮酒的限量值,中国营养学会建议的成年人适量饮酒的限量值是成年男性一天饮用酒的酒精量不超过25 g,相当于啤酒750 mL,或葡萄酒250 mL,或中低度的白酒75 mL,或高度白酒50 mL;成年女性一天饮用酒的酒精量不超过15 mL,相当于啤酒450 mL,或葡萄酒150 mL,或中低度的白酒45 mL。上述标准对于一些喜欢饮酒的人,特别是喜欢饮用高度白酒的人,可能会感到不够尽兴,但应该从保护健康的角度作出明智选择,自觉地限量饮酒。孕妇、儿童和青少年应禁酒。

10. 吃新鲜、卫生、不变质的食物

一个健康人一生需要从自然界摄取大约60吨食物、水和饮料。人体一方面从这些饮食中吸收利用本身必需的各种营养素，以满足生长发育和生理功能的需要；另一方面又必须防止其中的有害因素诱发食源性疾病。

食物放置时间过长就会引起变质，可能产生对人体有毒、有害的物质。另外，食物中还可能含有混入其中的各种有害因素，如致病微生物、寄生虫和有毒化学物等。吃新鲜、卫生的食物是防止食源性疾病、实现食品安全的根本措施。

正确采购食物是保证食物新鲜卫生的第一关。一般来说，正规的商场和超市、知名食品企业比较注重产品的质量，也更多地接受政府和消费者的监督，在食品卫生方面具有较大的安全性。购买预包装食品时还应当留心查看包装标识，特别应关注生产日期、保质期和生产单位；也要注意食品颜色是否正常、有无酸臭异味、形态是否异常等，以便判断食物是否发生了腐败变质。烟熏食品及有些加工食品，可能含有苯并芘或亚硝酸盐等有害成分，不宜多吃。

食物合理储藏可以保持新鲜，避免污染。高温加热能杀灭食物中大部分微生物，延长保存时间；冷藏温度常为 4～8 ℃，一般不能杀灭微生物，只适于短期储藏；而冻藏温度低达－23～－12 ℃，可抑制微生物生长，保持食物新鲜，适于长期储藏。

烹调加工过程是保证食物卫生安全的一个重要环节。需要注意保持良好的个人卫生及食物加工环境和用具的洁净，避免食物烹调时的交叉污染，对动物性食物应当注意加热使其熟透，煎、炸、烧烤等烹调方式如使用不当容易产生有害物质，应尽量少用，食物腌制时要注意加足食盐，以免其在高温环境下变质。

有一些动物性食物或植物性食物含有天然毒素，如河豚、毒蕈、苦味果仁和未成熟或发芽的马铃薯、新鲜黄花菜和四季豆等。为了避免误食中毒，一方面需要学会鉴别这些食物，另一方面应了解对不同食物进行浸泡、清洗、加热等去除毒素的具体方法。总之，没有不好的食物，只有不合理的食用方法，关键在于平衡与合理加工。

人类需要丰富的食物，各种各样的食物各有其营养优势，食物没有好坏之分，但如何选择食物的种类和数量来搭配膳食却存在着合理与否的问题。在这里，量的概念十分重要。比如说肥肉，其主要营养成分是脂肪，还含有胆固醇，对于能量不足或者能量需要较大的人来说是一种很好的提供能量的食物，但对于能量已过剩的人来说是应避免选择的食物。正是因为人体必需的营养素有 40 多种，而各种营养素的需要量又各不相同（多的每天需要数百克，少的每日仅需要几微克），并且每种天然食物中营养成分的种类和数量也各有不同，所以必须由多种食物合理搭配才能组成平衡膳食。从食物中获取营养成分的种类和数量应能满足人体的需要而又不过量，使蛋白质、脂肪和碳水化合物提供的能量比例适宜。中国居民平衡膳食宝塔就是将五大类食物合理搭配，构成符合我国居民营养需要的平衡膳食模式。

四、合理营养

营养是人类摄取食物满足自身生理需要的生物学过程。合理营养就是科学的营养，是指能保持人体健康状态、充分发挥生活工作效能及良好生长发育的营养。合理营

养是一个综合性概念，它的核心是合理膳食，还要注意合理烹调、合理膳食制度及饮食卫生。

(1) 合理膳食(又称平衡膳食、健康膳食)就是全面达到供给量标准的膳食。其含义包括通过膳食所获得的热量与营养素在量上满足人体生理需要，并要保持各营养素之间的生理平衡，例如，三大营养素之间的平衡，热量与B族维生素的平衡，必需氨基酸之间的平衡，饱和脂肪酸与不饱和脂肪酸的平衡，碳水化合物中可消化成分与不可消化成分的平衡，钙、磷之间的平衡，酸性食物与碱性食物的平衡，动物性食物与植物性食物间的平衡等。要避免膳食构成的比例失调从而影响机体的近期和(或)远期健康。

(2) 合理烹调主要是指在烹调过程中应尽量减少营养素损失，并使膳食容易消化，有良好的感官性状。

(3) 合理的膳食制度主要是指膳食供应要保质、保量和定时，使大脑的兴奋与抑制过程形成规律，并要求有良好的进食环境，有益于健康。

(4) 饮食卫生主要是指要保持食物的清洁卫生、烹调过程的卫生，防止食源性疾病，并要避免因烹调中形成有害物质而危害健康。

第二节　一日三餐的科学搭配

饿了就要吃饭，这是非常正常而且习以为常的事情，世界上大多数国家的居民都是一日三餐的。但是，人类为什么要把食物分成三顿来吃呢？科学家们做了大量研究后认为，人和动物一样，什么时间吃饭是由体内的生物钟控制的，一到时间生物钟就会让饥饿的信息传递到大脑。

一、关于推荐的每日膳食营养供给量

膳食营养供给量也称膳食营养供给量建议(recommended dietary allowance, RDA)，是由各国行政当局或权威营养机构根据营养科学的发展，结合本国具体情况，向人们提出的对社会各人群一日膳食中应含有的热量和各种营养素供给量的建议。我国又称作推荐的每日膳食营养供给量，或称营养供给量标准。1939年中华医学会提出了我国第一个RDA，我国现在执行的是中国营养学会1988年10月修订的建议，制订RDA的基础是营养生理需要量(nutritional requirement)。

1. 营养生理需要量

营养生理需要量是指能保持人体健康、达到应有发育水平和能充分发挥效率地完成各项体力和脑力活动的人体所需要的热量和各种营养素的必需量。制订营养生理需要量的依据主要是人群调查和实验研究所获得的结论。

人群调查具体内容如下：①调查验证健康人群长年从膳食中摄取的实际供给量；②对有明显营养缺乏或营养不足者，通过补充食物，对使其营养状况得以恢复的需要量

进行估计。

实验研究具体内容如下：①氮平衡试验；②常用水溶性维生素人体饱和实验。

2. 膳食营养供给量

膳食营养供给量简称为RDA，是对各种人群提出的保证人体营养需要的膳食中应含有的热量和膳食营养素的适宜量。RDA是在营养生理需要量的基础上考虑了人群安全而制订的膳食中实际应该含有的热量和各种营养素的量。所谓人群安全包括个体差异、应激等特殊情况需要、食物烹调时的营养素损失、消化吸收率和营养素间的相互影响等，并兼顾社会条件、经济条件等实际问题。一般RDA高于营养生理需要量，其数值多为各人群平均需要量加两个标准差。因此RDA将使几乎所有的个体得以保持健康和维持组织中适当的营养素储存。

制订RDA的原则是既保证人体对热量和各种营养素的生理需要，又保持各种营养素之间建立起生理上的平衡。但各国研究机构还存在着学术观点、方法学和实际条件上的某些不同。制订RDA的依据主要是人群调查研究和实验研究的结论，可通过对多种实验样本的调查结果进行分析，再求出适用的RDA。

二、食物结构

1. 食物结构的概念

食物结构是指居民消费的食物种类及其数量的相对构成，它主要取决于人体对营养的生理需求和提供食物资源的可能及当地的文化和习惯。正确引导居民的食物结构是关系到预防疾病和日常保健及国家和地区食物生产等发展战略的问题。简述有代表性的三种食物结构模式如下。

(1) 经济发达国家模式：即以美国及欧洲经济发达国家为代表的“三高”型饮食结构，“三高”型饮食结构即高热量、高蛋白、高脂肪。经济发达国家的各类主要食物组成如下：年食用粮食量仅为50～75 kg，肉类则达到100 kg，奶类及奶制品是100～150 kg。此外，还有大量的蛋类、蔬菜、水果等。每人每天平均获得的蛋白质在100 g以上，脂肪在130～150 g之间，热量高达3300～3500 kcal(13807～14644 kJ)。动物性食物比重大，容易出现严重营养过剩，肥胖症、冠心病、高脂血症、糖尿病等“文明病”显著增加。但美国人和欧洲人做菜时食用油的用量较少、放盐少，动物内脏食用量较低，这些都是值得学习的。

(2) 发展中国家模式：这种模式以植物性食物为主，动物性食物不足(主要是蛋白质不足或热量不足)，以致体质和健康状况不良，劳动能力下降。

(3) 日本模式：日本的饮食结构比较合理，东方膳食传统特点及欧美国家膳食特点相结合，取长补短。其中植物性食物占较大比例，但动物性食物仍有适当的数量，饮食中的植物蛋白与动物蛋白搭配得较为合理，动物蛋白约占蛋白质总量的50%。每人每天摄入热量大约2600 kcal，蛋白质和脂肪均达到80 g以上，动物性食品摄入充足，人均年摄取粮食110 kg，动物性食品135 kg左右，比较符合人体的正常需要。但日本人喜欢吃精米(面)和咸鱼的习惯不应借鉴。

2. 我国居民合理的食物结构

(1) 背景:我国有超过13亿的人口,生产力水平不高,人均食物资源也不够丰富。我国城镇居民家庭恩格尔系数2005年为36.7%。

(2) 我国居民生活达到小康水平食物结构的主要指标如下:第一,恩格尔系数下降至50%以下;第二,粮食人均占有量为375～400 kg;第三,人均每年食物消费为口粮213 kg(原粮),豆类8 kg,肉类25 kg,蛋类10 kg,水产品9 kg,奶类6 kg,食用油8 kg,食糖8 kg,水果23 kg,蔬菜120 kg。

(3) 达到小康水平食物结构的主要对策:控制人口增长,实行政府干预,制订规划;提高全民文化与营养科学水平;增加农业投入,开发食物资源;加强食品流通。

三、一天要吃三餐饭

人吃饭不只是为了填饱肚子或是解馋,主要是为了保证身体的正常发育和健康。

实验证明:每日三餐,食物中的蛋白质消化吸收率为85%;如改为每日两餐,每餐各吃全天食物量的一半,则蛋白质消化吸收率仅为75%。因此,按照我国人民的生活习惯,每日三餐还是比较合理的。同时还要注意,两餐间隔的时间要适宜,间隔太长会引起高度饥饿感,影响人的劳动和工作效率;间隔太短,上顿食物在胃里还没有排空,就接着吃下顿食物,会使消化器官得不到适当的休息,消化功能就会逐步降低,影响食欲和消化。一般混合食物在胃里停留的时间是4～5 h,两餐的间隔以4～5 h比较合适,如果是5～6 h基本上也合乎要求。

1. 生物钟与一日三餐

现代科学研究证明,在早、中、晚这三段时间里,人体内的消化酶特别活跃,这说明人在什么时候吃饭是由生物钟控制的。

2. 大脑与一日三餐

大脑每天占人体耗能的比重很大,而且大脑的能源供应只能是葡萄糖,每天需要110～145 g。而肝脏通过化学合成作用从每顿饭中最多只能提供50 g左右的葡萄糖。一日三餐,肝脏即能为大脑提供足够的葡萄糖。

3. 消化器官与一日三餐

固体食物从食管到胃需30～60 s,在胃中停留4 h才到达小肠。因此,一日三餐间隔4～5 h是很合理的。

一日三餐究竟选择什么食物,怎么进行调配,采用什么方法来烹调,都是有讲究的,并且因人而异。一般来说,一日三餐的主食和副食应该粗细搭配,动物性食物和植物性食物要有一定的比例,最好每天吃些豆类、薯类和新鲜蔬菜。

一日三餐的科学分配是根据每个人的生理状况和工作需要来决定的。按食量分配,早、中、晚三餐的比例为3∶4∶3,如果某人每天吃500 g主食,那么早晚各应该吃150 g,中午吃200 g比较合适。

1）早餐的科学搭配

营养学家认为，早餐是一天中最重要的一顿饭，每天吃一顿好的早餐，可使人长寿。早餐要吃好，是指早餐应吃一些营养价值高、少而精的食物。因为人经过一夜的睡眠，头一天晚上进食的营养已基本消耗完，只有在早上及时补充营养，才能满足上午工作、劳动和学习的需要。

（1）早餐的重要性。

医学专家经过长期观察发现，一个人早晨起床后不吃早餐，血液黏滞度就会增高，血液流动缓慢，日积月累，会导致心脏病的发作。因此，丰盛的早餐不但使人在一天的工作中都精力充沛，而且有益于心脏的健康。

坚持吃早餐的青少年要比不吃早餐的青少年长得壮实，抗病能力强，在学校课堂上表现得更加突出，听课时精力集中，理解能力强，学习成绩大多更加优秀。对工薪阶层来说，吃好早餐也是干好基本工作的保证，这是因为人的脑细胞只能从葡萄糖这种营养素中获取能量，如果一个晚上没有进食而又不吃早餐，血液就不能保证足够的葡萄糖供应，时间长了就会使人变得疲倦乏力，甚至出现恶心、呕吐、头晕等现象，无法精力充沛地投入工作。

（2）理想早餐的要素。

一般情况下，理想的早餐要掌握三个要素，即就餐时间、营养量和平衡搭配。

一般来说，起床后活动 30 min 再吃早餐最为适宜，因为这时人的食欲最旺盛。早餐不但要注意数量，而且还要讲究质量。成人早餐的主食量应在 150～200 g 之间，热量应为 700 kcal 左右。当然从事不同劳动强度及年龄不同的人所需的热量也不尽相同。例如，小学生需 500 kcal 左右的热量，中学生则需 600 kcal 左右的热量。就食量和热量而言，早餐应提供占人们一日所需总食量和总热量的 30%为宜。主食一般应吃含淀粉的食物，如馒头、豆包、面包等，还要适当增加含蛋白质丰富的食物，如牛奶、豆浆、鸡蛋等，再配以一些小菜。

2）午餐的科学搭配

俗话说“中午饱，一天饱”，这说明午餐是一日中主要的一餐。由于上午体内热量消耗较大，午后还要继续工作和学习，因此，午餐热量应占全天所需总热量的 40%。主食根据三餐食量配比，应在 150～200 g 之间，可在米饭、面制品（如馒头、面条、大饼、玉米面发糕等）中间任意选择。副食摄入量在 240～360 g 之间，以满足人体对无机盐和维生素的需要。副食种类的选择很广泛，如肉类、蛋类、奶类、豆制品类、海产品、蔬菜类等，按照科学配餐的原则挑选几种，相互搭配食用。一般宜选择 50～100 g 的肉类或蛋类，50 g 豆制品，再配上 200～250 g 蔬菜，也就是要吃些耐饥饿又能产生高热量的炒菜，使体内血糖继续维持在高水平，从而保证下午的工作和学习。但是，中午要吃饱，不等于要暴食，一般吃到八九分饱就可以了。

3）晚餐的科学搭配

营养学家和医学专家研究认为，晚餐不当易引起多种疾病。紧张的工作、激烈的竞争、快节奏的生活使不少家庭养成了一种早餐和中餐马马虎虎而晚餐却十分丰盛的生活习惯。晚餐过饱、多油荤、进食太晚均对健康有害。

（1）晚餐要适量：晚餐摄入过多的营养物质会使人发胖，同时又会增加心脏负担，给健康带来不利的影响。晚餐吃得太饱，还会出现腹胀，影响胃肠等消化器官休息，引起胃肠疾病。古人云：饮食即卧，不消积聚，乃生百疾。所以，晚餐要少吃一些，以吃含脂肪少、易消化的食物为佳。一般来说，主食为 100 g 花卷、馒头或米饭加一碗稀饭或面条汤；副食为 50～100 g 肉类或蛋类、100 g 海产品、适量蔬菜，共同构成一份晚餐，其热量、食量和营养成分即可满足正常人的需要。但是，晚餐要少，也不能太绝对，不能一概而论，对于那些上夜班的工人、"开夜车"的学生和做文字工作的人，也可适当地加一点夜宵。例如，晚餐后 2 h 喝一杯牛奶，吃几片饼干或者吃一个苹果，都可以减轻饥饿感、增加热量、保持精力。

（2）晚餐的适宜时间：晚餐不宜太迟，晚餐过迟可引起尿结石。尿结石的主要成分是钙，而食物中所含的钙除了一部分通过肠壁被机体吸收外，多余的则全部由小便排出。人们排尿的高峰时间是饭后 4～5 h，而晚饭吃得过迟，人们活动量减小，会使晚饭后产生的尿液大量滞留在膀胱中。这样，膀胱中尿液中钙的含量会不断增加，久而久之，就形成了尿结石。

因此，晚餐不宜进食太迟，至少要在就寝前 2 h 就餐。

四、科学安排一日三餐

一日三餐的热量，早餐应该占 30%、午餐占 40%、晚餐占 30%。

正常人的一日饮食一般习惯吃三餐，怎样安排好这一日三餐是有学问的。有的家庭安排得非常合理，吃的食物营养丰富，而有的家庭的饮食则简单得不能再简单，品种极为单调。总之，一日三餐不仅要定时、定量，更重要的是要能保证营养供应，做到饮食平衡。

1. 营养素的安排

在编制一日三餐的食谱时，首先要根据调配平衡饮食的方法和要求，把每一个人一天所需要的各种营养素，如蛋白质、脂肪、碳水化合物、维生素、矿物质的量计算出来，再根据主食和副食的不同需要，安排一日三餐主食和副食的品种、数量。

2. 主食的安排

在安排主食食谱时，可根据每人的需要量，算出月定量来。例如，父亲主食定量 20 kg、母亲 15 kg、孩子 11.3 kg，全家每日主食量约为 1.5 kg。而这 1.5 kg 主食中，要调整好营养搭配，即主食中不足的营养要从副食中补齐。为了利用蛋白质的互补作用，主食也不能全是大米和白面，而要安排些绿豆、红小豆、玉米面、小米等杂粮混合食用。

3. 副食的安排

在副食的安排上，要考虑到蛋白质的供给。如上所述，这一家三口根据要求来计算，全家每天约需要蛋白质205 g，一日三餐的1.5 kg主食已提供蛋白质121 g，这就需要从副食中补充84 g蛋白质。但在这84 g蛋白质中，动物性蛋白质最好能占全部蛋白质的三分之二，即56 g，其他不足部分，可由豆制品来补充。另外，还要考虑维生素和无机盐的供给。由于这两种营养素大多需要每天从新鲜蔬菜和水果中获取，因此，每人每天最好能吃0.5 kg新鲜蔬菜，而且最好吃绿色或黄色、红色、橙色等带色的蔬菜为好。那种平时凑合、周末或月末“打牙祭”的办法也是不符合饮食营养健康要求的，因为突然摄入太多的蛋白质和高脂肪食物会造成营养的浪费。

第三节　科学的饮食搭配

饮食与我们的健康息息相关。在日常生活中，我们需要有健康的身体来从事各项工作和学习等活动。机体的新陈代谢、生长发育及工作、学习等活动需要不断地消耗体内的物质和能量，因此在饮食上要进行科学的搭配，以保证合理供给机体所需的各种营养素。

一、饮食科学搭配的原则

在由各种食物组成的饮食结构中，怎样搭配才算合理呢？

饮食的科学搭配原则就是使体内的各种营养素出入平衡，具体地说就是使能量代谢和物质代谢保持平衡。实际上能量的产生也是在体内物质代谢的过程中形成的，因此物质代谢与能量代谢是相辅相成的，是一个问题的两个方面。

1. 能量代谢平衡原则

按照饮食者的年龄、性别和劳动强度，先确定一日总热量的摄入量，即找出热量供给量标准，再对三大营养素(即蛋白质、脂肪和碳水化合物)进行合理分配，这样就使饮食者营养素摄入量适宜，所产生的能量可满足机体的需要，使体内的能量代谢达到平衡。

2. 物质代谢平衡原则

根据饮食者的年龄、性别和劳动强度，同样可以确定各种营养素的需要量。按照不同食物所含营养素的情况再进行合理的食物搭配，这样就使饮食者所摄取的营养素在数量上和质量上都满足了机体的需要。饮食的科学搭配最终使人们实现平衡饮食这一营养学基本原则。

二、饮食科学搭配的效应

食物搭配是合理利用食物、提高饮食营养价值和饮食质量、增进人体健康的重要措施。

科学搭配饮食有利于增加营养，使营养更加全面与合理；有利于营养素的消化和吸收，提高营养素的利用率；有利于减少食物的副作用，达到相互协调、取长补短的目的；有利于防病治病，保持人体健康。食物的合理搭配在提高营养价值上可产生如下三种效应。

1. 互补效应

各种食物所含营养素的种类和数量不同。以蛋白质为例，各种食物蛋白质的氨基酸种类和含量不尽相同。因此，搭配多种食物蛋白质，可彼此取长补短，互相弥补不足，以提高蛋白质的利用率。例如，五谷杂粮各有所长，谷类食物蛋氨酸含量高，但赖氨酸含量低；大豆赖氨酸含量高，但亮氨酸含量低；而小米富含亮氨酸，如果三种食物混合食用，则正好余缺互补，收到相辅相成的效果，使摄入的氨基酸更接近人体的需要。

2. 强化效应

谷类和豆类、粗粮和细粮、豆类和肉类等混合食用，比单一吃某种食物的营养价值要高得多，而且营养成分容易被人体吸收。以面粉、小米、大豆和牛肉为例，如果单独食用，它们蛋白质的生物效价分别为 67、57、64 和 76，而将四种食物混合食用，它们的生物效价可提高到 89，这就是强化效应。

3. 相异相配效应

生物属性差异越大的食品互相搭配，营养价值越高。动物性食物和植物性食物搭配，就优于单纯的动物性食物或植物性食物的营养价值。因为同性蛋白质的互补作用弱或无互补作用，而异性蛋白质的互补作用强。同性蛋白质相互配合，不但不能提高蛋白质的生理价值，甚至还会降低蛋白质的利用率。肉类最好和豆类、蔬菜相搭配，其蛋白质的营养价值可提高。另外，肉类食物中富含蛋白质和脂肪，若将肉类、蔬菜适当搭配，营养互补，就能大大提高食物的营养价值。在我国民间食物搭配中，具有民族特色和优良传统的“带馅食物”不仅营养全面，而且别有风味，如包子、饺子、馅饼、烧卖、煎包、馄饨等，都是我国居民普遍喜爱的食物，也为我国的饮食文化增添了风采。带馅食物是主副食搭配、荤素搭配的最好方法，既有肉类、鱼类、蛋类等，又有各种时令蔬菜，营养全面，而且味道鲜美、易于消化，尤其适合幼儿及老年人食用。

三、主食搭配方法

主食的种类很多，它们所含的营养素种类和数量却不尽相同。只以一种粮食作为主食，长期下去就会造成其他营养素的缺乏，影响身体的健康。常用主食搭配方法如下。

1. 粗细粮搭配、粮豆混食

我国民间早就有粗粮和细粮搭配的吃法，如二面发糕（标准粉、玉米面）、杂合面窝头（标准粉、玉米面、豆面、小米面）、绿豆干饭、红小豆大米粥等。粗粮和细粮搭配，不仅增加了风味，可口好吃，而且蛋白质的营养价值得到了提高。有人认为粗粮不好吃、不易消化、营养差，其实有些粗粮蛋白质的营养价值比细粮还高，如玉米的营养价值为60，而小米只有57，白面只有52。

2. 干稀搭配

干稀搭配能扩大粗粮搭配的范围。例如，馒头、花卷、油条等可以和玉米面粥、绿豆小米粥、红小豆大米粥搭配，玉米面窝头、玉米面发糕可以和肉丝面汤、大米粥搭配。

四、副食搭配方法

副食能给人体提供丰富的蛋白质、脂肪、维生素和无机盐等营养物质，对人体健康有重要的作用。副食的种类很多，如肉类、蛋类、奶类、鱼类、豆类和蔬菜等。其营养作用也各有长短，如肉类等动物性食品和豆类富含蛋白质和脂肪，缺少维生素和无机盐，尤其是不含维生素C；蔬菜中含有少量蛋白质，但富含维生素和无机盐，有的蔬菜含有丰富的维生素C。如果把各类副食搭配食用，能互相取长补短，人体就可以获得较为全面的营养素。

1. 荤素要搭配好

荤素搭配是副食搭配上的一个重要原则。荤素搭配可以解决蛋白质的互补问题，如豆制品和肉类、蛋类等动物性蛋白质搭配，能大大提高蛋白质的营养价值。含蛋白质丰富的食物和蔬菜搭配，除了充分利用蛋白质的互补作用外，还可以得到丰富的维生素和无机盐。特别是要充分利用大豆蛋白质，大豆蛋白质含量丰富，质量好，价格又便宜，是优质蛋白质的良好来源。豆制品和各种蔬菜搭配，如葱烧豆腐、腐竹炒油菜、豆腐丝炒雪里蕻等，都很受人们的欢迎。荤素搭配还能调整食物的酸碱失调。许多动物性食物，如鱼类、肉类、蛋类、奶类等都属于酸性食物，如果动物性食物吃得过多，会造成人体酸碱失衡。许多植物性食物，如蔬菜和水果都属于碱性食物，食之可调整体内的酸碱值。例如，豆制品和肉类搭配，再辅以蔬菜和水果，不仅可获得全面的营养，而且还能保持酸碱平衡，有利于身体健康。

2. 生熟搭配

这一点对蔬菜尤其重要，因为蔬菜中维生素C和B族维生素遇热容易受到破坏。经过烹调的蔬菜，其中所含维生素总要损失一部分，因此吃一些新鲜的生菜，既可保持大量的维生素，也可增进食欲。尤其在夏天，可以多吃些凉拌菜，如熟肉丝拌黄瓜或粉皮、水萝卜丝拌熟肉丝或粉皮、小葱拌豆腐等。当然，吃生菜时一定要注意卫生，最好先洗净、再食用。

五、科学配菜

配菜是整个饮食制作中的一个重要环节，也是实现营养平衡与合理饮食结构的一项重要措施。科学配菜就是要根据食物原料的外形、结构、化学成分、营养价值、理化性质，进行合理的搭配，使食用菜肴在色、香、味、形及营养成分的配合上满足食用者的需要，这种配菜方法就是科学配菜。

1. 要搭配好食物

两种或两种以上食物混合适当，其所含营养素之间就会发生一系列物理化学变化，产生协同、互补、强化的作用，从而提高营养价值和食用价值，这就是混合效应，也称作混合搭配。食物的搭配要把营养学的要求与烹饪学的要求统一结合起来，不仅要配好色、香、味、形，而且要配好营养的种类、数量和相互比例，要充分发挥各种食物在营养价值上的特点，发挥其互补作用，使食物的营养成分更加全面、合理，以满足人体的需要。我国饮食制作中有丰富的传统饮食配菜方法和经验，要认真发掘和继承，并尽量保存我国特有的菜肴风味和特色，同时也要根据现代营养学的要求加以改进，使之更加科学与合理，达到提高食品营养价值的目的。

2. 要安排好食谱

为满足人体对各种营养素的需要，要根据家庭成员的年龄、职业、劳动、生活及饮食习惯，按照人体补给营养的标准，选择各种适宜的食物，安排好食谱，并可按早餐、午餐、晚餐各占全日热量的30％、40％、30％的标准分配食物。

3. 要考虑季节的变化

季节的变化会引起人体生理的变化和口味的改变。例如，春季人体生理作用和新陈代谢比较活跃，夏季人们食欲普遍下降，秋季人们食欲增强，冬季人体需要热量多。所以应根据实际需要采取不同的配菜方法。

4. 要适应人们的饮食习惯

配菜要注意培养人们养成长期的良好饮食习惯，对不科学、不合理的饮食习惯，如偏食、挑食、单食、异食等，可以通过食物搭配来改变和纠正。

知识链接

科学配菜的方法

(1) 数量搭配。

在数量上要突出主要食物，以配合食物为辅，使配合食物起到补充、烘托、陪衬、协调的作用，而且主要食物与配合食物的比例要恰当，一般为2∶1或4∶3或3∶2。

(2) 质地搭配。

要根据食物的性味、质地精心搭配，主要着眼于营养的配合。

(3) 色泽搭配。

不论同色或异色搭配，都要使食品色泽协调，使人喜爱，引人食欲。

(4) 口味搭配。

口味搭配可分为淡淡相配、浓淡相配和异香相配等几种。淡淡相配要选择主要食物和配合食物都味道清淡，却又能相互衬托的，如蘑菇豆腐。浓淡相配即主要食物要选择味道浓厚的，配合食物选择味道清淡的，如菜心烧肘子。异香相配即主要食物要选择味道较浓厚醇香的，配合食物选择有特殊香味的，二味融合，食之别有风味。

第四节　良好的饮食习惯与营养健康

我国传统的饮食习惯，是随着社会文明的进步而不断改进的。在我国传统的饮食习惯中，有很多科学、合理的饮食习惯，但由于缺乏饮食科学知识，也有不良的饮食习惯。在人类文明发展到今天、人类生活日益趋向健康化的大背景下，人们应该更加讲究科学饮食和健康的生活方式，改变不科学的饮食习惯和不健康的生活方式，养成科学合理的饮食习惯，走有中国特色的饮食健康之路。

一、养成良好的饮食习惯

各个家庭乃至个人都有自己的饮食习惯，这些习惯几十年甚至终生不变。良好的饮食习惯对于人的身体健康至关重要，而饮食习惯是靠日积月累形成的。因此，我们在日常生活中要注意以下三个方面，以养成良好的饮食习惯。

1. 不要挑食和偏食

人体所需要的营养素主要来自食物，世上没有一种天然食物能提供人体所需要的所有营养素。例如，鸡蛋营养丰富，但维生素 C 含量却很低；奶类营养也很丰富，但含铁量很低，婴儿如不及时补充含铁丰富的辅助食品，就会发生营养性贫血；蔬菜中含有丰富的维生素和矿物质，但蛋白质和脂肪含量却很少。所以只吃一种或几种食物，难以满足人体的营养需要。如果长期有偏食习惯，就会使身体缺少某些营养物质，影响身体健康，甚至会引起营养缺乏病。因此，应提倡饮食多样化，不要挑食和偏食。

2. 吃饭要定时和定量

每日进餐的次数和间隔时间，应以胃的功能恢复和食物从胃内的排空时间来确定。根据饮食习惯，正常成人的饮食间隔应在 5～6 h，因为食物要在胃内停留 4～5 h。如果两餐间隔时间太长，容易感到饥饿，影响工作。如果间隔时间太短，消化器官得不到适当的休息，会影响食欲和消化，所以每天进餐应该定时和定量。

3. 节制饮食

无论是逢年过节，还是喜庆的活动，都要节制饮食，不要大吃大喝、暴饮暴食。因为摄入的食物需要经过胃的加工消化，变成与胃酸相混合的食糜，再经过胆汁、胰腺、肠液的作用，把蛋白质分解成氨基酸、脂肪分解为甘油和脂肪酸、碳水化合物分解为葡萄糖，然后通过肠壁，进入血液循环，把营养物质输送到各组织细胞，为机体所吸收。但人体的每个阶段的消化能力是有限度的，超过这个限度，就会破坏胃、肠、胰、胆等消化器官的正常功能。胃充盈时，抬高了横膈膜，会影响心脏活动。过食后胃的蠕动也会十分困难，使正常的消化功能受到影响。严重时还可能造成急性胃肠炎、急性胃扩张、急性胰腺炎，还可能诱发心脏病等。

二、不良饮食习惯对营养摄入的影响

不良饮食习惯对人体健康的危害是不容忽视的。营养素的摄取除了受饮食调配、烹调制作等因素的影响外，还和饮食习惯有关。不良饮食习惯通常有以下六种。

1. 零食

不少人终日瓜子、糖果等零食不断，没有正常的饮食规律，消化系统没有建立定时进餐的条件反射，使胃肠得不到休息，可导致食欲减退，影响进食。久而久之，易造成各种营养素的缺乏。

2. 偏食

不吃荤菜，优质蛋白质的来源会大大受到限制。偏吃荤菜，又会导致热量过剩和各种维生素及无机盐的缺乏。

3. 暴食

大吃大喝不但可引起胃肠功能紊乱，还可诱发各种疾病，如急性胃扩张、胃下垂等。大量油腻食物的摄入迫使胆汁和胰液大量分泌，使发生胆道疾病和胰腺炎的风险增加。这些疾病会严重影响人体对营养素的摄取。

4. 快食

“狼吞虎咽”不仅加重了胃的负担，而且容易导致胃炎和胃溃疡。同时，由于食物咀嚼不细，必然导致食物消化吸收不全，从而造成各种营养素的损失。

5. 烫食

太烫的食物容易烫伤舌头、口腔黏膜和食道等，对牙齿也可能造成损害。食道烫伤留下瘢痕和炎症，也会影响对营养素的消化。

6. 咸食

爱吃咸食的人每天食盐量大大超过正常人需要的水平，由于体内水、钠潴留，血液循环加快而使心脏和肾脏负担过重，可引起高血压等疾病。

三、进餐前的注意事项

进餐前，应使机体处于安静、稳定的状态，保持良好的情绪和心态，有利于增进食欲。

食欲是一种想要进食的生理需求，它是一种高级神经活动。现代生理学认为，食欲好坏除与饥饿感有关外，还与味觉、嗅觉和刺激、胃液的分泌及精神因素有关。因此，要有良好的食欲，必须在进食之前使机体处于良好的准备状态，尽量做到如下几点。

1. 进食前不宜剧烈运动

剧烈运动刚停止下来，血液仍大部分集中在四肢、骨骼和肌肉，胃肠道内血液量较少，运动中枢高度兴奋，食物中枢还处于抑制状态，此时分管消化系统的迷走神经也没有兴奋起来，胃肠活动明显减弱、食欲降低、没有胃口。在这种状态下进食，必然增加胃肠道的负担，造成消化系统的紊乱，影响正常的消化功能，产生各种疾病。所以，一般应在剧烈运动后 0.5～1 h，身体恢复正常后再进食，这样有利于胃肠道的消化吸收。

2. 进食前不宜大量喝水

餐前大量喝水会使胃酸被冲淡，影响消化，使胃中有胀满感，并由于胃酸被稀释，使其杀菌能力减弱，而易感染肠道疾病。应在进餐前 0.5～1 h 饮水为宜，适量饮水后可刺激胃壁，促进胃液分泌和胃的蠕动，有利于消化。

3. 进餐前不宜多吃甜食和饮料

空腹时食糖，易使食欲低下，影响各种食物营养的摄取，尤其有碍各种蛋白质的吸收。凡含蛋白质的饮料，包括牛奶、豆浆等，都不宜在空腹时饮用。只有在摄入一定量的淀粉食品后，方可饮用，所以空腹喝奶是一种浪费。

4. 进餐前宜食蔬菜

进餐前食用蔬菜，有杀菌和防癌的作用。蔬菜中含有丰富的硝酸盐，在口腔里能转变成新的化合物。这些化合物进入胃后，可以产生具有杀菌作用的一氧化氮，一氧化氮不仅能杀死普通细菌，而且还可除去能在强酸环境中生存的特殊细菌，并起到防止胃癌的作用。

5. 进餐前应擦去口红

口红的主要成分是羊毛脂、蜡质、染料及附着力较强的色素，可以吸附有害物质和病原体，极易随食物入口，危害到身体的健康，故进餐前应擦去。

四、进餐后的注意事项

良好的饮食习惯是多方面的，进餐时和进餐后都应注意。要吃得科学，不仅在进餐时要讲究方法，而且进餐后的卫生保养也很重要。

1. 饭后不宜立即饮茶

饭后立即饮浓茶，会妨碍人体对食物中铁的吸收。因为茶中的鞣酸会和铁结合成为鞣酸铁，使铁难以吸收。老年人常有轻度缺铁性贫血，饮浓茶无益反损，而且鞣酸有收敛作用，饭后饮茶会使老年人大便秘结，加重便秘。因此，饮茶时间应安排在餐前或餐后 1～2 h 比较适宜。

2. 饭后不宜吸烟

因为饭后热量增加，人体各器官处于兴奋状态，血液循环加快。此时吸烟，人体吸收的烟中的有毒物质也会增加，会损害肝脏、心脏及大脑。科学家研究发现，饭后吸烟的危害比平时大 10 倍。吸烟可使下食道括约肌的肌张力下降，引起胃内容物向食道反流，还可使胃幽门括约肌松弛，胆汁从十二指肠向胃内反流。

3. 饭后不宜放松腰带

由于进食过多，胃内过于充盈，胃压增大，重力下垂，如果将腰带放松，会使腹腔内压下降，胃失去依托，久之易引起胃下垂。

4. 饭后不宜立即洗澡

饭后洗澡，可使皮肤血管扩张，使本来流向胃肠道的血液被迫重新分布进入体表血液循环，使得胃肠道血液循环量减少，妨碍食物的消化和吸收。

5. 饭后不宜立即睡觉

饭后立即睡觉会使食物滞留在胃肠道中，不利于消化。入睡后，人体新陈代谢降低，容易使人发胖，还有发生脑卒中的危险。饭后全身血液大多集中在胃肠道，这样容易造成大脑局部供血不足；如果平时血压本来就偏低，尤其是老年人，饭后血压会变得更低，这时如果睡觉或静止不动，就容易因大脑缺血而导致脑卒中。古人早有诫言，《寿世保元》中指出："食后便卧令人患肺气、头风、中痞之疾，盖营卫不通、气血凝滞故而。"可见，饭后立即睡觉会损害健康、导致疾病。

第五节　膳 食 指 南

一、概念与意义

膳食指南或称膳食指导方针或膳食目标，是针对各国当地膳食中存在的缺点而提出的一个通俗易懂的合理膳食基本要求。世界各国膳食指南一般由政府指定医学卫生部门或权威科学机构发表，RDA 一般由国家学术性决策机构提出。我国的膳食指南及 RDA 均由中国营养学会提出。

二、《中国居民膳食指南》内容

《中国居民膳食指南》是根据营养学的原则，结合中国居民膳食的实际情况制订的。它的目的是指导群众平衡膳食，获取合理营养和促进身体健康。它主要包括如下几点内容。

(1) 食物多样、谷类为主：各种各样的食物所含的营养成分不尽相同，没有一种食物能供给人体需要的全部营养素。因此，膳食必须由多种食物适当搭配，才能满足人体对各种营养素的需要。谷类食物是我国传统膳食的主体，是人体热量的主要来源。它可提供碳水化合物、蛋白质、膳食纤维及 B 族维生素等。在以谷类为主的同时，还需注意粗细搭配。

(2) 多吃蔬菜、水果和薯类：蔬菜、水果和薯类都含有较丰富的维生素、矿物质、膳食纤维和抗氧化剂等生物活性物质。红色、黄色、绿色等深色蔬菜中维生素含量超过浅色蔬菜，而水果中的碳水化合物、有机酸及果胶等又比一般蔬菜丰富。含丰富蔬菜、水果和薯类的膳食，对保护心血管健康、增强抗病能力、预防某些癌症等有重要作用。

(3) 每天吃奶类、豆类或其制品：奶类是高钙食品，是天然钙质最好的来源，也是优质蛋白质的重要来源。我国居民膳食中普遍缺钙，与膳食中奶类及奶制品少有关。每天吃适量奶类及奶制品可提高儿童、青少年的骨密度，减缓老年人骨质丢失的速度。豆类含丰富的优质蛋白质、不饱和脂肪酸、钙及B族维生素。每天吃豆类食物，既可改善膳食的营养素供给，又利于防止吃肉类过多带来的不利影响。

（4）经常吃适量鱼类、蛋类、瘦肉，少吃肥肉和荤油：鱼类、蛋类及瘦肉是优质蛋白质、脂溶性维生素和某些矿物质的重要来源。我国相当一部分城市和绝大多数农村居民吃动物性食物的量还不够，应适当增加摄入量。但部分大城市居民吃肉食太多，对健康也不利，这部分人应当少吃肥肉和荤油，减少膳食脂肪的摄入量。

（5）食量与体力活动要平衡，保持适宜体重：进食量与体力活动是控制体重的两个主要因素。食量过大而活动量不足会导致肥胖，反之会造成消瘦。体重过高易患慢性疾病，体重过低可使劳动能力和对疾病的抵抗力下降，这都是不健康的表现。应保持进食量与热量消耗之间的平衡，体力活动较少的人应进行适度运动，并使体重维持在适宜的范围内。

（6）吃清淡少盐的膳食：太油腻、太咸或含过多的动物性食物及油炸、烟熏食物不利健康。每人每日食盐平均摄入量以不超过 6 g 为宜。除食盐外，还应少吃酱油、咸菜、味精等高钠食品及含钠的加工食品等。

（7）饮酒应限量：白酒除热量外，不含其他营养，被称为“空热卡”食品。无节制地饮酒会使食欲下降，食物摄入减少，以致发生多种营养素缺乏，严重时还会造成酒精性肝硬化。过量饮酒还会增加患高血压、脑卒中等疾病的危险。一般人可少量饮用低度酒。孕妇和儿童应禁酒。

（8）吃清洁卫生、不变质的食物：应当选择新鲜、无腐败变质迹象并符合卫生要求的食物。进餐要注意卫生条件，包括进餐环境、餐具和供餐者的健康卫生状况。

三、中国居民平衡膳食宝塔

中国居民平衡膳食宝塔是根据我国居民膳食指南结合我国居民的膳食结构特点设计的。它把平衡膳食的原则转化成各类食物的重量，并用宝塔形式表现出来，以直观的方式告诉人们食物分类的概念及每天吃各类食物的合理范围，便于大家理解和在日常生活中实行。

中国居民平衡膳食宝塔（简称膳食宝塔）共分五层，分别对应我们每天应吃的五种类型主要食物（图 9-1）。膳食宝塔各层的位置和面积不同，在一定程度上反映出各类食物在膳食中所占的地位和比重。谷类、薯类及杂豆类食物位于底层，每人每天应该吃 250～400 g；蔬菜和水果位于第二层，每人每天应吃 300～500 g 和 200～400 g；鱼虾类水产品、肉类、蛋类等动物性食物位于第三层，每人每天应该吃鱼虾类水产品 50～100 g，肉类（包括畜肉和禽肉）50～75 g，蛋类 25～50 g；奶类及奶制品和大豆类及坚果类食物位于第四层，每人每天应吃相当于鲜奶 300 g 的奶类及奶制品、相当于干豆 30～50 g 的大豆类食物和 5～10 g 坚果类食物；第五层塔顶是食用油和食盐，每人每天摄入食用

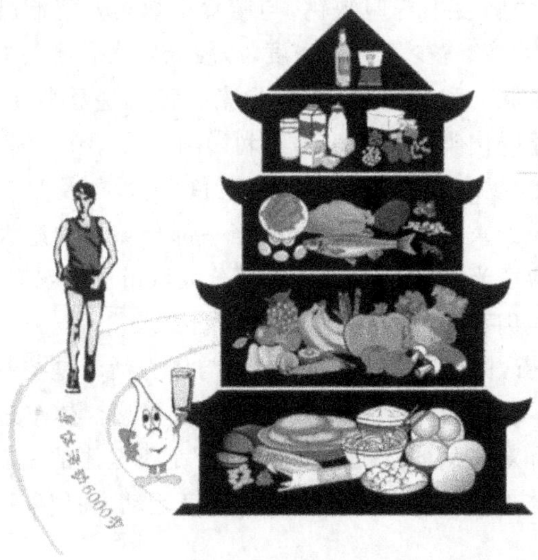

图 9-1　中国居民平衡膳食宝塔

油的标准为 25～30 g，食盐不超过 6 g。膳食宝塔没有建议食糖的摄入量，因为我国居民现在人均食糖量还不多，对健康的影响还不大。但多吃糖有增加龋齿的危险，尤其是儿童和青少年不应吃太多的糖和含糖高的食品及饮料。

但是，日常生活中无需每天都样样照着膳食宝塔推荐量吃。例如，烧鱼比较麻烦，就不一定每天都吃 50 g 鱼，可以改成每周吃 2～3 次鱼，每次 150～200 g 较为切实可行。实际上平日喜吃鱼的可多吃些鱼，愿吃鸡的多吃些鸡都无妨碍，重要的是一定要遵循宝塔各层、各类食物的大致比例。

(1) 膳食宝塔提出了一个营养上比较理想的膳食模式。它所建议的食物量，特别是奶类及奶制品和大豆类食物的量，可能与大多数人当前的实际膳食还有一定距离。对某些贫困地区来讲，可能距离还很远，但为了改善中国居民的膳食营养状况，这是不可缺的，应把它看做是一个奋斗目标，努力争取，逐步达到。

(2) 膳食宝塔建议的各类食物的摄入量一般是指食物的生重，熟食类应折合成生重来计算。各类食物的组成是根据全国营养调查中居民膳食的实际情况计算的，所以每一类食物的重量不是指某一种具体食物的重量。例如，谷类是指面粉、大米、玉米粉、小麦、高粱等的总和。

(3) 膳食宝塔建议的每人每日各类型食物适宜摄入量范围适用于一般健康成人，应用时根据个人情况适当调整。同时，膳食宝塔建议的是一个平均值和比例，日常生活中无需每天都样样照着宝塔推荐量吃，但要遵循宝塔各层各类食物的大体比例。

(4) 膳食宝塔包含的每一类食物中都有许多品种，虽然每种食物都与另一种不完全相同，但同一类食物中各种食物所含营养成分往往大体上近似，在膳食中可以互相替换。

(5) 我国幅员辽阔，各地的饮食习惯及物产不尽相同。只有因地制宜充分利用当地资源，才能有效地应用膳食宝塔。

(6) 膳食对健康的影响是长期的结果。应用膳食宝塔需要养成习惯，并坚持不懈，才能充分体现其对健康的重大促进作用。

第六节 合理膳食与美容

一、合理膳食是健康美容的物质基础

人体是由化学元素组成的。化学元素可组成各种各样复杂的物质，人体由各种组织器官组成，组织器官由各种细胞组成，细胞由各种营养素分子组成。组成人体的营养物质来自食物（动物、植物）中的营养素，完美的人体需要完美的营养素组成和合理的膳食。

美容关注的是肌体外在的表现，健康关注的是人体内在的本质。健康是美的基础，无论皮肤、头发、肌肉、骨骼，均需要食物中的精微物质——营养素的滋养。只有合理地摄取营养，才能满足人体各部分的生理需要，才能容光焕发、充满活力，才能拥有健康和美。

生命在于运动。即使在静卧的时候，人体内仍进行着各种运动，如心脏的跳动、肺脏的呼吸、肌肉的伸缩、胃肠的蠕动、细胞内的物质代谢等，这些运动都需要热量，需要消耗营养物质，需要全面合理地吸收并利用各种营养物质方能实现。

二、营养失衡对健康美容的影响

机体是统一的整体，虽然每一种营养素各有不同的作用，但新陈代谢的每一步都需要多种营养素的配合，因此一种或几种营养素不平衡（失衡）都将对人体的健康与美容产生直接或潜在的影响，而机体某方面或某部分的健康与美容往往又受到多种营养素的影响。营养失去平衡可产生营养不良，营养不良（malnutrition）是指由于一种或一种以上营养素的缺乏或过剩所造成的机体健康异常或疾病状态。营养不良包括两种表现，即营养缺乏（nutrition deficiency）和营养过剩（nutrition excess）。

(1) 营养缺乏性疾病：由于营养素摄入不足所导致的疾病。目前世界上常见的四种营养缺乏性疾病是蛋白质-能量营养不良、缺铁性贫血、碘缺乏病、维生素 A 缺乏病。

(2) 营养过剩性疾病：如肥胖症、高血脂、冠心病、糖尿病等。一些营养素摄入不合理还与一些肿瘤的发病有关，如脂肪摄入过多与乳腺癌、结肠癌发病有关。此外，维生素 A、维生素 D 摄入过多，可造成维生素 A、维生素 D 中毒。

美容锦囊

奶酪——快速瘦身的发动机

一、食物性质概述

奶酪是牛奶经浓缩、发酵而成的奶制品，它基本上排除了牛奶中大量的水分，保留了其中营养价值极高的精华部分，被誉为奶制品中的“黄金”。每千克奶酪浓缩了10 kg牛奶的蛋白质、钙和磷等人体所需的营养成分，制作奶酪时所使用的独特的发酵工艺，使其蛋白质的吸收率达到了96%～98%。

二、美容功效及科学依据

奶酪是含钙最多的奶制品，而且这些钙很容易吸收，就钙的含量而言，250 mg牛奶相当于200 mg酸奶或40 g奶酪。奶酪能增强人体抵抗疾病的能力，增强代谢，加强活力，保护眼睛健康，并保持肌肤健美。奶酪中的奶酸菌及其代谢产物对人体有一定的保健作用，有利于维持人体肠道内正常菌群的稳定和平衡，防止便秘和腹泻。奶酪中的胆固醇含量相对比较低，有利于心血管健康。英国牙科医生认为，人们在吃饭时吃一些奶酪有助于预防龋齿。吃含有奶酪的食物能大大增加牙齿表层的含钙量，从而起到抑制龋齿发生的作用。

三、美容实例

1. 木瓜炖奶酪

功效：白嫩肌肤、抗老化，还可以淡化斑点、丰胸美白。

材料：木瓜一颗、鲜奶两杯半、冰糖适量、醋少许。

做法：

(1) 木瓜剖开，取出果肉，放入果汁机打碎；

(2) 鲜奶煮到刚好沸腾，加入冰糖一同煮至溶化，放凉备用；

(3) 蛋清打匀，加入奶和醋，轻轻搅拌均匀后，用滤网过筛，装入小碗中，盖上保鲜膜，大火隔水蒸约30 min即成奶酪；

(4) 食用时将木瓜泥淋于奶酪上，也可加些蜂蜜一起食用。

2. 红酒配奶酪

睡觉前喝一小杯红酒，再配上一到两片的奶酪，有实验者3周即瘦7 kg，尤其对腰腹和臀部的脂肪有效。

听起来不可思议，但据科学研究显示，奶酪和红酒确实是瘦身的绝配。使用这个方法瘦身效果比苹果减肥好。

温馨提示

适合人群：所有人群均可食用奶酪。对于孕妇、成年人和发育旺盛的青少年及儿童来说，奶酪是最好的补钙食品之一。

食用量：每次 20 g 即可。

饮食禁忌：吃比萨饼时最好不要同时吃水果沙拉，因为比萨饼中所含奶酪中的钙会与果酸等物质化合，不利于吸收。

酸奶——用途最广的美容奶制品

一、食物性质概述

酸奶是牛奶经过发酵制成的，口味酸甜细滑，营养丰富，深受人们喜爱。有专家称其为“21 世纪的食品”，是一种“功能独特的营养品”，能调节机体内微生物的平衡。与新鲜牛奶相比，酸奶不但具有新鲜牛奶的全部营养成分，而且酸奶能使蛋白质结成细微的乳块，即乳酸和钙结合生成的乳酸钙，更容易被消化吸收。

酸奶能促进消化液的分泌，增加胃酸分泌，因而能增强人的消化能力，促进食欲。酸奶中的乳酸在肠道中能产生抗菌物质，对人体具有保健作用。酸奶具有降低血液中胆固醇的作用。制作酸奶时，某些乳酸菌能合成维生素 C，使维生素 C 含量增加。据墨西哥营养专家研究发现，经常喝酸奶可以预防肿瘤和贫血，并可治疗牛皮癣和缓解营养不良。

二、美容功效及科学依据

在众多的天然美容原料中，酸奶也是主角之一，而且以不含添加物著称，它的美容功效有以下几点。

(1) 嫩肤洁肤。酸奶所富含的维生素 A、B 族维生素、维生素 E 和胡萝卜素等能阻止人体细胞内不饱和脂肪酸的氧化和分解，维持上皮细胞的完整，有利于保护皮肤、防止皮肤角化和干燥。原味酸奶还具有极佳的嫩肤功效，也是具有镇定效用的洁肤剂，因为它含有丰富的蛋白质、钙和维生素等，并且容易为皮肤所吸收。

(2) 美白和淡化色斑。酸奶中所含的维生素 C 作为人体内的一种还原剂，在黑色素的形成过程中能够有效地抑制酪氨酸的氧化过程，减少人体内黑色素的沉积。因此，长期食用酸奶可使皮肤白嫩且富有弹性与光泽。酸奶中所含的钙、镁、钾、钠等，能有效地改善血液的酸碱度，减少皮肤中色素斑的形成，并对黄褐斑、雀斑等各种色斑有一定的消解作用。酸奶所富含的高活性的微量元素锌及维生素 A、维生素 E 的某些衍生物等还有助于体内某些有毒物质的转化和排泄，减少对痤疮的刺激，缓解痤疮症状，并有助于痤疮的愈合。

(3) 健齿护发。酸奶中高活性的矿物质钙、镁、锰及微量元素都有保护牙齿、健美骨骼等作用，还有助于防止脱发并促进头发再生，而维生素 A、B 族维生素、蛋氨酸和胱氨酸等则能使眼睛炯炯有神，使头发乌黑秀丽，柔软而富有弹性。

(4) 治疗痤疮。酸奶中还含有乳酸及其他一些有机酸如柠檬酸、葡醛酸等，其稀释液还具有明显的杀菌和防腐作用，被誉为黏膜组织的“清洗剂”，对皮肤外伤、烧伤、痤疮及牛皮癣等都具有很好的杀菌及促进其愈合的作用。

(5) 防治疾病。酸奶中的钾、锌、B 族维生素及其他生物活性物质,还具有降低血压、预防脑卒中、抑制胆固醇升高及提高心脏功能等辅助治疗心血管性疾病的多种功效。由于酸奶中含有大量活性乳酸菌,所以它具有减少体内组胺的形成,补充肠道中的有益菌群,使其获得平衡等作用,此外,还具有防治变态反应性疾病(俗称过敏)、抑制 X 线辐射副作用、减轻抗生素副作用等多种功效。

三、美容实例

1. 直接外敷,润滑肌肤

用酸奶美容,最简单的方式是仔细卸妆后将其涂满全脸,再以热毛巾盖在脸上,1 min后再用清水洗干净,可使肌肤细致光滑。另外,也可以将其放入洗澡水中,进行酸奶浴,能起到美化全身肌肤的作用。

2. 直接饮用,美容佳品

当然,除了直接用原味酸奶外,适量添加其他天然物质,如水果、小麦胚芽等,就是具有相应功效的美容佳品。

3. 酸奶面膜,柔嫩肌肤

酸奶中含有大量的乳酸,作用温和,而且安全可靠。酸奶面膜就是利用这些乳酸,发挥其剥离性面膜的功效,每日使用,会使肌肤柔嫩、细腻。

具体制作方法如下。

(1) 将牛奶放置温暖的地方数日,使乳酸大量发酵,形成酸奶。

(2) 将适量的酸奶和面粉放在小碗中,调成浓稠适度的面粉糊(不要调得太稀,否则无法将面膜涂厚)。用来发酵的牛奶,不能用低脂牛奶,必须是全脂牛奶。如果能取得新鲜的生乳则最理想。

(3) 必要时酌量加水调整浓度。

材料准备就绪后,接下来就是全套敷脸流程。

(1) 涂抹酸奶,按摩 1 min 左右。

(2) 以热毛巾拭净面部。

(3) 将酸奶面膜厚厚涂满全脸,静待 20～30 min 后,以温水洗净。

(4) 酸奶面膜可以兼做洗脸之用,使用前后不必刻意清洁脸部。

(5) 拍打弱酸性化妆水后涂擦日常所用面霜即可。

温馨提示

选购指南:目前,市场上有很多种由牛奶或奶粉、乳酸或柠檬酸、苹果酸、香料和防腐剂等加工配制而成的乳酸奶,其不具备酸奶的保健作用,购买时要仔细识别。

适合人群:酸奶是幼儿较好的乳品,尤其适用于消化能力差者和易腹泻的幼儿、使用抗生素者、骨质疏松患者、动脉硬化和高血压病患者、肿瘤患者及年老体弱者。

不适宜人群:市场上的酸奶在制作过程中会添加蔗糖作为发酵促进剂,有时还会用各种糖浆调味，所以糖尿病患者要特别注意。对牛奶过敏者也不能喝酸奶。

饮食禁忌：空腹不宜喝酸奶，在饭后2 h内饮用，效果最佳。饮用酸奶不能加热，夏季饮用宜现买现喝。酸奶中的某些菌种及所含的酸性物质对牙齿有一定的危害，容易出现龋齿，所以饮后要及时漱口。

不要用酸奶代替水服药，特别是不能用酸奶送服氯霉素、红霉素、磺胺等抗生素及治疗腹泻的一些药物。

复习思考题

1. 简述饮食科学搭配的原则。
2. 怎样搭配主食和副食？
3. 简述进餐前和进餐后的注意事项。

（袁干军　何庆华）

第十章　保健食品与美容

第一节　保健食品的概念

人类对食物的需求有三个层次。第一个层次是吃饱，第二个层次是美味，第三个层次是保健。由于经济收入增加、生活水平提高及认识的进步，人们逐渐从第一层次需求发展到第三层次需求，即当前历史阶段的最高层次的需求。

在我国，保健食品是食品的一个种类，具有一般食品的共性，能调节人体的机能，适于特定人群食用，但不能治疗疾病。保健食品在欧美各国被称为"健康食品"，在日本被称为"功能食品"。随着社会的不断发展，人们对保健食品的需求还会不断高涨。20 世纪末以来，保健食品不仅在东方国家迅猛发展，而且蔓延到西方国家。不少专家认为，21 世纪是保健食品的世纪。起源于食疗的保健食品现已进入了第三代。

一、国外有关营养保健食品的概念与分类

有关保健食品的定义、划分范畴，各国不完全相同。例如，日本将普通食品以外的食品统称为特殊营养食品，包括强化食品和特殊用途食品。特殊用途食品又包括患者用食品、孕期和母乳奶粉、乳儿用配方奶粉及特定保健用食品，特定保健食品曾普遍被称为功能食品(functionalfoods)。这类食品又称为设计食品(designerfoods)、药物食品、营养药物食品、医用食品、保健食品(health foods)等，一般指具有生理功能而设计加工的、有保护机体功能、可调节生物节律、可预防和治疗疾病的食品。

广义的健康食品：即天然食品，完全天然，不使用添加剂。

狭义的健康食品：维持并增进健康的食品。

营养调整食品：补充、调整营养的食品。

(人工)规定食品：疗效食品或特殊需要食品。

我国有专家认为，健康食品、营养食品、营养保健食品、特殊用途食品、功能食品等名称可以看成一个概念，"它们是医学上或营养学上有特殊要求、特定功能的食品"。

二、我国保健食品的概念

1. 定义

保健食品是食品的一个种类，具有一般食品的共性，能调节人体的机能，适于特定人群食用，但不以治疗疾病为目的。我国过去一般称为营养保健食品，1997 年 5 月以

后称为保健食品。第三代保健食品不仅要求功效的真实性和科学性，而且需确知存在具有该项功能的功效成分，并以稳定形态存在于食品中。功效成分(functional composition)是指能通过激活酶的活性或其他途径，调节人体机能的物质，如膳食纤维、碳水化合物、维生素 A、维生素 E、维生素 C、皂苷、乳酸菌等。

2. 基本原则(要求)

(1) 保健食品应保证对人体不产生任何危害。

(2) 应通过科学实验证实确有有效的功效成分和明显、稳定的调节人体机能的作用。

(3) 保健食品的配方、生产工艺应有科学依据。

(4) 生产保健食品的企业，应符合 GB14881—1994 的规定，并逐步健全质量保证体系。

三、我国保健食品的分类

我国保健食品目前主要包括以下几类。

(1) 多糖类：如香菇多糖等。

(2) 功能性甜味料(剂)：如单糖、低聚糖、多元醇糖等。

(3) 功能性油脂(脂肪酸)类：如多不饱和脂肪酸、磷脂、胆碱等。

(4) 自由基清除剂类：如超氧化物歧化酶(SOD)、谷光甘酞过氧化物酶等。

(5) 维生素类：如维生素 A、维生素 C、维生素 E 等。

(6) 肽与蛋白质类：如谷胱甘肽、免疫球蛋白等。

(7) 活性菌类：如聚乳酸菌、双歧杆菌等。

(8) 微量元素类：如硒、锌等。

(9) 其他类：如二十八醇、植物甾醇、皂苷等。

四、保健食品与普通食品及药品的区别

1. 保健食品首先是食品

在中国，保健食品必须是食品，必须具备食品的法定特征。《中华人民共和国食品卫生法》(以下简称《食品卫生法》)关于“食品”的定义为：“食品，指各种供人食用或者饮用的成品和原料，以及按照传统既是食品又是药品的物品，但是不包括以治疗为目的的物品。”该法还规定：“食品应当无毒、无害，符合应当有的营养要求，具有相应的色、香、味等感官性状。”

普通食品和保健食品有共性也有区别。

共性如下。

保健食品和普通食品都能提供人体生存必需的基本营养物质(食品的第一功能)，都具有特定的色、香、味、形(食品的第二功能)。

区别如下。

(1) 保健食品含有一定量的功效成分(生理活性物质)，能调节人体的机能，具有特

定的功能(食品的第三功能);而普通食品不强调特定功能(食品的第三功能)。

(2) 保健食品一般有特定的食用范围(特定人群),而普通食品无特定的食用范围。

在普通食品中也含有生理活性物质,由于含量较低,在人体内无法达到调节机能的浓度,不能实现功效作用。保健食品中的生理活性物质是通过提取、分离、浓缩(或是添加了纯度较高的某种生理活性物质),使其在人体内达到发挥作用的浓度,从而具备了食品的第三功能。

2. 保健食品要有营养保健功效

保健食品与普通食品的相同之处是:都应符合《食品卫生法》关于食品的定义,都具有《食品卫生法》规定的食品特征。不同之处是、保健食品有不同于普通食品的特定营养保健功效。营养保健功效包括纠正不同原因、不同程度的人体营养不平衡,调节生理功能,遏制或缓解有关的病理过程,相当于中医学概念中的"扶正祛邪"。当食用者机体有某些功能不正常时,保健食品才能体现出营养保健功能。谈营养保健功效离不开食用对象。保健食品是相对于食用对象而言的。例如,各种补铁食品适用于缺铁性贫血者,高钙食品的食用对象是缺钙的孕产妇、儿童和骨质脱钙的老年人。

3. 保健食品与药品的区别

保健食品是介于普通食品与药品之间的食品。

药品是治疗疾病的物质;保健食品的本质仍然是食品,虽有调节人体某种机能的作用,但它不是人类赖以治疗疾病的物质。对于生理机能正常、想要维护健康或预防某种疾病的人来说,保健食品是一种营养补充剂。对于生理机能异常的人来说,保健食品可以调节某种生理机能、强化免疫系统。从科学角度讲,营养均衡的饮食、有规律的生活习惯、适时适量的运动、保持开朗的性格,才是健康的根本保证。

食品中还有一类特殊营养食品,是"通过改变食品的天然营养素的成分和含量比例,以适应某些特殊人群营养需要的食品"。例如,适应婴幼儿生理特点和营养需要的婴幼儿食品、经添加营养强化剂的食品等,都属于这类食品。特殊营养食品与保健食品的共性如下:都添加或含有一定量的生理活性物质,适于特定人群食用。其区别如下:前者不需要通过动物或人群实验,不需要证实有明显、稳定的功效和作用;而后者必须通过动物或人群实验,证实有明显、稳定的功效和作用。

保健食品不以治疗为目的,不需医生处方,对适用人群无剂量限制。药品必须有药理作用,药理作用实质上也是毒理作用,"凡药三分毒"。所以,药品基本都有剂量限制。

4. 标志

图 10-1 保健食品标志

保健食品标志(图 10-1)为天蓝色图案,下有保健食品字样,俗称"小蓝帽"。国家工商总局和卫生部在日前发出的通知中规定,在影视、报刊、印刷品、店堂、户外广告等可视广告中,保健食品标志所占面积不得小于全部广告面积的 1/36。其中报刊、印刷品广告中的保健食品标志,直径不得小于 1 cm。

第二节　保健食品具有美容功效的科学依据

我国保健食品一般按调节人体机能的作用分类，如促进生长发育食品、减肥食品、延缓衰老食品、皮肤美容食品等，现已有20多项功能。任何一种保健食品，至少应具有调节人体机能作用的某一功能。为此，配方设计应针对不同的功能，应用不同的科学理论和实践；不同功能产品有不同的配方依据；同一功能产品也可依据不同理论和实践经验从不同角度设计配方。保健食品具有美容功效完全符合这一规律特点。

一、依据现代营养学与医学理论

合理膳食是人类生命一切表征（包括"美"）的物质基础。我国居民目前的营养水平已有很大提高，但营养不平衡问题却十分突出。饱和脂肪酸与不饱和脂肪酸的不平衡、膳食中普遍存在的必需氨基酸的不平衡、钙和锌与可利用铁的缺乏及维生素A和B族维生素的不足等问题，可直接导致贫血、消瘦或肥胖、生长发育不良、佝偻病、脱发、衰老、视力不良、口角炎、唇炎及各种皮炎等，从而影响人体的形态、皮肤、头发、精神、气质等方面的美观。利用保健食品弥补膳食中的不平衡状况，纠正营养不足或过剩，是构筑人体整体美的重要思路。

前面各章中已分别阐述了各种营养素的生理功能及它们与美容保健的直接或间接关系，这是保健食品具有美容功效的重要依据。皮肤美容受多种营养素的影响，蛋白质是皮肤的重要组成成分，蛋白质缺乏或不足影响皮肤弹性，易生皱纹。适度脂肪也是皮肤弹性所必需的，过量脂肪则可致皮肤脂肪代谢紊乱、出现脂溢性皮炎（痤疮）等，而多种维生素和微量元素又可影响脂质代谢，如维生素E能减少皮肤色素沉着。保健食品制作者可根据某项美容需要，选择一种或数种相关营养素作为配方成分。具体设计可采用天然食物或强化食品两种方法，若直接采用富含该营养素的天然食物，一般用量无特别规定，只需根据所需营养素的量进行食物换算即可。若准备采用营养素制剂强化食品，则需执行我国"食品营养强化剂使用卫生标准"所规定的使用范围及使用量，且需使用合法企业生产的合格产品。

利用保健食品美容还必须结合现代医学理论。因为人体是一个统一的整体，对人体而言，美容不仅直接受营养的影响，而且还受人体本身疾病因素、精神-心理因素、睡眠时间和质量、环境污染因素等影响。因此，必须结合现代医学理论指导相关保健食品的制作。

二、依据中医学理论

中医学与中药是中华民族宝贵的养生保健文化遗产。中药是与食物一起被发现，而后从食物中分化出来的。中医学早就有药食同源之说。早在三千多年前最古老的中医学古籍《黄帝内经》中就有关于营养的论述，提出“五谷为养，五果为助，五畜为益，五菜为充”的理论，这与现代合理膳食原则十分符合。在以后历代许多中医学书籍中都有食疗可美容保健的论述，如东晋时期葛洪的《肘后备急方》、唐代孟诜的《食疗本草》、唐代孙思邈的《千金方》、元朝忽思慧的《饮膳正要》、明代李时珍的《本草纲目》、明代朱棣的《救荒本草》、清代赵学敏的《本草纲目拾遗》等均大量记载了食疗相关论述。中医学文献宝库中不仅论述了食疗可以美容，而且还记载了许多美容验方。食疗可以美容保健的中医学理论宽广深邃，深入学习须看专著和原著。本节仅对有关美容保健的中医学理论做简要介绍。

1. 关于平衡理论

中医学认为，整个宇宙自然界普遍存在着一种相对平衡的运动状态，即阴阳平衡。阴阳是自然界万事万物生长、发展、变化的根本规律。人体阴阳也应处于一个平衡状态，人体内、外环境要协调统一，人体才健康无病。反之，如果打破了人体阴阳平衡，则会引起病理状态。

许多颜面部皮肤疾病就是因为阴阳失衡造成的。例如，痤疮是由于肺胃蕴热（内因）后湿毒侵袭（外因）而形成的；雀斑是由于肝郁血滞（内因）后热毒侵袭（外因）而形成的。因此，维持人体的相对平衡状态，对于美容和治疗颜面部皮肤疾病具有十分重要的意义。

2. 关于五脏、六腑与精、气、神之说

人体有五脏、六腑：肝、心、脾、肺、肾为五脏；胆、小肠、胃、大肠、膀胱、三焦为六腑。五脏的功能是化生气、血、津、液，六腑的功能是储存和传输饮食水谷，参与水液代谢。人体五脏和六腑依靠经络联系全身，维护着机体的新陈代谢和生长发育，是健康和美容的关键。五脏在生理上是相互联系的，在病理上是相互影响的，其中脾和肾的功能状态尤其重要。脾为后天之本，肾为先天之本。脾主运化，主统血，主四肢肌肉；开窍于口，其华在唇。脾受累表现为面色萎黄、口唇淡白、肢倦乏力、消瘦等。肾主藏精，主水，主骨生髓，主纳气；开窍于耳及前后阴，其华在发。如果肾精气不足，会引起儿童发育不良，矮小；如发生在成人，则出现头发早白、早衰、脱发等。总之，五脏和六腑调和则生理功能得以正常发挥，整个机体才能处于健康状态，颜面部皮肤才能明润光泽、容光焕发。

精、气、神由脏腑所化生，直接反映健康美容，是判断健康美容的重要指征之一。

精，指精气。先天之精禀受于父母，相当于现代医学所说的性激素及精细胞、卵细胞等，后天之精来源于日常饮食。所以先天之精又称“生殖之精”，后天之精又称“水谷之精”，两者互为依存，互为补充。其主要作用为促进生长发育、调节水液代谢和相应的生殖机能。

气，是维持人体生命活动最基本的物质。存在于人体的气，来源于禀受父母的先天之精、饮食中的水谷之精及自然界中吸入的清新空气。气具有活力强和不断运动的特征，并且气对人体生命活动具有十分重要的生理作用，中医学常以气的运动来阐释人体的生理活动。

神，是指整个人体生命活动的外在表现，也包含人的精神、意识及思维活动等。神具体反映在目光、面色、表情、言语及意识等方面。

总之，精、气、神是人体的外在表象，也是健康美丽的表现。

3. 食疗的美容保健作用

食疗既可治疗颜面部皮肤疾病，又能强身保健，美肤养颜，防止衰老，但必须持之以恒，才能有效果。同时，颜面部皮肤疾病也必须以预防为重，“未病先护”，经过长期坚持，食疗的美容、养颜、保健的效果才能显著。

三、依据生命科学发展成就

生命科学是包括生物学、医学、分子生物学、生物工程、营养学、食物与环境安全等多种学科的综合学科。其研究热点（如自由基损伤）多与老年退行性疾病（如肿瘤、心血管疾病、白内障和大脑功能退化等）有关。抗氧化剂（尤其是维生素 E、维生素 C 及 SOD 等）的保健作用明显，足够的叶酸对降低新生儿神经管畸形有保健作用，某些中草药有营养保健作用等，这些都是生命科学的前沿研究成果。1978 年国际生命科学学会（ILSI）成立。

关注生命科学进展及其科技信息的 ILSI 学术活动，是研究营养保健理论、开发营养保健食品和监督管理检测营养保健食品的全球性学术活动。因此要给予足够的重视，及时掌握重要的信息。发挥中西医多学科结合优势，是保健食品美容功效进一步发展的重要依据和趋势。

第三节　保健食品的合理选用

保健食品申报的功能包括增强免疫力、改善睡眠、缓解体力疲劳、提高缺氧耐受力、增加骨密度、缓解视疲劳、祛痤疮和黄褐斑、改善皮肤水分和油分、减肥、辅助降血糖、抗氧化、改善营养性贫血、辅助改善记忆、调节肠道菌群、促进消化、清咽、对胃黏膜有辅助保护作用、辅助降血压、辅助降血脂等，因此如何合理选用保健食品对促进美容和健康也是非常重要的。

一、保健食品必须有以下标签内容

（1）名称：应有表明食品真实属性的准确名称，或经批准认可，表明功能作用的名称。

（2）配料表。

（3）功效成分和营养成分表。

（4）保健功能：应与批准确认的功能相一致。

（5）净含量及固形物含量。

(6) 制造者的名称和地址。

(7) 生产日期、保质期或保存期。

(8) 储藏方法(温度、场所等条件)。

(9) 食用方法。

(10) 产品标准号和审批文号。

(11) 特殊标注内容,如含有兴奋剂或激素应准确标明名称及含量。

二、使用保健食品进行美容须因人而异

如前所述,通过食用保健食品进行美容无论从现代医学营养学或中医学角度都有一定的生理原因。疾病和缺陷也都不是千人一面,而是存在较大的个人差异。例如,肥胖或贫血影响美容,但每一个人的原因不同,每个人的先天体质及后天营养也不同,有无并发症等情况也千变万化。因此,必须根据自己的具体情况进行保健食品的选择。

中医学认为,必须结合个体体质,以辨证论治为前提,这是中医养生的基本原则。因此,必要时应在相关人员指导下选用保健食品。

三、避免误区

(1) 时尚误区:如跟着广告转、迷信减肥时尚等,应避免认为新潮的事物就是现代科学的成果等错误认识。

(2) 伪科学误区:指以未经证实或显然错误的理论、概念为依据,只凭道听途说或摘引古籍文献只言片语,毫无科学实验根据,就鼓吹有什么神奇作用的保健食品等。这是利用人们科学知识水平不高的弱点,有意欺诈的行为。

(3) 认清保健食品标志。

如何挑选进口保健食品呢?常用五招如下。

第一招:认准标志。正规的进口保健食品上,应有我国食品药品监督管理局批准的《进口保健食品批准证》、保健食品标志(即“小蓝帽”)及保健食品批号(如“国食健进××号”)。

第二招:中外对照。在很多人看来,进口保健食品全是外文是一件理所当然的事。但实际上,我国有明文规定,正规的进口保健食品,应有标准的中文、外文对照标签,而且中文字体必须大于外文字体。

第三招:验证合格。正规的进口保健食品,必须能提供出入境检验检疫局出具的有效卫生合格证书,并贴有防伪标志。

第四招:产地清楚。很多进口保健食品的外包装上看不出它的出产地。而根据有关规定,产品上应标明产品的原产国家或地区、代理商在中国依法登记注册的名称和地址。消费者可利用中文、外文对照标签,检查其是否标注。同时,也可弄清楚购买的商品是否为进口保健食品,不要闹一个“made in China(中国生产)”的笑话。

第五招:具备基本要素。很多消费者认为,进口保健食品是洋货,可能有洋货的要

求，跟国产商品不一样。很多进口保健食品推销员也正是拿此说误导消费者。而实际情况并不是这样。正规的进口保健食品也必须有商标、产品名称、生产日期、安全使用期或有效日期等国产保健食品的标准要求。

美容锦囊

芒果——水果中的美容多面手

一、食物性质概述

芒果又名"望果"，取意"希望之果"。果实椭圆滑润，果皮呈柠檬黄色，味道甘醇，形色美艳。芒果的营养价值很高，维生素 A 含量高达 3.8%，比杏子多出 1 倍，维生素 C 的含量也超过草莓等。芒果含有糖、蛋白质及钙、磷、铁等营养成分，均为人体所必需。中医学认为，芒果味甘酸、性凉无毒，具有清热生津、解渴利尿、宜胃止呕等功能。《食疗本草》上记载，芒果能治妇人经脉不通及丈夫营卫中血脉不行之症。芒果特别适用于缓解胃阴不足、口渴咽干、胃气虚弱、呕吐、晕船等不适状况。芒果甘酸益胃，故古时漂洋过海者多购买它以备旅途急用，食之不晕船恶心，堪称果中佳品。

二、美容功效及科学依据

芒果富含维生素 A，能有效地激发肌肤的细胞活力，可以使肌肤迅速排出废弃物，重现光彩与活力。芒果富含胡萝卜素和特有的酶，可以活化细胞、促进新陈代谢、防止皮肤粗糙干涩。芒果还可以令皮肤富有弹性，并且延缓皱纹生成，最合适爱美的女性食用。中医学研究证明，芒果可化痰，健脾胃，利水道，而中医学理论认为，肥胖的病因是"湿"、"痰"、"水滞"所致，故芒果也是减肥轻身之果品。

三、美容实例

1. 芒果冰糖饮

功效：减肥降脂。

材料：芒果 50 g，冰糖 20 g。

做法：取芒果削去果蒂，连皮切片，加冰糖，以水煎煮 20 min，滤汁代茶饮。

2. 芒果原汁

功效：减肥降脂。

材料：芒果 500 g，蜂蜜适量。

做法：芒果洗净取肉。入搅汁机内搅汁，盛入瓶内，加蜂蜜后温水冲饮。

3. 芒果、芦荟优酪乳

功效：消炎、排毒，同时活化细胞、促进代谢。

材料：芒果一颗，芦荟一片，优酪乳一小瓶，蜂蜜少许。

做法：芒果去皮、去核，果肉备用。芦荟撕去表皮，将透明果肉放入果汁机中，加入芒果、优酪乳、蜂蜜，混合均匀后即可饮用。

吃芒果要小心过敏。芒果的成分中含有单(或二)羟基苯(生漆中就因为含有该抗原而常引起过敏),特别是不完全成熟的芒果还含有醛酸,对皮肤黏膜有一定刺激作用。直接敷面或者吃法不对就会引发芒果皮炎。芒果皮炎一般发生在接触到芒果而未及时用水清洗的部位,多见于口周(包括双侧口角、上下颌或面颊部),皮疹为均匀或不规则分布的淡红色斑,红斑上可见密集而细小的丘疹或针尖大小的水疱,皮疹有轻度瘙痒感或烧灼感。

出现过芒果过敏的患者应尽量少吃芒果,或将芒果切成小片后少量食用,这样可避免芒果汁直接接触到面部皮肤,降低过敏的发生概率。未出现过芒果过敏的人在食用芒果后也要用清水将黏附在皮肤上的芒果液洗净,以防过敏。

柿子——美食与美颜两不误

一、食物性质概述

柿子是人们比较喜欢食用的果品,清甜可口,营养丰富,不少人还喜欢在冬季吃冻柿子,别有风味。柿子营养价值很高,所含维生素和糖分比一般水果高1～2倍。假如一个人一天吃一个柿子,所摄取的维生素C基本上就能满足一天需要量的一半。所以,吃适量的柿子对人体健康是很有益的。

二、美容功效及科学依据

柿子的营养成分十分丰富,与苹果相比,苹果中除了锌和铜的含量高于柿子外,其他成分均是柿子占优。在预防心脏血管硬化方面,柿子的功效更是远超苹果,堪称有益心脏健康的水果王,所以,每日一苹果,不如每日一柿子。

柿子还有一个特点就是含碘,因此,缺碘引起的地方性甲状腺肿大患者,食用柿子很有帮助。经常食用柿子,对预防碘缺乏也大有好处。柿子有养肺胃、清燥火的功效,可以补虚、解酒、止咳、利肠、除热、止血,还可充饥。柿子制成的柿饼具有涩肠、润肺、止血、和胃等功效。

三、美容实例

(1) 治疗黄褐斑。生吃柿子可以有效地预防和治疗黄褐斑。

(2) 治疗失眠。用柿子叶煎服当茶饮,每天喝1～2次,2周之后,助眠效果明显。

(3) 瘦身美颜。将鲜柿子捣烂取汁,每日温水冲服,每次15～30 mL,连饮数周,减肥又养颜。

进食须知:空腹吃柿子易患胃柿石症。食柿子应尽量少食柿皮,但柿饼表面的柿霜

是柿子的精华，千万不要丢弃。

适宜人群：体力劳动者多吃柿子对身体很有益处。因为疲劳在多数情况下是因为血红蛋白供应不足造成的，而柿子里含有很多铁元素，可以刺激血红蛋白的生成。

不适宜人群：有慢性胃炎、胃排空延缓、消化不良等胃动力功能低下者和胃大部切除术后的患者，不宜食柿子。柿子含糖量较高，故糖尿病患者不宜食用。

相克食物：柿子和螃蟹同属寒性食物，因而不宜同吃。

桃子——水润美人的奥秘

一、食物性质概述

人们总是把桃作为福寿和祥瑞的象征，从民间素有“寿桃”和“仙桃”的叫法，就可以看出桃子在人们心中的地位。在果品资源中，桃子以其果形美观、肉质甜美又被称为“天下第一果”。人们常说桃子养人，主要是因为桃子性味平和，富含磷等无机盐，含铁量也是苹果和梨的 4～6 倍。

二、美容功效及科学依据

桃子是许多人都爱吃的一种香甜可口的水果，其所含的丰富果酸具有保湿功效，还可以清除毛孔中的污垢，防止色素沉着，预防皱纹。另外，桃子中还含有大量的 B 族维生素和维生素 C，能促进血液循环，使面部肤色健康、红润。

三、美容实例

1. 桃子面膜

功效：紧致肌肤。

材料：一个去皮、去核的熟桃子、一个鸡蛋清。

做法：将桃子和蛋清一起放入搅拌器中搅匀，直至看不到颗粒。用手掌将混合物轻拍于整个面部。休息放松，大约 30 min 后，用冷水冲洗干净。

2. 美肤桃片

对粗糙的皮肤，可以用桃片在洗净的脸上摩擦和按摩，然后再洗净，这一方法有助于保持皮肤的光滑与柔嫩。

3. 桃汁洗面

取新鲜桃子 2 只，去皮、去核，捣泥取汁。与适量淘米水混合，洗擦面部，每日 1 次。若坚持使用，可美容去皱、光泽颜肤，是理想的美容佳品。

4. 桃花美白

在春天的时候可以收集一些桃花，然后将适量桃花浸在陈醋中，待醋的颜色变成红色时拿这些浸过桃花的醋洗脸，可以起到美白润肤的作用。

不适宜人群：胃肠功能不良者及老年人、小孩均不宜多吃。桃子含糖量高，糖尿病

患者应慎食。

莫过量：吃桃子过量会造成严重的腹泻。

进食须知：未成熟的桃子和烂桃子不要吃。

复习思考题

1. 简述保健食品的概念。
2. 简述保健食品的基本原则。
3. 怎样选用保健食品？

（张宝　赵雷）

第十一章 非必需营养素、生物活性物质与美容

人体所需营养素除上述七大类外，还有些营养成分对人体健康的影响也很大，如核酸、酶、激素等。另外，还有一些生物活性物质，它们对人体健康也起着重要的作用。它们主要集中在蔬菜、水果中，它们在饮食中的地位也不应被忽视。

第一节 核酸与美容

核酸（nucleic acid）也称多聚核苷酸，是由许多个核苷酸聚合而成的生物大分子，核苷酸是由含氮的碱基、核糖或脱氧核糖、磷酸三种分子连接而成。碱基与核糖或脱氧核糖通过糖苷键连接成核苷，核苷与磷酸以酯键连接成核苷酸。核苷酸是生物体内一类重要含氮化合物，是各种核酸的基本组成单位。根据核酸所含戊糖的不同，可分为核糖核酸（RNA）和脱氧核糖核酸（DNA）两种。

核酸不但是一切生物细胞的基本成分，还对生物体的生长、发育、繁殖、遗传及变异等重大生命现象起重要作用。它在生命科学中的地位，可用“没有核酸就没有生命”这句话来概括。

一、核酸的作用与食物来源

开发核酸营养新理论已经成为现代人战胜疾病、健康长寿的发展趋势。

人体内的核酸有两个来源，一是自身合成，二是食物供给。但是随着年龄的增长，人体内的合成量减少，需增加食物中的摄取量。核酸营养的补充，提高了机体能量代谢水平，促进并激活了蛋白与酶的活性，有利于 DNA 和 RNA 的合成，有利于基因的修复，从而延缓机体老化和预防各种疾病的发生。

二、核酸与健康美容

1. 防止和延缓衰老

人的衰老是一个复杂的综合过程，是在遗传因素、社会因素、营养因素、医疗条件、环境因素、个人主观因素等因素综合作用下逐渐发展而形成的。迄今为止，已有 300 多种学说来阐明衰老的机制。从分子生物学水平来看，核酸供给不足、细胞内的核酸损耗和变质，是人类衰老的重要原因。任何核酸及其组成成分的缺乏或不足，都将导致人体细胞的老化、衰老、病变和死亡。

核酸是细胞的重要成分，在机体的生长、发育和繁殖过程中起着重要的作用。正因为如此，核酸的功能一旦下降，就会对机体造成不良影响，其中之一就是导致机体衰老。核酸类物质都是内源性自由基清除剂和抗氧化剂，除具有与维生素C相同的抗氧化作用外，还可与维生素C产生协同作用，同时使维生素C免受氧化。

一般来说，到了25岁左右，人体合成核酸的能力开始下降，使体内核酸含量发生变化。另外，自然界中的辐射线也加速了核酸的变化。人体每天或多或少地会受到辐射线的照射，日积月累便引起人体中核酸的变化，造成身体细胞的老化。若不及早预防，就会出现黑斑、皱纹、皮肤粗糙、视力减退和健忘等老化现象。

2. 加速细胞新陈代谢

人类可以通过摄取核酸含量丰富的食品来加速细胞的新陈代谢，滋润皮肤，保持其光滑美丽，消除黑斑、皱纹，使稀疏的头发恢复粗黑，改善呼吸器官和消化器官的功能。核酸不仅可促进机体外观的改变，而且还可恢复细胞的活力，预防高血压、动脉硬化、脑卒中、心脏病、糖尿病等疾病的发生。

3. 对皮肤进行深层滋润，控制皮脂的分泌，使皮肤柔软，特效保湿

由于核酸及其结构单元的各种分子中都含有大量的亲水基团，所以不仅能防止水分蒸发，而且还能从空气中吸收水分，从而使皮肤光滑、滋润，具有光泽。

4. 促进胶原组织合成，增加皮肤弹性，消除皱纹，延缓皮肤衰老

皱纹是皮肤衰老的一大特征，而皱纹的形成与否，又主要是由真皮层中胶原蛋白含量的多少来决定的。胶原蛋白在人体总蛋白质组成中排第三名，达到33%左右。在生长发育期，人体新陈代谢旺盛，胶原蛋白含量丰富，皮肤紧绷而富有弹性，整个人因此也显得青春靓丽，充满活力。然而随着年龄的增大，特别是到了25岁以后，新陈代谢速度逐步减缓，胶原蛋白含量逐渐降低，皱纹也就悄悄地出现了。胶原蛋白和其他蛋白质一样是由核酸控制合成的，所以保持核酸充足，对消除皱纹和延缓皮肤衰老有着“治本”的功效。

5. 提高免疫功能，改善微循环，调整微生态平衡，调节新陈代谢

从核酸对机体各系统的影响来看，免疫系统是最敏感也是最直接受其影响的系统。核酸是维持正常免疫功能的必需物质，保持核酸充足可提高免疫力，尤其是提高细胞的免疫功能和免疫调节能力，而免疫功能低下正是肿瘤发生的重要原因。

6. 净化血液，防止血清中胆固醇的增加，降低动脉硬化的可能性

这主要是通过核酸影响脂肪代谢来实现的。科学研究发现核酸可增加血液中单不饱和脂肪酸的含量，增加血清高密度脂蛋白的水平，降低胆固醇含量。

7. 抑制过氧化脂质的生成，改善血液循环

核酸对循环系统的作用是抑制过氧化脂质的形成，抑制胆固醇的生成，扩张血管，改善血液循环，纠正心肌代偿不良，促进血管壁再生，抑制血小板凝集。因此核酸被认为对脑血栓、心肌梗死、高血压和动脉粥样硬化有较好的营养保健作用。

除上述作用外，补充核酸还具有以下作用：减肥，提高机体对环境变化的耐受力，显著抗疲劳，增强机体对冷热的抵抗力，促进摄入氧气的利用等。对于婴儿、迅速成长期的孩子、老年体弱多病者、全身感染者、外伤手术者，以及肝功能不全及白细胞、T 细胞、淋巴细胞降低人群等，可以额外补充核酸类物质。世界卫生组织规定，每天膳食中核酸的量不大于 2 g，扣除食物中的核酸摄入量，每天补充小于 1.5 g 核酸是合适的。

三、食物来源

核酸含量丰富的动物性食物包括鲱鱼、沙丁鱼、鲭鱼、鲑鱼、龙虾、牡蛎等海产品。在蔬菜中含核酸较多的有萝卜、洋葱、青葱、蘑菇、菜花、芹菜、豆类和芦笋等。

第二节 番茄红素与美容

番茄红素(lycopene)是食物中的一种天然色素成分，在化学结构上属于类胡萝卜素，主要存在于茄科植物西红柿的成熟果实中，在西瓜、葡萄和其他一些水果(水果制品)及蔬菜(蔬菜制品)中也存在，这些食物所具有的红、黄颜色主要就是番茄红素造成的。科学研究表明，番茄红素极易被人体吸收、代谢和利用，是人体血清中浓度最高的类胡萝卜素。番茄红素具有独特的长链分子结构，具有强有力的消除自由基能力和较高的抗氧化能力，并能预防恶性肿瘤。对于番茄红素的美容保健作用及食物来源，简述如下。

一、番茄红素与健康美容

番茄在维护人体健康中所显示的作用越来越重要，其中番茄红素尤为引人注目。

由于这种食物成分具有抗氧化、抑制细胞突变、降低心血管疾病患病风险及预防恶性肿瘤等多种功能，因而日益受到营养学家的重视。

1. 预防恶性肿瘤

蔬菜和水果对多种人类恶性肿瘤都有预防作用。在可能有效的多种预防肿瘤成分中，番茄红素是主要的一种。经人群流行病学调查和多次动物实验证明，番茄红素确实具有预防和抑制恶性肿瘤的作用。日本的一个医学研究所对 4 个胃癌发病率不同的地区进行调查，测定当地居民血浆中维生素 A、维生素 C、维生素 E 和胡萝卜素、番茄红素的水平，发现血浆中番茄红素的浓度越高，胃癌发病率越低。

番茄能够预防的恶性肿瘤包括前列腺癌、肺癌及胃癌，其他也可能预防的恶性肿瘤包括胰腺癌、大肠癌、食管癌、口腔癌、乳腺癌及子宫颈癌。

2. 保护心血管

一些研究人员指出，由于番茄红素能够保护低密度脂蛋白免受氧化破坏，因而可预防心血管疾病的发生。在动脉粥样硬化的发生和发展过程中，血管内膜中的脂蛋白氧化是一个关键因素。脂蛋白中的胡萝卜素、番茄红素、叶黄素和玉米黄质等在降低脂蛋白氧化方面发挥着重要作用。另据报道，口服天然的番茄红素能使血清胆固醇降至5.20 mmol/L或以下，可用于防治高胆固醇或高脂血症，减缓心血管疾病的发展。

3. 抗氧化、延缓衰老、增强免疫功能

番茄红素之所以具有上述预防恶性肿瘤和保护心血管的作用，与其抗氧化功能是分不开的。科学家们利用现代技术手段证明，番茄红素能够通过物理和化学方式捕捉过氧化自由基。虽然多数类胡萝卜素都是有效的抗氧化剂，但番茄红素抗过氧化能力最强。

番茄红素是20世纪90年代以后才被发现其具有很高的营养与保健功能，是目前自然界中存在的抗氧化能力很强的物质之一，分别是胡萝卜素的3倍和维生素E的100倍。

番茄红素在体内通过消化道黏膜吸收进入血液和淋巴，分布到睾丸、肾上腺、前列腺、胰腺、乳房、卵巢、肝、肺、结肠、皮肤及各种黏膜组织，促进腺体分泌激素，从而使人体保持旺盛的精力；清除这些器官和组织中的自由基，保护它们免受伤害，增强机体免疫功能。印度有学者指出，番茄红素可令不育男子精子数量增加、活力增强，从而可用于治疗不育患者。

4. 改善皮肤过敏

番茄红素可大大改善皮肤过敏的状况，消除因皮肤过敏而引起的皮肤干燥和瘙痒感，令人感觉轻松愉快。

5. 其他作用

番茄红素还具有预防骨质疏松、降血压、减轻运动引起的哮喘等多种生理功能。

目前人们已知人体内番茄红素的含量与人的寿命相关。番茄红素是应用前景良好的一种功能性天然色素，对于预防和治疗心血管疾病、动脉硬化和肿瘤等各种疾病有很好的作用。

二、番茄红素的食物来源

番茄红素分布于番茄、西瓜、南瓜、李子、柿子、胡椒果、桃、木瓜、芒果、番石榴、葡萄、葡萄柚、红莓、云莓、柑橘等的果实和胡萝卜、芜箐、甘蓝等的根部。

第三节　其他非必需营养素与生物活性物质与美容

一、酶的作用与食物来源

酶是生物活细胞成分，由活细胞产生，是一种具有特异催化剂功能的特殊蛋白质，是生命活动中不可缺少的物质。人体新陈代谢过程中的化学反应绝大多数离不开酶的催化作用，尤其是具有抗氧化作用的活性酶更为重要。正常人体内酶的活性较稳定，当人体患病或受损时，某些酶被释放入血液、尿液或体内。例如，患者患急性肝炎时，血清转氨酶大多升高，好转后则会减低。含有活性酶的食物有香菇、山药、银杏、大枣、山楂、生姜、韭菜、青椒、茄子、大蒜、蜂王浆等。

二、前列腺素与甲壳素

（一）前列腺素与健康美容

前列腺素(prostaglandin，PG)是存在于动物和人体中的一类由不饱和脂肪酸组成的具有多种生理作用的活性物质。前列腺素最早被发现存在于人的精液中，当时以为这一物质是由前列腺释放的，因而定名为前列腺素。现已证明精液中的前列腺素主要来自精囊，全身许多组织细胞都能产生前列腺素。前列腺素的化学本质是由一个五元环和两条侧链构成的20碳不饱和脂肪酸。按其结构，前列腺素分为A、B、C、D、E、F、G、H、I等类型。不同类型的前列腺素具有不同的功能，例如，前列腺素E能舒张支气管平滑肌，降低通气阻力；而前列腺素F的作用则相反。前列腺素的半衰期极短(1～2 min)，除前列腺素I外，其他的前列腺素均可经肺和肝迅速降解，故前列腺素不像典型的激素那样，通过循环影响远距离靶组织的活动，而是在局部产生和释放，对产生前列腺素的细胞本身或对邻近细胞的生理活动发挥调节作用。

前列腺素是人体内的特殊激素，对降低血压、预防血栓形成、保护大脑及心脏起着重要作用。

(1) 对生殖系统作用：作用于下丘脑的黄体生成素释放激素的神经内分泌细胞，增加黄体生成素释放激素释放，再刺激垂体前叶黄体生成素和卵泡刺激素分泌，从而使睾丸激素分泌增加。前列腺素也能直接刺激睾丸间质细胞分泌。

(2) 对血管和支气管平滑肌的作用：不同的前列腺素对血管平滑肌和支气管平滑肌的作用效应不同。前列腺素E能使血管平滑肌松弛，从而减少血流的外周阻力，降低血压。

(3) 对胃肠道的作用：前列腺素可引起平滑肌收缩，抑制胃酸分泌，防止强酸、强碱、无水乙醇等对胃黏膜侵蚀，具有细胞保护作用。前列腺素对小肠、结肠、胰腺等也具有保护作用，还可刺激肠液分泌、肝胆汁分泌，以及引起胆囊肌收缩等。

(4) 对神经系统作用：前列腺素广泛分布于神经系统，对神经递质的释放和活动起调节作用，也有学者认为，前列腺素本身即有神经递质作用。

(5) 对呼吸系统作用：前列腺素E有松弛支气管平滑肌作用，而前列腺素F相反，是支气管收缩剂。

(6) 对内分泌系统的作用：通过影响内分泌细胞内环腺苷酸(cAMP)水平，影响激素的合成与释放。例如，前列腺素可促进甲状腺素分泌和肾上腺皮质激素的合成，也可通过降低靶器官的cAMP水平而使激素作用降低。

迄今为止，天然植物中，科学家只在洋葱中发现了前列腺素。

（二）甲壳素与健康美容

甲壳素(chitin)又称为甲壳质，甲壳素经乙酰化后称为壳聚糖。

甲壳素是从甲鱼、鳖、螃蟹等壳类动物中提取的物质，由于对人体健康至关重要，所以又被称为第六生命要素。研究证明：甲壳素能增强人体免疫力，对肠道感染、食物中毒、放射线污染及放疗患者有明显的减毒作用。甲壳素可溶于胃酸，存在于血液、淋巴液、各脏器及骨骼中，能活化机体细胞，对肿瘤、心脑血管疾病、糖尿病、肝脏疾病有良好的预防和辅助治疗作用，特别是对中老年人防病强身具有很高的价值。

甲壳素是目前发现的唯一带正电荷的阳性食物纤维。在地球上存在的天然有机化合物中，数量最大的是纤维素，其次是甲壳素，研究发现，自然界每年生物合成的甲壳素将近100亿吨。甲壳素是地球上数量最大的含氮有机化合物，其次才是蛋白质。仅上述两点，就足以说明甲壳素的重要性。

1. 降血脂作用

血脂是指血液中脂类的含量。广义的脂类指中性脂肪(甘油和甘油三酯)和类脂质(胆固醇、胆固醇酯和磷脂)。甲壳素可通过以下几个途径产生降血脂作用。

(1) 甲壳素阻碍脂类的消化吸收。

进入肠腔的脂类因难溶于水无法吸收，需经过胆汁酸的乳化作用，将脂肪变成很小的油滴，以此来扩大与胰脂酶的接触面积以利于脂肪的消化。肝脏生成的胆汁酸(带负电荷)经胆道排入肠腔，非常容易与聚集其周围的甲壳素(带正电荷)结合，形成屏障而妨碍吸收，同时由消化道排出体外。大量的胆汁酸被消耗，从而阻碍脂类的吸收，实现降血脂的作用。

(2) 甲壳素有利于胆固醇转化。

人体内的胆固醇主要来自食物摄入和自身合成。胆固醇的值应保持在一个正常的范围之内。胆固醇减少影响胆汁酸转化而引起消化不良；胆固醇一旦过剩，就会聚集在血管壁上，使血液循环不通畅，引发动脉硬化等疾病。低密度脂蛋白为胆固醇的主要携带者，胆固醇于肝脏转化为胆汁酸，储存于胆囊内，排入十二指肠，将参与脂类的消化吸收过程，其后，95%的胆固醇被肠壁吸收入血重新回到肝脏，即所谓胆汁酸的肝肠循环。小肠内的胆汁酸与甲壳质结合排出体外，使进入肝肠循环的胆汁酸大为减少。人体将肝脏以外的胆固醇运入肝脏，用来制造胆汁酸，最终促成体内胆固醇数量下降，血脂降低。

(3) 升高血液中高密度脂蛋白的含量。

脂类与蛋白结合成脂蛋白，其中，低密度脂蛋白将胆固醇由肝脏运向周围组织，诱发组织硬化；高密度脂蛋白将周围组织的胆固醇运回肝脏。甲壳素可降血脂，使血液中胆固醇含量下降，低密度脂蛋白数量也随之下降，高密度脂蛋白数量上升有助于防止动脉硬化的产生。

2. 降血压的作用

(1) 体液调节作用。

造成高血压的原因很多，其中体液调节占重要地位。医学实验证明，人体过量摄入氯化钠（食盐），使氯离子堆积，导致人体处于高血压状态。其机理为肝脏产生的血管紧张素原在血液中平时不显示活性，在转换酶（ACE）的作用下生成的血管紧张素Ⅰ是一种生理活性较低的中间产物，再经转换酶的作用生成的血管紧张素Ⅱ生理活性极强，其作用于中、小动脉内膜使血压升高。

氯离子是转换酶的激活剂，体内适量的甲壳素溶解后形成阳离子基团与氯离子结合排出体外，削弱了转换酶的作用，血压则无法升高。

（2）降血脂、降血压。

甲壳素可降血脂，多余的胆固醇由周围组织运回肝脏，中、小动脉内膜沉着的胆固醇数量减少，血管内壁弹性转佳，促使血压下降。

3. 降血糖的作用

（1）促进胰岛素的分泌。

胰腺具有双重功能，即分泌消化液和胰岛素。胰岛素是一种激素，主要调节人体的糖代谢。甲壳素通过协调脏器功能促进内分泌，实现对胰腺功能的调节。

（2）提高胰岛素的活性。

实验证明胰岛素的活性与体液的 pH 值（酸碱度）密切相关。胰岛素在酸性环境中是没有功能的，只有体液 pH 值为 7.4 时才能完全发挥作用。体液 pH 值每降低 0.1，胰岛素活性下降 30%。甲壳素能够提高体液的 pH 值，从而提高胰岛素的活性。

（3）提高胰岛素受体的敏感性。

有研究显示肥胖人群的胰岛素受体敏感性下降，甲壳素有较好的减肥作用，从而提高胰岛素受体的敏感性。

（4）控制餐后高血糖。

甲壳素吸收胃内的水分后呈凝胶状，能与胃内物混合，使胃内容物体积膨胀，使胃的排空时间延长，从而降低餐后血糖。

4. 抗肿瘤作用

甲壳素不能直接抑制肿瘤细胞，而是通过活化免疫系统发挥其抑制肿瘤细胞的作用。而壳聚糖具有直接抑制肿瘤细胞的作用。在含有肿瘤细胞的溶液中，加入 0.5 mg/mL 壳聚糖溶液，24 h 后肿瘤细胞全部死亡。

三、肉碱与健康美容

肉碱（carnitine）是食物的组成成分，广泛存在于自然界，大多数生物体都能自身合成肉碱。

肉碱虽早已被发现，但对其性质和功能的研究工作在近 20 年来才被重视。1995 年 10 月 26 日，来自 19 个国家的 60 余位生物化学专家在纽约召开了研究肉碱的交流会。与会专家一致认为肉碱是一种人体必需的营养素，是一种类似维生素的营养素。肉碱的体内合成需要赖氨酸、蛋氨酸、烟酸、维生素 C、维生素 B_6 和铁的参与。肉碱分两种，只有左旋肉碱才具有生物活性，自然界只有左旋肉碱。

1. 肉碱与身体健康

大量研究表明，老年人和婴儿容易发生肉碱缺乏症。婴儿自身不能合成肉碱，主要靠母乳供应。老年人也因体内合成能力下降而需要补充肉碱。严格食用素食的人，体内赖氨酸、蛋氨酸的含量低，肉碱合成减少，会导致肉碱缺乏。此外，许多疾病也会导致肉碱含量降低，如心脏病、高脂血症、肾病、肝硬化、甲状腺功能低下及某些肌肉和神经系统疾病等。在禁食、肥胖、怀孕、剧烈运动、男性不育等的人群中，也可能存在肉碱的相对不足。

2. 肉碱的主要功能

肉碱在体内的主要功能是促进脂肪酸的氧化以提供能量。肉碱能减少脂肪在体内的蓄积，因此，肉碱有助于减肥及辅助治疗脂肪肝。肉碱可以提高运动员的运动成绩，实验证实，肉碱可提高运动员的最大耗氧量和运动时的能量输出，而且可明显地减少二氧化碳的产生和血浆中乳酸的浓度。因此，运动员补充肉碱显得尤为重要。肉碱还能有效地降低血液和组织液中的游离脂肪酸，改善心肌肥大，保护缺血心脏，具有重要的生物化学功能和临床应用价值。

课外导读

脂肪燃烧因子——左旋肉碱

左旋肉碱(L-Carnitine 即 L-肉碱、维生素 BT)被认为是类似维生素的营养素。左旋肉碱是脂肪代谢过程中的一种必需的辅酶，能促进脂肪酸进入线粒体内进行氧化分解。它好像一部铲车铲起脂肪进入燃料炉中燃烧。脂肪如果不进入线粒体，不管如何锻炼或如何节食，都无法消耗，而左旋肉碱正好充当了脂肪进入线粒体的“搬运工”。

要想达到理想的脂肪燃烧程度，体内便需要一个理想的肉碱含量平衡。然而只依靠人体自身的肉碱合成量及从食物中摄入的量远远达不到需要，所以随着年龄的增长，脂肪堆积逐渐成为必然。正因为体内左旋肉碱含量水平在逐渐降低，所以只有很少人能保持足够的左旋肉碱含量，“有钱难买老来瘦”就是这个道理。因此，适当补充左旋肉碱，让你的脂肪及时燃烧，会让你健康、苗条。

四、低聚糖和植物多糖与健康美容

1. 低聚糖

低聚糖是由 2～10 个单糖单位聚合而成的复合物，其特点是低甜度、低热量，食后血糖和血脂不会增高。它难以消化吸收，有利于双歧杆菌的生长繁殖，并可抑制肠胃内有害的产气荚膜杆菌的繁殖，有良好的胃肠保健作用。低聚糖集营养、保健、食疗于一体，已广泛应用于食品、保健品、饮料、医药、饲料添加剂等领域。它是替代蔗糖的新型功能性糖源，是面向21世纪的新一代功效食品，是一种具有广泛适用范围和应用前景的新产品，近年来国际上颇为流行。大豆、扁豆、绿豆、豇豆和花生等都含有低聚糖。低聚糖的主要功效如下。

（1）低聚糖能改善人体内微生态环境，有利于双歧杆菌和其他有益菌的增殖，经代谢产生有机酸使肠内pH值降低，抑制肠内沙门氏菌和腐败菌的生长，调节胃肠功能，抑制肠内腐败物质，改变大便性状，防治便秘，并增加维生素合成，提高人体免疫功能。

（2）低聚碳水化合物似水溶性植物纤维，能改善血脂代谢，降低血液中胆固醇和甘油三酯的含量。

（3）低聚糖属非胰岛素依赖物质，不会使血糖升高，适合于高血糖人群和糖尿病患者食用。

（4）低聚糖可预防龋齿。

因此，低聚糖作为一种食物配料被广泛应用于奶制品、乳酸菌饮料、双歧杆菌酸奶、谷物食品和保健食品中，尤其是应用于婴幼儿和老年人的食品中。在保健食品系列中，也有单独以低聚糖为原料而制成的口服液，直接用来调节肠道菌群、润肠通便、调节血脂、调节免疫功能等。

2. 植物多糖

植物多糖（如枸杞多糖、香菇多糖、黑木耳多糖、海带多糖等）多数是蛋白多糖，具有双向调节人体生理功能的作用。香菇多糖是一种免疫增强剂，可以活化巨噬细胞，刺激抗体产生，并有一定的抗肿瘤作用。枸杞多糖的生物活性在于其具有降低血糖和血脂、抗疲劳和增强免疫的作用。黑木耳、金针菇、银耳等菌类食物中都含有植物多糖成分。

五、活性多肽与黄酮类化合物与健康美容

1. 活性多肽

活性多肽（HGH）是一种由人体自身分泌的物质，又叫人类生长素。它是191个氨基酸组成的，主要由大脑垂体分泌，主要分布在神经组织和其他组织器官中。活性多肽是蛋白质水解产物，主要是2～5肽，它不仅易于吸收，而且还具有一些特殊功能。活性多肽参与了人体的生长发育和蛋白质、脂肪、糖三大物质的代谢，常作为细胞内部或细胞间传输化学信号的信使，调控细胞间的生理活动。免疫、衰老等方面许多最新的研究方向都与活性多肽有关。常见而重要的活性多肽包括谷胱甘肽（GSH）、酪蛋白磷肽、催产素、脑肽等。谷胱甘肽是一种抗衰老因子，酪蛋白磷肽能促进钙的吸收，对补钙有一定的效果。

2. 黄酮类化合物

黄酮类化合物（flavonoids）是一类存在于自然界的、具有2-苯基色原酮（flavone）结构的化合物。黄酮类化合物具有清除自由基、扩张血管、降低血压、防止动脉硬化、改善血液循环和避免细胞在低氧环境受损伤的功能，还有抗化学性毒物损伤肝脏的作用，对防治老年性痴呆症及延缓机体衰老也有较好的效果。它主要存在于柑橘、柠檬、洋葱、

番茄、青椒、樱桃、葡萄中。

木瓜——美肤丰胸的“良品”

一、食物性质概述

作为水果食用的木瓜实际是番木瓜，又名乳瓜、番瓜、文冠果，果皮光滑美观，果肉厚实细致、香气浓郁、汁水丰多、甜美可口、营养丰富，有“百益水果”、“水果之皇”、“万寿果”之称，是岭南四大名果之一。木瓜富含 17 种以上氨基酸及钙、铁等，还含有木瓜蛋白酶、番木瓜碱等。其维生素 C 的含量是苹果的 48 倍，半个中等大小的木瓜足以提供一个成人全天所需的维生素 C。木瓜在中国素有“万寿果”之称，顾名思义，多吃木瓜可延年益寿。

二、美容功效及科学依据

木瓜对女性更有美容功效。

(1) 给消化系统“打工”。木瓜所含的蛋白分解酵素，有助于分解蛋白质和淀粉，是消化系统的“免费长工”。

(2) 提高免疫力。木瓜含有胡萝卜素和丰富的维生素 C，它们有很强的抗氧化能力，帮助机体修复组织细胞，消除有毒物质，增强人体免疫力。

(3) 丰胸。青木瓜自古就是第一丰胸佳果，木瓜中丰富的木瓜蛋白酶对乳腺发育很有好处。木瓜酵素中含有丰富的丰胸激素及维生素 A，能刺激卵巢分泌雌激素，促进乳腺发育，达到丰胸目的。

(4) 瘦身。木瓜含木瓜酵素，青木瓜的木瓜酵素是成熟木瓜的 2 倍左右。它不仅可以分解蛋白质和碳水化合物，更可分解脂肪，去除赘肉，促进新陈代谢，及时把多余脂肪排出体外。

(5) 美肤。木瓜中维生素 C 的含量是苹果的 48 倍，加上木瓜酶具有助消化的功能，能够尽快排出体内毒素，可以由内到外清爽肌肤。木瓜所含的木瓜酵素能促进肌肤代谢，帮助溶解毛孔中堆积的皮脂及老化角质，让肌肤显得明亮、清新。

三、美容实例

1. 美颜去面疱

取 1 片新鲜木瓜切成小片，再准备半杯牛奶(如没有现成鲜奶也可用奶粉代替)。将木瓜片和鲜奶放入果汁机内，再掺入少量清水和蜂蜜搅拌数分钟，即成 1 杯浓郁芬芳可口的木瓜牛奶汁。

2. 滋润养颜

熟木瓜 600 g，新鲜牛奶 3 杯，莲子肉 25 g，红枣 2 g，冰糖适量。选择新鲜熟木瓜，去皮，去核，切成粒状，备用。莲子肉、红枣分别用清水洗净。莲子去心，保留红棕色莲子衣;红枣去核备用。将木瓜、莲子肉、红枣放入炖盅中,加入新鲜牛奶和适量冰糖,隔水炖至莲子肉熟即可食用。此方老少皆宜。

3. 木瓜美容饮

新鲜成熟的木瓜、鲜牛奶各适量。将木瓜切细加水适量与砂糖一同煮至木瓜烂熟,再将鲜牛奶兑入煮沸即可服用。此方有美容护肤、乌发之功效,常饮可使皮肤光洁、柔嫩、细腻、皱纹减少、面色红润。

4. 木瓜面膜

将木瓜切成细丝后均匀地敷于脸部即可。另一种方法是按 1∶1 的比例将捣烂的木瓜浸泡于水中,存放 7～10 天后滤去渣滓,然后用纱布蘸着在脸上多涂几次。这种面膜适用于松弛的油性皮肤,对老年皮肤的保养也很有效。

适宜人群:木瓜适宜于一般人群食用,尤其是营养缺乏、消化不良、肥胖和哺乳期缺乳的产妇更宜常食。

适用量:每次 1/4 个左右。木瓜中的番木瓜碱,对人体有小毒,每次食量不宜过多,过敏体质者应慎食。

不适宜人群:怀孕时不宜吃木瓜,以免引起子宫收缩导致腹痛,但不会影响胎儿。

香蕉——水果中的排毒养颜冠军

一、食物性质概述

香蕉是人们喜爱的水果之一,盛产于热带、亚热带地区,欧洲人因它能解除忧郁而称它为“快乐水果”。香蕉可以预防脑卒中和高血压,起到降血压、保护血管的作用。美国科学家研究证实:连续一周每天吃 2 根香蕉,可使血压降低 10%。香蕉还是女孩子们钟爱的减肥佳果。香蕉营养高,热量低,有丰富的蛋白质、葡萄糖、钾、磷、维生素 A 和维生素 C,同时纤维素含量也多。

二、美容效果及科学依据

(1) 减轻心理压力。它含有一种特殊的氨基酸,这种氨基酸能帮助人体减轻心理压力,解除忧郁,令人开心快乐。睡前吃香蕉,还有镇静作用。

(2) 消炎润肤。香蕉皮也含有某些杀菌成分,如果皮肤因为真菌或细菌感染而发炎,将香蕉皮敷在上面,会有意想不到的好效果。香蕉对手足皮肤皲裂十分有效,而且还能令皮肤光润、细滑。

(3) 减肥佳品。香蕉几乎含有所有维生素和矿物质,纤维素含量丰富,而热量却很低。因此,香蕉就成了减肥的最佳食品,是女士们热爱的水果。

香蕉还有润肠通便、润肺止咳、清热解毒和助消化的作用,常吃香蕉还能健脑。

三、美容实例

1. 香蕉奶糊

功效:润肤除皱。

材料:香蕉6根,鲜奶250 g,麦片200 g,葡萄干100 g,入锅用文火煮好,待其温热后再加适量蜂蜜调味,早晚各吃100 g。经常食用能起到润肤、去皱的功效。

2. 香蕉面膜

功效:防干燥。

材料:香蕉一根,橄榄油3汤匙。

做法:首先把香蕉捣碎成半糊状,加入橄榄油,将两者搅匀成糊状。将香蕉面膜敷在脸上,避开眼睛及嘴唇四周,待15 min后用温水洗掉。

3. 香蕉鲜桃奶

功效:光嫩皮肤。

材料:香蕉半根,鲜桃1个,鲜奶100 mL,糖适量。

做法:将香蕉去皮,并切成数段;将鲜桃洗净、削皮,并去核,切成小块;将切好的水果放进搅拌机内搅拌约40 s;将果汁倒入杯中,加入糖和鲜奶,搅拌均匀即可。

温馨提示

莫过量:每天食用1～2根香蕉即可。若是过多食用,会使身体缺乏蛋白质、矿物质等营养成分,慢慢地身体就会发出危险警报。

储存方法:香蕉不宜放在冰箱内存放,在12～13 ℃即能保鲜,温度太低,反而不利于香蕉的存放。香蕉容易因碰撞挤压受冻而发黑,在温室下很容易滋生细菌。

不适宜人群:香蕉性寒,体质偏于虚寒者,最好少吃。胃酸过多者不宜多吃,胃痛、消化不良、腹泻者亦应少吃。

草莓——洁肤增白的皇后

一、食物性质概述

草莓又叫红莓、地莓等,在中国台湾地区又称其为士多啤梨。它的外观呈心形,鲜美红嫩,果肉多汁,酸甜可口,香味浓郁,还有一般水果所没有的宜人的芳香,是水果中难得的色、香、味俱佳者,因此常被人们誉为“果中皇后”。

中医学认为,草莓性凉、味酸,无毒,具有润肺生津、清热凉血、健脾解酒等功效。草莓的营养成分容易被人体消化、吸收,多吃也不会受凉或上火,是老少皆宜的健康食品。草莓中含有的胡萝卜素是合成维生素A的重要物质,具有明目养肝的作用。它还含有果胶和丰富的膳食纤维,可以帮助消化、通畅大便。草莓对贫血患者均有一定的滋补调理作用,对防治动脉硬化、冠心病也有较好的功效。草莓富含鞣酸,在体内可吸附和阻止致癌的化学物质的吸收，具有防肿瘤作用。

二、美容功效及科学依据

美国把草莓列入十大美容食品。据研究，女性常吃草莓，对皮肤、头发均有保健作用。草莓在德国被誉为“神奇之果”。草莓还可以减肥，因为它含有一种叫天冬氨酸的物质，可以除去体内的代谢废物。

草莓属浆果，含糖量高达6%～10%，并含多种果酸、维生素及矿物质等，可增加皮肤弹性，具有增白、滋润和保湿的功效。另外，草莓比较适用于油性皮肤者，具有去油、洁肤的作用，将草莓挤汁可作为美容品敷面。现在的很多清洁和营养面膜中也加入了草莓的成分。经常使用草莓美容，可令皮肤清新、平滑，并能避免色素沉着。草莓中还含有丰富的维生素A和钾，对头发的健康很有利。入睡前饮一杯草莓汁还能舒缓紧张的情绪，对治疗失眠效果不错。

三、美容实例

1. 草莓美白面膜

一碗草莓，捣烂取汁，加入蜜糖，涂于面部，能使皮肤洁白红润，更加漂亮。适用于干性肌肤。

2. 草莓果汁去面疱

草莓500 g，洗净去蒂放入果汁机内，加入少许白糖和100 mL冰汽水搅拌数分钟，倒入杯中即可服用。它有增白作用，其所含各种矿物质、维生素和大量的水分对皮肤还有滋润、保湿作用。

不适合人群：草莓中含有的草莓酸钙较多，尿路结石患者不宜吃得过多。

洗涤提示：草莓表面粗糙，不易洗净。用淡盐水浸泡10 min既可以杀菌，又较易洗净。

选购指南：个头异常、有些还长得奇形怪状的畸形草莓不要购买，那往往是在种植过程中喷施了膨大剂造成的。虽然合格的膨大剂经毒理学实验证明对人体无毒害作用，但这类草莓往往吃起来索然无味，营养价值也不高。

樱桃——从古至今的美容果

一、食物性质概述

樱桃，又名朱樱、朱果，性温，味甘微酸，具有补中益气、调中养颜、健脾开胃的功效。每年4月下旬，当其他果树还处在开花时节，或正在孕育果实时，樱桃已上市了。樱桃是含铁及胡萝卜素较多的一种水果，它的营养非常丰富，对气血两虚的人能起到补血补肾的作用。

二、美容功效及科学依据

(1) 含铁量高,滋润皮肤。樱桃自古就被叫做“美容果”,中医学古籍里称它能“滋润皮肤”、“令人好颜色,美态”,常吃能够让皮肤更加光泽。这主要是因为樱桃中含铁量及其丰富,每 100 g 果肉中铁的含量是同等重量的草莓的 6 倍、枣的 10 倍、山楂的 13 倍、苹果的 20 倍,居各种水果前列。

(2) 富含维生素和果酸,活化肌肤。除了含铁量高之外,更有平衡皮脂腺分泌、延缓衰老的 B 族维生素,以及钙、磷和可补充肌肤养分的维生素 C 等。

樱桃中丰富的维生素 C 能滋润、嫩白皮肤,有效抵抗黑色素的形成。另外,樱桃中所含的果酸还能促进角质层的形成。

三、美容实例

樱桃汁的做法如下。

用药棉蘸樱桃汁,轻轻涂擦面部,能使面部肌肤红润。此法还可以治汗斑(花斑癣)。

选购指南:挑选樱桃时应选择连有果蒂、色泽光艳、表皮饱满的。樱桃属浆果类,容易损坏,所以一定要轻拿轻放。

储存方法:如果当时吃不完,最好保存在-1 ℃的冷藏条件下。

莫过量:樱桃虽好,但也不要多吃。因为樱桃除了含铁以外,还含有一定量的氰苷,若食用过多会引起铁中毒或氰化物中毒。一旦吃多樱桃发生不适,可用甘蔗汁解毒。

不适宜人群:樱桃性温热,患热性病及虚热咳嗽者要忌食。

西柚——轻松减肥的好帮手

一、食物性质概述

西柚又名葡萄柚,是柚子和甜橙的混种水果,世界上 65%的西柚产于美国,而美国产的西柚中有 82%来自佛罗里达州。西柚果肉柔嫩,多汁爽口,略有香气,味偏酸,带有苦味及麻舌味,但口感舒适,全世界的西柚约有一半被加工成果汁。西柚汁多、肉嫩、风味特殊,营养丰富,每 100 mL 西柚汁含糖 6.5～8 g,含酸性物质 1.3～2.4 g,含维生素 C 27～36 mg,含可溶性固形物 8.1 g。

二、美容功效及科学依据

(1) 减肥有奇效。西柚含维生素 C 丰富,含糖分较少。一般水果糖分较多,易让人发胖,而西柚含糖分少,并有滋润皮肤、降血压、清肠胃、帮助消化和消除疲劳的作用,它所含的丰富维生素 B_2,有润肠及控制油脂分泌的功效,对减肥也有效。西柚所含热量极低,每个西柚只有约 60 kcal 的热量。

(2) 促进消化。西柚中的酸性物质可以使消化液的分泌增加,借此促进消化功能,而且营养液容易被吸收。

(3) 控油、美肤。西柚中含有宝贵的天然维生素 P 和丰富的维生素 C 及可溶性纤维素。维生素 P 可以增强皮肤弹性及收缩毛孔的功能,能达到控油效果,有利于皮肤保健和美容。西柚中富含的营养成分还能缩小皮肤毛细孔,加速复原受伤的皮肤组织。对注重天然保养肌肤的女性而言,常吃西柚最能符合“自然美”的原则。

三、美容实例

(1) 有助睡眠:睡前喝一杯西柚汁可帮助睡眠,早晨喝一杯西柚汁可预防便秘。

(2) 保护牙齿:西柚皮含有丰富的维生素 P,有助于保持牙齿和牙龈的健康。

好搭档:吃西柚时,最好和其他酸性水果、坚果类或牛奶一起食用,并应于切开之后立即吃完,以期能充分吸收西柚里所含有的营养成分。

俏冤家:较甜的水果和淀粉类食物会使西柚变得不容易被消化吸收,因此应避免和这类水果及食物一起吃。

1. 试阐述各非必需营养物质对人体的作用。

(周建军)

第十二章 皮肤的营养与美容护理

第一节 了解你的皮肤

一个人的生活状况、身体情况都能从皮肤上反映出来，如是否善于饮食调养、睡眠是否充足、身体是否健康、是体力劳动者还是脑力劳动者等。要想皮肤光滑滋润、白里透红、富有弹性，就必须重视饮食调养，保护好皮肤，以保持青春的活力。

一、了解你的皮肤

皮肤是人体最大的功能器官，是人体的重要防线，是美的重要标志。皮肤被覆于人体表面，总面积成人约为1.55 m^2。全身各部位皮肤厚薄不一，由表皮、真皮和皮下组织构成。

1. 表皮

由角化的复层扁平鳞状上皮组成，表皮分为以下四层。

(1) 基底层：为表皮的最深层，由多层细胞组成，有很强的增殖能力。若表皮损伤，可由基底层细胞增生来修复而不留瘢痕。含有黑色素细胞，具有形成黑色素的能力。黑色素可阻止紫外线穿透表皮，使深部细胞免受伤害。黑色素细胞较多的人皮肤较黑，黑色素细胞较少的人皮肤较白。

(2) 颗粒层：位于表层的深面，由2～4层较扁平的细胞组成。细胞质内有很多透明角质颗粒，是形成角蛋白的物质。此层细胞与人体表皮抵抗力有关，抵抗力强时，颗粒型细胞增生。

(3) 透明层：位于颗粒层表面，细胞内含角母素，能结合酸碱，储存水分，并有防止紫外线穿透的作用，故又称屏障带。

(4) 角质层：位于表皮的最浅层，由已角化的细胞组成，细胞内含丰富的角蛋白和角质脂肪，角蛋白有韧性和弹性，可以抵抗外界的物理和化学因素的作用。角质脂肪能稳定皮肤表面的水合作用，保护皮肤的柔软性。

2. 真皮

真皮位于表皮的深部，由致密结缔组织构成，富含胶质纤维和弹力纤维，使皮肤具有坚韧性和弹性。真皮分乳头层和网层，两层相互移行，无明显界限。

(1) 乳头层：为真皮浅层，呈乳头状突入表皮。乳头层内有丰富的毛细血管网及神经末梢小体，表皮的营养由此层血管供应。

(2) 网层:为真皮的深层,此层中有血管、淋巴管、汗腺和压力感受器,真皮是抵抗病原菌侵袭的第二道防线,又是血管、神经和腺体的支架,而且还能储存大量血液和电解质。

3. 皮下组织

皮下组织即浅筋膜,位于真皮的深部,由疏松结缔组织和大量脂肪组织构成,内含丰富的血管和淋巴管、压力感受器、汗腺分泌部、毛根、毛球。脂肪组织是良好的热绝缘体,还能有效地缓冲外来的震动,而且能储存大量热量。

4. 皮肤的附属结构

(1) 毛发:毛发又分毛干和毛根两部分,露出皮肤的部分称毛干,埋藏于皮肤的部分称毛根。毛根的基部膨大称毛球。毛球的深部向内凹陷,称毛乳头。毛乳头的上皮具有较强的分裂增殖能力,是毛发生长的基础。毛根周围被上皮组织和结缔组织构成的毛囊所包绕。当细菌侵入毛囊及周围组织时,可引起毛囊炎、疖肿,毛囊的一侧有一束斜行的平滑肌,称竖毛肌,它的另一端连于基膜,受交感神经支配。当竖毛肌收缩时,可以竖起毛发。

(2) 皮脂腺:由毛囊上皮分化而来,多位于毛囊与竖毛肌之间,每个皮脂腺都有一短的导管开口于毛囊的上段。皮脂腺可以分泌皮脂。皮脂有润滑皮肤和毛发及减少水分蒸发的作用。

(3) 汗腺:胚胎时期上皮细胞下陷分化而成的管状腺,有大汗腺和小汗腺之分。小汗腺遍布各处皮肤,但多分布于掌跖部,在结构上可分为分泌部和排泄部两部分。分泌部位于真皮或皮下组织内,排泄部为单管道,穿过真皮,并呈螺旋状通过表皮,开口于皮面。汗腺能分泌汗液。汗液的主要成分是水和氯化钠以及少量的代谢产物。

(4) 指(趾)甲:特殊的角化上皮,结构坚韧,具有保护指(趾)端的作用。甲的显露部分称甲体,甲体的深面称甲床,两侧是甲沟。埋于皮肤皱襞深面称甲根。甲根的甲基质是甲生长的基础。

皮肤最主要的功能是保护功能。皮肤在一定程度上能抵御机械、化学、紫外线、温度、电流等的伤害及病原微生物的侵入。但当皮肤有损伤时,皮肤的保护功能就会显著减低。

二、皮肤老化的原因

导致皮肤老化的最重要的因素为遗传和过量的紫外线照射。风沙、寒冷和炎热的刺激会使皮肤老化,有害粉尘、污浊空调气体、香烟烟雾会加速皮肤老化。

遗传因素是导致皮肤老化的主要因素,这是由个体 DNA 的特性所决定的。不同个体在相似的环境中,老化的程度是不一样的。油性皮肤者相较于干性皮肤者而言不容易出现皱纹,皮肤老化相对缓慢。

免疫力的逐渐减弱及自身免疫现象的出现,也是导致机体衰老的因素。一般人的生理机能在 25～28 岁达到高峰以后,随着年龄的增长逐渐衰退。因此,衰老是一种自然的生理过程,皮肤老化是机体衰老的一种表现。生理上的代谢废物如不能及时排出

体外，受细菌作用或腐败作用产生的物质就会对人体产生危害。留在血液中的某些代谢产物也会妨碍机体的代谢功能，从而导致衰老和多种疾病。真皮厚的人的皮肤比真皮薄的人的皮肤老化得慢。男性的真皮一般比女性的真皮要厚一些，因此，男性的皮肤一般比女性的皮肤老化得慢。眼睑部的皮肤较薄，皮肤的老化往往从这一部位开始。

日光暴晒是引起皮肤老化最重要的外界因素。适量的紫外线照射对人体有益，但紫外线能穿透真皮深层，过量的紫外线照射可破坏真皮的弹性纤维和胶原纤维，使纤维变性和断裂，从而导致皮肤松弛，出现皱纹。

由于毛孔容易受到死亡的皮肤细胞阻塞，影响新陈代谢，这也是造成皮肤老化的另一外在主要原因。因为皮肤是由无数的细胞组成，每个细胞都具有吸收和排泄的功能。新生的皮肤细胞由皮肤表皮基底层分裂增殖往上移，到达皮肤表层的角质层后，角质层细胞便会变为死亡的皮肤细胞而脱落。因此，皮肤表面每天都会产生大量死亡的皮肤细胞。这就是它们由生到死的新陈代谢过程。一般整个周期约需要 2 个月的时间。正常情况下，这些死亡的皮肤细胞将以污垢的形式脱落。如果皮肤得不到良好的保养或随着年龄增长而老化，死亡的皮肤细胞就会附着在皮肤表面而不脱落，从而造成以下一系列问题，严重影响皮肤外观。

(1) 死亡的皮肤细胞会阻塞毛孔，使分泌的皮脂不能顺畅地由毛孔排出，从而积留在毛孔内形成“小油球”，造成毛孔粗大，并因此产生黑头粉刺，再经细菌感染而发展成为痤疮。

(2) 死亡的皮肤细胞阻塞毛孔，影响水分交换和油脂分泌，使皮肤缺乏一层天然的滋润膜保护与湿润皮肤，造成皮肤干燥。

(3) 因为这些角质化了的死亡的皮肤细胞没有脱落，附在皮肤表面，使皮肤看上去色泽灰暗、干燥粗糙、缺乏活力，容易使皱纹产生。

(4) 阻塞毛孔的死亡的皮肤细胞会影响细胞的新陈代谢，使黑色素细胞不能扩散排泄，造成色素沉淀，产生黑斑、雀斑。

造成皮肤老化的各种问题，其主要原因就是死亡的皮肤细胞没有及时脱落让位给新生的细胞，影响皮肤新陈代谢。皮肤老化组织表皮角质层自然润泽因子和皮肤表面的水脂乳化物减少，皮肤的水合能力降低，使皮肤处于干燥状态。

营养失衡也是皮肤老化的重要原因之一。各种营养素对保持肌肤的亮丽起着重要的作用。现在，有人为追求苗条的身材而盲目节食减肥，得不到充足的各种营养素，其结果只能是失去健康，加速机体衰老和皮肤的老化。

第二节　皮肤的类型及营养保护

一、皮肤的主要类型及特点

皮肤类型大致可分为中性皮肤、油性皮肤和干性皮肤三大类，根据其具体特点又可细分为如下 7 种。

1. 普通皮肤

不油腻也不干燥，滋润，有自然光泽，弹性好，不易产生痤疮。

普通皮肤者的饮食，一般只要注意饮食平衡，不挑食，各种营养全面就可以了，平时应注意选择各种新鲜蔬菜及水果，可提高机体及皮肤对外界的抵抗力。

2. 油脂型皮肤

看上去“光光亮亮”，油脂分泌比较多，秋冬季节洗脸后也没有皮肤紧绷的感觉，不需要涂油脂，不容易出现皱纹，但是容易产生痤疮。

油脂型皮肤者的饮食宜清淡，宜选用瘦猪肉、牛肉、鸡肉、鸭肉、鸽肉、兔肉、海产品、荞麦粉、豆类及豆制品、维生素和纤维素含量丰富的各种新鲜蔬菜、水果和干果等，因这类食物食用后的代谢产物不易堵塞汗腺，有利于汗液排出，减少皮肤的油脂性，含纤维素丰富的食物能保持大便通畅，可减少脸部皮脂的分泌。

不宜选食太油腻的食物，如奶油蛋糕、肥肉、芝麻、核桃、花生、松子、瓜子、腰果，以及各种油煎炸食物如油饼、油条、煎饺等，这种油脂性食物容易堵塞皮肤汗腺，不利于汗液排出，增加皮肤皮脂分泌，易引起痤疮等。同时也不宜食热性较大的食物如高度酒、红糖、辣椒、胡椒、桂皮、生姜、大蒜、韭菜、狗肉、羊肉、鸡肉、雀肉、鲫鱼、黄鳝、芥菜、苋菜、红枣、桂圆、荔枝、杏仁、石榴、樱桃、椰子等，还应少吃甜食，以防碳水化合物转化成脂肪，使皮肤生疮。

平时可经常食用薏米，用以煮粥食或煮汤食，薏米有排毒利尿的功能，油脂型皮肤的人经常食用，有利于体内油脂及毒素的排出，防止产生痤疮等。

油脂型皮肤者每天早晚可用西瓜皮、黄瓜皮、柠檬皮涂脸，方法是先将水果吃掉，然后将含果肉的内面涂在脸上，边涂抹边按摩，保持 30 min 左右，然后用清水洗净，洗净后有一种清新的感觉，这样既可以将脸部多余的油脂洗掉，又有利于皮肤的保护，使皮肤细嫩。

3. 干燥型皮肤

干燥型皮肤者看上去皮肤光泽度差，皮肤脱屑多，油脂分泌少，缺乏自然的滋润。秋冬季节洗脸后有皮肤绷紧的感觉，需要涂润肤霜，否则容易出现裂口和皱纹。有的人年纪轻轻也会出现皱纹。

干燥型皮肤者若血脂不高，则可能没有冠心病、胆囊炎等疾病，饮食上可以选择一些富含油脂、胶质较多的食物，如各种动物油脂、奶油、蛋黄，各种动物皮、爪、脑，牛蛙、石蛙、甲鱼、花生、瓜子、松子、核桃、腰果、蜜枣、芝麻、玉米、扁豆等，这些食物既能保护皮肤，又有延缓皮肤老化的作用，并宜多食用清凉食物（如绿豆、藕、荸荠、白木耳等），以滋润皮肤。

宜多选食富含维生素 A 的食物，如牛奶、动物内脏、胡萝卜、南瓜、西红柿、菠菜、大白菜、黄花菜、生菜、空心菜、鸡毛菜、芥菜、菊花菜、香蕉等，这些食物能强健皮肤，防止皮肤干燥、脱屑、开裂。

宜多选食富含维生素 E 的食物，如各种动物肝脏、大豆、花生、麦胚、谷胚、麦芽、青菜、芥菜、植物油等。这些食物能帮助皮肤代谢，保持皮肤弹性，延缓皮肤衰老。

宜多选食动物肉皮，因动物肉皮中的胶原蛋白成分多，人体内可利用动物肉皮中的胶原蛋白，使储水功能低下的组织细胞得到改善，以滋润肌肤、减少皱纹。

不宜食热性大的食物，如辣椒、大蒜、生姜、桂皮、胡椒、韭菜、狗肉、羊肉及油煎炸食物、烧烤食物等，这些热性食物食后在体内容易上火，使皮肤损失水分，引起皮肤干燥。

为保护皮肤，每晚可选用鸡蛋白与蜂蜜调匀，用以敷脸，使用方法是先用冷水或温水（水温不宜超过 38～40 ℃）洗脸，然后将鸡蛋白与蜂蜜和匀涂于脸面，边涂边按摩，保持 30 min，再用温水洗净，如秋冬季节洗净后可涂适量润肤霜，或不用润肤霜而涂维生素 E 霜。使用蛋白与蜂蜜涂脸，如能坚持使用，既能保护皮肤的弹性，还能延缓皱纹的产生，是既经济又适用的皮肤保护剂。

干燥型皮肤如果保养得不好，就会向超干燥型皮肤发展。

4. 超干燥型皮肤及老人型皮肤

超干燥型皮肤者看上去皮肤毫无光泽，缺乏自然的滋润，给人一种干瘪的感觉，身上脱屑比较多，容易发痒，洗过澡后反而更痒，有的人身上有格子式的白线，脱屑比较多，这其实不是皮肤病，而是皮肤干燥的表现，有的人表现为手脚裂口，一到秋天就会更加厉害甚至出血。

老人型皮肤：随着年龄的增长，老人皮肤的真皮层中的汗腺失水缺乏滋润，皮脂腺及分泌物减少，腺体退化，皮肤表皮及皮下组织萎缩，使皮肤失去弹性，变得薄弱、松弛、干燥、粗糙、老化、变暗，出现皱纹、脱屑及手脚裂口，还可出现皮肤瘙痒及老年斑。

超干燥型皮肤及老人型皮肤者要特别注意饮食调养，不能偏食，饮食要求基本与干燥型皮肤者相同，但是，每天还要保证有足够数量的蛋白质如蛋类、乳类、豆制品、瘦肉等食物，还要注意多食鱼肝油、蜂蜜、蜂王浆、胡萝卜、西红柿、海参、各种绿色蔬菜等，还应多食富含核酸的食物，如各种海产品、动物肝脏、酵母、蘑菇、木耳、花粉等。核酸能促进蛋白质的生物合成，影响各类代谢物质的代谢方式和反应速度，使干燥的皮肤变得光滑，起到健肤美容、延缓老化的作用。随着年龄的增长，人体合成核酸的能力逐渐减少，主要依靠从食物中摄取。

超干燥型皮肤及老人型皮肤者不宜食热性较大、辛辣刺激性食物，如香烟、烈酒、咖啡、可口可乐、浓茶、咖喱、芥末、胡椒、辣椒、大蒜、洋葱等。因这些食物会使小血管收缩，影响血液循环，使血液循环变慢，引起皮肤营养供应不足，加速皮肤的老化，使皮肤失去光泽和弹性而引起干燥，使皮肤皱纹增多。

为使皮肤表皮得到滋润，可用新鲜鸡蛋白涂脸。方法是每日早晚把新鲜鸡蛋白涂在脸上，保持约 30 min，再用 40 ℃以下清水洗净，如秋冬季节洗过脸后可涂以少许润肤霜保护皮肤。由于鸡蛋白中有少许脂肪，而且有黏着性，如能坚持常年使用，能使皮肤柔润光滑，减少皱纹，松弛的皮肤会逐渐绷紧。有的人手脚裂口，在秋冬季节加剧，保护的方法是每天洗完手脚擦干后把新鲜蜂王浆涂于裂口处，待口闭合后每天可用蜂蜜涂手脚，或是涂维生素 E 胶丸以防再裂，保持皮肤的润滑。

5. 过敏型皮肤

过敏型皮肤的人毛孔比较粗大，油脂分泌偏多，过敏的症状表现多种多样，有的因为饮酒、食用过敏性食物如蛋类、奶类、海产品，有的因为食用刺激性食物如洋葱、大蒜、辣椒、胡椒、芥末、咖啡、咖喱等，有的因为使用化妆品过敏等。

过敏型皮肤的人饮食宜清淡，应多选择植物脂肪含量高的食物如松子、核桃、芝麻、腰果、花生、瓜子等，多选择植物蛋白质含量高的各种豆类及豆制品及维生素 C、维生素 E、维生素 A 丰富的食物。平时尽量避免食用容易引起过敏的食物，在出现皮肤过敏的期间，不食刺激性大的食物及辛辣的食物，如各种海产品、兔肉、骡肉、鸡肉、蛋类、奶类、蜗牛、萝卜、萝卜樱、芋头、土豆、蒜苗、韭菜、芹菜、芥菜、菊花菜、油菜心、桃、草莓等。

保护皮肤的方法如下。每晚可选用西瓜皮或香蕉皮涂脸，方法是每日 2 次，把西瓜皮或香蕉皮靠果肉的一面往脸上涂抹，边涂抹边按摩约 5 min，保留 30 min 后用 40 ℃以下的温水洗净，如洗脸后有皮肤紧绷的感觉可涂点油脂保护皮肤，一般应选用百雀羚或友谊香皂保护，因这两类油脂不会引起皮肤过敏，其他化妆品一般不宜使用，以防引起皮肤过敏。洗澡时也最好选用硫黄皂或硼酸皂洗澡。

6. 苍白型皮肤

苍白型皮肤一般多见于有慢性疾病者，如轻度贫血、营养不良、产后体弱等。

苍白型皮肤者饮食宜多选择含蛋白质高，含铁、铜、B 族维生素、叶酸、丰富的食物，黑色食物（如黑豆、黑芝麻、黑米、黑木耳、黑枣）、红色食物（如西红柿、樱桃、桂圆、荔枝、红枣、红米、赤豆、杨梅、动物瘦肉等），以及山药、何首乌等食物，以供给体内足够的造血元素。

7. 黑暗型皮肤

黑暗型皮肤者的面容皮肤黑暗，缺少光泽，一般多见于消瘦型体质者或消耗性疾病患者，常伴有低热、腰膝酸软、性功能障碍等。

黑暗型皮肤者一般肾气和肝气不足，饮食宜多选用滋肝补肾的食物，如芝麻、冬瓜仁、松子仁、毛栗子、枸杞、莲子、蜜枣、沙参、鲜石斛、海参、甲鱼、鸭子、鸭蛋、蛤蜊、牡蛎、羊肝、野鸡、野鸭、藕、荸荠、黑扁豆、米仁、茭白、莼菜、丝瓜、菊花等、马齿苋、萝卜、黄花菜、莴苣、茄子、黄瓜、山楂、西瓜、梨、柑子、柿子、柿饼、香蕉、绿豆等。

每晚可用新鲜牛奶或黄瓜皮涂脸，边涂抹边按摩，保持 30 min 左右再用清水洗脸，洗后可将珍珠粉涂在脸上，至睡觉前洗净。秋冬季节，早上也可使用珍珠粉，方法是洗过脸后，先涂点润肤霜滋润皮肤后再涂上少许珍珠粉，这样既能起到美容作用，使皮肤增白，又可保持皮肤的光滑细润。但晚上睡觉前一定要清洗干净，因脸部的皮肤也需要透气，睡觉时脸上涂过多化妆品不利于脸部的皮肤代谢，容易堵塞毛孔，引起毛囊炎、疖肿等。

测试你的皮肤类型

皮肤究竟是干性、油性还是混合性，只要做个小小的测试，答案就可以得到了。

1. 测试时间

最好是早晨。

2. 测试要求

做测试前的晚上，要像平常一样，洗好脸，但不要涂护肤霜。

3. 测试方式

早晨起床后不要急着洗脸，用一张薄丝纸在脸上按压几秒钟。观察纸上的油脂情况。经过一夜，皮肤有足够的时间分泌油脂，油脂的多少就可显示皮肤的基本状态。

4. 测试结果

干性皮肤：在纸上看不到任何油迹。

油性皮肤：所有按压的部位都在纸上留下显著的油迹。

混合性皮肤：只会在额头、鼻部和下颚部(即"T"形区)按压过的纸上显现出油迹，面颊部则干燥。

二、皮肤老化的预防

皮肤老化是经过数十年逐步形成的。皮肤的老化是不可抗拒的自然规律，但尽早科学地预防可延缓皮肤老化的进程，因此，预防皮肤的老化最好从年轻时做起，但在中老年时如注意预防也可以延缓皮肤老化的进程。针对以上引起皮肤老化的原因，在预防上需注意以下几点。

(1) 精神愉快，胸襟豁达，是保持人体青春活力所不可缺少的条件。

睡眠欠佳可使人精神萎靡、眼圈发黑和脱发增多，忧思过度使人白发早现，烦躁使人颊红鼻赤、头屑增多，这些都是对皮肤不利的。

(2)养成良好的生活饮食习惯。

不吸烟，不饮酒，饮食起居均要有规律，保证充分睡眠。科学合理的饮食习惯和营养搭配对延缓皮肤老化起着不可忽视的作用。皮肤老化与日常饮食不当也有关系。尤其是近年来"垃圾"食品增多，如何科学合理地饮食已成为国内外许多专家研究的课题。合理的饮食是延缓皮肤老化的重要条件。经过多年的研究，美国老年病学专家 Frank 拟订了一份延缓皮肤老化的食谱。食谱要求：①每天要吃一种海产品；②每周要吃一次动物肝脏；③每周要吃一至两次鲜牛肉；④每周要有 1～2 次以扁豆、绿豆、大豆或蚕豆作为正餐或配菜；⑤每天至少要吃下列蔬菜中的一种，如鲜笋、萝卜、洋葱、韭菜、菠菜、卷心菜、芹菜；⑥每天至少要喝一杯菜汁或果汁；⑦每天至少要喝四杯开水。

(3) 要有充足合理的营养。

谷类、肉类、豆类和蔬菜等食物应充足并搭配合理，不宜偏食，以保证足够的碳水化合物、蛋白质、维生素和微量元素。同时要做到如下几点。①选用优质蛋白食品如奶类、蛋类、鱼类、肉类和豆浆等，蔬菜水果以新鲜为宜。②维生素的供给对皮肤保健比较重要，维生素A缺乏可引起毛囊角化而使皮肤粗糙；B族维生素缺乏可引起皮炎、口角炎及脱发。③根据需要可食用保健食品，如晨饮蜂蜜一杯可养颜。

(4) 避免不良的外界因素。

要避免长时间的强烈阳光暴晒，户外活动必要时在暴露的皮肤上涂防晒膏。冬天洗澡次数不宜过多，不宜使用过热的水洗面和洗澡，也不宜用碱性太大的香皂(应以质量较好的中性香皂或以表面活性剂为主要洁肤成分的浴液为宜)，以免洗去皮脂。浴后或平时可使用润肤膏(霜)润泽皮肤。润肤膏(霜)要尽量使用新鲜的当年产品，不要买市场削价处理的化妆品。

值得一提的是，目前市场上有些抗皮肤老化化妆品和药物在应用后短期内效果良好，但较长时间应用，皮肤反而老化更快。其作用机理是加快细胞分裂和增殖，加快表皮细胞脱落速度，刺激皮肤基底层细胞分裂，在短期内改善皮肤的外观。但由于皮肤细胞有一定的寿命和分裂次数，加速细胞分裂会使每次细胞周期变短，结果使细胞寿命变短，反而加速老化。所以，长期使用这些护肤品是很危险的。另外，需注意皮肤美白化妆品中是否含有砷、汞等重金属，因为长期使用这种化妆品会对皮肤造成损害，加速皮肤老化。

加强皮肤的清洁卫生，如经常洗澡、梳头和面部按摩等，可加强皮肤抵抗力，促进皮肤血液循环和营养，延缓皮肤的衰老。

三、皮肤的保健

为了保持皮肤的健美，延缓衰老，加强皮肤保健非常重要。

1. 养成良好的生活习惯

(1) 情绪稳定，心情舒畅：精神状态与皮肤状态关系密切，乐观、稳定的情绪可使副交感神经始终处于正常兴奋状态，后者使皮肤血管扩张、血流量增加、代谢旺盛，皮肤表现为肤色红润、容光焕发；反之，抑郁、忧愁、焦虑或紧张的情绪均可引起和加快皮肤老化，使面色黯淡、灰黄和缺乏生气。生活起居要有规律，对喜、怒、哀、乐要有节制，使副交感神经处于稳定状态，保证肌肤有充足的血液和营养的供给，维持正常肤色和功能。

(2) 充足的睡眠：生物钟因人而异，但基底层细胞代谢最旺盛的时间一般在晚10点至凌晨2点，良好的睡眠习惯和充足的睡眠时间对维持皮肤的更新和功能非常重要，同时睡眠时大脑皮质处于抑制状态，有利于消除疲劳、恢复活力。成人应保持每天6～8 h睡眠，过劳或失眠者往往因皮肤不能正常更新而肤色黯淡。在晚上有充足的睡眠对皮肤细胞的正常更新和发挥正常功能的作用是显而易见的。

(3) 合理饮食：蛋白质、脂肪、碳水化合物、维生素和微量元素均是维持皮肤正常代谢、保持皮肤健美所必需的物质，饮食多样化，避免偏食，摄入适量的水、蛋白质、维生素及微量元素等，可促进皮肤新陈代谢，使皮肤富有光泽和弹性。新鲜的蔬菜和水果不仅可以提供各种维生素及微量元素，还能保持大便通畅，及时清除肠道有毒分解物，起到养颜作用，维生素和微量元素一旦缺乏，则会出现皮肤干燥、脱屑、红斑、色素沉着，如：维生素A缺乏，会使皮肤粗糙、发干、脱屑等；B族维生素缺乏，可引发口角炎和阴囊炎；维生素C缺乏，使血管脆性增加，易引起瘀斑，同时也可影响色素代谢；长期缺乏抗细胞氧化的维生素，如维生素A、维生素E、维生素C、B族维生素等，可引起细胞内脂褐质的增多，出现老年斑，使皮肤老化。因此饮食结构必须合理。民间食谱及宫廷药膳中指出不少与皮肤美容有关的食品。例如，薏米、百合、黄豆芽、黑小豆、冬瓜、萝卜、豌豆、白瓜子等，有助于皮肤保持白嫩、减少黑斑等；大枣、菠萝、蜂蜜、樱桃、水蜜桃等使面色红润、身体保持丰满。吸烟、过量饮酒可加速皮肤老化，应尽量避免。

(4) 加强体育锻炼：经常进行体育锻炼(如跑步、登山、游泳等)可增加皮肤对负离子的吸收、加速废物排泄、增加血流携氧量，并增强皮肤对外界环境的适应能力，使皮肤保持健美。体育锻炼可增强体质，冷水浴可促进皮肤血液循环和新陈代谢，改善皮肤的营养状态，同时也提高皮肤适应外界环境变化的能力。适当地照射阳光可使黑色素合成维持一定的水平，具有防晒的作用，同时能增强机体的抗病能力。

2. 加强皮肤保健

(1) 皮肤的清洁：皮肤表面会有灰尘、污垢、皮肤排泄物、微生物等黏附，它们可堵塞毛囊孔和汗腺口，因此经常清洗皮肤非常重要，清洗还可促进皮肤血液循环、增进皮肤和身心健康。清洗皮肤应选择自来水、河水、湖水等软质水，对皮肤无刺激性；山区的水中含较多钙盐、镁盐，对皮肤和毛发有一定刺激性，应先煮沸或加入适量硼砂或小苏打，使其变为软水后再使用。洗涤剂的选择应根据皮肤类型，硬皂含碱较多，洗衣较好，油脂型皮肤者可酌情选用硬皂；软皂呈微碱性，如香皂，普通皮肤者可选用软皂；过脂皂不含碱，如婴儿皂，干燥型皮肤者可选用过脂皂；药皂种类较多，可能存在一定的刺激，需慎用。目前市场上供应的沐浴露，可根据不同皮肤特性加以选用。洗澡次数及时间应根据季节、环境的不同而异，早晚洗澡均可，水温以35～38 ℃为宜，锻炼肌肤或兴奋精神，则用水温18 ℃左右，淋浴或擦身，一般不超过3 min。清晨时洗澡水的水温可稍凉些，使精神振奋、充满活力；睡前洗浴时水温可稍热些，使肌肉松弛，有利于入睡。

(2) 皮肤老化的预防：尽量避免强烈日光照射，外出时应打伞、穿浅色衣服或外用遮光防晒剂。坚持自我面部保健按摩可改善皮肤血液循环、加速新陈代谢、增加皮肤细胞活力、防止真皮乳头层的萎缩、增加弹力纤维的活性，从而延缓皮肤老化。可根据气候、年龄和个体皮肤类型选择合适的抗衰老、保湿、抗氧化的护肤品，例如，油脂型皮肤者宜用水包油的乳剂；干燥型皮肤者选用油包水的脂类，如香脂；普通皮肤者可酌情选用乳剂或脂类。只要护肤品应用后使皮肤感到滋润不腻、清爽舒适且能起保护作用即可。应注意切勿选用含糖皮质激素、汞、砷等成分的护肤品。

用新鲜蔬菜、水果切片搽面，或捣成泥糊做成面膜，可营养和改善皮肤的性状，达到养颜美容、预防皮肤早衰的目的。如：香蕉泥用于干燥型皮肤；苹果、黄瓜或番茄面膜具有收敛作用，用于油脂型皮肤；蛋白面膜有除垢、去皱、抗衰老作用等。

第三节 合理饮食营养与皮肤疾病防治

一、营养与护肤

皮肤是机体的一个部分，它也需要充足的营养和正常的新陈代谢。所以，各器官，特别是心、肝、脾、肺、肾等的正常功能，对养颜护肤、滋润毛发、保持皮肤健康具有十分重要的作用。

二、正常皮肤的基本要素

1. 肤色

皮肤的颜色（肤色）主要由黑色素含量、透过皮肤见到的血液色泽和皮肤表面光线反射等因素所决定，其中黑色素是最重要的。肤色因人种、个体、年龄及生活的地理环境不同而有明显差别。肤色的差异是人种的重要标志之一，如白色、黄色或黑色人种等。同一种族在同一环境下，肤色在个体间的差异主要与遗传、性别、年龄、健康状况、内分泌变化、营养状况及嗜好（如吸烟、饮酒等）等有关。一般而言，父母的肤色决定子女的肤色，男性的肤色较女性的深，贫血者肤色苍白，营养不良者肤色黯淡无华，长期大量吸烟者肤色晦暗，妊娠期间某些部位色素会明显加深。

关于肤色美的概念因不同人种、地域、性别及不同年代而有所不同。一般认为正常自然的肤色就是美，但白种人喜欢日光浴，他们认为黝黑透红是肤色美的标志。中国人中大多数民族为黄种人，以黄白透红的皮肤为美，青年女性则以白嫩、红润的肤色为美。

2. 光泽

皮肤的光泽主要是指面部及外露皮肤（手、小腿等）的光泽。在一般自然光线下，皮肤光泽发亮、容光焕发，这是生命活力的象征，能给人以美感。若终日不见阳光、营养不良，则其皮肤苍白无华。

3. 质地

正常的皮肤质地为皮肤的含水量及皮下脂肪含量适中、良好的血液循环、营养充足和新陈代谢旺盛，皮肤表现为柔韧而富有弹性。

4. 细腻程度

由于真皮中纤维束的排列和牵拉形成皮肤表面许多浅细的皮肤沟纹，皮肤表面不粗糙，也无皱缩，触摸细腻。

5. 滋润

皮肤代谢及分泌排泄功能正常，可在皮肤表面形成适度的皮脂膜，既不干燥，又不油腻，对皮肤起到滋润作用。

6. 活力

经常锻炼的人肌肉丰满，面部肌肉的活力也可通过皮肤表现出来，面部皮肤表情丰富。

7. 耐老

皮肤的老化(如皱纹、色素斑、毛发变白等)有明显的个体差异，与年龄、遗传、营养、内分泌、嗜好、身体健康状况和环境等因素有关，如常年累月在阳光下工作的人皮肤较易老化。应注意调节生活节奏，避免不良刺激，保持适度的营养和良好的精神状态，可延缓皮肤的老化。

三、影响正常皮肤健康状况的因素

1. 皮脂膜

由皮脂和汗液乳化形成的一层透明乳状的薄膜覆盖于皮肤表面，称为皮脂膜。其成分较多，主要由脂肪酸、中性脂肪、游离氨基酸、乳酸、尿酸、钠、钾、氯和水等构成。

由于皮脂膜主要由皮脂腺、汗腺和表皮细胞的分泌排泄物所形成，因此受上述三方面影响较大。皮脂膜的厚薄性质等可受个体、性别、年龄、健康状况、环境和洗涤等因素的影响。一般男性皮脂腺分泌较多，皮脂膜较厚，尤其在皮脂溢出区更甚；青年人分泌旺盛，皮脂膜明显厚于老年人；夏季皮脂膜较冬季厚，因此冬季皮肤较干燥，容易导致冬季皮炎。

2. 皮肤的酸碱性

健康人皮肤的 pH 值在 4.5～6.5 之间，偏酸性。一般男性较女性更偏酸性，新生儿偏碱性，青春期皮脂膜最厚，pH 值最低。皮肤表面具有缓冲碱性物质的能力，应用碱性强的肥皂后，皮肤表面转为碱性，但在 1 h 后可恢复到原来状态。皮肤缓冲能力的强弱因人而异，如皮肤缓冲能力弱时，使用碱性大的肥皂将会是有害的。

3. 皮肤的状况

皮肤表面的水分、油分等因素决定皮肤的状况，一般根据面部皮肤皮脂分泌的状况将皮肤分为以下几种皮肤类型。

(1) 油性皮肤：由于皮脂腺分泌旺盛，使皮脂膜厚、皮肤多油、外观油腻，可伴毛孔粗大，皮肤易黏附灰尘而潴留污垢，毛囊口易形成黑点。这类皮肤易发生痤疮、脂溢性皮炎等，但皮肤弹性好，对外界刺激的耐受性较强，不易引起皮肤老化。

(2) 干性皮肤：皮脂腺分泌少，皮脂膜薄，皮肤比较干燥，毛孔不明显，皮肤细嫩，肤色洁白，对外界刺激(风吹、日晒等)敏感，易发生紧绷或干燥感，如保养不当容易产生皱纹，皮肤易老化。

(3) 中性皮肤：皮脂分泌适度，皮脂膜厚度适中，皮肤滋润光滑、细腻丰满、富有弹性，对外界刺激耐受性较好，皮肤老化较慢。

(4) 混合性皮肤：在面部油性皮肤与干性皮肤混合存在，如前额、鼻部及颏部等处表现为油性，而两颊及外侧表现为干性。躯干部皮肤及毛发一般与面部皮肤皮脂分泌的状况相一致，油性皮肤者毛发亦油光，干性皮肤者毛发干燥。

上述皮肤状况除遗传因素外，后天环境因素也有很大影响，如营养、年龄、环境、季节等均可影响皮肤的状况。另外，药物和化妆品也会影响皮肤的质地，如长期使用糖皮质激素，可使皮脂腺的分泌功能活跃，皮脂腺排泄增多，易发生痤疮样皮疹。各种含糖皮质激素或劣质的化妆品均可对皮肤的质地产生明显的影响，如长期外用糖皮质激素制剂可引起皮肤萎缩、毛细血管扩张等。

4. 皮肤的敏感性

易过敏者，其皮肤的敏感性也增高，对外界某些刺激反应过强，如对紫外线、冷热等的物理性刺激敏感或对药物、化妆品等化学物质易产生过敏反应。

5. 疾病的影响

除皮肤疾病外，内脏疾病亦可影响皮肤的色泽、弹性和质地。皮肤苍白可由贫血、休克、营养不良、雷诺氏病引起；皮肤青紫可由先天性心脏病或氰化物、亚硝酸盐中毒等引起；皮肤黄染可由肝胆疾病或血液病引起，大量食用柑橘、南瓜可引起掌跖部黄染；硬皮病、硬肿病等导致皮肤硬化；消瘦或脱水可使皮肤松弛等。

6. 年龄因素

随着年龄的增长，肌肤会渐渐发生变化，每个年龄层的肌肤都有不同的特点。

儿童期：儿童期的肌肤是最完美的，直到青少年以前一般都能保持健康的肌肤。但千万要注意防晒，如果这时期被阳光灼伤，将对未来的肌肤成长造成不可弥补的损害。

青春期：青春期的女性内分泌最旺盛，性激素分泌达到高峰。此时的肌肤最富弹性，能迅速复原。同时，皮脂腺和汗腺分泌也最发达，肌肤经常会分泌出许多油脂，这个时期的年轻人最易出现肌肤问题，如痤疮等。

成年期：一般 25 岁以后，新陈代谢速度开始放慢，体内的黑色素细胞生长减慢，皮脂分泌减缓，肌肤开始出现各种问题，所以要从此时开始系统地护理皮肤。

中老年期：身体显现衰老迹象，肌肤晦暗、粗糙，肌肉松弛，更易产生皱纹。

7. 睡眠

睡眠是最简单、最基本的皮肤护理方法。皮肤会于人体睡眠时进行新陈代谢，同时皮肤所需营养也需在睡眠中得到补充，因而睡眠充足才会肤色健康，精神焕发。长期失眠会损伤身体并使人衰老，出现大量皱纹和色斑。每日的适当睡眠量为7～8 h。皮肤吸收、全面均衡营养最好的时间是晚上 10 点到凌晨 2 点。

8. 水分

水分可提供人体充分的体液，亦可帮助身体排出废物。每日饮水 6～8 杯，将有利于促进人体血液循环，并加速细胞生长。

9. 营养、饮食

人的皮肤对机体的营养是否充足最为敏感。营养充分时，整个人从外观上可见到皮肤光洁饱满、细腻、柔嫩、有弹性。营养不良时，皮肤晦暗、粗糙、松弛而易显皱纹。

平衡的低脂肪饮食可保证你拥有健康皮肤所需的全部营养，应多食含维生素（特别是B族维生素、维生素C、维生素E、胡萝卜素）和蛋白质的食物，如豆制品、坚果类、蛋类、奶类、鱼类、动物肝脏和水果等。

每天摄入所需的矿物质，包括硒、铁、锌等。硒是一种抗氧化剂，它可中和那些氧自由基，对抗老化。铁是造血的元素，女性因为月经影响，绝大部分都有贫血，这可能是女性皮肤容易老化的一大原因，因此女性补铁十分关键。

多摄取膳食纤维，可促进大便排泄，避免有害物质的重吸收。

10. 运动

定期的运动有助于促进血液循环，并使肤色红润。此外，运动也可帮助减轻压力。经常做面部的按摩，就能保持面部皮肤良好的血液循环，带给你容光焕发的肌肤。

11. 精神状态

精神状态对肌肤的影响很大。当情绪压抑、生活紧张失调时，人体的内分泌系统会变得紊乱，皮肤也容易老化。因此，要拥有年轻健康的肌肤，经常保持心情愉快是必须的。

12. 压力

压力对皮肤可产生非常严重的影响，如出现黄褐斑、雀斑及黑眼圈等。经常性紧绷的面部表情会使皮肤产生皱纹。

13. 紫外线

适量的紫外线对身体和皮肤的健康是不可缺的。它能帮助我们合成维生素D，并有杀菌作用，但过多的紫外线照射时，身体为了防止紫外线造成的各种损伤，会做出适应性反应，引起皮肤变化：使皮肤黑色素形成增多，皮肤变黑；夺取肌肤必需水分，加快肌肤老化，使皮肤出现皱纹；形成黄褐斑、雀斑，并使之颜色加深；为了抵抗紫外线影响真皮，皮肤角质层会加厚，肌肤就会变暗；过度的日光浴会导致皮肤癌的形成。

一般来说，紫外线每天10：00—14：00最强；每年4月起渐渐增多，9月以后会渐渐减少。梅雨季节稍少些，阴天也会有较多紫外线。

14. 湿度

湿度小会使皮肤失去宝贵的水分，湿度大则会使皮肤的汗腺及皮脂腺分泌旺盛，造成皮肤油腻。在气候炎热及湿度大时，仍需进行适当的保湿护理，以防止阳光照射而使皮肤缺水。彻底及经常的清洁对皮肤也非常重要。

15. 温度

温度低的冷空气会加速皮肤的水分流失，使皮肤感到干燥及紧绷。而温度高的热空气同样也会造成皮肤表面被高温烘得失去水分。

16. 风

强风结合干燥的极冷或极热的温度，会使皮肤干燥及脱皮。同时，强风带来的风沙及尘土，往往会粘在皮肤表面，造成毛孔阻塞，继而使皮肤无法正常呼吸。

17. 污染和有毒物质

烟雾及空气中其他的污染物会附着在皮肤表面，并使毛孔阻塞。吸烟会使面部微血管收缩，造成血液、氧气及其他营养成分难以送达至皮肤表面，继而使皮肤显得较为苍老。吸烟也容易使眼部及唇部周围的肌肤形成皱纹。另外，吸烟使体内雌激素的生成减少。女性缺乏雌激素，就像花朵失去雨露的滋润一样，会使皮肤粗糙、皱纹早现。乙醇及咖啡因等利尿成分会迫使人体系统的水分流失。

18. 其他因素

其他因素有遗传因素、自然老化、医源性因素（如按摩不当、皮肤病治疗不当、减肥方法不当）等。

三、抗皮肤老化的食物

皮肤的健康和美丽与各种物质的摄取密切相关。必须从膳食中摄取各种营养物质，以供给皮肤的需要。

1. 富含蛋白质的肉类

肉类食品中的蛋白质是人体所需要的各种营养素的核心。人体激素的正常分泌、肌肉的正常增长、免疫系统的正常维护都离不开它。但过多脂肪的摄入对人体不利，所以必须控制脂肪的摄入量，要选择高蛋白、低脂肪的动物性蛋白质，如兔肉、鸡肉、瘦猪肉、牛肉和鱼肉等。浅色和无色肉中的饱和脂肪及胆固醇含量明显低于红肉。尤其是接近无色的肉食，其饱和脂肪含量较其他任何类肉食都要低，仅为奶酪和鸡蛋的一半，从而最大限度地避免人体积累过高的胆固醇。

2. 富含胶原蛋白的肉皮类食物

富含胶原蛋白的肉皮类食品包括猪、鸡、鸭、鹅、鱼的皮，猪、牛、羊的蹄筋，甲鱼、乌龟的甲板、裙边，还有鸡、鸭的爪和翅膀等。如猪肉皮的蛋白质含量是猪肉的2.5倍，其中胶原蛋白占85%。胶原蛋白在皮肤构成中十分重要，皮肤的生长、修复和营养都离不开胶原蛋白。同时，胶原蛋白也是提高组织细胞储水功能、促进水分代谢的重要营养素。适当多吃一些肉皮类食品，可补充胶原蛋白，对减少皮肤皱纹、维持弹性和保持丰润都有一定效果，尤其在35岁以后，这种美容效果更为明显。

3. 富含硫酸软骨素的食物

在鱼翅、鲑鱼头、鸡以及其他小鱼的软骨中，都含有丰富的硫酸软骨素。硫酸软骨素是真皮中黏多糖基质的成分之一，是构成真皮弹性纤维最重要的物质。25岁以后，弹性纤维的产生能力逐渐减退，45岁以后，几乎完全消失，因此，在发育期开始即应注意经常进食一定量的此类食物。

4. 富含核酸的食物

核酸在蛋白质的合成过程中起重要作用，可促进皮肤细胞的新陈代谢。富含核酸的食物有兔肉、动物肝脏、牡蛎、鱼虾、酵母、蘑菇、银耳、木耳、蜂蜜、花粉等。每日摄取一定量的富含核酸的食物，可以消除细小浅纹并使皮肤光滑。

5. 富含维生素的食物。

维生素C是产生黄酮类激素的基本成分。富含维生素C的食物如鲜枣、山楂、小青椒、西红柿等，对促进皮肤的水分代谢，保持细胞中充足的水分有一定效果。丰富的透明质酸酶能够增强皮肤对各种物质的渗透性，包括使皮肤保留更多的水分和其他营养物质。同时，维生素 C 可阻止黑色素的再生，使皮肤更白皙，有利于面部色斑的淡化和消除。

瘦肉、谷类、蛋类、鱼类及蒜苗、紫菜、黑木耳中富含维生素 B_1，具有一定的去皱功能。富含维生素 E 的食物，坚果类食品如芝麻、核桃、瓜子等，具有抗氧化作用，可防止氧自由基的生成。

含胡萝卜素的食物，以黄色蔬菜及深绿色蔬菜中的含量最高。胡萝卜素是一种极其有效的生物抗氧化剂，它能够清除体内氧自由基，从而提高人体免疫力，因而具有延缓衰老、防止动脉硬化及预防肿瘤的重要生理功能。所以，多吃黄色及深绿色蔬菜有利人体健康。

6. 其他

鸡蛋的蛋白质和牛奶中的乳清蛋白含硫丰富。乳清蛋白的分解产物有美白作用。乳酸具有洁肤、保湿、祛斑作用。豆腐观之白嫩细软，食之鲜美可口，富含多种微量元素、维生素、蛋白质及氨基酸等，与人体生长发育、新陈代谢以及免疫功能都有十分密切的关系。如果常食豆腐等豆制品，可助身心健康，可使皮肤白皙、富有弹性。豆制品中所含的蛋白质和必需的脂肪酸是维持皮肤弹性，保持皮肤光滑细嫩的重要物质，缺乏它们，皮肤就会变得粗糙、松弛，而且会过早出现皱纹。

四、一些常见皮肤疾病的主要特点及防治

1. 痤疮

痤疮是青年人特别是油性皮肤的人易患的一种毛囊及皮脂腺慢性炎症性皮肤疾病，也称粉刺、暗疮、青春痘。15～25 岁的青年人发病率几乎在 80%。痤疮发生的部位主要是面部、胸部、背部、颈部。其形式主要以黑头粉刺、丘疹、脓疮为主，也有的以结节、囊肿的形式出现。有的人用手去挤压后容易出现感染、瘢痕或脸面不平。痤疮的出现与青春期内分泌紊乱有一定的关系，与饮食的关系更是至关重要，饮食摄入不当，会促成痤疮的发生，或是使原有的痤疮加重。

青年人特别是油性皮肤的人，平时一日三餐饮食宜少食油脂，特别是猪油、牛油、奶油、肥肉及油煎炸食物等。在患痤疮期间，不食刺激性大的食物，如浓茶、酒、咖啡、可口可乐、咖喱、芥末、胡椒、大蒜、洋葱、大葱；少食辛腥发物，如蛇、海产品、兔肉、羊肉、鸡肉、萝卜、萝卜樱、马兰头、毛芋、土豆、蒜苗、韭菜、芹菜、橘饼等；还应少食含糖较多及含热量较高的食物，如巧克力、甜糕点、奶酪、牛奶、水果糖等。

宜多选食含维生素 C 丰富的各种新鲜蔬菜与水果。

食疗处方如下。

处方一：米仁 50 g、粳米 50 g、红枣 5 枚。共煮粥服，每日 1～2 剂，30 天为一个疗程。

处方二：绿豆 50 g、米仁 50 g、莲子 50 g、芡实 50 g。共煮粥服，每日 1 剂，15 天为一个疗程。

处方三：金银花 10 g、鸡冠花 10 g、玫瑰花 10 g、月季花 10 g、生槐花 10 g。共煎汤代茶饮，每日 1 剂，7 天为一个疗程。

处方四：枇杷叶 10 g、白茅根 10 g、菊花 10 g、淡竹叶 10 g。共煎汤代茶饮，每日 1 剂，7 天为一个疗程。

处方五：荷叶 250 g、粳米 50 g。先将粳米煮粥至九成熟时，把荷叶洗净切成细末，加入粥中，煮开片刻即可盛出服用，每日 1～2 剂，经常服食。

处方六：冬瓜 100 g、鲜藕 100 g、菱角 100 g、粳米 50 g。将冬瓜、藕、菱角切成碎末与粳米共煮粥服，每日 1 剂，经常服食。

处方七：蛤蜊 250 g、生姜 3 g、黄酒适量。将蛤蜊洗净，加适量清水，放入生姜、黄酒、盐，煮熟饮汤吃肉，隔日 1 剂，连服 10 次。

处方八：荸荠 100 g、胡萝卜 100 g、慈菇 100 g、盐适量。将慈菇、荸荠去皮，和胡萝卜洗净切碎，共煮熟加入食盐调味服，每日 1 剂，经常服食。

另外，每日洗脸时水温不宜过高，宜用 40 ℃左右温水洗脸，洗脸后不能用含油脂较多的化妆品涂脸，如秋冬季节洗脸后有紧绷的感觉，可用乳液涂脸，无特殊情况，一般不宜化妆及抹粉等，以防堵塞汗腺。每天晚上睡前可用西瓜皮靠果肉的一面涂脸，新鲜黄瓜也可以，边涂边按摩，保持 20 min 左右再用清水洗净，以保护皮肤。

2. 黄褐斑

黄褐斑又称蝴蝶斑、肝斑。黄褐斑发生在面部的人比较多，是一种常见的皮肤色素沉着性疾病，颜色为黄褐色、暗褐色的斑片。一般发生在脸颊两侧、眼周、鼻部、额部，斑片形状不一，有的呈条形，呈圆形、蝴蝶形的比较多，有的形状不规则。边缘清楚，表面平滑，无自觉症状和身体不适，只是影响到颜面皮肤的美容，一般 30 岁以上女性易得此病。

引起黄褐斑的原因有妊娠、月经不调，口服避孕药、胃病、肝病、肾病、贫血、日晒、烫伤、化妆品刺激、雌激素代谢失调等，这些病因致黑色素细胞机能亢进，而引起黄褐斑。

中医学认为本病的发病原因是肝郁湿热、气血不畅，血液瘀滞于颜面，脾失健运，浊阴不降，痰湿内停，血气不能润泽皮肤，肾亏不能制火，致使肤气色发褐血滞成片，血虚火燥结滞，使皮肤色枯不泽，火燥结成斑黑。

黄褐斑患者首先应寻找病因，积极治疗病因，有的患者原发疾病痊愈了，黄褐斑也自然而然地消除了。

饮食宜选用能增白皮肤的食物，如牛奶、羊奶、豆浆、豆腐、豆腐脑、羊肉、羊胫骨炖汤、兔肉、白鲢鱼、鲫鱼、黑鱼、珍珠粉、白鸽肉、白莲子、白扁豆、茭白、大白菜、毛芋、山薯、白首乌、竹薯、木薯、椰子、荸荠、慈菇、米仁、白木耳等，并多选用能悦色的食物如红枣、芝麻、桑葚、赤豆、桂圆、核桃、黄芪、松子仁、黑米、黑豆、红米、毛栗子、西红柿、胡萝卜、葡萄、苹果、梨以及含维生素 E、维生素 C 丰富的食物。

不宜选用易留色素的食物，如酱油、豆瓣酱、豆豉、咖啡、咖喱、浓茶等。

食疗处方如下。

处方一：米仁 50 g、白扁豆 50 g、白莲子 50 g、粳米 50 g、红枣 5 枚。共煮粥服，每日 1 剂，经常服食。

处方二：白首乌粉 30 g、山药粉 30 g、白糖适量。先用适量冷开水调匀，再用开水冲服，每日 2 剂，30 天为一个疗程。

处方三：莲子粉 25 g、芝麻粉 10 g、米仁粉 30 g、淮山药粉 25 g、白糖适量。共煮糊服，每日 1 剂，10 天为一个疗程。

处方四：西红柿 250 g、白糖适量。将西红柿外皮剥掉，捣碎，加白糖拌服，每日 1 剂，经常服食。

每天早晚可用新鲜牛奶或羊奶涂脸，保持 30 min 再用清水洗净。

也可用中药玉肌散（玉肌散的成分：白附子 10 g、白芷 10 g、滑石 10 g、绿豆 250 g 共研细末备用）少许放在手心内，以水调匀搽搓面部，保留 30 min 左右再用清水洗脸，每日 2 次，坚持使用。

3. 雀斑

雀斑是由摄入油脂及蛋白质食物较多、日光暴晒、皮肤色素分布失调引起。中医认为是肾亏引起的肾火不能荣华于上，火滞结而形成斑。一般皮肤较白，干性皮肤的人容易生雀斑。常发生在面部，颜色为黄褐色、暗褐色、浅咖啡色的斑点，边缘清楚，表面平滑，无线屑，无自觉症状及全身不适，一般中年人比较多，也有的人 8～9 岁就开始逐渐出现。

饮食选择和食疗方法及保护皮肤的方法同黄褐斑患者。

4. 毛囊炎

毛囊炎是金黄色葡萄球菌或链球菌侵入毛囊，在毛囊周围形成脓包，中心毛发穿过顶端形成小脓点。自觉轻度疼痛或瘙痒，好发于脸部、颈部、背部，有的发展为疖肿，另外疖、痈、丹毒、急性乳腺炎、急性淋巴结炎的发病机制与毛囊炎类似。其发病原因是皮肤不清洁，搔抓皮肤使皮肤抵抗力低下，汗腺堵塞而引起。中医学认为是体内郁湿热火毒，排泄不畅而引起。

毛囊炎患者的饮食宜选择清淡、少油脂、少糖分的食物，包括鸭、鸭蛋、黑鱼、田螺、蛤蜊、牡蛎、瘦猪肉、黑米、高粱、米仁、绿豆、豆腐、芦根、莴苣、茭白、菠菜、苋菜、小白菜、菊花菜、纯菜、荸荠、芹菜、黄花菜、龙须菜、茄子、芦篙、冬瓜、丝瓜、苦瓜、黄瓜、菜瓜、芦笋、空心菜、西瓜、梨、广柑、香蕉、桑葚、柿子、茶叶等，这些食物能起到清凉解毒作用，有利于通过汗液、尿液把体内毒素排出，不堵塞毛囊。

不宜选用油脂多、糖分高、湿热重的食物，如动物油、肥肉、鱼油、奶油、土豆、番薯、菱角、芋头、鸡肉、羊肉、狗肉、雀肉、鸡蛋、猪肝、鲫鱼、鲢鱼、黄鳝、河虾、鳊鱼、淡菜、红糖、刀豆、石榴、杏子、椰子、荔枝、红枣、桂圆、杨梅及刺激性大的食物，这些食物容易堵塞汗腺，引起毛囊炎。

食疗处方如下。

处方一：米仁 50 g、绿豆 50 g、莲子 50 g。共煮烂服，每日 1 剂，3 天为一个疗程。

处方二：绿豆 250 g。煮汤服，每日 1 剂，每日量可分数次服完，3 天为一个疗程。

处方三：粳米 100 g、荷叶 100 g、食盐适量。将粳米先煮成粥，把荷叶洗净切成细末放入粥内，煮沸加入食盐调味服，每日 1 剂，可分早晚 2 次服。

处方四：荸荠 150 g、胡萝卜 150 g、甘蔗 150 g。洗净切碎煮熟服，每日 1 剂，每日量分 2 次服，3 天为一个疗程。

处方五：冬瓜 200 g、荸荠 150 g、食盐适量。洗净切碎共煮汤服，每日 1 剂，每日量分 2 次服，3 天为一个疗程。

处方六：粳米 100 g，皮蛋 2 只约 100 g，瘦猪肉 100 g，葱 50 g，食盐、味精适量。将粳米和切碎的瘦猪肉先煮粥至快熟时加入切碎的皮蛋、葱花、食盐、味精煮开后即可服，每日 1 剂，每日量可分早晚 2 次服，3 天为一个疗程。

处方七：莲子芯 1 g、白糖 50 g。开水冲泡代茶饮，每日 1 剂，3 天为一个疗程。

处方八：金银花 10 g。开水冲泡代茶饮，每日 1 剂，3 天为一个疗程。

处方九：菊花 10 g。开水冲泡代茶饮，每日 1 剂，3 天为一个疗程。

5. 带状疱疹

带状疱疹是由小痘-带状疱疹病毒引起的急性疱疹性皮肤病，好发于胸肋部、腹部、大腿根部。开始先出现局限性疼痛，继之出现红斑，以后逐步出现簇集群或片状的水疱，芝麻或绿豆大小，少数重者可有黄豆大，水疱沿神经分布，排列呈带状，水疱之间皮肤正常，附近淋巴结肿大。患者自觉有灼热感和皮肤疼痛，有的会出现发热、全身不适等症状，病程一般为 15～20 天，也有的患者痊愈后会出现神经痛，时间可持续半年到 1 年。发病原因与抵抗力差有一定的关系。中医称此病为转身龙、蛇串疱、缠腰火丹。发病是因脾湿内蕴、肝虚火旺、气滞血瘀而起病。

饮食同毛囊炎患者的饮食。

食疗处方如下。

处方一：荸荠 100 g、米仁 100 g、绿豆 100 g。共炖烂服，每日 1 剂，7 天为一个疗程。

处方二：藕 100 g、慈菇 100 g、冬瓜连皮 100 g、红糖 50 g。将藕、慈菇、冬瓜切碎煮汤，加红糖调味服，每日 1 剂，7 天为一个疗程。

处方三：番薯叶 200 g，油、食盐、味精适量。炒食，每日 1 剂，3 天为一个疗程。

处方四：番薯叶 100 g，鸡蛋 1 只，冰片少许。将番薯叶洗净，把鸡蛋敲一小孔，倒出蛋清，和番薯叶冰片一同捣烂拌匀敷患处，每日 1 次，7 天为一个疗程。

6. 痱子

痱子是一种常见的夏季皮肤病，好发于面部、头部、颈部、胸背部、肘窝、腹股沟等部位，为密集的针头大小的丘疹及丘疱疹，周围有红晕。患者自觉瘙痒和灼热感，有的患者因瘙痒而抓破皮肤引起感染，发生毛囊炎、脓疱疮或疖肿，其原因是因为天气炎热，喝水少，致使人体皮肤汗腺闭塞，所分泌的汗液不能通畅地排出皮肤，造成汗液滞留于皮肤而引起发病，小儿及体质较差的人容易发病。中医称热痱、沸子、痤痱，认为是脾湿不运、正虚邪实而起病。

饮食同毛囊炎患者的饮食。

食疗处方如下。

处方一：绿豆 50 g、冬瓜 100 g、海带 15 g、白糖适量。共煮汤服，每日 1 剂，每日量可分早晚 2 次服，3 天为一个疗程。

处方二：米仁 50 g、绿豆 50 g、荸荠 50 g。共煮汤服，每日 1 剂，7 天为一个疗程。

处方三：绿豆 250 g，煮烂服，每日 1 剂，每日量可分数次服完，7 天为一个疗程。

7. 皮肤瘙痒症

皮肤瘙痒症是一种有皮肤瘙痒感但无原发性皮损的疾病，中医称之为风瘙痒。皮肤干燥、脱屑，无光泽，因瘙痒而剧烈搔抓，直至抓出血或疼痛才不抓，由于过度搔抓，皮肤出现抓痕、血痂，日久出现皮肤色素沉着或皮肤色素减退，皮肤粗糙、肥厚，有的因抓破而出现感染，引起化脓性皮肤病。瘙痒又分全身性皮肤瘙痒及局限性皮肤瘙痒两种。全身性皮肤瘙痒一般为老年性皮肤瘙痒、冬季瘙痒、妊娠瘙痒、洗澡后瘙痒。局限性瘙痒一般为肛门、女阴、小腿瘙痒。瘙痒呈阵发性，一般在睡前脱衣服时瘙痒加重，有的洗完澡后加重。

皮肤瘙痒症的发病原因有神经精神因素、内分泌功能紊乱、胆囊炎、滴虫病、真菌感染、直肠炎、气候变化等。但无原发性皮肤损害是主要依据。中医认为发病主要是由血虚阴虚、肝火旺盛、生风旺盛、生风生燥、肌肤失养、肝胆湿热、水不润肤而引起。

皮肤瘙痒患者的饮食选择同干燥型皮肤的饮食。

除饮食注意外，还应积极去除病因，避免各种外界刺激，洗澡时注意不用肥皂和一般香皂，可选用硫黄皂或硼酸皂。不穿化纤的贴身衣裤，穿新的贴身衣裤时应洗过晒干再穿。

预防常识如下。

皮肤瘙痒症是一种病因复杂的疾病，在治疗上首先应去除可能的病因（如各种疾病），另外，去除可能加重的因素，如搔抓、烫洗、大量使用皮肤清洁剂、大量饮酒及浓茶、进食辛辣食物，保持外阴局部清洁干燥，再配合适当的治疗，疾病可逐渐好转。

注意事项如下。

(1) 生活规律，早睡早起，适当锻炼。及时增减衣服，避免冷热刺激。

(2) 全身性瘙痒患者应注意减少洗澡次数，洗澡时不要过度搓洗皮肤，不用碱性肥皂。

(3) 内衣以棉织品为宜，应宽松舒适，避免摩擦。

(4) 精神放松，避免恼怒忧虑，树立信心。

(5) 积极寻找病因，去除诱发因素。

(6) 戒烟酒、浓茶、咖啡及一切辛辣刺激食物，饮食中适度补充脂肪。

食疗处方如下。

处方一：猪肠 250 g、红枣 10 枚，花椒、黄酒、生姜适量。将猪肠洗净，把红枣、花椒塞入猪肠内，两头用棉纱扎紧，放入砂锅，加水、生姜、黄酒，大火煮开，文火炖烂，加食盐调味服，每日 1 剂，7 天为一个疗程。

处方二：猪爪 500 g、枸杞子 30 g，黄酒、生姜、食盐适量。将猪爪毛刮尽洗干净，放入砂锅加水，加枸杞子、黄酒、生姜，大火煮开，文火炖烂，加食盐调味服，每日量可分数次服，隔日 1 剂，5 天为一个疗程。

处方三：猪皮 150 g、海带 50 g，生姜、黄酒、食盐适量。将猪皮上的毛刮干净，切碎，海带浸泡 2 h 洗净切碎，加生姜、黄酒放入砂锅加水适量，大火煮开，文火炖烂。食盐调味服，隔日 1 剂，7 次为一个疗程。

处方四：绿豆 50 g、薏米 50、百合 50 g、玉竹 25 g、红枣 5 枚、粳米 25 g，共煮粥服，每日 1 剂，每日量可分数次服完，7 天为一个疗程。

处方五：玉竹 10 g、冰糖适量。开水冲泡代茶饮，每日 1 剂，7 天为一个疗程。

8. 荨麻疹

荨麻疹俗称风团、风疹团、风疙瘩、风疹块（与风疹名称相似，但却非同一疾病），是过敏性皮肤病，是一种常见的皮肤病。其特点是面部及皮肤出现瘙痒性风团，时起时消，消退后不留痕迹，发病时皮肤先有痒感，用手抓后出现大小不等不规则的风团，小的有芝麻大小，大的有 8～9 cm，略高于周围皮肤，开始时损害较稀疏，颜色稍红，界线清楚，向周围扩散，可以彼此融合成片，似不规则的地图，能波及全身。严重者出现水肿、畏寒、发热、恶心、呕吐、腹痛、胸闷、气短、头昏、烦躁等全身不适。慢性荨麻疹患者的皮疹反复发作，可延至数月或数年。发病的原因是患者有先天性过敏性体质，接触某种物质引起过敏反应，如接触花粉、粉尘、动物羽毛、食用动物蛋白（如鱼、肉、蛋、虾、蟹），有的因药物引起（如青霉素、链霉素、庆大霉素、磺胺药、造影剂等）。中医认为是由腠理不密、汗出受风、正邪相搏、瘀肤发疹、日久化热伤及阴液、气虚血亏引起。

饮食同过敏性皮肤患者的饮食。

第四节　营养与美发

一、了解你的头发

一个人的头发大约有 10 万根，然而，由于个体的不同及种族的差异，头发在色泽、质地及弹性等诸多方面亦有所差别。

现代组织学研究认为，构成毛发的基础物质为角蛋白。每一根头发都由发干、发根及根端的毛囊三部分组成。毛囊与头皮中的血管神经相连，从血液中获取营养来滋养发根及发干，使头发不断生长、更新。所以说，血液是毛发生长的营养源泉。

1. 发色

发色是由头发皮质内所含黑色素细胞的数量和分布状态所决定的，皮质细胞中颗粒状黑色素细胞愈多，发色就越深。老年期头发变为银灰色，是由于毛发组织空隙增大，黑色素细胞减少等因素造成的，发色还与年龄、健康、阳光、气候及营养因素有关。

2. 头发密度

头发的密度与头发多寡及粗细有关。在现代各大族群中，澳大利亚人头发最多，白色人种次之，黑色人种又次之，黄色人种最少。据统计，不同人种每平方厘米的头发根数为：意大利人 408 根，日本人 238 根，苏丹人 236 根，中国人 224 根。

3. 发长

头发自然生长的长度与许多因素有关。在所有毛发中，头发自然生长所能达到的长度值最大，这与头发生长周期长有关。因此任何一种延长头发生长周期的方法不仅能使头发减少脱落，而且会使头发长得更长。头发长度与人种发型也有关，一般直发最长，其长度往往可超过 1 m，羊毛状发最短，波发和卷发则介于两者之间。头发长度与性别也有关系，在同一族群中，女性的头发较男性为长，在卷发的族群中，两性差别尤为显著。人类毛发更换和生长周期不同于其他哺乳动物，即不是在一定的时期内进行，而是逐渐脱落，逐渐更换，每根头发的寿命一般只有 6 年左右。一般头发的生长周期分为三个阶段，即生长期、退行期及休止期，生长期又分为生长初期和活动生长期，约 90%的头发处于生长初期或活动生长期，该时期在头发生长周期中维持时间最长，生长期平均为2～6 年，甚至更长。1%的头发处于退行期（衰老期），约数周（约 3 周），9%的头发处于休止期（休眠时期），约为 3 个月，头发每日生长 0.27～0.40 mm，处于生长期的头发生长速度约为每月 1 cm，一年约是 10 cm。如果按照这个速度增长，婴儿从出生到 10 岁时，头发至少有 1 m 长，到 20 岁时，将长到 2 m。然而事实并非如此，头发并不是一直生长，头发的生长是有一定的周期性的。所以，一般人的头发长度不会超过 70 cm，当然，也有个别人的头发能够长得很长，如极少数人的头发长度甚至超过自己的身高。这是由于其头发生长周期达到 10～15 年，超过一般人头发生长周期的 3～4 倍。一般来说，每个人每天会自然脱落 50～100 根头发。

4. 头发质地

头发质地一般是指头发的粗细程度，主要由两个方面所决定，一是指发干直径的粗细之分，二是指触摸头发的感觉有粗糙、柔软及僵硬之分。头发的质地与烫发也有关系，通常质地纤细、柔软的头发吸收液体的速度比粗糙的头发快。

5. 头发弹性

头发的弹性是指头发可伸展和收缩的能力，所有的头发均有一定的弹性，这是头发可以任意弯曲的一个基础。弹性好的头发，烫发后的波纹可以保持得更久，头发不容易松散，而弹性不好的头发表现为松弛或呈海绵质状态，且容易缠结，一般正常的头发可伸展长度为该头发的 1/5，并且松开后仍可弹回。湿头发的伸展为其长度的 40%～50%。

6. 发孔

发孔与头发吸收液体的能力和头发吸收液体的速度密切相关，头发吸收液体的速度取决于发孔的数目。发孔少时，外皮层贴近发干；发孔过多时，外皮层翻起便多。发孔的数目多少与烫发关系密切。发孔多，吸收烫发药水快，故烫发时间短；反之发孔少，烫发时间长。而发孔过多往往是由于头发护理不当或烫发造成的头发损伤。测试发孔状态，可抓住一小撮干燥的头发，将其理光滑，用一只手的拇指和食指紧紧握住发梢，另一只手的手指夹住发梢向头皮处滑动，若不易滑动或前方产生波浪皱纹，表示该头发为多孔，皱纹形成越多，发孔越多；反之滑动阻力小，皱纹越少则发孔越少。

7. 发旋

毛干和皮肤呈一定的倾斜度。许多毛发的倾斜方向是一致的，称发流或毛流。发流在头顶可形成一个中心向外，周围头发呈旋涡状的排列，俗称发旋。发旋是头顶向后部位的头发旋转生长所形成的自然形态。通常，每个人都有一个发旋，多位于头顶部，或偏左、偏右。发旋以单数为主，少数人有两个或三个发旋，亦有位于头前部的发旋，形成特殊毛流。有两个发旋的不到10%，有三个发旋的仅为0.6%。发旋方向顺时针为多，占57%～68%。其部位在头顶左侧较多，占57%～63%；在头顶右侧次之，占33%～42%；在头顶的中线上占1%～4%。发旋的位置对做发型有一定的影响。发旋多的人头发难以梳理，做发型难度较大。因此了解和掌握发流的生长规律，便于更好地进行发式造型。

二、头发的主要类型

1. 干性发质

干性头发是由于缺乏皮脂或毛发水分丧失引起头发干燥的一种类型的头发，该类型头发的特点为：看上去暗淡无光，容易缠结成团；发干总是卷曲或发梢分叉；头发僵硬，弹性下降，其弹性伸展长度往往小于25%。

如何判断干性发质？

如果你的头发无光泽、干燥、容易打结，特别在浸湿的情况下难以梳理，且通常头发根部颇稠密，但从发梢部开始变得稀薄，有时发梢还分叉，那么你的头发是干性发质。

2. 油性发质

发丝油腻，洗发后第二日，发根已出现油垢，头皮如厚鳞片般积聚在发根，容易出现头痒。由于皮脂分泌过多，而使头发油腻，大多与内分泌紊乱、遗传、精神压力大、过度梳理及经常进食高脂食物有关，这些因素可使油脂分泌增加。发质细者，油性发质的可能性较大。

如何判断油性发质？

如果你的头发细长、油腻，需要经常清洁，那么你的头发是油性发质。

3. 中性发质

中性发质的特征是不油腻，不干燥；柔软顺滑，有光泽，油脂分泌正常，只有少量头皮屑。

如何判断中性发质?

如果你的头发不油腻,不干燥,那么你的头发是中性发质。

4. 混合性发质

混合性头发的特点是头皮油但头发干,靠近头皮 1 cm 以内的头发很多油,越靠近发梢越干燥。如果头发干燥,而面部中央、两侧乳房中间、背中部多油或鳞屑剥脱,就可以肯定为混合性头发。处于月经期的妇女和青春期的少年多为混合型头发。此外,过度进行烫发或染发,又护理不当,也会造成发丝干燥但头皮仍油腻的发质。

如何判断混合性发质?

如果你的头发头根部比较油腻,而发梢部干燥,甚至开叉,那么你的头发是混合性发质。

三、影响头发生长的因素

头发生长调节主要依靠毛囊周围的血管和神经及内分泌系统。每个正常的毛囊基底部分或毛乳头部分,均有各自数量不等的血管伸入毛球,这些血管和毛囊下周围的血管分支相互交通,构成向毛乳头部的毛细血管网,而毛囊两侧乳头下的毛细血管及毛囊结缔组织层的毛细血管,又形成丰富的血管丛,血液通过这些毛细血管网和血管丛,提供头发生长所需要的物质营养。头发生长除依靠毛囊周围的血液循环供给营养外,还靠神经及内分泌控制和调节。头发生长的速度主要与下列因素有关。

(1) 性别。青春期前,男孩比女孩头发生长得快,成年后,女性比男性头发生长得快。

(2) 年龄。在 15～30 岁前,头发生长最旺盛,30 岁后逐渐减慢。老年人头发生长缓慢,两性差异消失。

(3) 季节。夏季头发的生长快于冬季,其中 6、7 月份生长最快。

(4) 昼夜。白天生长较夜间快。

(5) 健康。与机体健康状况有平行关系。凡身体健康,营养充足,一般头发会乌黑光亮;反之,则会由深变浅,失去光泽,变得稀疏、干燥,极易折断。

(6) 营养。营养成分对头发生长也有影响,B 族维生素会影响头发生长和表皮角化。用维生素 A 治疗银屑病时,会导致脱发,其主要原因就是维生素 A 过量。

(7) 激素。性激素会影响头发生长的速度。女性怀孕期间雌性激素分泌最旺盛,头发的寿命增加;而生产后,雌性激素恢复原来数量,头发又重新恢复正常的生长速度。此时头发会大量掉落。男性雄性激素过多会导致雄激素源性脱发。

四、营养与脱发

脱发是指各种原因引起的毛发营养不良,造成头发脱落,是一种常见疾病。引起脱发的原因很多,比较复杂,既有先天性的,又有后天性的。先天性脱发属常染色体隐性遗传或其他缺陷；而后天性脱发可因精神、遗传、药物、内分泌障碍性疾病、机械性或化学刺激等多种因素而引起。

常见的脱发主要有斑秃、男性型脱发和女性弥漫性脱发三种。

斑秃又称“鬼剃头”，为突然发生，且无自觉症状，头部出现圆形或椭圆形脱发区，局部毛发全部脱落，患部头皮正常，多能自愈。斑秃可复发，病因未明，可能与遗传、焦虑、精神压力大及自身免疫等因素有关。

男性型脱发，又名雄激素源性脱发及“早秃”，和雄性激素水平有关，脱发常伴有皮脂溢出，所以有时称为脂溢性脱发，但非因果关系。

女性弥漫性脱发，病因和性激素水平有关。

预防脱发应注意以下几点。

（1）充足的睡眠可以促进皮肤及毛发正常的新陈代谢，而代谢期主要在晚上，特别是晚上10时到凌晨2时之间，这一段时间睡眠充足，就可以使得毛发正常新陈代谢。反之，毛发的代谢及营养失去平衡就会脱发。建议：尽量做到每天睡眠不少于6 h，养成定时睡眠的习惯。注意饮食营养，常吃富含蛋白质及微量元素的食品，多吃蔬菜、水果，少吃油腻及含糖高的食品。

（2）避免过多的损害。染发、烫发和吹风等对头发都会造成一定的损害；染发液、烫发液对头发的影响也较大，染发、烫发次数多了会使头发失去光泽和弹性，甚至变黄、变枯；日光中的紫外线会对头发造成损害，使头发干枯变黄；空调的暖湿风和冷风都可成为脱发和白发的原因，空气过于干燥或湿度过大对保护头发都是不利的。因此，建议染发、烫发间隔时间至少3～6个月。夏季要避免日光的暴晒，游泳、日光浴时更要注意防护。

（3）夏季可以每周洗头及梳头3～7次，冬季可以每周1～3次，洗头时水温不要超过40 ℃，与体温37 ℃接近为宜。不要用脱脂性强或碱性洗发剂，因这类洗发剂的脱脂性和脱水性均很强，易使头发干燥、头皮坏死。建议：选用对头皮和头发无刺激性的无酸性或弱酸性天然洗发剂，或根据自己的发质选用。不用塑料梳子，最理想的是选用黄杨木梳和猪鬃头刷，既能去除头屑，又能按摩头皮，促进头皮血液循环。

（4）保持心理健康。每天焦虑不安会导致脱发，焦虑的程度越深，脱发的速度也越快。建议：女性保持适当的运动量，头发会光泽乌黑，充满活力。男性经常进行深呼吸、散步及做松弛体操等，可消除当天的精神疲劳。

（5）家中宠物身上容易有真菌感染，如果喜欢跟宠物同枕共眠，就很容易造成头皮真菌感染，出现红、痒、脱屑以至于脱发；另外，还有一种是发生在头皮的脂溢性皮炎，会出现与头癣类似的症状，但不会脱发。

（6）想要知道自己脱发是不是很严重，有一个很简单的“拉发实验”；您可以轻拉自己的头发6～8次，然后看每次拉下来的头发有没有超过三根，如果有，就表示头发毛囊有比较脆弱，应该要注意头发的养护。

中医学认为，五谷可以补肾，肾气盛则头发多，“肾为先天之本，其华在发”。因此头发的生长与脱落过程，反映了肾中精气的盛衰。肾气盛的人头发茂密、有光泽、生长快、乌黑，肾气不足的人头发易脱落、干枯、变白。头发的生长与脱落、润泽与枯槁，除了与肾中精气的盛衰有关外，还与人体气血的盛衰有着密切的关系。老年人由于体内气血不足、肾精亏虚，常出现脱发的现象。所以说，年轻人脱发不仅影响整体形象，还可能是体内发生肾虚、气虚、血虚的一个信号，而这些问题，已经被认为与主食摄入不足有密切关系，因为主食摄入不足，容易导致气血亏虚、肾气不足。

据了解，目前很多人经常在吃正餐的时候只顾饮酒、吃菜，忘记吃主食或害怕发胖故意不吃主食，这很容易造成营养不均衡而使肾气受损。此外，主食吃得少了，肉类的摄入量相对会增多，研究表明，肉类摄入过多是引起脂溢性脱发的重要“帮凶”。适当摄入一些能够益肾、养血、生发的食物，如芝麻、核桃仁、桂圆肉、大枣等，对防治脱发将会大有裨益。

预防脱发小秘方

(1) 取食盐 15 g。将食盐加入 1500 mL 温开水中，搅拌均匀，洗头，每周 1～2 次。此法长期应用，可防止脱发。

(2) 用车前草 200 g，米醋适量。将车前草全草焙成炭，浸入米醋，一周后用该药外涂患处，每日 2～3 次。

(3) 取芝麻花、鸡冠花各 60 g，樟脑 1.5 g，白酒 500 g。将芝麻花、鸡冠花撕碎，然后浸泡入白酒密封，15 日后过滤，再将樟脑入药酒中，使之溶化，备用。以药棉蘸药酒，涂搽脱发区，每日涂搽 3～4 次。本方尤适用于神经性脱发。

(4) 用芝麻梗、清明柳(清明节采的柳枝嫩叶)各 90～120 g。煎汤洗发，并摩擦头皮，连用 1～7 日。本方尤适用于脂溢性脱发。

(5) 用榧子 3 枚，胡桃 2 个，侧柏叶 30 g。将其共捣浸雪水梳头，其发不易脱落，而且光润。本方尤适用于肾虚型脱发。

温馨提示：以上介绍用方，请务必咨询当地正规中医医院，结合自身生理特点和不同的病理变化，辨证选择使用。

五、营养与白发

中医学理论认为，发与脏腑、经络、精、气、血的关系密切，肾其华在发，发与肾的关系尤为重要。《黄帝内经·素问·五脏生成篇》中说：肾之合骨也，其荣在发。可见，发的生长与肾精的充足、肾气的旺盛、肾之阴阳的平衡密切相关，肾虚精亏是少白发的主要成因之一。此外，毛发与肺、心等脏器的关系也不容忽视。

现代医学对于“少白头”成因的认识多种多样。一般认为，各类疾病都有可能导致“少白头”形成，如贫血、结核病、伤寒、风湿病及内分泌失调等。外界的不良刺激，如营养不良、精神因素与“少白头”的发生关系也十分密切。因为精神不佳可以引起毛囊的毛细血管挛缩，致使毛囊的物质代谢产生障碍，毛囊中一旦缺乏氧气和必需的营养物质，便会造成黑色素产生功能的退化，最终使头发变白。因此，长期用脑过度或心情不稳定，常遭受恐吓或有忧虑、惊慌等精神创伤，是少白头的重要病因；除此之外，最常见的“少白头”还有因遗传基因的变异产生的“白发病”，此种患者的头发全部呈雪白色，目前无特效治疗方法。

我们知道，中医学认为脏器受损、精亏血虚、气血经络不畅是“少白头”的主要病因，所以中医治疗“少白头”，多从养血、补气和益肾三方面入手。补益类草药（如熟地黄、黄芪、何首乌、当归等）是治疗方剂中的主要用药。此外，通过中医按摩、练习气功对“少白头”进行治疗，效果也不错。

1. “少白头”防治原则

（1）防止白发早生的食物：主要是一些富含 B 族维生素及微量元素铜和蛋白质的食物，如西红柿、土豆、菠菜、柿子、各种动物肝脏等。

（2）防止白发出现，促进毛发生长的食物：主要是一些富含维生素 B_6 等维生素的食物，如麦片、花生、香蕉、牛肝、蜜糖、鸡蛋、豆类、酵母等。

（3）强化滋养头发的食物：主要有蛋类、奶类、鱼类、肉类、动物肝脏、骨汤、芝麻、核桃及海藻类食物等。

（4）美发养发食物：主要是一些富含维生素 C、维生素 E、B 族维生素及蛋白质的食物，如新鲜蔬菜、水果、海藻类食物及芝麻、豆芽菜、麦芽、豆腐、豆制品、牛肉、鱼肉、乳类、蛋类、海带等食物。

（5）促进额部头发稠密、润泽的食物：应常多吃胡萝卜、洋葱、草莓、桑葚、苹果、梨、杏、猕猴桃、西瓜、甜瓜等新鲜蔬菜、水果。

（6）促进头顶部头发稠密的食物是深色蔬菜，如菠菜、胡萝卜等及各种能吃的野果。

（7）抑制头皮多屑和头痒的食物：主要有李子、苹果、韭菜、大葱等。

现代营养学家认为，食用动物肝脏、蛋黄、黑芝麻、核桃、黄豆、番茄、菠菜等富含铁、铜等物质的食物，有利于黑色素的形成。所以，“少白头”患者不该偏食，全面地吸收营养是改善病情和辅助治疗的有效途径。开朗的心情、劳逸结合、有规律的生活节奏等均是治疗“少白头”的辅助疗法。由其他原因造成“少白头”的患者应忌情志不畅和用脑过度，以防影响治疗。

俗话说“勤梳头，治白头”，常常梳头也是辅助治疗“少白头”的好方法。此外，“少白头”患者除了头发的美观受影响外无其他疾病，即单纯性白发患者可以采用染发等手段以达到美发效果。

2. 白发的位置与健康

通过白发所在位置，了解身体健康情况，及时通过饮食调理养护秀发，改善发质，减少白发，改善健康。

（1）前额白发。

① 健康提示：前额白发提示脾胃失调。前额对应的反射区是脾胃，调理好脾胃对

防治前额白发大有帮助。脾胃不好者常常有腹胀、腹痛、反酸、口淡不渴、四肢不温、大便稀溏，甚者经常伴有口臭、食欲亢进，或四肢水肿、畏寒喜暖、小便清长或不利，上述都是脾胃虚寒的症状。

② 调理方法：脾胃虚寒者可每隔三五日煲一锅姜丝粥。原料为鲜姜 3 g，粳米 60 g，煲粥的时候，把鲜姜切丝和粳米一起下锅煮至稀烂，早、晚餐时可趁温热喝上 1～2 小碗，喝的时候还可以根据个人口味撒些芝麻盐。鲜姜辛温，具有散寒发汗、温胃镇痛、杀菌抗炎的功效，用它治疗虚寒型胃炎、胃溃疡都有不错的疗效。

(2) “后脑勺”白发。

① 健康提示：“后脑勺”白发提示肾气不足。“后脑勺”对应的反射区是足太阳膀胱经。膀胱经虚弱者常伴有尿频、遗尿或尿失禁、小便不畅等症状。因为膀胱的主要功能是储尿和排尿，所以，这类人较之常人不易憋尿。而膀胱的排尿功能和肾气的盛衰有密切关系。

② 调理方法：益肾的饮食应男女分别对待。男性宜食用动物肾脏、狗肉、羊肉、鹿肉、麻雀、黄鳝、泥鳅、虾、公鸡、核桃仁、黑豆等；女性不妨食用干贝、鲈鱼、栗子、枸杞子、何首乌等。当然，以上食谱，食用者也要根据自己是肾阳虚还是肾阴虚有所选择。

(3) 两鬓斑白。

① 健康提示：两鬓斑白提示肝火旺盛。两鬓对应的脏腑反射区是肝胆，肝胆火气偏盛的人或者脾气暴躁或者爱生闷气，常伴有口干、口苦、舌燥、眼睛酸涩等，这是由肝胆火旺引起，进而致使脾胃受伤。

② 调理方法：这种情况，患者要以清淡食物为主，可以多吃八宝粥、莲子粥、莲子白木耳粥，常饮莲子心茶、玫瑰花茶、山楂茶。如果口苦、口干严重，可多吃莲子心和苦瓜。用药方面可口服龙胆泻肝丸，以舒肝利胆。

当然，情绪不好也是引起上火的原因。所以，此类白发人群要保持轻松心情，最好能进行一些可以增加生活情趣的文体活动。白发多的人，要保持乐观的心态，避免过强的精神刺激，此外，合理饮食与头发健康关系密切。平时应多食新鲜蔬菜，克服偏食等不良习惯，使体内营养平衡。

除以上方法外，按摩头皮可促进血液循环，改善头部营养的供应，防止白发。可用木梳或者牛角梳梳头，或用手掌、手指揉搓头发，每日早晚各一次，每次 5 min。

美容锦囊

胡萝卜——美女们的美容大菜

一、食材性情概述

胡萝卜因有一种类似野蒿的特殊气味，民间俗语称药性萝卜。胡萝卜多呈圆锥形或圆柱形，呈紫红、橘红、黄或白色，肉质致密有香味。

胡萝卜味性平、甘、无毒。《本草纲目》载：胡萝卜可下气补中，利胸膈，安五脏，令人健食，有益无损。由于胡萝卜富含胡萝卜素，现代营养学认为它可以防治维生素A缺乏所导致的相应疾病，如夜盲症。现代医学还认为胡萝卜可以治疗肺结核、营养不良、贫血、小儿骨病、食欲缺乏、眼干燥症等。胡萝卜还有降压、强心、抗感染和抗过敏的作用。

二、美容功效及科学依据

胡萝卜素是维生素A和视紫质的前身，胡萝卜素摄入人体后，会转化为维生素A，可维护眼睛和皮肤的健康，所以，胡萝卜又有"光明天使"等美誉。长期吃胡萝卜及其制品，既可获得较好的强身健体的效果，又可使皮肤处于健康状态，皮肤变得光泽、红润、细嫩。

三、美容实例

1. 胡萝卜汁淡化雀斑

用胡萝卜捣烂挤汁，早晚擦脸数次，待干后，再用涂有植物油的手帕轻轻拍打面部，并每天喝一杯胡萝卜汁。此法可淡化脸上的雀斑，使皮肤白皙、光滑。

2. 胡萝卜美白法

(1) 取适量胡萝卜磨碎，加入1汤匙蜂蜜，再用纱布包裹好，反复揉擦面部，5 min后洗掉，每日1次，1个月后可见美白皮肤之效。

(2) 将胡萝卜捣碎，挤出汁来，再将纱布浸在汁中，然后将其贴在面部15～20 min即可。

(3) 将捣碎的两根胡萝卜、1汤匙豆粉和1个蛋黄做成面膜，贴在面部20 min，然后先用温水，后用冷水洗掉。

温馨提示

合理烹调：胡萝卜是营养价值较高的食物，但如烹调不当或搭配不当，会影响其营养的吸收。胡萝卜素是脂溶性物质，只有溶解在油脂中，才能在人体的小肠黏膜作用下转变为维生素A而被吸收。因此，以胡萝卜制作菜肴时，要多放油，最好同肉类一起炒。只要合理烹调和搭配得当，胡萝卜是很好的维生素A的来源。

不要生吃：生吃胡萝卜不易消化吸收，90%胡萝卜素因不被人体吸收而直接排泄掉。但也不要烹制过久，以免损失维生素C。

危险误区：胡萝卜不宜做下酒菜。研究发现，胡萝卜中丰富的胡萝卜素和乙醇一同进入人体，会在肝脏中产生毒素，引起肝病。所以，"胡萝卜下酒"的吃法是不利于健康的，尤其在饮用胡萝卜汁后更不宜马上饮酒。

菠菜——女子的养颜佳蔬

一、食材性情概述

菠菜别称菠棱菜、赤根菜、鹦鹉菜、波斯草，系藜科植物，原产于尼泊尔、伊朗，唐朝时传入我国。曾有报道说菠菜含铁量居蔬菜之首，系因19世纪末出版的某教科书印刷时把小数点右移一位而扩大10倍之误。现代营养学家已证实，菠菜的含铁量为每100 g含铁1.6～2.9 mg，不失为较好的补血食物。

二、美容功效及科学依据

鲜嫩可口的菠菜是养颜佳蔬。

(1) 补血令面色红润。菠菜含有丰富的铁质，能强化身体的造血功能。它对敏感性皮肤有很好的镇定及保护作用，尤其在治疗痤疮方面疗效显著。常吃菠菜，令人面色红润，光彩照人，能预防缺铁性贫血。

(2) 调理气血、明目。菠菜中含有十分可观的蛋白质和维生素A、B族维生素、维生素C、维生素K。每100 g菠菜含蛋白质2.4 g(0.5 kg菠菜相当于2个鸡蛋的蛋白质含量)、胡萝卜素3.87 mg、维生素B_1 0.06 mg、维生素B_2 0.13 mg、维生素C 39 mg(为西红柿的3倍)。日常生活中人体摄入的蛋白质充足，则生长发育快、气血旺盛、精力充沛。而头发的乌亮、双眼的神采、面容的光泽、皮肤的白净则依赖日常膳食摄入足量的维生素A、B族维生素、维生素C、维生素K，菠菜的赤根含有一般蔬菜中缺乏的维生素K，有助于防治皮肤和内脏的出血倾向。

(3) 清理肠胃、排毒。菠菜能清理人体肠胃的热毒。中医学认为菠菜性寒味甘，能养血、止血、敛阴、润燥，因而可防治便秘，使人容光焕发。菠菜还富含酶，能刺激肠胃、胰腺等消化器官的分泌，既有助于消化，又润滑肠道，有利于大便顺利排出体外，避免大便毒素进入血液而影响面容。

三、美容实例

1. 菠菜汁洗脸

将洗净的菠菜放入沸水中，加盖煮5～7 min，盛出冷却后，取其汤汁洗脸，可以润泽皮肤。

2. 菠菜美容粥

功效：润泽皮肤，光洁面容。

材料：白米50 g，菠菜适量(洗净切段)。

做法：如常法煮米粥，米熟入菠菜煮烂即可，早晨时做早餐食之。

3. 香油拌菠菜巧治蝴蝶斑

功效：菠菜性寒味甘，有益五脏、通血脉、养血润燥、润肠通便的功效。最近研究发现，菠菜的提取物能抑制黑色素在皮肤内的沉着，有防治妇女面部蝴蝶斑的功效。其原因可能是因为菠菜含有丰富的维生素C、维生素E和叶酸。

做法：将新鲜的菠菜洗净，放入煮沸的水内，煮约2 min，捞出，控干水后，放入凉开水中浸约 2 min，捞出后，用手挤去水，切段，加入食盐、香油，拌匀即可食用。

操作提示：菠菜含草酸较多，有碍机体对钙的吸收。故吃菠菜时宜先用沸水烫软，捞出再炒。

不适宜人群：急需补钙的婴幼儿及肺结核缺钙者，还有软骨病、肾结石、腹泻等患者，应少吃或暂戒食菠菜。

最适宜人群：菠菜性寒味甘，和血脉、开胸膈、通肠胃、解热润燥，有生血润肤的功效，故血虚者可多食此菜。

芹菜——美肤防皱的能手

一、食材性情概述

芹菜有水芹、旱芹两种，性能相似；但药用以旱芹为佳，故旱芹又称“药芹”。芹菜香气较浓，又名“香芹”。古人请客之前总是要先发帖子，注明时间和地点之外还有这样一句话，即“笑纳芹意”，作为结束语时的谦词。用“芹意”作为谦词，是因为芹菜有一股味道，不是所有人都喜欢，由于待客的菜肴都是预先准备好的，如果有不适合客人口味的，就在请帖里用“芹意”代替，所以要客人“笑纳芹意”。芹菜因其性味辛香，具有温热健胃之功，对于偏寒者疗效较为理想，不宜用于温热者。家生芹菜无论是旱芹与水芹均营养丰富。

二、美容功效及科学依据

芹菜中富含 B 族维生素、维生素 P 和钙、磷、铁等元素，蛋白质、脂肪、碳水化合物、纤维素也很丰富。中医学认为芹菜有甘凉清胃、涤热祛风、利口齿和咽喉、养精益气、补血健脾、止咳利尿、降压镇静等功效，对防治糖尿病、贫血、小儿佝偻症、血管硬化和月经不调、白带增多等也有一定辅助疗效。此外，芹菜还含有芹菜素、挥发油、甘露醇等。

另外，芹菜含有大量的胶质性碳酸钙，容易被人体吸收，可补充人体特别是双腿所需的钙质。芹菜对心脏有益，又含有丰富的钾，可预防下肢浮肿的现象。

三、美容实例

1. 芹菜防皱液

将芹菜的根和叶粉碎，加 2 杯水煮 15～20 min，过滤后备用。早晚各涂一次手和面部，有很好的润肤效果。

2. 蜂蜜芹菜汁

功效：有通便、减肥、排毒作用，对心血管系统及神经系统有补养功效。

材料：蜂蜜 45 g，芹菜 150 g。

做法：榨取芹菜汁，兑入蜂蜜搅匀，早晚空腹分 2 次温开水冲服。

3. 芹菜清凉镇静面膜

功效:适用于各类肤质,具有清凉镇静、保湿抗敏、消除面部红肿和不适的功效。

做法:将芦荟叶用水果刀切开,取出其中的芦荟胶,加上相同比例的芹菜一起搅拌均匀;用面膜纸在汁液中泡开后敷于面部 10～15 min,再用冷水冲洗干净。此面膜可以经常使用。

4. 绿叶面膜

绿叶面膜是将芹菜的绿叶切成碎末,与一杯酸奶混合,放 2～3 h 后将糊状物抹在脸上,每日 2～3 次。

在现实生活中,不少人吃芹菜时吃梗不吃叶,从营养学角度讲是很不科学的。因为芹菜叶中的维生素含量远远超过芹菜梗中的含量。所以在食用芹菜的时候要注意除了将梗做菜外,也要将芹菜叶充分利用,这样,才能充分发挥芹菜的功能。

黄瓜——除皱减肥的良品

一、食材性情概述

黄瓜原产于印度,距今已有四千多年的种植历史。公元前 138 年,张骞出使西域时,带回了黄瓜。当时中亚一带泛称为“胡”,所以黄瓜又叫胡瓜。黄瓜属葫芦科一年生植物。雌雄同株而异花,花色鲜黄,花冠钟形朝开夕闭,雌花能单性结实。果实为棒状或圆筒状,但易弯曲畸形,表面有刺毛。黄瓜性凉味甘,能生津止渴、除烦降暑、消肿利尿,可治疗咽喉肿痛、四肢水肿等不适。生吃黄瓜还可降血脂。

二、美容功效及科学依据

(1) 排毒。黄瓜纤维素含量丰富,食之能促进排泄肠内毒素。

(2) 润肤除皱。鲜黄瓜中的黄瓜酶是很强大的活性生物酶,能有效促进机体新陈代谢,促进血液循环,达到润肺美容的功效。国外有研究者发现,用鲜黄瓜汁涂擦皮肤,有惊人的润肤去皱的功效,所以黄瓜又有“美容菜”的美称。现在国内外已有很多厂家将黄瓜制成系列化妆品,如黄瓜营养霜、黄瓜护发素等。

(3) 减肥。现代科学研究发现,黄瓜含有可抑制碳水化合物转化成脂肪的丙醇二酸。有肥胖倾向并爱吃碳水化合物的人,最好同时吃些黄瓜,这样可抑制碳水化合物的转化和脂肪的积累,达到减肥的目的。

三、美容实例

除了生食,黄瓜还有许多其他有益于皮肤的用法。

1. 黄瓜营养霜

将鲜黄瓜汁同等量溶化的猪油和牛奶混合,加入一汤匙洋甘菊精油和一汤匙橄榄油。适用于各种肤质。

2. 黄瓜面膜

黄瓜具有摄取身体多余热量的作用，还能消除皮肤的发热感，同时排除毛孔内积存的废物，使皮肤更加健康，特别对容易出汗及脸上常长痘的人更适宜。

将新鲜黄瓜去皮切片，立即贴于刚洗净的脸部，再用手指轻按黄瓜片，使其不脱落，20 min 后揭下。常用此法，可使皮肤细嫩滑爽。

3. 黄瓜眼膜

将黄瓜榨汁与一个蛋清混合调匀，再加 2 滴白醋，涂于眼睛周围，10～20 min 后温水洗去，每周 1～2 次，有滋润和去皱的功效。

进食误区：很多人吃黄瓜喜欢削皮，其实这样是不科学的。因为黄瓜皮中含有绿原酸和咖啡酸，这些成分具有抗菌消炎和增强白细胞活力的作用。因此，经常食用带皮黄瓜对预防上呼吸道感染有一定疗效。

不适宜人群：黄瓜性凉，故脾胃虚寒的人及罹患慢性支气管炎、消化性溃疡、结肠炎等疾病的患者，应避免生食，可添加其他有益脾胃的调味食品，混合炒成菜肴食用。

丝瓜——天然美容护肤剂

一、食材性情概述

丝瓜原产于东南亚一带，明代进入我国，成为人们常吃的蔬菜。正如李时珍所说：丝瓜，唐宋之前无闻，今南北皆有，以为常蔬。丝瓜性寒凉，味甘甜，有消暑利肠、祛风化痰、凉血解毒、通经活络、行气化瘀等功效，还有治疗大小便带血、帮助产妇下乳等功效。

二、美容功效及科学依据

丝瓜的美容作用已为世人瞩目。丝瓜营养丰富，在瓜类蔬菜中，其蛋白质、淀粉、钙、磷、铁及各种维生素(如维生素 A、维生素 C)的含量都比较高，所提供的热量仅次于番瓜。每 100 g 鲜嫩丝瓜含蛋白质 1.46 g，碳水化合物 4.3 g，脂肪 0.1 g，纤维素 0.5 g，维生素 A 0.32 mg，维生素 B_1 0.04 mg，其中蛋白质含量比冬瓜和黄瓜高 2～3 倍。丝瓜还含有皂苷、丝瓜苦味素、大量的黏液、瓜氨酸等。其种子含有脂肪油和磷脂等，这些成分对美容是十分有益的。据科学家实验证明，长期食用丝瓜或用丝瓜液搽脸，可以让皮肤柔嫩、光滑，并可预防和消除痤疮及黑色素沉着。

三、美容实例

1. 丝瓜汁洗面

将新鲜肥嫩的丝瓜洗净后擦干、切碎，用洁净的纱布包好挤出汁液。取丝瓜汁后放置一夜，用纱布过滤一下，再加适量甘油和乙醇就可以使用。在 1500～2000 mL 温水里，加入丝瓜汁75～100 mL，用其洗脸，每天1～2次，连续使用1个月左右即可见效。

2. 丝瓜汁面膜

在新鲜丝瓜汁中，加适量小麦淀粉及冷开水，调成糊状，即成“丝瓜汁面膜”。睡前先用此面膜涂于脸上，15～20 min后用清水洗净。每周可用2～3次，连续一个月以上。此面膜可调节面部皮脂分泌，使皮肤更加白皙和细嫩。

3. 丝瓜＋药用乙醇＋蜂蜜

将新鲜肥嫩的丝瓜洗净后擦干、切碎，用洁净的纱布包好挤出汁液。然后加入等量的乙醇和优质蜂蜜，混合调匀，均匀地涂擦于面部，20 min后用清水洗去。每天早晚涂搽一次，连续使用1个月左右，可改善皮肤皱纹情况，使皮肤光润而富于弹性。

4. 丝瓜汁除油洗液

丝瓜一根。将丝瓜榨汁。然后在1500～2000 mL的温水中加入丝瓜汁75～100 mL，备用。用其洗脸，每天1～2次，连续使用1个月左右，可去除皮肤中多余的油脂，使脸部粗大毛孔变得细小平整，皮肤细腻而有光泽。

5. 防晒丝瓜奶敷

丝瓜一根，冰牛奶、蜂蜜适量。把丝瓜洗净、切块，用榨汁机榨取原汁。将丝瓜汁混入冰牛奶、蜂蜜中，调成糊状。将丝瓜面膜敷在面部和颈部等处的皮肤上，15～20 min后，用清水洗净。

此面膜不仅有很好的滋养肌肤作用，并且防晒的作用也非常好，尤其对于晒伤的皮肤，能够使其尽快修复，还可以淡化斑点。

操作提示：丝瓜容易氧化发黑，烹饪时最好避免使用铁锅、铁铲，并且要快切快炒，减少放置时间。

勿过量：丝瓜不适宜一次进食过多，否则易引起腹泻，尤其是久病体弱、消化不良者要格外注意。

西红柿——美艳女子的必备品

一、食材性情概述

西红柿又名番茄、番李子、金橘，原产于南美洲秘鲁及墨西哥一带，清朝末期传入我国，现在我国大部分地区都有栽培。

西红柿为茄科植物，一年生或多年生草本植物，其形状、大小、颜色都因产地不同而不一，通常为圆形、扁球形、椭球形，色泽则以红色为主，表面平滑而汁肉多。

西红柿性甘、酸、微寒，入肝、脾、肾经脉，具有生津止渴、健胃消食、止血利尿、抗肿瘤、抗衰老、美容养颜等功效。现代科学研究表明西红柿营养丰富。每100 g西红柿含蛋白质 1.2 g，脂肪 0.3 g，糖 2.6 g，热量 18 kcal，钙 8 mg，磷 11 mg，铁 0.8 mg，胡萝卜素 0.31 mg，维生素 B_1 0.06 mg，维生素 B_2 0.04 mg，维生素 C 23 mg，果酸 2 g 及维生素 P、硫、钠、钾、镁等物质。成人每天食用 50～100 g 鲜西红柿，即可满足人体对几种主要维生素和矿物质的需要。西红柿中还含有一种抗肿瘤、抗衰老物质——谷胱甘肽。临床测定，当人体内谷胱甘肽浓度上升时，肿瘤发病率就明显下降。西红柿还可延缓某些细胞的衰老，故常食用西红柿可延年益寿。

二、美容功效与科学依据

1. 亮丽肌肤

西红柿含有苹果酸、柠檬酸等弱酸性的成分，而保持弱酸性是使皮肤健康美丽的主要方法。除此之外，有这些弱酸性成分还能促进维生素 C 的吸收，帮助胃液消化脂肪和蛋白质，这是其他蔬菜所不及的。

西红柿汁中含有一种名叫果胶的食物纤维，有预防便秘的功效，肠内若因便秘而不能使废物排出体外，皮肤就会黯然失色，因此，多吃西红柿，可有效预防便秘，使皮肤变得自然亮丽。

另外，西红柿所含的胡萝卜素也是美化皮肤不可或缺的东西。西红柿的汁液为弱酸性，可以帮助平衡皮肤的 pH 值。

2. 燃烧脂肪

由于西红柿中的茄红素可以降低热量摄取，减少脂肪积累，并补充多种维生素，保持身体均衡营养。若在饭前食用一个西红柿，可在减少米饭及高热量菜肴摄食量的同时，阻止身体吸收食物中较多的脂肪，西红柿中独特的酸味还可以促进胃液的分泌。

实验证明，每 100 g 西红柿中含有 16 kcal 热量，即使吃一个中等大小（约 250 g）的西红柿，也只有 40 kcal 的热量。

三、美容实例

1. 西红柿汁防衰老

将鲜熟西红柿捣烂取汁加少许白糖，每天用其涂面，能使皮肤细腻光滑，美容抗衰老效果极佳。

2. 祛死皮面膜

将西红柿捣碎成酱汁状。用化妆棉蘸着西红柿的酱汁涂擦在洗净的脸上。停留 15 min 后用温水冲洗干净，就能有效祛除死皮。

3. 西红柿蜂蜜糊祛斑

把西红柿用清水洗净、切碎，加上一点蜂蜜调成糊状，涂在有皱纹或者雀斑的部位，经过 15～20 min 后再用清水洗净即可。

4. 饭前瘦身

每日饭前吃一个西红柿。一般以饭前吃一个中等大小的西红柿为基本做法，也可用 180～250 mL 的无盐西红柿汁来代替。

5. 常吃防晒

每天生吃西红柿可以减少阳光的伤害，保持娇嫩漂亮的肌肤。

6. 治疗青春痘

经常涂抹加有蜂蜜的西红柿汁在有痤疮的面部，可以祛除油腻，防止感染。

注意：①有急性胃炎、胃酸分泌过多的人，最好不要吃西红柿；②生吃西红柿时，一定要挑选新鲜熟透并且没有破损的，先用清水洗干净，再用开水烫一下，若要烧汤，要把水煮沸，再放入西红柿，不要煮的太久，不然会破坏其中的维生素；③青色未熟的西红柿不宜食用，经紫外线分光测定，未成熟的西红柿和发芽的土豆的毒性相同，都含有有毒化学成分龙葵素。

芦荟——神奇的美容新星

一、食材性情概述

芦荟是集食用、药用、美容、观赏于一身的保健植物。芦荟蕴含 75 种元素，与人体细胞所需物质几乎完全吻合。它还有明显的食疗和医疗效果，对一些慢性疾病、疑难杂症常有不可思议的功效，人们将其称为“神奇植物”、“家庭药箱”。

芦荟富含烟酸、维生素 B_6 等，是味苦的健胃轻泻剂，有抗感染、修复胃黏膜和镇痛作用，有利于胃炎、胃溃疡的治疗，能促进溃疡面愈合。对于烧伤、烫伤处的皮肤也有很好的抗感染、助愈合作用。

芦荟本身还富含铬元素，具有类似于胰岛素的作用，能调节体内的血糖代谢，是糖尿病患者的理想食物和药物。芦荟还富含纤维素，是美容、减肥、防止便秘的佳品，对脂肪代谢、胃肠功能、排泄系统都有很好的调理作用。芦荟多糖的免疫复活作用可提高机体的抗病能力。各种慢性疾病(如高血压、痛风、哮喘等)在治疗过程中配合使用芦荟可以增强疗效，加速机体的康复。

二、美容功效及科学依据

据测定，芦荟中含有多聚糖的水合产物，如糖醛酸等；还含有少量的水合蛋白酶、生物激素、蛋白质、维生素、矿物质等成分。因此，芦荟具有如下的美容功效。

(1) 营养保湿。芦荟中氨基酸和复合多糖物质构成了天然保湿因子，它可以补充水分，恢复胶原蛋白的功能，防止面部皱纹，保持皮肤柔润、光滑、富有弹性。

(2) 防晒。芦荟中的某些成分，能在皮肤上形成一层膜，可防止因日晒引起的红肿、灼热感，保护皮肤免遭灼伤。

(3) 清洁皮肤。芦荟中有些成分具有抗感染作用，既可清洁皮肤，又可防止细菌滋生，对一些皮肤疾病有明显疗效。

(4) 具有化妆水、化妆品的效果。收敛剂及水分是任何一种化妆水或化妆品所不可或缺的物质。收敛剂的功用是紧缩皮肤，水分的功用是供给及保持皮肤适当的湿气。

芦荟里就含有大量的收敛剂和水分。除了以上两种成分外,芦荟还有黏蛋白成分,这种成分能调节皮肤的水分与油分,使它们保持在平衡状态。

(5) 使雀斑、肝斑变淡。因为皮肤细胞如果全部新陈代谢最少需要3个月之久,所以使用芦荟以达到使肝斑、雀斑变淡的效果要付出极大的耐心。另外,它还具有治疗痤疮及延缓衰老、防止白发和掉发等美容功效。

三、美容实例

1. 面部美容

用鲜芦荟汁早晚涂于面部15～20 min,长期坚持可使面部皮肤光滑、白嫩、柔软,还有治疗蝴蝶斑、雀斑、老年斑的功效。

2. 自制芦荟化妆水

取汁,加入少许水即可涂于面部,洗头后抹到头上可以止痒、防止白发和脱发,并能保持头发乌黑发亮,秃顶者还可以生出新发。

3. 自制芦荟润肤膏

备芦荟叶250 g、黄瓜1根、鸡蛋1个、面粉和砂糖若干。将芦荟叶片、黄瓜洗净分别弄碎,用纱布取汁。将鸡蛋打到碗内,再放入一小匙芦荟汁,3汤匙黄瓜汁;2汤匙砂糖并充分搅拌混合。加入5汤匙左右的面粉,调成膏状即可。

使用时,将润肤膏均匀敷在整个面部,然后眼、嘴闭合,使面部肌肉保持不动,40～50 min后,用温水洗脸。每周坚持1～2次。

4. 芦荟浴养颜安神

芦荟浴所用的芦荟必须是新鲜的,先将皮和上面的刺去掉,然后磨成汁,连同汁和渣一同放入袋中浸泡在热水里,等水变温时即可入浴。芦荟浴既能减肥又能消除一天的疲劳,放松紧张的身心。

温馨提示

最适宜人群:芦荟作为食物时,是溃疡病、心血管疾病、糖尿病、肿瘤患者的健康食品,也是女士及肥胖者的佳品。

不适宜人群:体质虚弱者和少年儿童不要过量食用,否则容易发生过敏。妊娠期、经期妇女严禁服用,因为芦荟能使女性子宫充血,促进子宫的运动。有痔疮出血、鼻出血者也不要服用芦荟,否则会引起病情恶化。

选材指南:不是所有的芦荟都可以食用。芦荟有500多个品种。但可以入药的只有十几种,可以使用的就只有几个品种。

操作提示:芦荟有苦味,加工前应去掉绿皮,水煮3～5 min,即可去掉苦味。使用芦荟美容要有耐心,只有长期坚持才能达到理想效果。

不可过量:芦荟治病、美容和食用若出现中毒现象,一般与超量使用有关。尤其是用于美容时,很难掌握合适剂量。根据用药要求,芦荟内服剂量一般不超过5 g。有报道，芦荟中毒量为9～15 g。

复习思考题

1. 皮肤的结构和类型有哪些？
2. 怎样通过营养因素使自己的皮肤更健康？

（夏海林）

附录 A　常用美容专业术语中英文对照

一、化妆品/护肤品/洗涤

护肤	skin care
洗面奶	facial cleanser/face wash(foaming,milky,cream,gel)
爽肤水	toner/astringent
紧肤水	firming lotion
柔肤水	toner/smoothing toner (facial mist/facial spray/complexion mist)
护肤霜	moisturizers and creams
保湿	moisturizer
隔离霜,防晒	sun screen/sun block
美白	whitening
露	lotion
霜	cream
日霜	day cream
晚霜	night cream
眼部啫喱	eye gel
面膜	facial mask/masque
眼膜	eye mask
护唇用	lip care
口红护膜	lip coat
磨砂膏	facial scrub
去黑头	(deep)pore cleanser/striper pore refining
去死皮	exfoliating scrub
润肤露	lotion/moisturizer
护手霜	hand lotion/moisturizer
沐浴露	body wash

二、化妆品/护肤品功能

青春痘用品	acnespot
赋活用	active
日晒后用品	after sun
无酒精	alcohol-free
抗、防	anti-

抗老防皱	anti-wrinkle
平衡酸碱	balancing
清洁用	clean-/purify-
混合性皮肤	combination
干性皮肤	dry
精华液	essence
脸部用	facial
快干	fast/quick dry
紧肤	firm
泡沫	foam
温和的	gentle
保湿用	hydra-
持久性	long lasting
乳	milk
多元	mult-
中性皮肤	normal
滋养	nutritious
抑制油脂	oil-control
油性皮肤	oily
剥撕式面膜	pack
敷面剥落式面膜	peeling
去除、卸妆	remover
修护	repair
活化	revitalite
磨砂式(去角质)	scrub
敏感性皮肤	sensitive
溶解	solvent
防晒用	sun block
化妆水	toning lotion
修护	trentment
洗	wash
防水	waterproof

三、化妆品/彩妆

彩妆	cosmetics
遮瑕膏	concealer
修容饼	shading powder

粉底 foundation(compact,stick)
粉饼 pressed powder
散粉 loose powder
闪粉 shimmering powder/glitter
眉粉 brow powder
眉笔 brow pencil
眼线液(眼线笔) liquid eye liner,eye liner
眼影 eye shadow
睫毛膏 mascara
唇线笔 lip liner
唇膏
lip color/lipstick(笔状 lip pencil,膏状 lip lipstick,盒装 lip color/lip gloss)
唇彩 lip gloss/lip color
腮红 blush
卸装水 makeup remover
卸装乳 makeup removing lotion
贴在身上的小亮片 art
指甲 manicure/pedicure
指甲油 nail polish/color/enamel
去甲油 nail polish remover
护甲液 nail saver
发 hair products/accessories
洗发水 shampoo
护发素 hair conditioner
焗油膏 conditioning hairdressing/hairdressing gel /treatment
摩丝 mousse
发胶 styling gel
染发 hair color
冷烫水 perm/perming formula
卷发器 rollers/perm rollers

四、化妆品/化妆工具

工具 cosmetic applicators/accessories
粉刷 cosmetic brush,face brush
粉扑 powder puffs
海绵扑 sponge puffs
眉刷 brow brush

睫毛夹	lash curler
眼影刷	eye shadow brush/shadow applicator
口红刷	lip brush
胭脂扫	blush brush
转笔刀	pencil sharpener
电动剃毛器	electric shaver-for women
电动睫毛卷	electric lash curler
描眉卡	brow template
纸巾	facial tissue
吸油纸	oil-absorbing sheets
棉签	cotton pads

附录B 常用化妆品品牌中英文对照

一、品牌类

安娜·苏	Anna Sui
雅芳	Avon
雅漾	Avene
碧欧泉	Biotherm
贝佳斯	Borghese
香乃尔	Chanel
迪奥	Christian Dior(CD)
娇韵诗	Clarins
倩碧	Clinique
思妍麗	Decleor
雅诗兰黛	Estée Lauder
娇兰	Guerlain
水之奥	H_2O+
柔美娜	Juven
嘉纳宝	Kanebo
高丝	Kose
兰蔻	Lancome
欧莱雅	L'Oréal
蝶妆	DeBON
蜜丝佛陀	Max Factor
美宝莲	Maybelline
莲娜丽姿	Nina Ricci
玉兰油	Olay
露华浓	Revlon
若缇娜(KOSE的一个系列产品)	Rutina
资生堂	Shiseido
希思黎	Sisley
薇姿	VICHY
依夫·圣罗郎	YSL
姬芮	ZA

雅姿丽	Prettiean
黎得芳	Ladefence
颜婷	Anelin
依云	Evian

二、香水类

安娜苏	Anna Sui
贝纳通	Benetton
波士	Boss
巴宝莉	Burberry
宝嘉丽	Bvlgari
歌宝婷	Calotine
卡尔文克莱	Calvin Klein
塞露迪	Cerruti
香奈儿	Chanel
倩碧	Clinique
大卫杜夫	Davidoff
登喜路	Dunhill
都彭	Dupont
伊丽莎白雅顿	Elizabeth Arden
雅诗兰黛	Estée Lauder
佛莱格默	Ferragamo
阿玛尼	Armani
纪梵希	Givenchy
古姿	Gucci
娇兰	Guerlain
爱玛仕	Hermes
三宅一生	Issey Miyake
积架	Jaguar
高田贤三	Kenzo
兰蔻	Lancome
鳄鱼	Lacoste
尼娜·丽茜	Nina Ricci
资生堂	Shiseido
范思哲	Versace
伊夫·圣罗兰	Y. S. L

附录C　常用英文防晒术语简介

・SPF：即防晒倍数，又称防晒系数，是 SUN PROTECTION FACTOR 的英文缩写，是指化妆品能延长皮肤受日晒引起皮肤泛红所需的时间倍数。一般低度防晒品的SPF 值为 2～6，中度为 6～10，高度为 10～15，高强度为 15 以上。SPF 和后面的数值表明了产品具有的防晒系数。一般说来，SPF 指数越高，所给予的保护越大。SPF 值是这样计算出来的：一般黄种人皮肤平均能抵挡阳光 15 min 而不被灼伤，那么使用SPF15 的防紫外线用品，便有约 225 min(15 min×SPF15)的防晒时间，所以 SPF 的意思是皮肤抵挡紫外线的时间倍数。一般环境下，普通类型皮肤的人用防晒品以 SPF 8～12 为宜；皮肤白皙者用 SPF30；对光过敏的人，要选择 SPF 值在 12～20 之间的为宜。日常护理、外出购物、逛街时可选用 SPF5～8 的防晒用品，上班族只是在上下班的路上接触紫外线，因此防晒指数在 15 以下即可。进行户外活动的旅游者，推荐使用SPF20 左右的防晒品。在高原烈日下活动或去海滩游泳，宜选用 SPF30 的防晒品。外出游玩时可选用 SPF10～15 的防晒用品。游泳或做日光浴时用 SPF20～30 的防水性防晒用品。

・PA：标示防晒品对 UVA 防御能力的标准。UVA 的作用通常是慢性并且是长期的，测试的目的和标准相较之下就显得五花八门，因此用于表示的标志就比较多。不过当前国内可以看到的标示还是以 PA 值为主。它主要分为三级，分别是＋、＋＋、＋＋＋。＋号越多表示防御能力越强。对于黄种人来说，＋＋以上是比较好的选择。

・UVA：表示长波紫外线。如果直接照射长波紫外线，皮肤的反应是较快速地直接褐化，而不会引起红斑、豆疹，也就是容易晒黑不晒伤。

・UVB：表示中波紫外线。经中波紫外线照射，皮肤细胞容易因光化反应而遭受破坏，导致受伤，因而产生红斑、丘疹，出现晒伤现象。

・Sun Burn：晒伤。

・Sun Tan：晒黑。

・MED：MED 是 Minimal Erythema Dose 的缩写，中文翻译是“皮肤最低致红剂量”。MED 指皮肤接受 UVB 照射后，开始生成微红时的剂量。这个剂量是因人而异的。SPF 的测定，就是先测出受试者在未涂抹防晒产品前的 MED，与使用后(每平方公分必须涂抹 2 mg)的 MED 比较。也就是说，受试者在使用前 10 min 就已经晒红，而使用防晒品后需要 150 min 才晒红，则使用前后 MED 增加了 15 倍。这个倍数就是此防晒产品所测得的 SPF。举个例子，如果 SPF 值为 15，即表示 150 min 后皮肤才会晒红；SPF30，即表示皮肤 300 min 后才会晒红，依此类推。

・Non-comedogenic：表明该产品不会造成痤疮，适合肌肤较油容易长痤疮的人。

·Waterproof:指该防晒品可以确保下水后 80 min 内有防晒效果。

·Water resistant:指该防晒品可以确保下水后 40 min 内有防晒效果。

·Sweat resistant:具有抗汗作用的防晒产品,当然这类产品的防水效果比不上具有防水作用的防晒产品。

·Hypoallergenic:低敏感性的产品,表示该防晒产品适合敏感性皮肤和儿童使用。

·Oil Free:不含油脂的清爽防晒品。将产品轻涂在手背或虎口处,若皮肤能很快吸收,无黏腻感、油亮感,并且感觉清爽湿润,就基本可以认定该产品是合格的清爽防晒品。

·KPF:Keratin Protection Factor 的缩写。去年才出现的全新美容名词,是专门针对头发的防晒保护指数,分为 10 个等级。市面上有很多美发用品都标有 KPF,则指的是对头皮层的防晒能力。

主要参考文献

［1］ 吴小南.美容保健营养学［M］.北京：中国劳动社会保障出版社，2001.

［2］ 杨天鹏.美容营养学［M］.北京：北京科学技术出版社，2005.

［3］ 刘志皋.食品营养学［M］.北京：中国轻工业出版社，2004.

［4］ 纪江红.家庭健康营养全书［M］.北京：北京出版社，2004.

［5］ 王梅平.日常饮食与美容［M］.北京：人民军医出版社，1996.

［6］ 中国营养学会.中国居民膳食指南（2007年版）［M］.拉萨：西藏人民出版社，2008.

［7］ 田克勤.食品营养与卫生［M］.大连：东北财经大学出版社，2007.

［8］ 张立光.食物是最好的美容师［M］.北京：中国纺织出版社，2007.

［9］ 孙远明，余群力.食品营养学［M］.北京：中国农业大学出版社，2006.

［10］ 李云.食品营养与安全［M］.成都：四川大学出版社，2009.

［11］ 王运良，吴峰，孙翔云.营养与健康［M］.合肥：安徽人民出版社，2008.